21世纪高等教育计算机规划教材

COMPUTER

嵌入式系统技术与设计（第2版）

Embedded Systems Technology and Design

华清远见教育集团 刘洪涛 苗德行 编著

人 民 邮 电 出 版 社

北 京

图书在版编目（CIP）数据

嵌入式系统技术与设计 / 刘洪涛，苗德行编著. -- 2版. -- 北京 : 人民邮电出版社，2012.11（2021.1 重印）
21世纪高等教育计算机规划教材
ISBN 978-7-115-29370-1

Ⅰ. ①嵌… Ⅱ. ①刘… ②苗… Ⅲ. ①微型计算机－系统设计－高等学校－教材 Ⅳ. ①TP360.21

中国版本图书馆CIP数据核字(2012)第234949号

内 容 提 要

本书在全面介绍 ARM 处理器的体系结构、编程模型、指令系统和最新的 RealView MDK 开发环境的同时，以英蓓特公司的 EduKit-Ⅲ实验教学系统为平台，以 ARM9 处理器 S3C2410 为核心，详细介绍了系统的设计及相关接口的操作，并提供了大量的实验例程。本书最后详细讲解了嵌入式 Linux 系统各个组成部分在教学系统上的移植过程。

本书可作为高等院校计算机、电子信息、通信工程、自动化等专业嵌入式系统教程的教材，也可作为相关嵌入式系统开发人员的参考书。

◆ 编　　著　华清远见教育集团　刘洪涛　苗德行
　责任编辑　李海涛
◆ 人民邮电出版社出版发行　　北京市丰台区成寿寺路 11 号
　邮编　100164　　电子邮件　315@ptpress.com.cn
　网址　http://www.ptpress.com.cn
　北京七彩京通数码快印有限公司印刷
◆ 开本：787×1092　1/16
　印张：18.25　　　　2012 年 11 月第 2 版
　字数：492 千字　　　2021 年 1 月北京第 8 次印刷

ISBN 978-7-115-29370-1

定价：36.00 元

读者服务热线：(010)81055256　印装质量热线：(010)81055316
反盗版热线：(010)81055315

第 2 版前言

《嵌入式系统技术与设计》第一版于 2009 年出版，至今已印刷近万册，但为了适应教学改革的需要，同时为了让学生更能了解嵌入式方面较新的知识，跟上时代的前沿，遂对本书进行了修订。

现就修订的具体情况作如下说明。

（1）就国内而言，ARM9 处理器仍占据了大部分嵌入式处理器的中高端产品市场。MDK 仍是 ARM 公司主推的专业嵌入式开发工具 RealView 的工具集，所以本次修订仍以 ARM9 处理器为背景，以 Realview MDK 为主要开发环境。

（2）为了学生能了解嵌入式开发的较新知识，在第 7 章、第 8 章嵌入式开发环境的搭建以及内核驱动的编写等章节中，首次使用了 U-boot-2010.03，内核版本也升级到 2.6.35。同时在第 8 章内核驱动实验中添加了新的驱动实验，目的是使学生能灵活应用，以提高自己的开发能力。

（3）为方便教学和自学，免费提供课件及本书实验代码。

本次修订工作由刘洪涛、苗德行完成。在此，还要感谢华清远见嵌入式培训中心的无私帮助。本书的前期组织和后期审校工作都凝聚了培训中心几位老师的心血，他们认真阅读了书稿，提出了大量中肯的建议，并帮助纠正了书稿中的很多错误。在此对以上人员致以诚挚的谢意！

实用、易读、经验、全面是本书的编写宗旨。限于编者水平，疏漏之处在所难免，敬请读者批评指正。

编　者

2012 年 9 月

前言

随着消费群体对产品要求的日益提高，嵌入式技术在机械器具制造业、电子产品/Device 制造业、信息通信产业、信息服务业等领域得到了大显身手的机会，并越来越被广泛地应用。ARM 作为一种 32 位的高性能、低成本的嵌入式 RISC 微处理器，已得到最广泛的应用。目前，ARM9 处理器已经占据了大部分嵌入式处理器的中高端产品市场。与此同时，作为一种开放源代码操作系统，Linux 系统在嵌入式领域中的应用可以节约大量成本，因此受到用户越来越广泛的关注。

本书以 S3C2410 处理器为平台，介绍了嵌入式系统开发的各个主要环节。本书侧重实践，辅以代码加以讲解，从分析的角度来学习嵌入式开发的各种技术。本书使用的工具是 Keil 公司的 MDK（Microcontroller Development Kit）。MDK 是 ARM 公司最新推出的专业嵌入式开发工具 RealView 的工具集。MDK 是为满足基于 MCU 进行嵌入式软件开发的需求而推出的，它包含强大的设备调试和仿真支持、众多的案例模板和固件实例及存储优化的 RTOS 库。MDK 适合不同层次的开发者使用，包括专业的应用程序开发工程师和嵌入式软件开发入门者，并能满足要求较高的微控制器应用。

本书将嵌入式软硬件理论讲解和嵌入式实验实践融合在一起，在学习本书之前，读者最好具有数字电路、单片机接口编程、Linux 系统操作等基础知识。

全书共 8 章。其中，第 1 章为嵌入式系统概述，主要讲述嵌入式系统的基础知识，介绍嵌入式系统的特点及发展趋势，并介绍了 ARM 家族的产品。第 2 章为 ARM 体系结构与指令集，讲解 ARM 体系结构及其特点，以及 ARM 指令集，为后面进行 ARM 开发打好基础。第 3 章为 ARM 汇编语言程序设计，介绍 ARM 的 Thumb 指令集及编程方法。第 4 章为嵌入式软件基础实验，主要介绍 RealView MDK 软件的使用方法，通过本章的学习，读者应熟悉 MDK 平台开发，并对 ARM 编程有进一步的认识。第 5 章为 ARM 应用系统设计，主要介绍基于 S3C2410 的系统功能电路设计，同时介绍了一个基于 S3C2410 的硬件系统各个功能单元的设计电路。第 6 章为 S3C2410 系统接口操作原理及实验，该章以 S3C2410 处理器为例，讲解处理器的各个接口，并辅以实验代码加以说明。通过本章的学习，读者应掌握 S3C2410 处理器的常用接口。第 7 章为嵌入式操作系统及开发简述，主要介绍嵌入式 Linux 的开发流程，包括 Linux 内核的概念、Bootloader 的概念、文件系统的概念等，该章理论内容是第 8 章实验的基础。第 8 章为嵌入式 Linux 实验，提供了具体实验指导，包括工具链编译、U-Boot 移植、Linux 内核移植、根文件系统的制作、Linux 内核模块程序和简单字符驱动程序编写。

为便于读者学习本书的相关内容，在人民邮电出版社教学服务与资源网（www.ptpedu.com.cn）提供了针对本书的相关辅助内容，包括本书的 PPT、部分源码和相关文档、华清远见嵌入式培训中心提供的视频教程、本书将使用的一些软件（如 Linux 内核、U-Boot、BusyBox 等）和工具（如 SJF2410、MDK、GNU 工具链等）。

本书的出版要感谢深圳市英蓓特信息技术有限公司的大力支持。他们在第一时间为作者提供了最新的 MDK 软件及 ULINK2 仿真器和实验箱，并在技术上给予了无私帮助。本书使用的部分代码也都由英蓓特公司的工程师提供，并在实验平台顺利运行。

此外，还要感谢华清远见嵌入式培训中心的无私帮助。本书的前期组织和后期审校工作都凝聚了培训中心几位老师的心血，他们认真阅读了书稿，提出了大量中肯的建议，并帮助纠正了书稿中的很多错误。

全书由刘洪涛承担了大部分书稿的编写及全书的统稿工作，孙天泽、刘咖、袁文菊、游成伟、李佳参与完成了其中部分章节编写，以及资料收集和整理工作。

由于编者水平所限，书中难免存在不妥之处，恳请读者批评指正。对于本书的批评和建议，可以发表到 www.farsight.com.cn 技术论坛。

编　者

2008 年 11 月

目 录

第8章 嵌入式Linux实验……235

参考文献……282

第1章 嵌入式系统概述

本章主要介绍嵌入式系统的概念、发展趋势、硬件和软件的特征，并简单介绍各个系列的ARM处理器，以引导读者进入嵌入式技术的殿堂。

本章主要内容：

- 嵌入式系统简介
- 嵌入式系统发展趋势
- 嵌入式系统的硬件和软件特征
- ARM系列处理器简介

1.1 嵌入式系统简介

嵌入式系统是以应用为中心，以计算机技术为基础，并且软硬件可裁剪，适用于应用系统对功能、可靠性、成本、体积、功耗有严格要求的专用计算机系统。

嵌入式系统不同于常见的计算机系统，它不以独立设备的物理形态出现，即它没有一个统一的外观，它的部件根据主体设备及应用的需要嵌入在设备的内部，发挥着运算、处理、存储及控制的作用。从体系结构上看，嵌入式系统主要由嵌入式处理器、支撑硬件和嵌入式软件组成。其中嵌入式处理器通常是单片机或微控制器，支撑硬件主要包括存储介质、通信部件、显示部件等，嵌入式软件则包括支撑硬件的驱动程序、操作系统、支撑软件、应用中间件等。

1.2 嵌入式系统发展趋势

1. 提供强大的网络服务

为适应嵌入式分布处理结构和应用上网需求，面向21世纪的嵌入式系统要求配备标准的一种或多种网络通信接口。针对外部联网要求，嵌入设备必须配有通信接口，相应需要TCP/IP协议簇软件支持；由于家用电器相互关联（如防盗报警、灯光能源控制、影视设备和信息终端交换信息等）及实验现场仪器的协调工作等要求，新一代嵌入式设备还需具备IEEE1394、USB、CAN、Bluetooth或IrDA通信接口，同时也需要提供相应的通信组网协议软件和物理层驱动软件。为了支持应用软件的特定编程模式，如Web或无线Web编程模式，还需要相应的浏览器，如HTML浏览器、WML浏览器等。

2. 小型化、低成本、低功耗

为满足这种特性，要求嵌入式产品设计者相应降低处理器的性能，限制内存容量和复用接口芯片。这就相应提高了对嵌入式软件设计技术要求，如选用最佳的编程模型和不断改进算法，采用 Java 编程模式，优化编译器性能等。因此，既需要软件人员具有丰富的开发经验，更需要发展先进的嵌入式软件技术，如 Java、Web 和 WAP 等。

3. 人性化的人机界面

亿万用户之所以乐于接受嵌入式设备，其重要因素之一是它们与使用者之间的亲和力。它具有自然的人机交互界面，如司机操纵高度自动化的汽车主要还是通过习惯的方向盘、脚踏板和操纵杆。人们与信息终端交互要求以 GUI 屏幕为中心的多媒体界面。手写文字输入、语音拨号上网、收发电子邮件及彩色图形、图像已取得初步成效。目前，一些先进的 PDA 在显示屏幕上已实现汉字写入、短消息语音发布，但离掌式语言同声翻译还有很大距离。

4. 完善的开发平台

随着 Internet 技术的成熟、带宽的提高，ICP（Internet Content Provider，互联网内容提供商）和 ASP（Application Service Provider，应用服务提供商）在网上提供的信息内容日趋丰富，应用项目多种多样，如移动电话、固定电话及电冰箱、微波炉等嵌入式电子设备的功能不再单一，电气结构也更为复杂。为了满足应用功能的升级，设计者一方面采用更强大的嵌入式处理器，如 32 位、64 位 RISC 芯片或数字信号处理器（DSP）增强处理能力；同时还采用实时多任务编程技术和交叉开发工具技术来控制功能复杂性，简化应用程序设计、保障软件质量和缩短开发周期。

1.3 嵌入式系统的硬件和软件特征

一般说来，嵌入式系统由如图 1-1 所示的 3 个部分组成。

由图 1-1 可知，嵌入式系统的组成部分是嵌入式系统硬件平台、嵌入式操作系统和嵌入式系统应用。其中，嵌入式系统硬件平台为各种嵌入式器件、设备（如 ARM、PowerPC、Xscale、MIPS 等）；嵌入式操作系统是指在嵌入式硬件平台上运行的操作系统，目前主流的嵌入式操作系统有嵌入式 Linux、μCLinux、WinCE、μC/OS-Ⅱ、VxWorks 等。具体使用哪种嵌入式操作系统还要根据具体情况进行选择。每种嵌入式操作系统都有自身的特点以吸引相关用户，如嵌入式 Linux 提供了完善的网络技术支持；μCLinux 是专门为没有 MMU 的 ARM 芯片开发的；μC/OS-Ⅱ操作系统是一种实时操作系统（RTOS），使用它作为开发工具将使得实时应用程序开发变得相对容易。

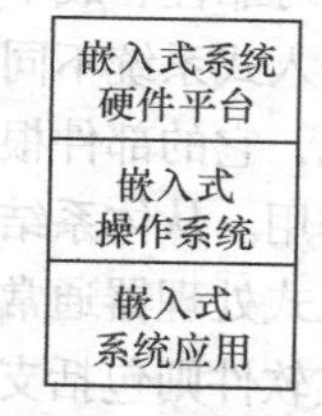

图 1-1　嵌入式系统组成示意图

1. 嵌入式系统硬件平台

嵌入式系统硬件平台是整个嵌入式操作系统和应用程序运行的硬件平台，不同的应用通常有不同的硬件环境。在嵌入式系统中硬件平台具有多样性的特点。嵌入式系统的核心部件是各种类型的嵌入式处理器，据不完全统计，全世界嵌入式处理器的品种总量已经超过 1 000 种，流行的体系结构有 30 多个系列，数据总线宽度从 8 位到 32 位，处理速度从 0.1～2 000MIPS（MIPS 指每秒执行的百万条指令数）。按功能和内部结构等因素，嵌入式系统硬件平台可以分成下面几类。

（1）嵌入式 RISC 微处理器。

RISC（Reduced Instruction Set Computer）是精简指令集计算机，RISC 把着眼点放在如何使计算机的结构更加简单和如何使计算机的处理速度更加快速上。RISC 选取了使用频率最高的简单指令，抛弃复杂指令，固定指令长度，减少指令格式和寻址方式，不用或少用微码控制。这些特点使得 RISC 非常适合嵌入式处理器。嵌入式微控制器将整个计算机系统或者一部分集成到一块芯片中。嵌入式微控制器一般以某一种微处理器内核为核心，比如以 MIPS 或 ARM 核为核心，在芯片内部集成 ROM、RAM、内部总线、定时/计数器、看门狗、I/O 端口、串行端口等各种必要的功能和外设。与嵌入式微处理器相比，嵌入式微控制器的最大特点是单片化，实现同样功能时系统的体积大大减小。嵌入式微控制器的品种和数量较多，比较有代表性的通用系列包括 Atmel 公司的 AT91 系列、三星公司的 S3C 系列、Marvell 公司的 PXA 系列等。

（2）嵌入式 CISC 微处理器。

嵌入式微处理器的基础是通用计算机中的 CPU 在不同应用中将微处理器装配在专门设计的电路板上，只保留和嵌入式应用有关的功能，这样可以大幅度减小系统体积和功耗。嵌入式微处理器目前主要有 Intel 公司的 x86 系列、Motorola 公司的 68k 系列等。表 1-1 所示描述了 RISC 和 CISC 之间的主要区别。

表 1-1　RISC 和 CISC 之间的主要区别

指　标	RISC	CISC
指令集	一个周期执行一条指令，通过简单指令的组合实现复杂操作；指令长度固定	指令长度不固定，执行需要多个周期
流水线	流水线每周期前进一步	指令的执行需要调用微代码的一个微程序
寄存器	更多通用寄存器	用于特定目的的专用寄存器
Load/Store 结构	独立的 Load 和 Store 指令完成数据在寄存器和外部存储器之间的传输	处理器能够直接处理存储器中的数据

2. 嵌入式操作系统

嵌入式操作系统完成系统初始化及嵌入式应用的任务调度和控制等核心功能，其内核精简，具有可配置特性，并与高层应用紧密关联。嵌入式操作系统具有相对不变性。嵌入式操作系统的主要特点如下。

（1）体积小。

嵌入式系统有别于一般的计算机处理系统，它不具备像硬盘那样大容量的存储介质，而大多使用闪存（Flash Memory）作为存储介质。这就要求嵌入式操作系统只能运行在有限的内存中，不能使用虚拟内存，中断的使用也受到限制。因此，嵌入式操作系统必须结构紧凑，体积微小。

（2）实时性。

大多数嵌入式系统都是实时系统，而且多是强实时多任务系统，因此要求相应的嵌入式操作系统也必须是实时操作系统。实时操作系统作为操作系统的一个重要分支已成为一个热点研究领域，主要包括探讨实时多任务调度算法和可调度性、死锁解除等问题。

（3）特殊的开发调试环境。

完整的集成开发环境是每一个嵌入式系统开发人员所期待的。一个完整的嵌入式系统的集成开发环境，一般需要提供的工具是编译/链接器、内核调试/跟踪器和集成图形界面开发平台。其中集成图形界面开发平台包括编辑器、调试器、软件仿真器、监视器等。

3. 嵌入式系统应用

嵌入式系统应用是以嵌入式系统硬件平台的搭建、嵌入式操作系统的成功移植和运行为前提的，其运行于嵌入式操作系统之上，完成特定的功能或利用操作系统提供的机制完成特定的功能。不同的系统需要设计不同的嵌入式应用程序。

如何简洁有效地使嵌入式系统能够应用于各种不同的应用环境，是嵌入式系统发展中所必须解决的关键问题。经过不断地发展，嵌入式系统原有的三层结构逐步演化成为一种四层结构。这个新增加的中间层称为硬件抽象层（Hardware Abstraction Layer，HAL），有时也称为板级支持包（Board Support Package，BSP）。HAL 是一个介于硬件与软件之间的中间层，其通过特定的上层接口与操作系统进行交互。HAL 的引入大大推动了嵌入式操作系统的通用化。

1.4 ARM 系列处理器简介

ARM（Advanced RISC Machines）有 3 种含义，它是一个公司的名称，是一类微处理器的通称，还是一种技术的名称。

ARM 公司是微处理器行业的一家知名企业，其设计了大量高性能、廉价、低耗能的 RISC 芯片，并开发了相关技术和软件。ARM 处理器具有高性能、低成本和低功耗的特点，适用于嵌入式控制、消费/教育类多媒体、DSP 和移动式应用等领域。

ARM 公司本身不生产芯片，靠转让设计许可，由合作伙伴公司来生产各具特色的芯片。ARM 这种商业模式的强大之处在于其价格合理，它在全世界范围的合作伙伴超过 100 个，其中包括许多著名的半导体公司。ARM 公司专注于设计，设计的芯片内核耗电少，成本低，功能强，特有 16/32 位双指令集。ARM 已成为移动通信、手持计算、多媒体数字消费等嵌入式解决方案的 RISC 实际标准。

ARM 处理器的产品系列非常广，包括 ARM7、ARM9、ARM9E、ARM10E、ARM11、SecurCore、Cortex 等。每个系列提供一套特定的性能来满足设计者对功耗、性能、体积的需求。SecurCore 是单独一个产品系列，是专门为安全设备而设计的。

表 1-2 总结了 ARM 各系列处理器所包含的不同类型。

表 1-2　ARM 各系列处理器所包含的不同类型

ARM 系列	包 含 类 型
ARM7 系列	ARM7EJ-S ARM7TDMI ARM7TDMI-S ARM720T
ARM9/9E 系列	ARM920T ARM922T ARM926EJ-S ARM940T ARM946E-S ARM966E-S ARM968E-S
向量浮点运算（Vector Floating Point）系列	VFP9-S VFP10
ARM10E 系列	ARM1020E ARM1022E ARM1026EJ-S
ARM11 系列	ARM1136J-S ARM1136JF-S ARM1156T2(F)-S ARM1176JZ(F)-S ARM11 MPCore

续表

ARM 系列	包 含 类 型
SecurCore 系列	SC100 SC110 SC200 SC210
其他合作伙伴产品	StrongARM XScale Cortex-M3 MBX

本节简要介绍 ARM 各个系列处理器的特点。

1.4.1　ARM7 处理器系列

ARM7 内核采用冯·诺伊曼体系结构，数据和指令使用同一条总线。内核有一条 3 级流水线，执行 ARMv4 指令集。

ARM7 系列处理器主要用于对功耗和成本要求比较苛刻的消费类产品。其最高主频可以到达 130MIPS。ARM7 系列包括 ARM7TDMI、ARM7TDMI-S、ARM7EJ-S 和 ARM720T 四种类型，主要用于适应不同的市场需求。

ARM7 系列处理器主要具有以下特点：

（1）成熟的大批量的 32 位 RICS 芯片；

（2）最高主频达到 130MIPS；

（3）功耗低；

（4）代码密度高，兼容 16 位微处理器；

（5）开发工具多，EDA 仿真模型多；

（6）调试机制完善；

（7）提供 0.25μm、0.18μm 及 0.13μm 的生产工艺；

（8）代码与 ARM9 系列、ARM9E 系列及 ARM10E 系列兼容。

ARM7 系列处理器主要应用于下面一些场合：

（1）个人音频设备（MP3 播放器、WMA 播放器、AAC 播放器）；

（2）接入级的无线设备；

（3）喷墨打印机；

（4）数码照相机；

（5）PDA。

1.4.2　ARM9 处理器系列

ARM9 系列于 1997 年问世。由于采用了 5 级指令流水线，ARM9 处理器能够运行在比 ARM7 更高的时钟频率上，改善了处理器的整体性能；存储器系统根据哈佛体系结构（程序和数据空间独立的体系结构）重新设计，区分了数据总线和指令总线。

ARM9 系列的第一个处理器是 ARM920T，它包含独立的数据指令 Cache 和 MMU（Memory Management Unit，存储器管理单元）。此处理器能够被用在要求有虚拟存储器支持的操作系统上。该系列中的 ARM922T 是 ARM920T 的变种，只有一半大小的数据指令 Cache。

ARM940T 包含一个更小的数据指令 Cache 和一个 MPU（Micro Processor Unit，微处理器）。

它是针对不要求运行操作系统的应用而设计的。ARM920T、ARM940T 都执行 v4T 架构指令。

ARM9 系列处理器主要应用于下面一些场合：

（1）下一代无线设备，包括视频电话和 PDA 等；

（2）数字消费品，包括机顶盒、家庭网关、MP3 播放器和 MPEG-4 播放器；

（3）成像设备，包括打印机、数码照相机和数码摄像机；

（4）汽车、通信和信息系统。

1.4.3 ARM9E 处理器系列

ARM9 系列的下一代处理器基于 ARM9E-S 内核。这个内核是 ARM9 内核带有 E 扩展的一个可综合版本，包括 ARM946E-S 和 ARM966E-S 两个变种。两者都执行 v5TE 架构指令。它们也支持可选的嵌入式跟踪宏单元，支持开发者实时跟踪处理器上指令和数据的执行。当调试对时间敏感的程序段时，这种方法非常重要。

ARM946E-S 包括 TCM（Tightly Coupled Memory，紧耦合存储器）、Cache 和一个 MPU。TCM 和 Cache 的大小可配置。该处理器是针对要求有确定的实时响应的嵌入式控制而设计的。ARM966E-S 有可配置的 TCM，但没有 MPU 和 Cache 扩展。

ARM9 系列的 ARM926EJ-S 内核为可综合的处理器内核，发布于 2000 年。它是针对小型便携式 Java 设备，如 3G 手机和 PDA 应用而设计的。ARM926EJ-S 是第一个包含 Jazelle 技术，可加速 Java 字节码执行的 ARM 处理器内核。它还有一个 MMU、可配置的 TCM 及具有零或非零等待存储器的数据/指令 Cache。

ARM9E 系列处理器主要应用于下面一些场合：

（1）下一代无线设备，包括视频电话和 PDA 等；

（2）数字消费品，包括机顶盒、家庭网关、MP3 播放器和 MPEG-4 播放器；

（3）成像设备，包括打印机、数码照相机和数码摄像机；

（4）存储设备，包括 DVD 或 HDD 等；

（5）工业控制，包括电机控制等；

（6）汽车、通信和信息系统的 ABS 和车体控制；

（7）网络设备，包括 VoIP、WirelessLAN 和 xDSL 等。

1.4.4 ARM10 处理器系列

ARM10 发布于 1999 年，具有高性能、低功耗的特点。它所采用的新的体系使其在所有 ARM 产品中具有最高的 MIPS/MHz。它将 ARM9 的流水线扩展到 6 级，也支持可选的向量浮点（Vector Float Point）单元，对 ARM10 的流水线加入了第 7 段。VFP 明显增强了浮点运算性能并与 IEEE 754.1985 浮点标准兼容。

1.4.5 ARM10E 处理器系列

ARM10E 系列处理器采用了新的节能模式，提供了 64 位的 Load/Store 体系，支持包括向量操作的满足 IEEE 754 的浮点运算协处理器，系统集成更加方便，拥有完整的硬件和软件开发工具。ARM10E 系列包括 ARM1020E、ARM1022E 和 ARM1026EJ-S 三种类型。

ARM10E 系列处理器具体应用于下面一些场合：

（1）下一代无线设备，包括视频电话和 PDA、笔记本电脑和互联网设备；

（2）数字消费品，包括机顶盒、家庭网关、MP3 播放器和 MPEG-4 播放器；

（3）成像设备，包括打印机、数码照相机和数码摄像机；
（4）汽车、通信和信息系统等；
（5）工业控制，包括马达控制等。

1.4.6　ARM11 处理器系列

ARM1136J-S 发布于 2003 年，是针对高性能和高能效应而设计的。ARM1136J-S 是第一个执行 ARMv6 架构指令的处理器。它集成了一条具有独立的 Load/Stroe 和算术流水线的 8 级流水线。ARMv6 指令包含了针对媒体处理的单指令流多数据流扩展，采用特殊的设计改善视频处理能力。

1.4.7　SecureCore 处理器系列

SecureCore 系列处理器提供了基于高性能的 32 位 RISC 技术的安全解决方案。SecureCore 系列处理器除了具有体积小、功耗低、代码密度高等特点外，还具有它自己特别优势，即提供了安全解决方案支持。下面总结了 SecureCore 系列的主要特点：
（1）支持 ARM 指令集和 Thumb 指令集，以提高代码密度和系统性能；
（2）采用软内核技术以提供最大限度的灵活性，可以防止外部对其进行扫描探测；
（3）提供了安全特性，可以抵制攻击；
（4）提供面向智能卡和低成本的存储保护单元 MPU；
（5）可以集成用户自己的安全特性和其他的协处理器。

SecureCore 系列包含 SC100、SC110、SC200 和 SC210 四种类型。

SecureCore 系列处理器主要应用于一些安全产品及应用系统，包括电子商务、电子银行业务、网络、移动媒体、认证系统等。

1.4.8　StrongARM 和 Xscale 处理器系列

StrongARM 处理器最初是 ARM 公司与 Digital Semiconductor 公司合作开发的，现在由 Intel 公司单独许可，在低功耗、高性能的产品中应用很广泛。它采用哈佛架构，具有独立的数据和指令 Cache，有 MMU。StrongARM 是第一个包含 5 级流水线的高性能 ARM 处理器，但它不支持 Thumb 指令集。

Intel 公司的 Xscale 是 StrongARM 的后续产品，在性能上有显著改善。它执行 v5TE 架构指令，也采用哈佛结构，类似于 StrongARM 也包含一个 MMU。前面说过，Xscale 已经被 Intel 卖给了 Marvell 公司。

1.4.9　Cortex 和 MPCore 处理器系列

为了适应市场的需要，ARM 推出了一系列新的处理器：Cortex-M3 和 MPCore。Cortex-M3 主要针对微控制器市场，而 MPCore 主要针对高端消费类产品。

Cortex-M3 改进了代码密度，减少了中断延时并有更低的功耗。Cortex-M3 中实现了最新的 Thumb-2 指令集。MPCore 提供了 Cache 的一致性，每个支持 1～4 个 ARM11 核，这种设计为现代消费类产品对性能和功耗的需求进行了很好的平衡。

1.4.10　各种处理器系列之间的比较

表 1-3 所示为 ARM7、ARM9、ARM10 及 ARM11 内核之间属性的比较。有些属性依赖于生产过程和工艺，具体芯片需参阅其芯片手册。

表 1-3　　ARM 系列处理器属性比较

项　　目	ARM7	ARM9	ARM10	ARM11
流水线深度	3 级	5 级	6 级	8 级
典型频率（MHz）	80	150	260	335
功耗（mW/ MHz）	0.06	0.19（+Cache）	0.5（+Cache）	0.4（+Cache）
MIPS/ MHz	0.97	1.1	1.3	1.2
架构	冯·诺伊曼	哈佛	哈佛	哈佛
乘法器	8×32	8×32	16×32	16×32

表 1-4 总结了各种处理器的不同功能。

表 1-4　　ARM 处理器不同功能特性

CPU 核	MMU/MPU	Cache	Jazelle	Thumb	指令集	E
ARM7TDMI	无	无	否	是	v4T	否
ARM7EJ-S	无	无	是	是	v5TEJ	是
ARM720T	MMU	统一 8KBCache	否	是	v4T	否
ARM920T	MMU	独立 16KB 指令和数据 Cache	否	是	v4T	否
ARM922T	MMU	独立 8KB 指令和数据 Cache	否	是	v4T	否
ARM926EJ-S	MMU	Cache 和 TCM 可配置	是	是	v5TEJ	是
ARM940T	MPU	独立 4KB 指令和数据 Cache	否	是	v4T	否
ARM946E-S	MPU	Cache 和 TCM 可配置	否	是	v5TE	是
ARM966E-S	无	Cache 和 TCM 可配置	否	是	v5TE	是
ARM1020E	MMU	独立 32KB 指令和数据 Cache	否	是	v5TE	是
ARM1022E	MMU	独立 16KB 指令和数据 Cache	否	是	v5TE	是
ARM1026EJ-S	MMU	Cache 和 TCM 可配置	是	是	v5TE	是
ARM1036J-S	MMU	Cache 和 TCM 可配置	是	是	v6	是
ARM1136JF-S	MMU	Cache 和 TCM 可配置	是	是	v6	是

本章小结

本章对嵌入式系统、ARM 处理器的基本概念做了简单的介绍，希望读者能够通过本章的学习对嵌入式技术及 ARM 处理器有个总体上的认识。

思考题

1-1　简述嵌入式系统的定义。

1-2　简述嵌入式系统的组成。

1-3　ARM7 处理器使用的是什么指令集？

1-4　Cortex-M3 主要应用在哪些方向？

1-5　简述 StrongARM 处理器和 ARM 处理器的关系。

1-6　ARM9 采用的是几级流水线设计？

1-7　简述 ARM9 和 ARM9E 的不同点。

1-8　ARM11 采用的是什么架构的指令？

第 2 章 ARM 体系结构与指令集

本章将要介绍 ARM 体系结构、ARM 处理器的工作模式及常用指令集等。通过本章的学习，希望读者能够了解 ARM 处理器内部的主要工作单元、基本工作原理，掌握常用指令集，并为以后的程序设计打下基础。

本章主要内容：

- ARM 体系结构的特点
- ARM 处理器的工作模式
- 寄存器组织
- 流水线
- ARM 存储系统
- 异常
- ARM 处理器的寻址方式
- ARM 处理器的指令集

2.1 ARM 体系结构的特点

ARM 内核采用 RISC 体系结构。RISC 技术的主要特点参见 1.3 节。

ARM 体系结构的主要特征如下（在本书的后续章节中将对这些特征做详细讲解）：

（1）大量的寄存器，它们都可以用于多种用途；

（2）Load/Store 体系结构；

（3）每条指令都条件执行；

（4）多寄存器的 Load/Store 指令；

（5）能够在单时钟周期执行的单条指令内完成一项普通的移位操作和一项普通的 ALU 操作；

（6）通过协处理器指令集来扩展 ARM 指令集，包括在编程模式中增加了新的寄存器和数据类型。

（7）如果把 Thumb 指令集也当做 ARM 体系结构的一部分，那么还可以加上：在 Thumb 体系结构中以高密度 16 位压缩形式表示指令集。

2.2 ARM 处理器工作模式

ARM 处理器共有 7 种工作模式，如表 2-1 所示。

表2-1 ARM处理器的工作模式

处理器工作模式	简写	描述
用户模式（User）	usr	正常程序执行模式，大部分任务执行在这种模式下
快速中断模式（FIQ）	fiq	当一个高优先级（fast）中断产生时将会进入这种模式，一般用于高速数据传输和通道处理
外部中断模式（IRQ）	irq	当一个低优先级（normal）中断产生时将会进入这种模式，一般用于通常的中断处理
特权模式（Supervisor）	svc	当复位或软中断指令执行时进入这种模式，是一种供操作系统使用的保护模式
数据访问中止模式（Abort）	abt	当存取异常时将会进入这种模式，用于虚拟存储或存储保护
未定义指令中止模式（Undef）	und	当执行未定义指令时进入这种模式，有时用于通过软件仿真协处理器硬件的工作方式
系统模式（System）	sys	使用和User模式相同寄存器集的模式，用于运行特权级操作系统任务

除用户模式外的其他6种处理器模式称为特权模式（Privileged Modes）。在特权模式下，程序可以访问所有的系统资源，也可以任意地进行处理器模式切换。其中以下5种又称为异常模式：

（1）快速中断模式（FIQ）;

（2）外部中断模式（IRQ）;

（3）特权模式（Supervior）;

（4）数据访问中止模式（Abort）;

（5）未定义指令中止模式（Undef）。

处理器模式可以通过软件控制进行切换，也可以通过外部中断或异常处理过程进行切换。

大多数的用户程序运行在用户模式下。当处理器工作在用户模式时，应用程序不能够访问受操作系统保护的一些系统资源，应用程序也不能直接进行处理器模式切换。当需要进行处理器模式切换时，应用程序可以产生异常处理，在异常处理过程中进行处理器模式切换。这种体系结构可以使操作系统控制整个系统资源的使用。

当应用程序发生异常中断时，处理器进入相应的异常模式。在每一种异常模式中都有一组专用寄存器以供相应的异常处理程序使用，这样就可以保证在进入异常模式时用户模式下的寄存器（保存程序运行状态）不被破坏。

2.3 寄存器组织

ARM处理器有如下37个32位长的寄存器：

（1）30个通用寄存器；

（2）6个状态寄存器：1个CPSR（Current Program Status Register，当前程序状态寄存器），5个SPSR（Saved Program Status Register，备份程序状态寄存器）；

（3）1个PC（Program Counter，程序计数器）。

ARM处理器共有7种不同的处理器模式，在每一种处理器模式中有一组相应的寄存器组。ARM处理器的寄存器组织概要如表2-2所示。

表 2-2　　　　ARM 处理器的寄存器组织概要

User	FIQ	IRQ	SVC	Undef	Abort
R0	User mode R0 ~ R7,R15 和 CPSR	User mode R0 ~ R12,R15 和 CPSR	User mode R0 ~ R12,R15 和 CPSR	User mode R0 ~ R12,R15 和 CPSR	User mode R0 ~ R12,R15 和 CPSR
R1					
R2					
R3					
R4					
R5					
R6					
R7					
R8	R8				
R9	R9				
R10	R10				
R11	R11				
R12	R12				
R13(SP)	R13(SP)	R13	R13	R13	R13
R14(LR)	R14(LR)	R14	R14	R14	R14
R15(PC)					
CPSR					
	SPSR	SPSR	SPSR	SPSR	SPSR

当前处理器的模式决定着哪组寄存器可操作，任何模式都可以存取下列寄存器：

（1）相应的 R0 ~ R12；

（2）相应的 R13（the Stack Point，SP，栈指向）和 R14（the Link Register，LR，链路寄存器）；

（3）相应的 R15（PC）；

（4）相应的 CPSR。

特权模式（除 System 模式）还可以存取相应的 SPSR。

2.3.1　通用寄存器

通用寄存器根据其分组与否可分为以下两类。

（1）未分组寄存器（the Unbanked Register），包括 R0 ~ R7。

（2）分组寄存器（the Banked Register），包括 R8 ~ R14。

1. 未分组寄存器

未分组寄存器包括 R0 ~ R7。顾名思义，在所有处理器模式下对于每一个未分组寄存器来说，指的都是同一个物理寄存器。未分组寄存器没有被系统用于特殊的用途，任何可采用通用寄存器的应用场合都可以使用未分组寄存器。但由于其通用性，在异常中断所引起的处理器模式切换时，其使用的是相同的物理寄存器，所以也就很容易使寄存器中的数据被破坏。

2. 分组寄存器

R8 ~ R14 是分组寄存器，它们每一个访问的物理寄存器取决于当前的处理器模式。

对于分组寄存器 R8 ~ R12 来说，每个寄存器对应两个不同的物理寄存器。一组用于除 FIQ 模式外的所有处理器模式，而另一组则专门用于 FIQ 模式。这样的结构设计有利于加快 FIQ 的处理速度。不同模式下寄存器的使用，应以寄存器名的后缀加以区分。例如，当使用 FIQ 模式下的寄存器时，寄存器 R8 和寄存器 R9 分别记为 R8_fiq、R9_fiq；当使用用户模式下的寄存器时，寄存器R8和R9分别记为R8_usr、R9_usr等。在ARM体系结构中，R8～R12没有任何指定的其他用途，所以当FIQ中断到达时，不用保存这些通用寄存器，也就是说，FIQ处理程序可以不必执行保存和恢复中断现场的指令，从而可以使中断处理过程非常迅速。所以FIQ模式常被用来处理一些时间紧急的任务，如DMA处理。

对于分组寄存器R13和R14来说，每个寄存器对应6个不同的物理寄存器。其中的一个是用户模式和系统模式公用的，而另外5个分别用于5种异常模式，访问时需要指定它们的模式。名字形式如下：

（1）R13_<mode>

（2）R14_<mode>

其中，<mode>可以是以下几种模式之一：usr、svc、abt、und、irp及fiq。

R13寄存器在ARM处理器中常用作堆栈指针，称为SP。当然，这只是一种习惯用法，并没有任何指令强制性地使用R13作为堆栈指针，用户完全可以使用其他寄存器作为堆栈指针。而在Thumb指令集中，有一些指令强制性地将R13作为堆栈指针，如堆栈操作指令。

每一种异常模式拥有自己的R13。异常处理程序负责初始化自己的R13，使其指向该异常模式专用的栈地址。在异常处理程序入口处，将用到的其他寄存器的值保存在堆栈中，返回时，重新将这些值加载到寄存器。通过这种保护程序现场的方法，异常不会破坏被其中断的程序现场。

寄存器R14又被称为连接寄存器（Link Register，LR），在ARM体系结构中具有下面两种特殊的作用。

（1）每一种处理器模式用自己的R14存放当前子程序的返回地址。当通过BL或BLX指令调用子程序时，R14被设置成该子程序的返回地址。在子程序返回时，把R14的值复制到程序计数器（PC）。典型的做法是使用下列两种方法之一。

① 执行下面任何一条指令。

```
MOV  PC, LR
BX  LR
```

② 在子程序入口处使用下面的指令将PC保存到堆栈中。

```
STMFD  SP!, {<register>,LR}
```

在子程序返回时，使用如下相应的配套指令返回。

```
LDMFD  SP!, {<register>,PC}
```

（2）当异常中断发生时，该异常模式特定的物理寄存器R14被设置成该异常模式的返回地址，对于有些模式R14的值可能与返回地址有一个常数的偏移量（如数据异常使用SUB PC, LR, #8返回）。具体的返回方式与上面的子程序返回方式基本相同，但使用的指令稍微有些不同，以保证当异常出现时正在执行的程序的状态被完整保存。

R14也可以被用作通用寄存器使用。

2.3.2 状态寄存器

当前程序状态寄存器（Current Program Status Register，CPSR）可以在任何处理器模式下被访问，它包含下列内容：

（1）ALU（Arithmetic Logic Unit，算术逻辑单元）状态标志的备份；

（2）当前的处理器模式；

（3）中断使能标志；

（4）设置处理器的状态（只在4T架构）。

每一种处理器模式下都有一个专用的物理寄存器作备份程序状态寄存器（Saved Program

Status Register，SPSR）。当特定的异常中断发生时，这个物理寄存器负责存放当前程序状态寄存器的内容。当异常处理程序返回时，再将其内容恢复到当前程序状态寄存器。

CPSR 寄存器（和保存它的 SPSR 寄存器）中的位分配如图 2-1 所示。

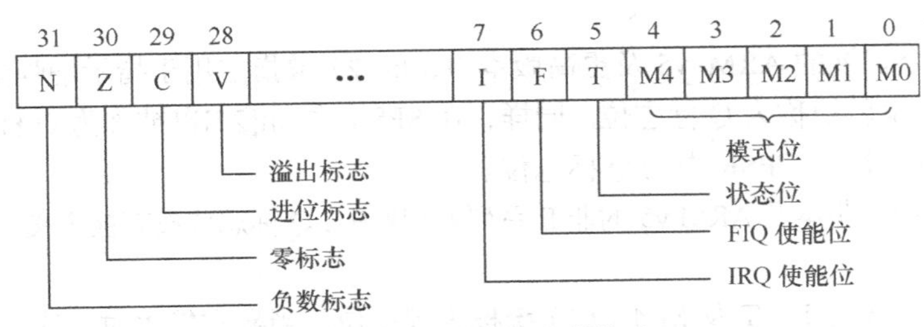

图 2-1　程序状态寄存器格式

1. 标志位

N（Negative）、Z（Zero）、C（Carry）和 V（oVerflow）通称为条件标志位。这些条件标志位会根据程序中的算术指令或逻辑指令的执行结果进行修改，而且这些条件标志位可由大多数指令检测以决定指令是否执行。

在 ARM 4T 架构中，所有的 ARM 指令都可以条件执行，而 Thumb 指令却不能。

各条件标志位的具体含义如下。

（1）N。

本位设置成当前指令运行结果的 bit[31]的值。当两个由补码表示的有符号整数运算时，N = 1 表示运算的结果为负数；N = 0 表示结果为正数或零。

（2）Z。

Z = 1 表示运算的结果为零，Z = 0 表示运算的结果不为零。

（3）C。

下面分 4 种情况讨论 C 的设置方法。

① 在加法指令中（包括比较指令 CMN），当结果产生了进位，则 C = 1，表示无符号数运算发生上溢出；其他情况下 C = 0。

② 在减法指令中（包括比较指令 CMP），当运算中发生错位（即无符号数运算发生下溢出），则 C = 0；其他情况下 C = 1。

③ 对于在操作数中包含移位操作的运算指令（非加/减法指令），C 被设置成被移位寄存器最后移出去的位。

④ 对于其他非加/减法运算指令，C 的值通常不受影响。

（4）V。

下面分两种情况讨论 V 的设置方法。

① 对于加/减运算指令，当操作数和运算结果都是以二进制的补码表示的带符号的数时，V = 1 表示符号位溢出。

② 对于非加/减法指令，通常不改变标志位 V 的值（具体可参照 ARM 指令手册）。

尽管以上 C 和 V 的定义看起来颇为复杂，但使用时在大多数情况下用一个简单的条件测试指令即可，不需要程序员计算出条件码的精确值即可得到需要的结果。

目的寄存器是 R15 的带“位设置”的算术和逻辑运算指令，也可以将 SPSR 的值复制到 CPSR 中，这种操作主要用于从异常中断程序中返回。

用 MSR 指令向 CPSR/SPSR 写进新值。

目的寄存器位R15的MRC协处理器指令通过这条指令可以将协处理器产生的条件标志位的值传送到ARM处理器。

在中断返回时，使用LDR指令的变种指令可以将SPSR的值复制到CPSR中。

2. Q标志位

在带DSP指令扩展的ARM v5及更高版本中，bit[27]被指定用于指示增强的DAP指令是否发生了溢出，因此也就被称为Q标志位。同样，在SPSR中bit[27]也被称为Q标志位，用于在异常中断发生时保存和恢复CPSR中的Q标志位。

在ARM v5以前的版本及ARM v5的非E系列处理器中，Q标志位没有被定义，属于待扩展的位。

3. 控制位

CPSR的低8位（I、F、T及M[4：0]）统称为控制位。当异常发生时，这些位的值将发生相应的变化。另外，如果在特权模式下，也可以通过软件编程来修改这些位的值。

（1）中断禁止位。

I＝1，IRQ被禁止。

F＝1，FIQ被禁止。

（2）状态控制位。

T位是处理器的状态控制位。

T＝0，处理器处于ARM状态（即正在执行32位的ARM指令）。

T＝1，处理器处于Thumb状态（即正在执行16位的Thumb指令）。

当然，T位只有在T系列的ARM处理器上才有效，在非T系列的ARM版本中，T位将始终为0。

（3）模式控制位。

M[4：0]作为位模式控制位，这些位的组合确定了处理器处于哪种状态。其具体含义如表2-3所示。

只有表中列出的组合是有效的，其他组合无效。

表2-3 状态控制位M[4：0]含义

M[4：0]	处理器模式	可以访问的寄存器
0b10000	User	PC，R14～R0，CPSR
0b10001	FIQ	PC，R14_fiq～R8_fiq，R7～R0，CPSR，SPSR_fiq
0b10010	IRQ	PC，R14_irq～R13_irq，R12～R0，CPSR，SPSR_irq
0b10011	Supervisor	PC，R14_svc～R13_svc，R12～R0，CPSR，SPSR_svc
0b10111	Abort	PC，R14_abt～R13_abt，R12～R0，CPSR，SPSR_abt
0b11011	Undefined	PC，R14_und～R13_und，R12～R0，CPSR，SPSR_und
0b11111	System	PC，R14～R0，CPSR（ARM v4及更高版本）

2.3.3 程序计数器

程序计数器R15又被记为PC。它有时可以和R0～R14一样用作通用寄存器，但很多特殊的指令在使用R15时有些限制。当违反了这些指令的使用限制时，指令的执行结果是不可预知的。

程序计数器在下面两种情况下用于特殊的目的。

（1）读程序计数器。

（2）写程序计数器。

2.4 流　水　线

2.4.1 流水线的概念与原理

处理器按照一系列步骤来执行每一条指令，典型的步骤如下。

（1）从存储器读取指令（fetch）。

（2）译码以鉴别它是属于哪一条指令（decode）。

（3）从指令中提取指令的操作数（这些操作数往往存在于寄存器中）（reg）。

（4）将操作数进行组合以得到结果或存储器地址（ALU）。

（5）如果需要，则访问存储器以存储数据（mem）。

（6）将结果写回到寄存器堆（res）。

并不是所有的指令都需要上述每一个步骤，但是多数指令需要其中的多个步骤。这些步骤往往使用不同的硬件功能，如 ALU 可能只在第（4）步中用到。因此，如果一条指令不是在前一条指令结束之前就开始，那么在每一步骤内处理器只有少部分的硬件在使用。

有一种方法可以明显改善硬件资源的使用率和处理器的吞吐量，这就是当前一条指令结束之前就开始执行下一条指令，即通常所说的流水线（Pipeline）技术。流水线是 RISC 处理器执行指令时采用的机制。使用流水线，可在取下一条指令的同时译码和执行其他指令，从而加快执行的速度。可以把流水线看作是汽车生产线，每个阶段只完成专门的处理器任务。

采用上述操作顺序，处理器可以这样来组织：当一条指令刚刚执行完步骤（1）并转向步骤（2）时，下一条指令就开始执行步骤（1）。从原理上说，这样的流水线应该比没有重叠的指令执行快 6 倍，但由于硬件结构本身的一些限制，实际情况会比理想状态差一些。

2.4.2 流水线的分类

1. 3 级流水线 ARM 组织

到 ARM7 为止的 ARM 处理器使用简单的 3 级流水线，它包括下列流水线级。

（1）取指令（fetch）：从寄存器装载一条指令。

（2）译码（decode）：识别被执行的指令，并为下一个周期准备数据通路的控制信号。在这一级，指令占有译码逻辑，不占用数据通路。

（3）执行（excute）：处理指令并将结果写回寄存器。

图 2-2 所示为 3 级流水线指令的执行过程。

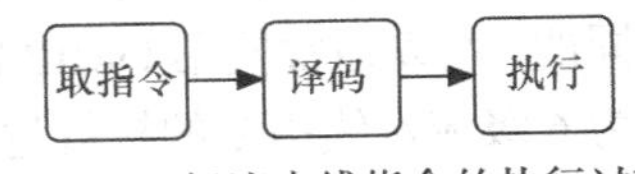

图 2-2　3 级流水线指令的执行过程

当处理器执行简单的数据处理指令时，流水线使得平均每个时钟周期能完成 1 条指令。但 1 条指令需要 3 个时钟周期来完成，因此，有 3 个时钟周期的延时（latency），但吞吐率（throughput）是每个周期 1 条指令。

2. 5 级流水线 ARM 组织

所有的处理器都要满足对高性能的要求，直到 ARM7 为止，在 ARM 核中使用的 3 级流水线的性价比是很高的。但是，为了得到更高的性能，需要重新考虑处理器的组织结构。有以下两种方法来提高其性能。

第一，提高时钟频率。时钟频率的提高，必然引起指令执行周期的缩短，所以要求简化流水线每一级的逻辑，流水线的级数就要增加。

第二，减少每条指令的平均指令周期数 CPI。这就要求重新考虑 3 级流水线 ARM 中多于 1 个流水线周期的实现方法，以便使其占有较少的周期，或者减少因指令相关造成的流水线停顿，也可以将两者结合起来。

3 级流水线 ARM 核在每一个时钟周期都访问存储器，或者取指令，或者传输数据。只是抓紧存储器不用的几个周期来改善系统性能，效果并不明显。为了改善 CPI，存储器系统必须在每个时钟周期中给出多于一个的数据。方法是在每个时钟周期从单个存储器中给出多于 32 位数据，或者为指令或数据分别设置存储器。

基于以上原因，较高性能的 ARM 核使用了 5 级流水线，而且具有分开的指令和数据存储器。把指令的执行分割为 5 部分而不是 3 部分，进而可以使用更高的时钟频率，分开的指令和数据存储器使核的 CPI 明显减少。

在 ARM9TDMI 中使用了典型的 5 级流水线，5 级流水线包括下面的流水线级。

（1）取指令（fetch）：从存储器中取出指令，并将其放入指令流水线。

（2）译码（decode）：指令被译码，从寄存器堆中读取寄存器操作数。在寄存器堆中有 3 个操作数读端口，因此，大多数 ARM 指令能在 1 个周期内读取其操作数。

（3）执行（execute）：将其中 1 个操作数移位，并在 ALU 中产生结果。如果指令是 Load 或 Store 指令，则在 ALU 中计算存储器的地址。

（4）缓冲/数据（buffer/data）：如果需要则访问数据存储器，否则 ALU 只是简单地缓冲 1 个时钟周期。

（5）回写（write-back）：将指令的结果回写到寄存器堆，包括任何从寄存器读出的数据。

图2-3 所示为5级流水线指令的执行过程。

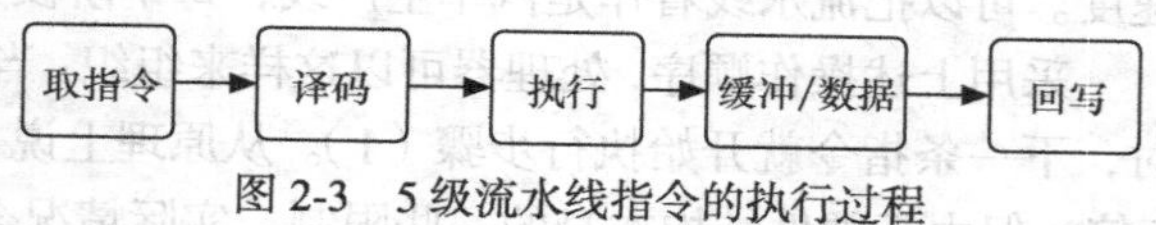

图 2-3　5 级流水线指令的执行过程

在程序执行过程中，PC 值是基于 3 级流水线操作特性的。5 级流水线中提前 1 级来读取指令操作数，得到的值是不同的（PC + 4 而不是 PC + 8）。这产生的代码不兼容是不容许的。但 5 级流水线 ARM 完全仿真 3 级流水线的行为。在取指级增加的 PC 值被直接送到译码级的寄存器，穿过两级之间的流水线寄存器。下一条指令的 PC + 4 等于当前指令的 PC + 8，因此，未使用额外的硬件便得到了正确的 R15。

3. 6 级流水线 ARM 组织

在 ARM10 中，将流水线的级数增加到 6 级，使系统的平均处理能力达到了 1.3DMIPS/MHz。CPU 性能评估采用合成测试程序，较流行的有 Whetstone 和 Dhrystone 两种。Dhrystone 主要用于测整数计算能力，计算单位就是 DMIPS。DMIPS 可以理解为处理器单位时间内执行处理整数的指令的百万次数。而因为处理器的性能与工作频率密切相关，在不同工作频率下测算出的 DMIPS 是不同的，所以通常使用 DMIPS/MHz 作为标准，评估各个处理器的结构优劣和性能高低。图 2-4 所示为 6 级流水线指令的执行过程。

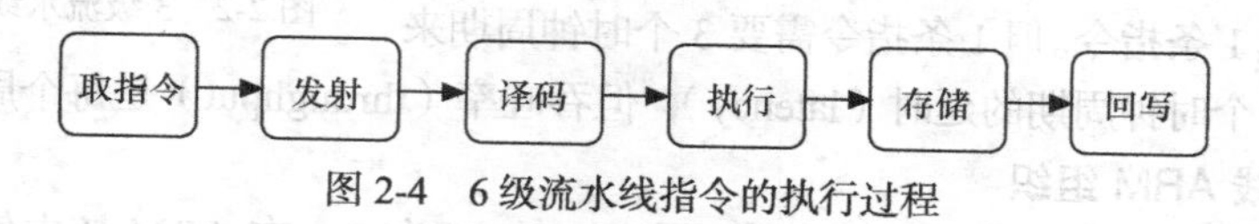

图 2-4　6 级流水线指令的执行过程

2.4.3　影响流水线性能的因素

1. 互锁

在典型的程序处理过程中，经常会遇到这样的情形，即一条指令的结果被用作下一条指令的操作数，如例 2-1 所示。

【例 2-1】 互锁指令操作。

有如下指令序列：

```
LDR R0,[R0,#0]
ADD R0,R0,R1      ;在 5 级流水线上产生互锁
```

从例子中可以看出，流水线的操作产生中断，因为第 1 条指令的结果在第 2 条指令取数时还没有产生。第 2 条指令必须停止，直到结果产生为止。

2. 跳转指令

跳转指令也会破坏流水线的行为，因为后续指令的取指步骤受到跳转目标计算的影响，因而必须推迟。但是，当跳转指令被译码时，在它被确认是跳转指令之前，后续的取指操作已经发生。这样一来，已经被预取进入流水线的指令不得不被丢弃。如果跳转目标的计算是在 ALU 阶段完成的，那么在得到跳转目标之前已经有两条指令按原有指令流读取。

显然，只有当所有指令都依照相似的步骤执行时，流水线的效率达到最高。如果处理器的指令非常复杂，每一条指令的行为都与下一条指令不同，那么就很难用流水线实现。

2.5 ARM 存储系统

ARM 存储系统有非常灵活的体系结构，可以适应不同的嵌入式应用系统的需要。ARM 存储器系统可以使用简单的平板式地址映射机制（就像一些简单的单片机一样，地址空间的分配方式是固定的，系统中各部分都使用物理地址），也可以使用其他技术提供功能更为强大的存储系统。例如：

（1）系统可能提供多种类型的存储器件，如 Flash、ROM、SRAM 等；

（2）Cache 技术；

（3）写缓存技术（write buffers）；

（4）虚拟内存和 I/O 地址映射技术。

大多数的系统通过下面的方法之一可实现对复杂存储系统的管理。

（1）使用 Cache，缩小处理器和存储系统速度差别，从而提高系统的整体性能。

（2）使用内存映射技术实现虚拟空间到物理空间的映射。这种映射机制对嵌入式系统非常重要。通常嵌入式系统程序存放在 ROM/Flash 中，这样系统断电后程序能够得到保存。但是，通常 ROM/Flash 与 SDRAM 相比，速度慢很多，而且基于 ARM 的嵌入式系统中通常把异常中断向量表放在 RAM 中。利用内存映射机制可以满足这种需要。在系统加电时，将 ROM/Flash 映射为地址 0，这样可以进行一些初始化处理；当这些初始化处理完成后将 SDRAM 映射为地址 0，并把系统程序加载到 SDRAM 中运行，这样很好地满足嵌入式系统的需要。

（3）引入存储保护机制，增强系统的安全性。

（4）引入一些机制保证将 I/O 操作映射成内存操作后，各种 I/O 操作能够得到正确的结果。在简单存储系统中，不存在这样问题。而当系统引入了 Cache 和 write buffer 后，就需要一些特别的措施。

在 ARM 系统中，要实现对存储系统的管理通常是使用协处理器 CP15，它通常也被称为系统控制协处理器（System Control Coprocessor）。

ARM 的存储器系统是由多级构成的，可以分为内核级、芯片级、板卡级和外设级。图 2-5 所示为存储器的层次结构。

每级都有特定的存储介质，下面对比各级系统中特定存储介质的存储性能。

（1）内核级的寄存器。处理器寄存器组可看做是存储器层次的顶层。这些寄存器被集成在处理器内核中，在系统中提供最快的存储器访问。典型的 ARM 处理器有多个 32 位寄存器，其访问时间为纳秒量级。

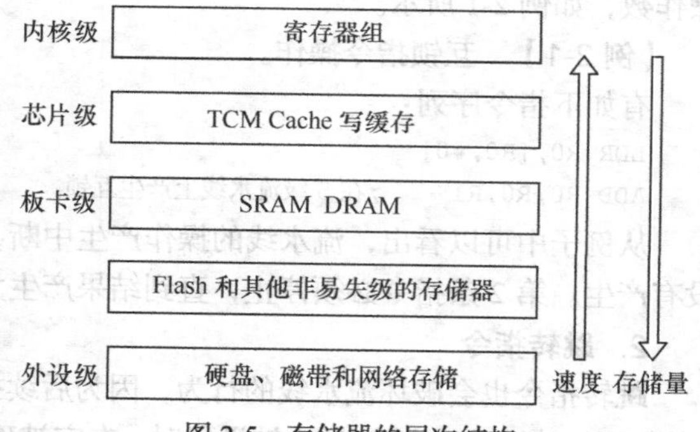

图 2-5 存储器的层次结构

（2）芯片级的紧耦合存储器 TCM。为弥补 Cache 访问的不确定性增加的存储器。TCM 是一种快速 SDRAM，它紧挨内核，并且保证取指和数据操作的时钟周期数，这一点对一些要求确定行为的实时算法是很重要的。TCM 位于存储器地址映射中，可作为快速存储器来访问。

（3）芯片级的片上 Cache 存储器的容量为 8 ~ 32KB，访问时间大约为 10ns。高性能的 ARM 结构中，可能存在第二级片外 Cache，容量为几百 KB，访问时间为几十 ns。

（4）板卡级的 DRAM。主存储器可能是几 MB 到几十 MB 的动态存储器，访问时间大约为 100ns。

（5）外设级的后援存储器，通常是硬盘，可能从几百 MB 到几个 GB，访问时间为几十 ms。

2.5.1 协处理器

ARM 处理器支持 16 个协处理器（CP15）。在程序执行过程中，每个协处理器忽略属于 ARM 处理器和其他协处理器的指令。当一个协处理器硬件不能执行属于它的协处理器指令时，将产生一个未定义指令异常中断，在该异常中断处理程序中，可以通过软件模拟该硬件操作。例如，如果系统不包含向量浮点运算器，则可以选择浮点运算软件模拟包来支持向量浮点运算。CP15，即通常所说的系统控制协处理器(System Control Coprocesssor)，它负责完成大部分的存储系统管理。除了 CP15 外，在具体的各种存储管理机制中可能还会用到其他的一些技术，如在 MMU 中除了 CP15 外，还使用了页表技术等。

在一些没有标准存储管理的系统中，CP15 是不存在的。在这种情况下，针对 CP15 的操作指令将被视为未定义指令，指令的执行结果不可预知。

CP15 包含 16 个 32 位寄存器，其编号为 0 ~ 15。实际上对于某些编号的寄存器可能对应多个物理寄存器，在指令中指定特定的标志位来区分这些物理寄存器。这种机制有些类似于 ARM 中的寄存器，当处于不同的处理器模式时，某些相同编号的寄存器对应于不同的物理寄存器。

CP15 中的寄存器可能是只读的，也可能是只写的，还有一些是可读可写的。在对协处理器寄存器进行操作时，需要注意以下几个问题。

（1）寄存器的访问类型（只读/只写/可读可写）。

（2）不同的访问引发的不同功能。

（3）相同编号的寄存器是否对应不同的物理寄存器。

（4）寄存器的具体作用。

2.5.2 存储管理单元

在创建多任务嵌入式系统时，最好有一个简单的方式来编写、装载及运行各自独立的任务。目前大多数的嵌入式系统不再使用自己定制的控制系统，而使用操作系统来简化这个过程。较高级的操作系统采用基于硬件的存储管理单元（MMU）来实现上述操作。

MMU 提供的一个关键服务是使各个任务作为各自独立的程序在其自己的私有存储空间中运行。在带 MMU 的操作系统控制下，运行的任务无须知道其他与之无关的任务的存储需求情况，这就简化了各个任务的设计。

MMU 提供了一些资源以允许使用虚拟存储器（将系统物理存储器重新编址，可将其看成一个独立于系统物理存储器的存储空间）。MMU 作为转换器，将程序和数据的虚拟地址（编译时的连接地址）转换成实际的物理地址，即在物理主存中的地址。这个转换过程允许运行的多个程序使用相同的虚拟地址，而各自存储在物理存储器的不同位置。

这样存储器就有两种类型的地址：虚拟地址和物理地址。虚拟地址由编译器和连接器在定位程序时分配；物理地址用来访问实际的主存硬件模块（物理上程序存在的区域）。

2.5.3　高速缓冲存储器

高速缓冲存储器（Cache）是一个容量小但存取速度非常快的存储器，它保存最近用到的存储器数据副本。对于程序员来说，Cache 是透明的。它自动决定保存哪些数据、覆盖哪些数据。现在 Cache 通常与处理器在同一芯片上实现。Cache 能够发挥作用是因为程序具有局部性特性。所谓局部性就是指在任何特定的时间，处理器趋于对相同区域的数据（如堆栈）多次执行相同的指令（如循环）。

Cache 经常与写缓存器（write buffer）一起使用。写缓存器是一个非常小的先进先出（FIFO）存储器，位于处理器核与主存之间。使用写缓存的目的是，将处理器核和 Cache 从较慢的主存写操作中解脱出来。当 CPU 向主存储器做写入操作时，它先将数据写入到写缓存区中，由于写缓存器的速度很高，这种写入操作的速度也将很高。写缓存区在 CPU 空闲时，以较低的速度将数据写入到主存储器中相应的位置。

通过引入 Cache 和写缓存区，存储系统的性能得到了很大的提高，但同时也带来了一些问题。例如，由于数据将存在于系统中的不同的物理位置，可能造成数据的不一致性；由于写缓存区的优化作用，可能有些写操作的执行顺序不是用户期望的顺序，从而造成操作错误。

2.6　异　　常

异常或中断是用户程序中最基本的一种执行流程和形态。本节主要对 ARM 架构下的异常中断作详细说明。

2.6.1　异常的种类

ARM 体系结构中，存在 7 种异常处理。当异常发生时，处理器会把 PC 设置为一个特定的存储器地址。这一地址放在被称为向量表（vector table）的特定地址范围内。向量表的入口是一些跳转指令，跳转到专门处理某个异常或中断的子程序。

存储器映射地址 0x00000000 是为向量表（一组 32 位字）保留的。在有些处理器中，向量表可以选择定位在存储空间的高地址（从偏移量 0xffff0000 开始）。一些嵌入式操作系统，如 Linux 和 Windows CE 就利用了这一特性。

ARM 的 7 种异常如表 2-4 所示。

表 2-4　　ARM 的 7 种异常

异常类型	处理器模式	执行低地址	执行高地址
复位异常（Reset）	特权模式	0x00000000	0xFFFF0000
未定义指令异常（Undefined interrupt）	未定义指令中止模式	0x00000004	0xFFFF0004
软中断异常（Software Abort）	特权模式	0x00000008	0xFFFF0008
预取异常（Prefetch Abort）	数据访问中止模式	0x0000000C	0xFFFF000C
数据异常（Data Abort）	数据访问中止模式	0x00000010	0xFFFF0010
外部中断请求（IRQ）	外部中断请求模式	0x00000018	0xFFFF0018
快速中断请求（FIQ）	快速中断请求模式	0x0000001C	0xFFFF001C

异常返回时，SPSR 内容恢复到 CPSR，连接寄存器 R14 的内容恢复到程序计数器（PC）。

2.6.2　异常的优先级

每一种异常按表 2-5 中设置的优先级得到处理。

表 2-5　　异常优先级

优先级		异常
最高	1	复位异常
	2	数据访问中止异常
	3	快速中断请求
	4	外部中断请求
	5	预取指令异常
	6	软中断
最低	7	未定义指令

异常可以同时发生，处理器则按表 2-5 中设置的优先级顺序处理异常。例如，处理器上电时发生复位异常，复位异常的优先级最高，所以当产生复位时，它将优先于其他异常得到处理。同样，当一个数据访问中止异常发生时，它将优先于除复位异常外的其他所有异常而得到处理。

优先级最低的两种异常是软中断和未定义指令异常。因为正在执行的指令不可能既是一条 SWI 指令，又是一条未定义指令，所以软中断异常和未定义指令异常享有相同的优先级。

2.6.3　构建异常向量表

异常处理向量表如图 2-6 所示。

异常返回时，SPSR 内容恢复到 CPSR，连接寄存器 R14 的内容恢复到程序计数器（PC）。

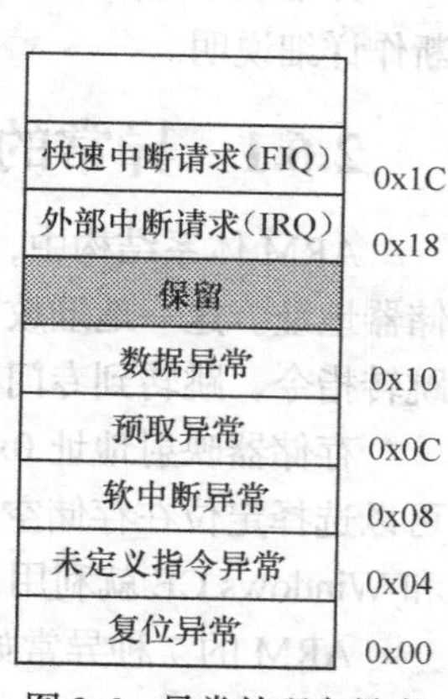

图 2-6　异常处理向量表

1. 复位异常

当处理器的复位引脚有效时，系统产生复位异常中断，程序跳转到复位异常中断处理程序处执行。复位异常中断通常用在下面两种情况下：

（1）系统上电；

（2）系统复位。

复位异常中断处理程序将进行一些初始化工作，内容与具体系统相关。下面是复位异常中断处理程序的主要功能。

（1）设置异常中断向量表。
（2）初始化数据栈和寄存器。
（3）初始化存储系统，如系统中的 MMU 等。
（4）初始化关键的 I/O 设备。
（5）使能中断。
（6）处理器切换到合适的模式。
（7）初始化 C 变量，跳转到应用程序执行。

2. 未定义指令异常

当 ARM 处理器执行协处理器指令时，它必须等待一个外部协处理器应答后，才能真正执行这条指令。若协处理器没有响应，则发生未定义指令异常。

未定义指令异常可用于在没有物理协处理器的系统上，对协处理器进行软件仿真，或通过软件仿真实现指令集扩展。例如，在一个不包含浮点运算的系统中，CPU 遇到浮点运算指令时，将发生未定义指令异常中断，在该未定义指令异常中断的处理程序中可以通过其他指令序列仿真浮点运算指令。

仿真功能可以通过下面的步骤实现。

（1）将仿真程序入口地址链接到向量表中未定义指令异常中断入口处（0x00000004 或 0xffff0004），并保存原来的中断处理程序。

（2）读取该未定义指令的 bits[27：24]，判断其是否是一条协处理器指令。如果 bits[27：24] 值为 0b1110 或 0b110x，该指令是一条协处理器指令；否则，由软件仿真实现协处理器功能，可以同过 bits[11：8]来判断要仿真的协处理器功能（类似于 SWI 异常实现机制）。

（3）如果不仿真该未定义指令，程序跳转到原来的未定义指令异常中断的中断处理程序执行。

3. 软中断

软中断（SWI）异常发生时，处理器进入特权模式，执行一些特权模式下的操作系统功能。

4. 预取指令异常

预取指令异常是由系统存储器报告的。当处理器试图去取一条被标记为预取无效的指令时，发生预取指令异常。

如果系统中不包含 MMU 时，指令预取异常中断处理程序只是简单地报告错误并退出。若包含 MMU，引起异常的指令的物理地址被存储到内存中。

5. 数据访问中止异常

数据访问中止异常是由存储器发出数据中止信号，它由存储器访问指令 Load/Store 产生。当数据访问指令的目标地址不存在或者该地址不允许当前指令访问时，处理器产生数据访问中止异常。

当数据访问中止异常发生时，寄存器的值将根据以下规则进行修改。

（1）返回地址寄存器 R14 的值只与发生数据异常的指令地址有关，与 PC 值无关。

（2）如果指令中没有指定基址寄存器回写，则基址寄存器的值不变。

（3）如果指令中指定了基址寄存器回写，则寄存器的值和具体芯片的 Abort Models 有关，由芯片的生产商指定。

（4）如果指令只加载一个通用寄存器的值，则通用寄存器的值不变。

（5）如果是批量加载指令，则寄存器中的值是不可预知的值。

（6）如果指令加载协处理器寄存器的值，则被加载寄存器的值不可预知。

6. 外部中断请求

当处理器的外部中断请求（IRQ）引脚有效，而且 CPSR 寄存器的 I 控制位被清除时，处理器产生外部中断 IRQ 异常。系统中各外部设备通常通过该异常中断请求处理器服务。

7. 快速中断请求

当处理器的快速中断请求（FIQ）引脚有效且 CPSR 寄存器的 F 控制位被清除时，处理器产生快速中断请求 FIQ 异常。

2.6.4 异常响应流程

1. 判断处理器状态

当异常发生时，处理器自动切换到 ARM 状态，所以在异常处理函数中要判断在异常发生前处理器是 ARM 状态还是 Thumb 状态。这可以通过检测 SPSR 的 T 位来判断。

通常情况下，只有在 SWI 处理函数中才需要知道异常发生前处理器的状态。所以在 Thumb 状态下，调用 SWI 软中断异常必须注意以下两点。

（1）发生异常的指令地址为（lr−2），而不是（lr−4）。

（2）Thumb 状态下的指令是 16 位的，在判断中断向量信号时使用半字加载指令 LDRH。

下面的例子显示了一个标准的 SWI 处理函数，在函数中通过 SPSR 的 T 位判断异常发生前的处理器状态。

```
T_bit EQU 0x20                          ; bit 5. SPSR中的ARM/Thumb状态位
:
:
SWIHandler
STMFD sp!, {R0-R3,R12,lr}               ; 寄存器压栈，保护程序现场
MRS R0, spsr                            ; 读SPSR寄存器，判断异常发生前的处理器状态
TST R0, #T_bit                          ; 检测SPSR的T位，判断异常发生前是否为Thumb状态
LDRNEH R0,[lr,#-2]                      ; 如果是Thumb状态，使用半字加载指令读取发生异常的指令地址
BICNE R0,R0,#0xFF00                     ; 提取中断向量号
LDREQ R0,[lr,#-4]                       ; 如果是ARM状态，使用字加载指令，读取发生异常的指令地址
BICEQ R0,R0,#0xFF000000                 ; 提取中断向量号并将中断向量号存入R0
; R0 存储中断向量号
CMP R0, #MaxSWI                         ; 判断中断是否超出范围
LDRLS pc, [pc, R0, LSL#2]               ; 如果未超出范围，跳转到软中断向量表Switable
B SWIOutOfRange                         ; 如果超出范围，跳转到软中断越界处理程序
switable
DCD do_swi_1
DCD do_swi_2
:
:
do_swi_1
; 1号软中断处理函数
LDMFD sp!, {R0-R3,R12,pc}^              ; Restore the registers and return
                                        ; 恢复寄存器并返回
do_swi_2                                ; 2号软中断处理函数
:
```

2. 向量表

前面介绍向量表时提到，每一个异常发生时总是从异常向量表开始跳转。最简单的一种情况是向量表里面的每一条指令直接跳向对应的异常处理函数。其中快速中断处理函数 FIQ_handler() 可以直接从地址 0x1C 处开始，省下一条跳转指令，如图 2-7 所示。

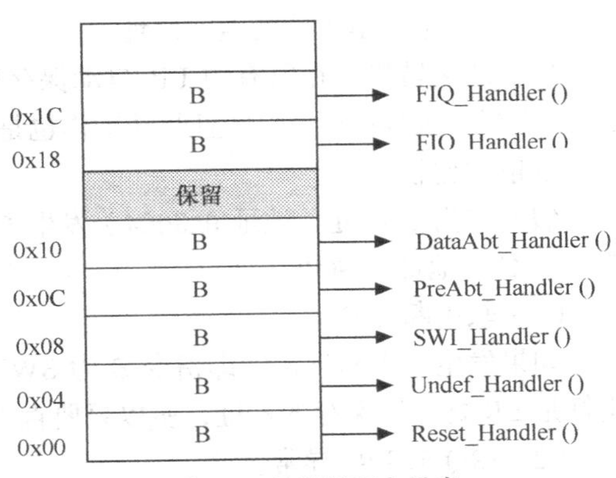

图 2-7 异常处理向量表

但跳转指令 B 的跳转范围为−32～32MB，但很多情况下不能保证所有的异常处理函数都定位在向量的 32MB 范围内，需要更大范围的跳转，而且由于向量表空间的限制，只能由一条指令完成。具体实现方法有下面两种。

（1）MOV PC， # imme_value

这种方法将目标地址直接赋值给 PC。但这种方法受格式限制不能处理任意立即数。这个立即数由一个 8 位数值循环右移偶数位得到。

（2）LDR PC，[PC+offset]

把目标地址先存储在某一个合适的地址空间，然后把这个存储器单元的 32 位数据传送给 PC 来实现跳转。

这种方法对目标地址值没有要求。但是，存储目标地址的存储器单元必须在当前指令的−4～4KB 空间范围内。

2.6.5 从异常处理程序中返回

当一个异常处理返回时，一共有 3 件事情需要处理：通用寄存器的恢复、状态寄存器的恢复及 PC 指针的恢复。通用寄存器的恢复采用一般的堆栈操作指令即可，下面重点介绍状态寄存器的恢复及 PC 指针的恢复。

1. 恢复被中断程序的处理器状态

PC 和 CPSR 的恢复可以通过一条指令来实现，下面是 3 个例子。

- `MOVS PC, LR`
- `SUBS PC, LR, #4`
- `LDMFD SP!, {PC}^`

这几条指令是普通的数据处理指令，特殊之处在于它们把 PC 作为目标寄存器，并且带了特殊的后缀“S”或“^”。其中“S”或“^”的作用就是使指令在执行时同时完成从 SPSR 到 CPSR 的副本，达到恢复状态寄存器的目的。

2. 异常的返回地址

异常返回时，另一个非常重要的问题就是返回地址的确定。前面提到过，处理器进入异常时会有一个保存 LR 的动作，但是该保持值并不一定是正确中断的返回地址。下面以一个简单的指令执行流水状态图（见图 2-8）来对此加以说明。

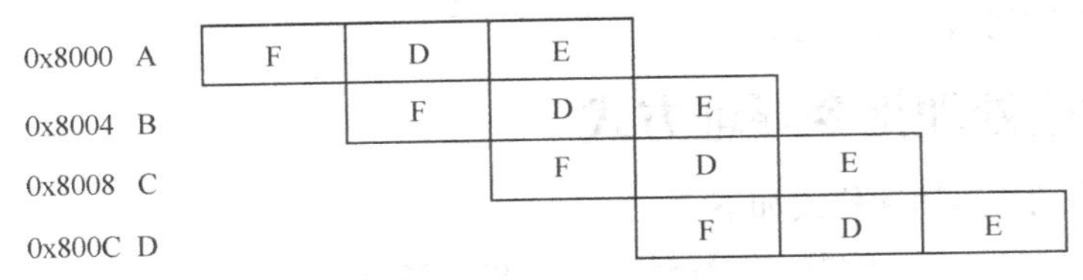

图 2-8 3 级流水线示例

在 ARM 架构中，PC 值指向当前执行指令地址加 8。也就是说，当执行指令 A（地址 0x8000）时，PC 等于 0x8000 + 8 = 0x8008，即等于指令 C 的地址。假设指令 A 是 BL 指令，则当执行时，会把 PC 值（0x8008）保存到 LR 寄存器。但是，接下来处理器会对 LR 进行一次自动调整，使 LR = LR − 0x04。所以，最终保存在 LR 里面的是图 2-8 中所示的 B 指令地址。所以当从 BL 返回时，LR里面正好是正确的返回地址。

同样的跳转机制在所有的LR自动保存操作中都存在。当进入中断响应时，处理器对保存的LR也进行一次自动调整，并且跳转动作也是LR=LR－0x04。由此，就可以对不同异常类型的返回地址依次比较。

假设在指令B处（地址0x8004）发生了异常，进入异常响应后，LR经过跳转保存的地址值应该是C的地址0x8008。

（1）软中断异常。

如果发生软中断异常，即指令B为SWI指令，从SWI中断返回后下一条执行指令就是C，正好是LR寄存器保存的地址，所以只要直接把LR恢复给PC即可。

（2）IRQ或FIQ异常。

如果发生的是IRQ或FIQ异常，因为外部中断请求中断了正在执行的指令B，当中断返回后，需要重新回到B指令执行，也就是说，返回地址应该是B（0x8004），需要把LR减4送PC。

（3）Data Abort数据中止异常。

在指令B处进入数据异常的响应，但导致数据异常的原因却应该是上一条指令A。当中断处理程序恢复数据异常后，要回到A重新执行导致数据异常的指令，因此返回地址应该是LR加8。

为方便起见，异常和返回地址的关系如表2-6所示。

表2-6　　异常和返回地址

异　常	地　址	用　途
复位	—	复位没有定义LR
数据中止	LR－8	指向导致数据中止异常的指令
FIQ	LR－4	指向发生异常时正在执行的指令
IRQ	LR－4	指向发生异常时正在执行的指令
预取指令中止	LR－4	指向导致预取指令异常的那条指令
SWI	LR	执行SWI指令的下一条指令
未定义指令	LR	指向未定义指令的下一条指令

2.7　ARM处理器的寻址方式

ARM指令集可以分为跳转指令、数据处理指令、程序状态寄存器传输指令、Load/Store指令、协处理器指令和异常中断产生指令。根据使用的指令类型不同，指令的寻址方式分为数据处理指令寻址方式和内存访问指令寻址方式。

2.7.1　数据处理指令寻址方式

数据处理指令的基本语法格式如下：

```
<opcode> {<cond>} {S} <Rd>,<Rn>,<shifter_operand>
```

其中，<shifter_operand>有11种寻址方式，如表2-7所示。

数据处理指令寻址方式可以分为以下3种。

（1）立即数寻址方式。

（2）寄存器寻址方式。

（3）寄存器移位寻址方式。

表 2-7　　　　<shifter_operand>的寻址方式

	语　法	寻 址 方 式
1	# <immediate>	立即数寻址
2	<Rm>	寄存器寻址
3	<Rm>, LSL　#<shift_imm>	立即数逻辑左移
4	<Rm>, LSL　<Rs>	寄存器逻辑左移
5	<Rm>, LSR　#<shift_imm>	立即数逻辑右移
6	<Rm>, LSR　<Rs>	寄存器逻辑右移
7	<Rm>, ASR　#<shift_imm>	立即数算术右移
8	<Rm>, ASR　<Rs>	寄存器算术右移
9	<Rm>, ROR　#<shift_imm>	立即数循环右移
10	<Rm>, ROR　<Rs>	寄存器循环右移
11	<Rm>, RRX	寄存器扩展循环右移

1. 立即数寻址方式

指令中的立即数是由一个 8bit 的常数移动 4bit 偶数位（0，2，4，…，26，28，30）得到的。所以，每一条指令都包含一个 8bit 的常数 X 和移位值 Y，得到的立即数 = X 循环右移（2×Y）。

下面列举了一些有效的立即数：

0xFF、0x104、0xFF0、0xFF00、0xFF000、0xFF000000、0xF000000F

下面是一些无效的立即数：

0x101、0x102、0xFF1、0xFF04、0xFF003、0xFFFFFFFF、0xF000001F

下面是一些应用立即数的指令：

```
MOV  R0,#0               ;送 0 到 R0
ADD  R3,R3,#1            ;R3 的值加 1
CMP  R7,#1000            ;R7 的值和 1000 比较
BIC  R9,R8,#0xFF00       ;将 R8 中 8~15 位清零，结果保存在 R9 中
```

2. 寄存器寻址方式

寄存器的值可以被直接用于数据操作指令，这种寻址方式是各类处理器经常采用的一种方式，也是一种执行效率较高的寻址方式，例如：

```
MOV  R2,R0               ;R0 的值送 R2
ADD  R4,R3,R2            ;R2 加 R3，结果送 R4
CMP  R7,R8               ;比较 R7 和 R8 的值
```

3. 寄存器移位寻址方式

寄存器的值在被送到 ALU 之前，可以事先经过桶形移位寄存器的处理。预处理和移位发生在同一周期内，所以有效地使用移位寄存器，可以增加代码的执行效率。

下面是一些在指令中使用了移位操作的例子：

```
ADD  R2,R0,R1,LSR  #5
MOV  R1,R0,LSL  #2
RSB  R9,R5,R5,LSL  #1
SUB  R1,R2,R0,LSR  #4
MOV  R2,R4,ROR  R0
```

2.7.2　内存访问指令寻址方式

内存访问指令的寻址方式可以分为以下几种。

（1）字及无符号字节的 Load/Store 指令的寻址方式。

（2）杂类 Load/Store 指令的寻址方式。

（3）批量 Load/Store 指令的寻址方式。

（4）堆栈操作寻址方式。

（5）协处理器 Load/Store 指令的寻址方式。

1. 字及无符号字节的 Load/Store 指令的寻址方式

字及无符号字节的 Load/Store 指令语法格式如下：

```
LDR|STR{<cond>}{B}{T}  <Rd>,<addressing_mode>
```

其中，<addressing_mode>共有 9 种寻址方式，如表 2-8 所示。

表 2-8 字及无符合字节的 Load/Store 指令的寻址方式

	格　式	模　式
1	[Rn，#±<offset_12>]	立即数偏移寻址（Immediate offset）
2	[Rn，±Rm]	寄存器偏移寻址（Register offset）
3	[Rn，Rm，<shift>#< offset_12>]	带移位的寄存器偏移寻址（Scaled register offset）
4	[Rn，#±< offset_12>]!	立即数前索引寻址（Immediate pre-indexed）
5	[Rn，±Rm]!	寄存器前索引寻址（Register post-indexed）
6	[Rn，Rm，<shift>#< offset_12>]!	带移位的寄存器前索引寻址（Scaled register pre-indexed）
7	[Rn]，#±< offset_12>	立即数后索引寻址（Immediate post-indeded）
8	[Rn]，±<Rm>	寄存器后索引寻址（Register post-indexed）
9	[Rn]，±<Rm>，<shift>#< offset_12>	带移位的寄存器后索引寻址（Scaled register post-indexed）

2. 杂类 Load/Store 指令的寻址方式

使用该类寻址方式的指令的语法格式如下：

```
LDR|STR{<cond>}H|SH|SB|D  <Rd>,<addressing_mode>
```

使用该类寻址方式的指令包括（有符号/无符号）半字 Load/Store 指令、有符号字节 Load/Store 指令和双字 Load/Store 指令。

该类寻址方式分为 6 种类型，如表 2-9 所示。

表 2-9 杂类 Load/Store 指令的寻址方式

	格　式	模　式
1	[Rn，#±<offset_8>]	立即数偏移寻址（Immediate offset）
2	[Rn，±Rm]	寄存器偏移寻址（Register offset）
3	[Rn，#±< offset_8>]!	立即数前索引寻址（Immediate pre-indexed）
4	[Rn，±Rm]!	寄存器前索引寻址（Register post-indexed）
5	[Rn]，#±< offset_8>	立即数后索引寻址（Immediate post-indeded）
6	[Rn]，±<Rm>	寄存器后索引寻址（Register post-indexed）

3. 批量 Load/Store 指令寻址方式

批量 Load/Store 指令将一片连续内存单元的数据加载到通用寄存器组中或将一组通用寄存器的数据存储到内存单元中。

批量 Load/Store 指令的寻址模式产生一个内存单元的地址范围，指令寄存器和内存单元的对应关系满足这样的规则，即编号低的寄存器对应于内存中低地址单元，编号高的寄存器对应于内存中的高地址单元。

该类指令的语法格式如下：

```
LDM|STM{<cond>}<addressing_mode>  <Rn>{!},<registers><^>
```

该类指令的寻址方式如表 2-10 所示。

表 2-10　批量 Load/Store 指令的寻址方式

	格　式	模　式
1	IA（Increment After）	后递增方式
2	IB（Increment Before）	先递增方式
3	DA（Decrement After）	后递减方式
4	DB（Decrement Before）	先递减方式

4. 堆栈操作寻址方式

堆栈操作寻址方式和批量 Load/Store 指令寻址方式十分类似。但对于堆栈的操作，数据写入内存和从内存中读出要使用不同的寻址模式，因为进栈操作（pop）和出栈操作（push）要在不同的方向上调整堆栈。

下面详细讨论如何使用合适的寻址方式实现数据的堆栈操作。

根据不同的寻址方式，将堆栈分为以下 4 种。

（1）Full 栈：堆栈指针指向栈顶元素（last used location）。

（2）Empty 栈：堆栈指针指向第一个可用元素（the first unused location）。

（3）递减栈：堆栈向内存地址减小的方向生长。

（4）递增栈：堆栈向内存地址增加的方向生长。

根据堆栈的不同种类，将其寻址方式分为以下 4 种。

（1）满递减 FD（Full Descending）。

（2）空递减 ED（Empty Descending）。

（3）满递增 FA（Full Ascending）。

（4）空递增 EA（Empty Ascending）。

堆栈的寻址方式和批量 Load/Store 指令寻址方式的对应关系如表 2-11 所示。

表 2-11　堆栈寻址方式和批量 Load/Store 指令寻址方式对应关系

批量数据寻址方式	堆栈寻址方式	L 位	P 位	U 位
LDMDA	LDMFA	1	0	0
LDMIA	LDMFD	1	0	1
LDMDB	LDMEA	1	1	0
LDMIB	LDMED	1	1	1
STMDA	STMED	0	0	0
STMIA	STMEA	0	0	1
STMDB	STMFD	0	1	0
STMIB	STMFA	0	1	1

5. 协处理器 Load/Store 寻址方式

协处理器 Load/Store 指令的语法格式如下：

```
<opcode>{<cond>}{L}  <coproc>,<CRd>,<addressing_mode>
```

2.8 ARM 处理器的指令集

2.8.1 数据操作指令

数据操作指令是指对存放在寄存器中的数据进行操作的指令，主要包括数据传送指令、算术指令、逻辑指令、比较与测试指令及乘法指令。

如果在数据处理指令前使用S前缀，指令的执行结果将会影响CPSR中的标志位。数据处理指令如表2-12所示。

表2-12 数据处理指令列表

助记符	操作	行为
MOV	数据传送	
MVN	数据取反传送	
AND	逻辑与	Rd：=Rn AND op2
EOR	逻辑异或	Rd：=Rn EOR op2
SUB	减	Rd：=Rn − op2
RSB	翻转减	Rd：=op2 − Rn
ADD	加	Rd：=Rn + op2
ADC	带进位的加	Rd：=Rn + op2 + C
SBC	带进位的减	Rd：=Rn− op2 + C − 1
RSC	带进位的翻转减	Rd：=op2 − Rn + C − 1
TST	测试	Rn AND op2 并更新标志位
TEQ	测试相等	Rn EOR op2 并更新标志位
CMP	比较	Rn−op2 并更新标志位
CMN	负数比较	Rn+op2 并更新标志位
ORR	逻辑或	Rd：=Rn OR op2
BIC	位清0	Rd：=Rn AND NOT（op2）

1. MOV指令

MOV指令是最简单的ARM指令，执行的结果就是把一个数N送到目标寄存器Rd，其中N可以是寄存器，也可以是立即数。

MOV指令多用于设置初始值或者在寄存器间传送数据。

MOV指令将移位码（shifter_operand）表示的数据传送到目的寄存器Rd，并根据操作的结果更新CPSR中相应的条件标志位。

（1）指令的语法格式。

```
MOV{<cond>}{S}   <Rd>,<shifter_operand>
```

（2）指令举例。

```
MOV     R0, R0              ; R0 = R0… NOP 指令
MOV     R0, R0, LSL#3       ; R0 = R0 * 8
```

如果R15是目的寄存器，将修改程序计数器或标志。这用于被调用的子函数结束后返回到调

用代码，方法是把连接寄存器的内容传送到 R15。

```
MOV     PC, R14         ; 退出到调用者，用于普通函数返回，PC 即是 R15
MOVS    PC, R14         ; 退出到调用者并恢复标志位，用于异常函数返回
```

（3）指令的使用。

MOV 指令主要完成以下功能。

① 将数据从一个寄存器传送到另一个寄存器。

② 将一个常数值传送到寄存器中。

③ 实现无算术和逻辑运算的单纯移位操作，操作数乘以 2^n 可以用左移 *n* 位来实现。

④ 当 PC（R15）用作目的寄存器时，可以实现程序跳转。如“MOV PC，LR”，所以这种跳转可以实现子程序调用及从子程序返回，代替指令“B，BL”。

⑤ 当 PC 作为目标寄存器且指令中 S 位被设置时，指令在执行跳转操作的同时，将当前处理器模式的 SPSR 寄存器的内容复制到 CPSR 中。这种指令“MOVS PC LR”可以实现从某些异常中断中返回。

2. MVN 指令

MVN 是反相传送（Move Negative）指令，它将操作数的反码传送到目的寄存器。

MVN 指令多用于向寄存器传送一个负数或生成位掩码。

MVN 指令将 shifter_operand 表示的数据的反码传送到目的寄存器 Rd，并根据操作的结果更新 CPSR 中相应的条件标志位。

（1）指令的语法格式。

```
MVN{<cond>}{S}  <Rd>,<shifter_operand>
```

（2）指令举例。

MVN 指令和 MOV 指令相同，也可以把一个数 N 送到目标寄存器 Rd，其中 N 可以是立即数，也可以是寄存器。

这是逻辑非操作而不是算术操作，这个取反的值加 1 才是它的取负的值。

```
MVN     R0, #4              ; R0 = -5
MVN     R0, #0              ; R0 = -1
```

（3）指令的使用。

MVN 指令主要完成以下功能。

① 向寄存器中传送一个负数。

② 生成位掩码（Bit Mask）。

③ 求一个数的反码。

3. AND 指令

AND 指令将 shifter_operand 表示的数值与寄存器 Rn 的值按位（bitwise）做逻辑与操作，并将结果保存到目标寄存器 Rd 中，同时根据操作的结果更新 CPSR 寄存器。

（1）指令的语法格式。

```
AND{<cond>}{S}  <Rd>,<Rn>,<shifter_operand>
```

（2）指令举例。

① 保留 R0 中的 0 位和 1 位，丢弃其余的位。

```
AND     R0, R0, #3
```

② R2 = R1&R3。

```
AND     R2,R1,R3
```

③ R0 = R0&0x01，取出最低位数据。

```
ANDS    R0,R0,#0x01
```

4. EOR 指令

EOR（Exclusive OR）指令将寄存器 Rn 中的值和 shifter_operand 的值执行按位“异或”操作，并将执行结果存储到目的寄存器 Rd 中，同时根据指令的执行结果更新 CPSR 中相应的条件标志位。

（1）指令的语法格式。

```
EOR{<cond>}{S}  <Rd>,<Rn>,<shifter_operand>
```

（2）指令举例。

① 反转 R0 中的位 0 和 1。

```
EOR     R0, R0, #3
```

② 将 R1 的低 4 位取反。

```
EOR     R1,R1,#0x0F
```

③ R2 = R1∧R0。

```
EOR     R2,R1,R0
```

④ 将 R5 和 0x01 进行逻辑异或，结果保存到 R0，并根据执行结果设置标志位。

```
EORS    R0,R5,#0x01
```

5. SUB 指令

SUB（Subtract）指令从寄存器 Rn 中减去 shifter_operand 表示的数值，并将结果保存到目标寄存器 Rd 中，并根据指令的执行结果设置 CPSR 中相应的标志位。

（1）指令的语法格式。

```
SUB{<cond>}{S} <Rd>,<Rn>,<shifter_operand>
```

（2）SUB 指令举例。

① R0 = R1 − R2。

```
SUB     R0, R1, R2
```

② R0 = R1 − 256。

```
SUB     R0, R1, #256
```

③ R0 = R2−(R3<<1)。

```
SUB     R0, R2, R3,LSL#1
```

6. RSB 指令

RSB（Reverse Subtract）指令从寄存器 shifter_operand 中减去 Rn 表示的数值，并将结果保存到目标寄存器 Rd 中，并根据指令的执行结果设置 CPSR 中相应的标志位。

（1）指令的语法格式。

```
RSB{<cond>}{S}  <Rd>,<Rn>,<shifter_operand>
```

（2）RSB 指令举例。

下面指令序列可以求一个 64 位数值的负数。64 位数放在寄存器 R0 与 R1 中，其负数放在 R2 和 R3 中。其中 R0 与 R2 中放低 32 位值。

```
RSBS    R2,R0,#0
RSC     R3,R1,#0
```

7. ADD 指令

ADD 指令将寄存器 shifter_operand 的值加上 Rn 表示的数值，并将结果保存到目标寄存器 Rd 中，并根据指令的执行结果设置 CPSR 中相应的标志位。

（1）指令的语法格式。

```
ADD{<cond>}{S}  <Rd>,<Rn>,<shifter_operand>
```

（2）ADD 指令举例。

```
ADD     R0, R1, R2          ; R0 = R1 + R2
ADD     R0, R1, #256        ; R0 = R1 + 256
ADD     R0, R2, R3,LSL#1    ; R0 = R2 + (R3 << 1)
```

8. ADC 指令

ADC 指令将寄存器 shifter_operand 的值加上 Rn 表示的数值，再加上 CPSR 中的 C 条件标志位的值，将结果保存到目标寄存器 Rd 中，并根据指令的执行结果设置 CPSR 中相应的标志位。

（1）指令的语法格式。

```
ADC{<cond>}{S}  <Rd>,<Rn>,<shifter_operand>
```

（2）ADC 指令举例。

ADC 指令将把两个操作数加起来，并把结果放置到目的寄存器中。它使用一个进位标志位，这样就可以做比 32 位大的加法。下面的例子将加两个 128 位的数。

128 位结果：寄存器 R0、R1、R2 和 R3。

第一个 128 位数：寄存器 R4、R5、R6 和 R7。

第二个 128 位数：寄存器 R8、R9、R10 和 R11。

```
ADDS    R0, R4, R8          ;加低端的字
ADCS    R1, R5, R9          ;加下一个字，带进位
ADCS    R2, R6, R10         ;加第三个字，带进位
ADCS    R3, R7, R11         ;加高端的字，带进位
```

9. SBC 指令

SBC（Subtract with Carry）指令用于执行操作数大于 32 位时的减法操作。该指令从寄存器 Rn 中减去 shifter_operand 表示的数值，再减去寄存器 CPSR 中 C 条件标志位的反码[NOT（Carry flag）]，并将结果保存到目标寄存器 Rd 中，并根据指令的执行结果设置 CPSR 中相应的标志位。

（1）指令的语法格式。

```
SBC{<cond>}{S}  <Rd>,<Rn>,<shifter_operand>
```

（2）SBC 指令举例。

下面的程序使用 SBC 实现 64 位减法，（R1，R0）-（R3，R2），结果存放到（R1，R0）。

```
SUBS    R0,R0,R2
SBCS    R1,R1,R3
```

10. RSC 指令

RSC（Reverse Subtract with Carry）指令用于从寄存器 shifter_operand 中减去 Rn 表示的数值，再减去寄存器 CPSR 中 C 条件标志位的反码［NOT（Carry Flag）］，将结果保存到目标寄存器 Rd 中，并根据指令的执行结果设置 CPSR 中相应的标志位。

（1）指令的语法格式。

```
RSC{<cond>}{S}  <Rd>,<Rn>,<shifter_operand>
```

（2）RSC 指令举例。

下面的程序使用 RSC 指令实现求 64 位数值的负数。

```
RSBS    R2,R0,#0
RSC     R3,R1,#0
```

11. TST 测试指令

TST（Test）测试指令用于将一个寄存器的值和一个算术值进行比较。条件标志位根据两个操

作数做“逻辑与”后的结果设置。

（1）指令的语法格式。

```
TST{<cond>}  <Rn>,<shifter_operand>
```

（2）TST 指令举例。

TST 指令类似于 CMP 指令，不产生放置到目的寄存器中的结果，而是在给出的两个操作数上进行操作并把结果反映到状态标志上。使用 TST 指令来检查是否设置了特定的位。操作数 1 是要测试的数据字，而操作数 2 是一个位掩码。经过测试后，如果匹配则设置 Zero 标志，否则清除它。与 CMP 指令一样，该指令不需要指定 S 后缀。

下面的指令测试在 R0 中是否设置了位 0。

```
TST     R0, #%1
```

12. TEQ 指令

TEQ（Test Equivalence）指令用于将一个寄存器的值和一个算术值做比较。条件标志位根据两个操作数做“逻辑或”后的结果设置，以便后面的指令根据相应的条件标志来判断是否执行。

（1）指令的语法格式。

```
TEQ{<cond>}  <Rn>,<shifter_operand>
```

（2）TEQ 指令举例。

下面的指令是比较 R0 和 R1 是否相等，该指令不影响 CPSR 中的 V 位和 C 位。

```
TEQ     R0,R1
```

TST 指令与 EORS 指令的区别在于 TST 指令不保存运算结果。使用 TEQ 进行相等测试，常与 EQ 和 NE 条件码配合使用，当两个数据相等时，条件码 EQ 有效；否则条件码 NE 有效。

13. CMP 指令

CMP（Compare）指令使用寄存器 Rn 的值减去 operand2 的值，根据操作的结果更新 CPSR 中相应的条件标志位，以便后面的指令根据相应的条件标志来判断是否执行。

（1）指令的语法格式。

```
CMP{<cond>}  <Rn>,<shifter_operand>
```

（2）CMP 指令举例。

CMP 指令允许把一个寄存器的内容与另一个寄存器的内容或立即值进行比较，更改状态标志来允许进行条件执行。它进行一次减法，但不存储结果，而是正确地更改标志位。标志位表示的是操作数 1 与操作数 2 比较的结果（其值可能为大、小、相等）。如果操作数 1 大于操作数 2，则此后的有 GT 后缀的指令将可以执行。

显然，CMP 不需要显式地指定 S 后缀来更改状态标志。

① 下面的指令是比较 R1 和立即数 10 并设置相关的标志位。

```
CMP     R1,#10
```

② 下面的指令是比较寄存器 R1 和 R2 中的值并设置相关的标志位。

```
CMP     R1,R2
```

通过上面的例子可以看出，CMP 指令与 SUBS 指令的区别在于 CMP 指令不保存运算结果，在进行两个数据大小判断时，常用 CMP 指令及相应的条件码来进行操作。

14. CMN 指令

CMN（Compare Negative）指令使用寄存器 Rn 的值减去 operand2 的负数值（加上 operand2），根据操作的结果更新 CPSR 中相应的条件标志位，以便后面的指令根据相应的条件标志来判断是否执行。

（1）指令的语法格式。

```
CMN{<cond>}  <Rn>,<shifter_operand>
```

（2）CMN 指令举例。

CMN 指令将寄存器 Rn 中的值加上 shifter_operand 表示的数值，根据加法的结果设置 CPSR 中相应的条件标志位。寄存器 Rn 中的值加上 shifter_operand 的操作结果对 CPSR 中条件标志位的影响，与寄存器 Rn 中的值减去 shifter_operand 的操作结果的相反数对 CPSR 中条件标志位的影响有细微差别。当第 2 个操作数为 0 或者为 0x80000000 时两者结果不同，比如下面两条指令：

```
CMP     Rn, #0
CMN     Rn, #0
```

第 1 条指令使标志位 C 值为 1，第 2 条指令使标志位 C 值为 0。

下面的指令使 R0 值加 1，判断 R0 是否为 1 的补码，若是，则 Z 置位。

```
CMN     R0, #1
```

15. ORR 指令

ORR（Logical OR）为逻辑或操作指令，它将第 2 个源操作数 shifter_operand 的值与寄存器 Rn 的值按位做“逻辑或”操作，结果保存到 Rd 中。

（1）指令的语法格式。

```
ORR{<cond>}{S}  <Rd>,<Rn>,<shifter_operand>
```

（2）ORR 指令举例。

① 设置 R0 中位 0 和 1。

```
ORR     R0, R0, #3
```

② 将 R0 的低 4 位置 1。

```
ORR     R0,R0,#0x0F
```

③ 使用 ORR 指令将 R2 的高 8 位数据移入到 R3 的低 8 位中。

```
MOV     R1,R2,LSR #4
ORR     R3,R1,R3,LSL #8
```

16. BIC 位清零指令

BIC（Bit Clear）位清零指令，将寄存器 Rn 的值与第 2 个源操作数 shifter_operand 的值的反码按位做“逻辑与”操作，结果保存到 Rd 中。

（1）指令的语法格式。

```
BIC{<cond>}{S}  <Rd>,<Rn>,<shifter_operand>
```

（2）BIC 指令举例。

① 清除 R0 中的位 0、1 和 3，保持其余的不变。

```
BIC     R0, R0, #0x1011
```

② 将 R3 的反码和 R2 逻辑与，结果保存到 R1 中。

```
BIC     R1,R2,R3
```

2.8.2　乘法指令

ARM 乘法指令完成两个数据的乘法。两个 32 位二进制数相乘的结果是 64 位的积。在有些 ARM 的处理器版本中，将乘积的结果保存到两个独立的寄存器中，而另外一些版本只将最低有效 32 位存放到一个寄存器中。

无论是哪种版本的处理器，都有乘—累加的变型指令，将乘积连续累加得到总和，而且有符号数和无符号数都能使用。对于有符号数和无符号数，结果的最低有效位是一样的。因此，对于只保留 32 位结果的乘法指令，不需要区分有符号数和无符号数这两种情况。

表 2-13 所示为各种形式乘法指令的功能。

表 2-13 各种形式乘法指令的功能

操作码[23：21]	助记符	意义	操作
000	MUL	乘（保留 32 位结果）	Rd：=（Rm×Rs）[31：0]
001	MLA	乘—累加（32 位结果）	Rd：=（Rm×Rs＋Rn）[31：0]
100	UMULL	无符号数长乘	RdHi：RdLo：=Rm×Rs
101	UMLAL	无符号长乘—累加	RdHi：RdLo：＋=Rm×Rs
110	SMULL	有符号数长乘	RdHi：RdLo：=Rm×Rs
111	SMLAL	有符号数长乘—累加	RdHi：RdLo：＋=Rm×Rs

其中：

① “RdHi：RdLo”是由 RdHi（最高有效 32 位）和 RdLo（最低有效 32 位）连接形成的 64 位数，“[31：0]”只选取结果的最低有效 32 位。

② 简单的赋值由“：=”表示。

③ 累加（将右边加到左边）是由“+=”表示。

各个乘法指令中的位 S（参考下文具体指令的语法格式）控制条件码的设置会产生以下结果。

（1）对于产生 32 位结果的指令形式，将标志位 N 设置为 Rd 的第 31 位的值；对于产生长结果的指令形式，将其设置为 RdHi 的第 31 位的值。

（2）对于产生 32 位结果的指令形式，如果 Rd 等于零，则标志位 Z 置位；对于产生长结果的指令形式，RdHi 和 RdLo 同时为零时，标志位 Z 置位。

（3）将标志位 C 设置成无意义的值。

（4）标志位 V 不变。

1. MUL 指令

MUL（Multiply）32 位乘法指令将 Rm 和 Rs 中的值相乘，结果的最低 32 位保存到 Rd 中。

（1）指令的语法格式。

```
MUL{<cond>}{S}    <Rd>,<Rm>,<Rs>
```

（2）指令举例。

① R1＝R2×R3。

```
MUL    R1, R2, R3
```

② R0＝R3×R7，同时设置 CPSR 中的 N 位和 Z 位。

```
MULS    R0, R3, R7
```

2. MLA 乘—累加指令

MLA（Multiply Accumulate）32 位乘—累加指令将 Rm 和 Rs 中的值相乘，再将乘积加上第 3 个操作数，结果的最低 32 位保存到 Rd 中。

（1）指令的语法格式。

```
MLA{<cond>}{S}    <Rd>,<Rm>,<Rs>,<Rn>
```

（2）指令举例。

下面指令完成 R1＝R2×R3＋10 的操作。

```
MOV    R0, #0x0A
MLA    R1, R2, R3, R0
```

3. UMULL 指令

UMULL（Unsigned Multiply Long）为 64 位无符号乘法指令。它将 Rm 和 Rs 中的值做无符号

数相乘，结果的低 32 位保存到 RsLo 中，高 32 位保存到 RdHi 中。

（1）指令的语法格式。

```
UMULL{<cond>}{S}   <RdLo>,<RdHi>,<Rm>,<Rs>
```

（2）指令举例。

下面指令完成(R1，R0) = R5 × R8 操作。

```
UMULL    R0, R1, R5, R8;
```

4. UMLAL 指令

UMLAL（Unsigned Multiply Accumulate Long）为 64 位无符号长乘—累加指令。指令将 Rm 和 Rs 中的值做无符号数相乘，64 位乘积与 RdHi、RdLo 相加，结果的低 32 位保存到 RsLo 中，高 32 位保存到 RdHi 中。

（1）指令的语法格式。

```
UMALL{<cond>}{S}   <RdLo>,<RdHi>,<Rm>,<Rs>
```

（2）指令举例。

下面的指令完成(R1，R0) = R5 × R8+(R1，R0)操作。

```
UMLAL    R0, R1, R5,R8;
```

5. SMULL 指令

SMULL（Signed Multiply Long）为 64 位有符号长乘法指令。指令将 Rm 和 Rs 中的值做有符号数相乘，结果的低 32 位保存到 RsLo 中，高 32 位保存到 RdHi 中。

（1）指令的语法格式。

```
SMULL{<cond>}{S}   <RdLo>,<RdHi>,<Rm>,<Rs>
```

（2）指令举例。

下面的指令完成(R3，R2) = R7 × R6 操作。

```
SMULL    R2, R3, R7,R6;
```

6. SMLAL 指令

SMLAL（Signed Multiply Accumulate Long）为 64 位有符号长乘—累加指令。指令将 Rm 和 Rs 中的值做有符号数相乘，64 位乘积与 RdHi、RdLo 相加，结果的低 32 位保存到 RsLo 中，高 32 位保存到 RdHi 中。

（1）指令的语法格式。

```
SMLAL{<cond>}{S}   <RdLo>,<RdHi>,<Rm>,<Rs>
```

（2）指令举例。

下面的指令完成(R3，R2) = R7 × R6 +(R3，R2)操作。

```
SMLAL    R2, R3, R7,R6;
```

2.8.3 Load/Store 指令

Load/Store 内存访问指令在 ARM 寄存器和存储器之间传送数据。ARM 指令中有 3 种基本的数据传送指令。

1. 单寄存器 Load/Store 指令（Single Register）

这些指令在 ARM 寄存器和存储器之间提供更灵活的单数据项传送方式。数据项可以是字节、16 位半字或 32 位字。

2. 多寄存器 Load/Store 内存访问指令

这些指令的灵活性比单寄存器传送指令差，但可以使大量的数据更有效地传送。它们用于进程的进入和退出、保存和恢复工作寄存器以及复制存储器中的一块数据。

3. 单寄存器交换指令（Single Register Swap）

这些指令允许寄存器和存储器中的数值进行交换，在一条指令中有效地完成Load/Store操作。它们在用户级编程中很少用到，其主要用途是在多处理器系统中实现信号量（Semaphores）的操作，以保证不会同时访问公用的数据结构。

2.8.3.1 单寄存器的Load/Store指令

这种指令用于把单一的数据传入或者传出一个寄存器。支持的数据类型有字节（8位）、半字（16位）和字（32位）。

所有单寄存器的Load/Store指令如表2-14所示。

表2-14 单寄存器Load/Store指令

指 令	作 用	操 作
LDR	把一个字装入一个寄存器	Rd←mem32[address]
STR	将存储器中的字保存到寄存器	Rd→mem32[address]
LDRB	把一个字节装入一个寄存器	Rd←mem8[address]
STRB	将寄存器中的低8位字节保存到存储器	Rd→mem8[address]
LDRH	把一个半字装入一个寄存器	Rd←mem16[address]
STRH	将寄存器中的低16位半字保存到存储器	Rd→mem16[address]
LDRBT	用户模式下将一个字节装入寄存器	Rd←mem8[address] under user mode
STRBT	用户模式下将寄存器中的低8位字节保存到存储器	Rd→mem8[address] under user mode
LDRT	用户模式下把一个字装入一个寄存器	Rd←mem32[address]under user mode
STRT	用户模式下将存储器中的字保存到寄存器	Rd→mem32[address]]under user mode
LDRSB	把一个有符号字节装入一个寄存器	Rd←sign{mem8[address]}
LDRSH	把一个有符号半字装入一个寄存器	Rd←sign{mem16[address]}

1. LDR指令

LDR指令用于从内存中将一个32位的字读取到目标寄存器。

（1）指令的语法格式。

```
LDR{<cond>}  <Rd>,<addr_mode>
```

（2）指令举例。

```
LDR  R1,[R0,#0x12]        ;将R0+12地址处的数据读出，保存到R1中（R0的值不变）
LDR  R1,[R0]              ;将R0地址处的数据读出，保存到R1中（零偏移）
LDR  R1,[R0,R2]           ;将R0+R2地址的数据读出，保存到R1中（R0的值不变）
LDR  R1,[R0,R2,LSL #2]    ;将R0+R2×4地址处的数据读出，保存到R1中（R0、R2的值不变）
LDR  Rd,label             ;label为程序标号，label必须是当前指令的-4～4KB范围内
LDR  Rd,[Rn],#0x04        ;Rn的值用做传输数据的存储地址。在数据传送后，将偏移量0x04与
                           Rn相加，结果写回到Rn中。Rn不允许是R15
```

2. STR指令

STR指令用于将一个32位的字数据写入到指令中指定的内存单元。

（1）指令的语法格式。

```
STR{<cond>}  <Rd>,<addr_mode>
```

（2）指令举例。

LDR/STR指令用于对内存变量的访问、内存缓冲区数据的访问、查表、外围部件的控制操作

等，若使用 LDR 指令加载数据到 PC 寄存器，则实现程序跳转功能，这样也就实现了程序散转。

① 变量访问。

```
NumCount  EQU  0x40003000          ;定义变量 NumCount
LDR  R0,=NumCount                  ;使用 LDR 伪指令装载 NumCount 的地址到 R0
LDR  R1,[R0]                       ;取出变量值
ADD  R1,R1,#1                      ;NumCount=NumCount+1
STR  R1,[R0]                       ;保存变量
```

② GPIO 设置。

```
GPIO-BASE  EQU   0xe0028000        ;定义 GPIO 寄存器的基地址
…
LDR    R0,=GPIO-BASE
LDR    R1,=0x00ffff00              ;将设置值放入寄存器
STR    R1,[R0,#0x0C]               ;IODIR=0x00ffff00,IOSET 的地址为 0xE0028004
```

③ 程序散转。

```
…
MOV  R2,R2,LSL #2                  ;功能号乘以 4，以便查表
LDR  PC,[PC,R2]                    ;查表取得对应功能子程序地址并跳转
NOP
FUN-TAB  DCD   FUN-SUB0
         DCD   FUN-SUB1
         DCD   FUN-SUB2
          …
```

3. LDRB 指令

LDRB 指令根据 addr_mode 所确定的地址模式将一个 8 位字节读取到指令中的目标寄存器 Rd。

指令的语法格式：

```
LDR{<cond>}B  <Rd>,<addr_mode>
```

4. STRB 指令

STRB 指令从寄存器中取出指定的 8 位字节放入寄存器的低 8 位，并将寄存器的高位补 0。

指令的语法格式：

```
STR{<cond>}B  <Rd>,<addr_mode>
```

5. LDRH 指令

LDRH 指令用于从内存中将一个 16 位的半字读取到目标寄存器。如果指令的内存地址不是半字节对齐的，指令的执行结果不可预知。

指令的语法格式：

```
LDR{<cond>}H  <Rd>,<addr_mode>
```

6. STRH 指令

STRH 指令从寄存器中取出指定的 16 位半字放入寄存器的低 16 位，并将寄存器的高位补 0。

指令的语法格式：

```
STR{<cond>}H  <Rd>,<addr_mode>
```

2.8.3.2　多寄存器的 Load/Store 内存访问指令

多寄存器的 Load/Store 内存访问指令也叫批量加载/存储指令，它可以实现在一组寄存器和一块连续的内存单元之间传送数据。LDM 用于加载多个寄存器，STM 用于存储多个寄存器。多寄存器的 Load/Store 内存访问指令允许一条指令传送 16 个寄存器的任何子集或所有寄存器。

多寄存器的 Load/Store 内存访问指令主要用于现场保护、数据复制、参数传递等。

多寄存器的 Load/Store 内存访问指令如表 2-15 所示。

表 2-15　　多寄存器的 Load/Store 内存访问指令

指　令	作　用	操　作
LDM	装载多个寄存器	{Rd}*N←mem32[start address+4*N]
STM	保存多个寄存器	{Rd}*N→mem32[start address+4*N]

1. LDM 指令

LDM 指令将数据从连续的内存单元中读取到指令中指定的寄存器列表中的各寄存器中。

当 PC 包含在 LDM 指令的寄存器列表中时，指令从内存中读取的字数据将被作为目标地址值，指令执行后程序将从目标地址处开始执行，从而实现了指令的跳转。

指令的语法格式：

```
LDM{<cond>}<addressing_mode>  <Rn>{!},  <registers>
```

寄存器 R0 ~ R15 分别对应于指令编码中 bit[0] ~ bit[15]位。如果 R*i* 存在于寄存器列表中，则相应的位等于 1，否则为 0。

LDM 指令将数据从连续的内存单元中读取到指令中指定的寄存器列表中的各寄存器中。

指令的语法格式：

```
LDM{<cond>}<addressing_mode>  <Rn>,  <registers_without_pc>^^
```

2. STM 指令

STM 指令将指令中寄存器列表中的各寄存器数值写入到连续的内存单元中，主要用于块数据的写入、数据栈操作及进入子程序时保存相关寄存器的操作。

指令的语法格式：

```
STM{<cond>}<addressing_mode>  <Rn>{!},  <registers>
```

STM 指令将指令中寄存器列表中的各寄存器数值写入到连续的内存单元中，主要用于块数据的写入、数据栈操作及进入子程序时保存相关寄存器等操作。

指令的语法格式：

```
STM{<cond>}<addressing_mode>  <Rn>,  <registers >^
```

2.8.3.3　数据传送指令应用

LDM/STM 批量加载/存储指令可以实现在一组寄存器和一块连续的内存单元之间传输数据。LDM 为加载多个寄存器，STM 为存储多个寄存器。允许一条指令传送 16 个寄存器的任何子集或所有寄存器。指令格式如下：

```
LDM{cond}<模式>  Rn{!},regist{  }
STM{cond}<模式>  Rn{!},regist{  }
```

其中，LDM/STM 的主要用途有现场保护、数据复制、参数传递等。其模式有 8 种，其中前面 4 种用于数据块的传输，后面 4 种是堆栈操作，如下所示。

① IA：每次传送后地址加 4。

② IB：每次传送前地址加 4。

③ DA：每次传送后地址减 4。

④ DB：每次传送前地址减 4。

⑤ FD：满递减堆栈。

⑥ ED：空递增堆栈。

⑦ FA：满递增堆栈。

⑧ EA：空递增堆栈。

寄存器 Rn 为基址寄存器，装有传送数据的初始地址，Rn 不允许为 R15；后缀“!”表示最后的地址写回到 Rn 中；寄存器列表 reglist 可包含多于一个寄存器或寄存器范围，使用“,”分开，如{R1，R2，R6～R9}，寄存器排列由小到大排列；“^ ”后缀不允许在用户模式下使用，只能在系统模式下使用。若在 LDM 指令用寄存器列表中包含有 PC 时使用，那么除了正常的多寄存器传送外，将 SPSR 复制到 CPSR 中，这可用于异常处理返回；使用“^ ”后缀进行数据传送且寄存器列表不包含 PC 时，加载/存储的是用户模式寄存器，而不是当前模式寄存器。

```
LDMIA  R0! ,{R3~R9}        ;加载 R0 指向的地址上的多字数据，保存到 R3～R9 中，R0 值更新
STMIA  R1! ,{R3～R9}       ;将 R3～R9 的数据存储到 R1 指向的地址上，R1 值更新
STMFD  SP!,{R0～R7,LR}     ;现场保存，将 R0～R7、LR 入栈
LDMFD  SP!,{R0～R7,PC}     ;恢复现场，异常处理返回
```

在进行数据复制时，先设置好源数据指针，然后使用块复制寻址指令 LDMIA/STMIA、LDMIB/STMIB、LDMDA/STMDA、LDMDB/STMDB 进行读取和存储。而进行堆栈操作时，则要先设置堆栈指针，一般使用 SP 然后使用堆栈寻址指令 STMFD/LDMFD、STMED/LDMED、STMEA/LDMEA 实现堆栈操作。

数据是存储在基址寄存器的地址之上还是之下，地址是存储第一个值之前还是之后、增加还是减少，如表 2-16 所示。

表 2-16　多寄存器的 Load/Store 内存访问指令映射

		向 上 生 长		向 下 生 长	
		满	空	满	空
增加	之前	STMIB			LDMIB
		STMFA			LDMED
	之后		STMIA	LDMIA	
			STMEA	LDMFD	
增加	之前		LDMDB	STMDB	
			LDMEA	STMFD	
	之后	LDMDA			STMDA
		LDMFA			STMED

【例 2-2】　使用 LDM/STM 进行数据复制。

```
LDR  R0,=SrcData          ;设置源数据地址
LDR  R1,=DstData          ;设置目标地址
LDMIA   R0,{R2～R9}       ;加载 8 字数据到寄存器 R2～R9
STMIA   R1,{R2～R9}       ;存储寄存器 R2～R9 到目标地址
```

【例 2-3】　使用 LDM/STM 进行现场寄存器保护，常在子程序或异常处理使用。

```
SENDBYTE
    STMFD     SP!,{R0～R7,LR}        ;寄存器压栈保护
     …
    BL        DELAY                  ;调用 DELAY 子程序
     …
    LDMFD     SP!,{R0～R7,PC}        ;恢复寄存器，并返回
```

2.8.4 单数据交换指令

交换指令是 Load/Store 指令的一种特例，它把一个寄存器单元的内容与寄存器内容交换。交换指令是一个原子操作（Atomic Operation），也就是说，在连续的总线操作中读/写一个存储单元，在操作期间阻止其他任何指令对该存储单元的读/写。

交换指令如表 2-17 所示。

表 2-17　　交换指令

指　　令	作　用	操　　作
SWP	字交换	tmp=men32[Rn] mem32[Rn]=Rm Rd=tmp
SWPB	字节交换	tmp=men8[Rn] mem8[Rn]=Rm Rd=tmp

1. SWP 字交换指令

SWP 指令用于将内存中的一个字单元和一个指定寄存器的值相交换。操作过程如下：假设内存单元地址存放在寄存器<Rn>中，指令将<Rn>中的数据读取到目的寄存器 Rd 中，同时将另一个寄存器<Rm>的内容写入到该内存单元中。当<Rd>和<Rm>为同一个寄存器时，指令交换该寄存器和内存单元的内容。

指令的语法格式：

```
SWP{<cond>}  <Rd>,<Rm>,[<Rn>]
```

2. SWPB 字节交换指令

SWPB 指令用于将内存中的一个字节单元和一个指定寄存器的低 8 位值相交换，操作过程如下：假设内存单元地址存放在寄存器<Rn>中，指令将<Rn>中的数据读取到目的寄存器 Rd 中，寄存器 Rd 的高 24 位设为 0，同时将另一个寄存器<Rm>的低 8 位内容写入到该内存字节单元中。当<Rd>和<Rm>为同一个寄存器时，指令交换该寄存器低 8 位内容和内存字节单元的内容。

指令的语法格式：

```
SWP{<cond>}B  <Rd>,<Rm>,[<Rn>]
```

3. 交换指令 SWP 的应用

SWP 指令用于将一个内存单元（该单元地址放在寄存器 Rn 中）的内容读取到一个寄存器 Rd 中，同时将另一个寄存器 Rm 的内容写到该内存单元中，使用 SWP 可实现信号量操作。

指令的语法格式：

```
SWP{cond}B  Rd,Rm,[Rn]
```

其中，B 为可选后缀，若有 B，则交换字节；否则交换 32 位字。Rd 为目的寄存器，存储从存储器中加载的数据，同时，Rm 中的数据将会被存储到存储器中。若 Rm 与 Rn 相同，则为寄存器与存储器内容进行交换。Rn 为要进行数据交换的存储器地址，Rn 不能与 Rd 和 Rm 相同。

【例 2-4】 SWP 指令举例。

```
SWP  R1,R1,[R0]        ;将 R1 的内容与 R0 指向的存储单元内容进行交换
SWPB  R1,R2,[R0]       ;将 R0 指向的存储单元内容读取一字节数据到 R1 中（高 24 位清零），
                        并将 R2 的内容写入到该内存单元中（最低字节有效）
```

使用 SWP 指令可以方便地进行信号量操作。

```
12C_SEM      EQU      0x40003000
             …
12C_SEM_WAIT
        MOV       R0,#0
        LDR       R0,=12C_SEM
        SWP       R1,R1,[R0]      ;取出信号量，并将其设为 0
        CMP       R1,#0           ;判断是否有信号
        BEQ       12C_SEM_WAIT    ;若没有信号则等待
```

2.8.5　跳转指令

跳转（B）和跳转连接（BL）指令是改变指令执行顺序的标准方式。ARM 一般按照字地址顺序执行指令，需要时使用条件执行跳过某段指令。只要程序必须偏离顺序执行，就要使用控制流指令来修改程序计数器。尽管在特定情况下还有其他几种方式实现这个目的，但转移和转移连接指令是标准的方式。

跳转指令改变程序的执行流程或者调用子程序。这种指令使得一个程序可以使用子程序、if-then-else 结构及循环。执行流程的改变迫使程序计数器（PC）指向一个新的地址，ARMv5 架构指令集包含的跳转指令，如表 2-18 所示。

表 2-18　　ARMv5 架构跳转指令

助 记 符	说　明	操　作
B	跳转指令	pc←label
BL	带返回的连接跳转	pc←label(lr←BL 后面的第一条指令)
BX	跳转并切换状态	pc←Rm&0xfffffffe, T←Rm&1
BLX	带返回的跳转并切换状态	pc←lable, T←1 pc←Rm&0xfffffffe, T←Rm&1 lr←BL 后面的第一条指令

另一种实现指令跳转的方式是通过直接向 PC 寄存器中写入目标地址值，实现在 4GB 地址空间中任意跳转，这种跳转指令又称为长跳转。如果在长跳转指令之前使用“MOV　LR”或“MOV PC”等指令，可以保存将来返回的地址值，也就实现了在 4GB 的地址空间中的子程序调用。

1. 跳转指令 B 及带连接的跳转指令 BL

跳转指令 B 使程序跳转到指定的地址执行程序。带连接的跳转指令 BL 将下一条指令的地址复制到 R14（即返回地址连接寄存器 LR）寄存器中，然后跳转到指定地址运行程序。需要注意的是，这两条指令和目标地址处的指令都要属于 ARM 指令集。两条指令都可以根据 CPSR 中的条件标志位的值决定指令是否执行。

（1）指令的语法格式。

```
B{L}{<cond>}  <target_address>
```

BL 指令用于实现子程序调用。子程序的返回可以通过将 LR 寄存器的值复制到 PC 寄存器来实现。下面 3 种指令可以实现子程序返回。

① BX　R14（如果体系结构支持 BX 指令）。

② MOV　PC，R14。

③ 当子程序在入口处使用了压栈指令：

```
STMFD  R13! ,{<registers>,R14}
```

可以使用指令：

```
LDMFD R13!,{<registers>,PC}
```

将子程序返回地址放入 PC 中。

ARM 汇编器通过以下步骤计算指令编码中的 signed_immed_24。

① 将 PC 寄存器的值作为本跳转指令的基地址值。

② 从跳转的目标地址中减去上面所说的跳转的基地址，生成字节偏移量。由于 ARM 指令是字对齐的，该字节偏移量为 4 的倍数。

③ 当上面生成的字节偏移量超过−33 554 432 ~ +33 554 430 时，不同的汇编器使用不同的代码产生策略。

④ 否则，将指令编码字中的 signed_immed_24 设置成上述字节偏移量的 bits[25∶2]。

（2）程序举例。

① 程序跳转到 LABLE 标号处。

```
    B  LABLE ;
    
    ADD  R1,R2,#4
    ADD  R3,R2,#8
    SUB  R3,R3,R1
LABLE
    SUB  R1,R2,#8
```

② 跳转到绝对地址 0x1234 处。

```
B  0x1234
```

③ 跳转到子程序 func 处执行，同时将当前 PC 值保存到 LR 中。

```
BL  func
```

④ 条件跳转：当 CPSR 寄存器中的 C 条件标志位为 1 时，程序跳转到标号 LABLE 处执行。

```
BCC  LABLE
```

⑤ 通过跳转指令建立一个无限循环。

```
LOOP
    ADD  R1,R2,#4
    ADD  R3,R2,#8
    SUB  R3,R3,R1
    B  LOOP
```

⑥ 通过使用跳转使程序体循环 10 次。

```
    MOV  R0,#10
LOOP
    SUBS  R0,#1
    BNE   LOOP
```

⑦ 条件子程序调用示例。

```
...
CMP  R0,#5                        ;如果 R0<5
BLLT  SUB1                        ;则调用
BLGE  SUB2                        ;否则调用 SUB2
```

2. BX 带状态切换的跳转指令 BX

带状态切换的跳转指令（BX）使程序跳转到指令中指定的参数 Rm 指定的地址执行程序，Rm 的第 0 位复制到 CPSR 中 T 位，bit[31∶1]移入 PC。若 Rm 的 bit[0]为 1，则跳转时自动将 CPSR 中的标志位 T 置位，即把目标地址的代码解释为 Thumb 代码；若 Rm 的位 bit[0]为 0，则跳转时自动将 CPSR 中的标志位 T 复位，即把目标地址代码解释为 ARM 代码。

（1）指令的语法格式。

```
BX{<cond>}  <Rm>
```

① 当 Rm[1：0]=0b10 时，指令的执行结果不可预知。因为在 ARM 状态下，指令是 4 字节对齐的。

② PC 可以作为 Rm 寄存器使用，但这种用法不推荐使用。当 PC 作为<Rm>使用时，指令“BX PC”将程序跳转到当前指令下面第二条指令处执行。虽然这样跳转可以实现，但最好使用下面的指令完成这种跳转。

```
MOV   PC, PC
```

或

```
ADD   PC, PC, #0
```

（2）指令举例。

① 转移到 R0 中的地址，如果 R0[0]=1，则进入 Thumb 状态。

```
BX   R0;
```

② 跳转到 R0 指定的地址，并根据 R0 的最低位来切换处理器状态。

```
ADRL   R0,ThumbFun+1 ;
BX   R0;
```

3. BLX 带状态切换的连接跳转指令 BLX

带连接和状态切换的跳转指令（Branch with Link Exchange，BLX）使用标号，用于使程序跳转到 Thumb 状态或从 Thumb 状态返回。该指令为无条件执行指令，并用分支寄存器的最低位来更新 CPSR 中的 T 位，将返回地址写入到连接寄存器 LR 中。

（1）语法格式。

```
BLX  <target_add>
```

其中，<target_add>为指令的跳转目标地址。该地址根据以下规则计算。

① 将指令中指定的 24 位偏移量进行符号扩展，形成 32 位立即数。

② 将结果左移两位。

③ 位 H（bit[24]）加到结果地址的第一位（bit[1]）。

④ 将结果累加进程序计数器（PC）中。

计算偏移量的工作一般由 ARM 汇编器来完成。这种形式的跳转指令只能实现−32～32MB 空间的跳转。

左移两位形成字偏移量，然后将其累加进程序计数器（PC）中。这时，程序计数器的内容为 BX 指令地址加 8 字节。位 H（bit[24]）也加到结果地址的第一位（bit[1]），使目标地址成为半字地址，以执行接下来的 Thumb 指令。计算偏移量的工作一般由 ARM 汇编器来完成。这种形式的跳转指令只能实现−32～32MB 空间的跳转。

（2）指令的使用。

① 从 Thumb 状态返回到 ARM 状态，使用 BX 指令。

```
BX  R14
```

② 可以在子程序的入口和出口增加栈操作指令。

```
PUSH  {<registers>,R14}
…
POP  {<registers>,PC}
```

2.8.6　状态操作指令

ARM 指令集提供了两条指令，可直接控制程序状态寄存器（Program State Register，PSR）。MRS 指令用于把 CPSR 或 SPSR 的值传送到一个寄存器；MSR 与之相反，把一个寄存器的内容传送到 CPSR 或 SPSR。这两条指令相结合，可用于对 CPSR 和 SPSR 进行读/写操作。程序状态寄存器指令如表 2-19 所示。

表 2-19　　程序状态寄存器指令

指　令	作　用	操　作
MRS	把程序状态寄存器的值送到一个通用寄存器	Rd=SPR
MSR	把通用寄存器的值送到程序状态寄存器或把一个立即数送到程序状态字	PSR[field]=Rm 或 PSR[field]=immediate

在指令语法中可看到一个称为 fields 的项，它可以是控制（C）、扩展（X）、状态（S）及标志（F）的组合。

1. MRS

MRS 指令用于将程序状态寄存器的内容传送到通用寄存器中。

在 ARM 处理器中，只有 MRS 指令可以将状态寄存器 CPSR 或 SPSR 读出到通用寄存器中。

（1）指令的语法格式。

```
MRS{cond}  Rd, PSR
```

其中，Rd 为目标寄存器，Rd 不允许为程序计数器（PC）。PSR 为 CPSR 或 SPSR。

（2）指令举例。

```
MRS  R1,CPSR        ;将 CPSR 状态寄存器读取，保存到 R1 中
MRS  R2,SPSR        ;将 SPSR 状态寄存器读取，保存到 R1 中
```

MRS 指令读取 CPSR，可用来判断 ALU 的状态标志及 IRQ/FIQ 中断是否允许等；在异常处理程序中，读 SPSR 可指定进入异常前的处理器状态等。MRS 与 MSR 配合使用，实现 CPSR 或 SPSR 寄存器的读—修改—写操作，可用来进行处理器模式切换，允许/禁止 IRQ/FIQ 中断等设置。另外，进程切换或允许异常中断嵌套时，也需要使用 MRS 指令读取 SPSR 状态值并保存起来。

2. MSR

在 ARM 处理器中，只有 MSR 指令可以直接设置状态寄存器 CPSR 或 SPSR。

（1）指令的语法格式。

```
MSR{cond}  PSR_field,#immed_8r
MSR{cond}  PSR_field,Rm
```

其中，PSR 是指 CPSR 或 SPSR。<fields>设置状态寄存器中需要操作的位。状态寄存器的 32 位可以分为 4 个 8 位的域（field）。bits[31：24]为条件标志位域，用 f 表示；bits[23：16]为状态位域，用 s 表示；bits[15：8]为扩展位域，用 x 表示；bits[7：0]为控制位域，用 c 表示；immed_8r 为要传送到状态寄存器指定域的立即数，8 位；Rm 为要传送到状态寄存器指定域的数据源寄存器。

（2）指令举例。

```
MSR  CPSR_c,#0xD3      ;CPSR[7:0]=0xD3,切换到管理模式
MSR  CPSR_cxsf,R3      ;CPSR=R3
```

只有在特权模式下才能修改状态寄存器。

程序中不能通过 MSR 指令直接修改 CPSR 中的 T 位控制位来实现 ARM 状态/Thumb 状态的切换，必须使用 BX 指令来完成处理器状态的切换（因为 BX 指令属转移指令，它会打断流水线状态，实现处理器状态的切换）。MRS 与 MSR 配合使用，实现 CPSR 或 SPSR 寄存器的读—修改—写操作，可用来进行处理器模式切换及允许/禁止 IRQ/FIQ 中断等设置。

3. 程序状态寄存器指令的应用

【例 2-5】　使能 IRQ 中断。

```
ENABLE_IRQ
        MRS    R0,CPSR
        BIC     R0,R0,#0x80
        MSR    CPSR_c,R0
        MOV    PC,LR
```

【例 2-6】　禁止 IRQ 中断。

```
DISABLE_IRQ
       MRS   R0,CPSR
       ORR   R0,R0,#0x80
       MSR   CPSR_c,R0
       MOV   PC,LR
```

【例 2-7】　堆栈指令初始化。

```
INITSTACK
        MOV   R0,LR                  ;保存返回地址
;设置管理模式堆栈
        MSR   CPSR_c,#0xD3
        LDR   SP,StackSvc
;设置中断模式堆栈
        MSR   CPSR_c,#0xD2
        LDR   SP,StackSvc
```

2.8.7　协处理器指令

ARM 体系结构允许通过增加协处理器来扩展指令集。最常用的协处理器是用于控制片上功能的系统协处理器。例如，控制 Cache 和存储管理单元的 CP15 寄存器。此外，还有用于浮点运算的浮点 ARM 协处理器，各生产商还可以根据需要开发自己的专用协处理器。

ARM 协处理器具有自己专用的寄存器组，它们的状态由控制 ARM 状态的指令的镜像指令来控制。

程序的控制流指令由 ARM 处理器来处理，所有协处理器指令只能同数据处理和数据传送有关。按照 RISC 的 Load/Store 体系原则，数据的处理和传送指令是被清楚分开的，所以它们有不同的指令格式。

ARM 处理器支持 16 个协处理器，在程序执行过程中，每个协处理器忽略 ARM 和其他协处理器指令。当一个协处理器硬件不能执行属于它的协处理器指令时，将产生一个未定义指令异常中断，在该异常中断处理过程中，可以通过软件仿真该硬件操作。如果一个系统中不包含向量浮点运算器，则可以选择浮点运算软件包来支持向量浮点运算。

ARM 协处理器可以部分地执行一条指令，然后产生中断。例如，除法运算除数为 0 和溢出，这样可以更好地处理运行时产生（run-time-generated）的异常。但是，指令的部分执行是由协处理器完成的，此过程对 ARM 来说是透明的。当 ARM 处理器重新获得执行时，它将从产生异常的指令处开始执行。

对某一个协处理器来说，并不一定用到协处理器指令中的所有的域。具体协处理器如何定义和操作完全由协处理器的制造商自己决定，因此，ARM 协处理器指令中的协处理器寄存器的标识符及操作助记符也有各种不同的实现定义。程序员可以通过宏定义这些指令的语法格式。

ARM 协处理器指令可分为以下 3 类。

（1）协处理器数据操作。协处理器数据操作完全是协处理器内部操作，它完成协处理器寄存

器的状态改变。例如，浮点加运算，在浮点协处理器中两个寄存器相加，结果放在第3个寄存器中。这类指令包括CDP指令。

（2）协处理器数据传送指令。这类指令从寄存器读取数据装入协处理器寄存器，或将协处理器寄存器的数据装入存储器。因为协处理器可以支持自己的数据类型，所以每个寄存器传送的字数与协处理器有关。ARM处理器产生存储器地址，但传送的字节由协处理器控制。这类指令包括LDC指令和STC指令。

（3）协处理器寄存器传送指令。在某些情况下，需要ARM处理器和协处理器之间传送数据。例如，一个浮点运算协处理器，FIX指令从协处理器寄存器取得浮点数据，将它转换为整数，并将整数传送到ARM寄存器中。经常需要用浮点比较产生的结果来影响控制流，因此，比较结果必须传送到ARM的CPSR中。这类协处理器寄存器传送指令包括MCR和MRC。

所有协处理器处理指令如表2-20所示。

表2-20 协处理器指令

助 记 符	操 作
CDP	协处理器数据操作
LDC	装载协处理器寄存器
MCR	从ARM寄存器传数据到协处理器寄存器
MRC	从协处理器寄存器传送数据到ARM寄存器
STC	存储协处理器寄存器

2.8.8 异常产生指令

ARM指令集中提供了两条产生异常的指令，通过这两条指令可以用软件的方法实现异常。表2-21所示为ARM异常产生指令。

表2-21 ARM异常产生指令

助 记 符	含 义	操 作
SWI	软中断指令	产生软中断，处理器进入管理模式
BKPT	断点中断指令	处理器产生软件断点

1. 软件中断指令

软件中断指令（Software Interrupt，SWI）用于产生软中断，从而实现从用户模式变换到管理模式，CPSR保存到管理模式的SPSR中，执行转移到SWI向量，在其他模式下也可以使用SWI指令，处理器同样切换到管理模式。

（1）指令的语法格式。

```
SWI{<cond>}    <immed_24>
```

（2）指令举例。

① 下面指令产生软中断，中断立即数为0。

```
SWI    0;
```

② 产生软中断，中断立即数为0x123456。

```
SWI    0x123456;
```

③ 使用SWI指令时，通常使用以下两种方法进行参数传递。

- 指令24位的立即数指定了用户请求的类型，中断服务程序的参数通过寄存器传递。

下面的程序产生一个中断号为12的软中断。

```
MOV    R0，#34                ；设置功能号为34
```

```
SWI   12                        ;产生软中断，中断号为 12
```

● 指令中的 24 位立即数被忽略，用户请求的服务类型由寄存器 R0 的值决定，参数通过其他寄存器传递。

下面的例子通过 R0 传递中断号，R1 传递中断的子功能号。

```
MOV   R0, #12                   ;设置 12 号软中断
MOV   R1, #34                   ;设置功能号为 34
SWI   0                         ;
```

④ 在 SWI 异常中断处理程序中，取出 SWI 立即数的步骤为：首先确定引起软中断的 SWI 指令是 ARM 指令还是 Thumb 指令，这可通过对 SPSR 访问得到；然后要确定该 SWI 指令的地址，这可通过访问 LR 寄存器得到；最后读出指令，分解立即数。

下面的例子为一个标准的 SWI 中断处理程序。

```
T_bit      EQU      0x20
SWI_Hander
          STMFD   SP!,{R0_R3,R12,LR}     ;保护现场
          MOV     R1,sp                  ;设置参数指针
          MRS     R0,SPSR                ;读取 SPSR
          STMFD   SP!,{R0,R3}            ;保持 SPSR，R3 压栈保证字节对齐
          TST     R0,#T_bit              ;测试 T 标志位
          LDRNEH  R0,[LR,#-2]            ;若为 Thumb 指令，读取指令码（16 位）
          BICNE   R0,R0,#0xff00          ;取得 Thumb 指令 8 位立即数
          LDREQ   R0,[LR,#-4]            ;若为 ARM 指令，读取指令码（32 位）
          BICNQ   R0,R0,#0xff00000       ;取得 ARM 指令的 24 位立即数
          ; R0 存储中断号
          ; R1 指向栈顶

     BL      C_SWI_Handler               ;调用主要的中断服务程序
     LDMFD   sp!, {R0, R3}               ;SPSR 出栈
     MSR     spsr_cf, R0                 ;恢复 SPSR
     LDMFD   sp!, {R0-R3, R12, pc}^      ;保存寄存器并返回
```

中断服务程序的主要工作放在 C_SWI_Handler 中，由 C 语言完成，用 swich_case 结构判断中断类型。典型的程序如下。

```
void C_SWI_Handler( int swi_num, int *regs )
{
     switch( swi_num )
     {
     case    0:
          regs[0] = regs[0] * regs[1];
     break;

     case    1:
          regs[0] = regs[0] + regs[1];
     break;

     case    2:
          regs[0] = (regs[0] * regs[1]) + (regs[2] * regs[3]);
     break;

     case    3:
     {
          int w, x, y, z;

          w = regs[0];
```

```
            x = regs[1];
            y = regs[2];
            z = regs[3];

            regs[0] = w + x + y + z;
            regs[1] = w - x - y - z;
            regs[2] = w * x * y * z;
            regs[3] =(w + x) * (y - z);
        }
        break;
    }
}
```

2. 断点中断指令

断点中断指令（BreakPoint，BKPT）产生一个预取异常（Prefetch Abort），它常被用来设置软件断点，在调试程序时十分有用。当系统中存在调试硬件时，该指令被忽略。

指令格式如下：

```
BKPT    <immediate>
```

要正确地使用 BKPT 指令，必须和具体的调试系统相结合。一般来说，BKPT 有以下两种使用方法。

（1）如果当前使用的系统调试硬件没有屏蔽 BKPT 指令，那么在此系统中预取指令异常和软件调试命令同时使用一个中断向量。这样当异常发生时，就要依靠系统自身来判断是真正地预取异常还是软件调试命令。根据系统的不同，判断的方法也有所不同。

（2）如果当前的系统调试硬件屏蔽了 BKPT 指令，那么系统会跳过 BKPT 指令顺序执行该指令下面的程序代码。

本章小结

本章对 ARM 处理器的体系结构、寄存器组织、流水线、ARM 存储、异常、ARM 处理器的寻址方式、ARM 处理器的指令集等内容进行了介绍，这些内容是 ARM 处理器理论的基本内容，是系统软硬件设计的基础。

思 考 题

2-1 简述 ARM 可以工作的几种模式。

2-2 ARM 核有多少个寄存器？

2-3 什么寄存器用于存储 PC 和 LR 寄存器？

2-4 R13 通常用来存储什么？

2-5 哪种模式使用的寄存器最少？

2-6 CPSR 的哪一位反映了处理器的状态？

2-7 ARM 有哪几个异常类型？

2-8 复位后，ARM 处理器处于何种模式、何种状态？

2-9 BIC 指令有什么作用？

2-10 当执行 SWI 指令时，会发生什么？

第 3 章 ARM 汇编语言程序设计

在第 2 章中阐述的体系结构及指令集理论的基础上，本章主要介绍利用 ARM 汇编语言进行编程。ARM 编译器可以支持汇编语言、C/C++、汇编语言与 C/C++的混合编程等，本章将介绍相关的编程方法。

本章主要内容：

- ARM/Thumb 混合编程
- ARM 汇编器支持的伪操作
- ARM 汇编器支持的伪指令
- 汇编语言与 C/C++的混合编程

3.1 ARM/Thumb 混合编程

3.1.1 Thumb 指令的特点及实现

Thumb 指令集把 32 位 ARM 指令集的一个子集编码为一个 16 位的指令集。在 16 位外部数据总线宽度下，ARM 处理器上使用 Thumb 指令的性能要比使用 ARM 指令的性能更好；而在 32 位外部数据总线宽度下，使用 Thumb 指令的性能要比使用 ARM 指令的性能差。因此，Thumb 指令多用于存储器受限的一些系统中。Thumb 指令集并没有改变 ARM 系统底层的程序设计模型，只是在该模型上增加了一些限制条件。Thumb 指令集中的数据处理指令的操作数仍然是 32 位，指令寻址地址也是 32 位的。

代码密度高是 Thumb 指令集的一个主要优势。对于同一个程序而言，使用 Thumb 指令实现所需的存储空间，要比等效的 ARM 指令实现少 30%左右。例 3-1 和例 3-2 介绍的是使用 ARM 指令和 Thumb 指令实现相同的除法操作。从例子中可以看出，虽然 Thumb 指令的实现使用了更多的指令，但是它占用的总的存储空间却比较小。

【例 3-1】 使用 ARM 指令实现除法运算。

```
    MOV  R3, #0
loop
    SUB  R0,R0,R1
    ADDGE  R3,R3, #1
    BGE  loop
    ADD  R2,R0,R1
```

R0 存放被除数，R1 存放除数，R2 和 R3 分别存放余数和商。完成整个除法运算使用了 5 条指令，每一条指令所占的字节数为4，所以实现一个除法运算，ARM 指令所占有的字节数为20。

【例3-2】 使用 Thumb 指令实现除法运算。

```
      MOV  R3,#0
loop
      ADD  R3,#1
      SUB  R0,R1
      BGE  loop
      SUB  R3,#1
      ADD  R2,R0,R1
```

例3-2使用 Thumb 指令完成了和例3-1完全相同的功能。Thumb 指令虽然使用了6条指令，但其每条指令占用2个字节，所以总的字节数为 6×2=12，小于 ARM 指令所占用的20个字节。

Thumb 指令是 ARM 指令的一个受限子集。在 Thumb 状态下，不能直接访问所有的处理器寄存器，只有 R0～R7 是可以被任意访问的。在 Thumb 状态下，使用该8个寄存器和在 ARM 状态下使用没有区别。寄存器 R8～R12 只能通过 MOV、ADD 或 CMP 指令访问。CMP 指令和所有操作 R0～R7 的数据处理指令都会影响 CPSR 中的条件标志位。一些 Thumb 指令还使用到了程序计数器 PC（R15）、链接地址寄存器 LR（R14）和堆栈指针寄存器 SP（R13）。在 Thumb 状态下，读取 R15 寄存器时，bit[0]值为0，bits [31:1]包含了 PC 的值。当对 R15 进行写入时，bit[0]被忽略，bits[31:1]被设置成当前程序计数器的值。

表3-1列出了在 Thumb 状态下，各个寄存器的使用情况。

表3-1　　Thumb 寄存器的使用

寄　存　器	访　　问
R0～R7	完全访问
R8～R12	只能通过 MOV、ADD 及 CMP 访问
R13	限制访问
R14	限制访问
R15	限制访问
CPSR	间接访问
SPSR	不能访问

从表3-1可以看出，在 Thumb 状态下不能直接访问 CPSR 和 SPSR。也就是没有和 MSR 和 MRS 等价的指令。为了改变 CPSR 和 SPSR 的值，必须使处理器状态切换到 ARM 状态，再使用指令 MSR 和 MRS 来实现。同样，在 Thumb 状态下也没有协处理器访问指令，要访问协处理器寄存器来配置 Cache 和进行内存管理，也必须使处理器切换到 ARM 状态。

3.1.2　ARM/Thumb 交互工作基础

Thumb 以其较高的代码密度和在窄存储器上的性能，使得它在很多系统中得到广泛应用。但在很多情况下，必须使用 ARM 指令，主要是由于下列原因。

（1）ARM 代码比 Thumb 代码有更快的执行速度。

（2）ARM 处理器的一些特定功能必须由 ARM 指令实现，如 PSR 指令、协处理器指令。

（3）异常发生时，处理器自动进入 ARM 状态，如果异常处理程序需要使用 Thumb 指令也必须通用一个 ARM 程序头（ARM assembler header）。

基于以上原因，即使程序需要由 Thumb 代码实现，也必须通过 ARM-Thumb 互交（ARM-Thumb

interworking）进入 Thumb 状态。

ARM-Thumb 互交是指对汇编语言和 C/C++语言的 ARM 和 Thumb 代码进行连接的方法，它进行两种状态（ARM 和 Thumb 状态）间的切换。在进行这种切换时，有时需使用额外的代码，这些代码被称为 Veneer。AAPCS 定义了 ARM 和 Thumb 过程调用的标准。

从一个 ARM 例程调用一个 Thumb 例程，内核必须进行状态切换。状态的变化由 CPSR 的 T 位来显示。跳转到一个例程时，BX 指令可用于 ARM 和 Thumb 状态切换，具体用法如下。

在 Thumb 状态调用 ARM 例程时，采用：

```
BX  Rn
```

在 ARM 状态调用 Thumb 例程时，采用：

```
BX{cond}  Rn
```

其中，Rn 可以是 R0～R15 中的任意寄存器。

这种带状态切换的跳转指令 BX，将寄存器 Rn 的内容复制到程序计数寄存器 PC 中，因此可以实现 4GB 空间的跳转。指令根据寄存器 Rn 的 bit[0]来决定处理器是否进行状态切换，详细内容参见 ARM 指令一节。

下面是一段 ARM 程序，该程序调用虚拟的 SWI_writeC 子程序从存储器的固定地址取出字符串“hello world”并输出。

```
        AREA    Hello,CODE,READONLY
SWI_WriteC        EQU      &0                   ;软中断调用参数
SWI_Exit          EQU      &11                  ;程序退出软中断调用参数
        ENTRY
START   ADR    R1,TEXT                          ;取字符串地址
LOOP    LDRB   R0,[R1],#1                       ;取下一字节内容
        CMP  R0,#0                              ;判断是否为字符串尾
        SWINE  SWI_WriteC                       ;软中断调用打印字符
        BEN  LOOP                               ;循环
        SWI  SWI_Exit                           ;软中断调用退出程序执行
TEXT      =      “Hello World”,&0a,&0d,0
        END
```

下面的代码将上面的 ARM 代码转换成等价的 Thumb 代码。

```
          AREA  HelloW_Thumb,CODE,READONLY
SWI_WriteC  EQU    &0                       ;软中断调用参数
SWI_Exit  EQU    &11                        ;程序退出软中断调用参数
          ENTRY                             ;程序入口点
          CODE32                            ; 进入 ARM 状态
          ADR R0, START+1                   ;取得 Thumb 代码入口地址
          BX R0                             ;进入 Thumb 代码
          CODE16                            ;Thumb 代码入口点
START     ADR  R1, TEXT                     ;R1 -> "Hello World"
LOOP      LDRB  R0, [R1]                    ;取下一字节内容
          ADD  R1, R1, #1                   ;地址指针加 1   **T
          CMP R0, #0                    ;判断是否为字符串尾
          BEQ DONE                      ;完成? **T
          SWI SWI_WriteC                ;如果不是字符串尾
          B LOOP                        ;继续循环
DONE      SWI  SWI_Exit                 ;程序退出
          ALIGN                         ;字对齐
```

```
TEXT     DATA
              "Hello World",&0a,&0d,&00
         END
```

上例中，ARM代码到Thumb代码转换过程中新增加的指令用“**T”标注。

在实现ARM代码和Thumb代码转换时，大部分的ARM指令有等价的Thumb指令，只有少数指令没有。例如，加载字节指令（LDR）不支持自动变址，软中断指令不能条件执行。

在编写Thumb代码时要注意以下几点。

（1）汇编器需要知道什么时候产生ARM代码，什么时候产生Thumb代码，程序中使用CODE32和CODE16伪操作提供给编译器这些信息。

（2）由于处理器上的执行是在ARM状态下完成的，所以，要使用Thumb指令必须由ARM指令调用Thumb指令，这一过程是通过“BX　LR”指令来实现的。需要注意的是，在使用“BX LR”指令之前，要对寄存器LR做正确的初始化。

（3）在ARM和Thumb混合编程时，常使用ALIGN伪操作保证内存地址对齐。

3.1.3　ARM/Thumb交互子程序

编写ARM/Thumb互交代码时，需要注意下面两点。

（1）对于C/C++子程序而言，只要在编译时指定--apcs/interwork选项，汇编器会生成合适的返回代码，使得程序返回到和调用程序相同的状态。

（2）在汇编语言子程序中，用户必须自己编写相应的返回代码，使得程序返回到和调用程序相同的状态。

如果目标代码包含以下内容，应该在编译或汇编时使用--apcs/interwork选项，使处理器能够在ARM和Thumb代码间进行正确的切换，这种情况包含以下4种。

（1）需要返回到ARM状态的Thumb子程序。

（2）需要返回到Thumb状态的ARM子程序。

（3）间接调用ARM子程序的Thumb子程序。

（4）间接调用Thumb子程序的ARM子程序。

如果在程序连接阶段，连接器发现ARM子程序和Thumb子程序间存在相互调用，而源文件在编译时没有使用--apcs/interwork选项，则连接器将报告以下错误。

```
Error: L6239E: Cannot call ARM symbol 'arm_function' in non-interworking object
armsub.o from THUMB code in thumbmain.o(.text)
```

其中，“arm_function”是需要进行状态切换的子程序名。

在这种情况下，用户必须使用--apcs/interwork选项重新对源文件进行编译。但在下面两种情况下，不必指定--apcs/interwork选项。

（1）在Thumb状态下，发生异常中断时，处理器自动切换到ARM状态，这时不需要添加状态切换代码。

（2）当异常发生在Thumb状态时，从异常返回不需要添加状态切换的Veneer代码。

1. 使用汇编语言实现互交

对于汇编程序来说，可以有两种方法来实现程序状态的切换。第一种方法是利用连接器提供的交互子程序Veneer来实现程序状态的切换，这时用户可以使用指令BL来调用子程序；第二种方法是用户自己编写状态切换的程序。本节主要介绍第二种方法。

在ARMv4版本及其以前的版本中，可以使用BX指令实现程序状态的切换。

从ARMv5版本开始，下面的指令也可以用来实现程序的状态切换。

- BX（Branch and eXchange）

- BLX、LDR、LDM 和 POP

下面简单介绍用于状态切换的指令和伪操作。

（1）BX 指令。

ARM 状态下的 BX 指令，使程序跳转到指令中指定的参数 Rm 所指定的地址执行程序，Rm 的第 0 位复制到 CPSR 中的 T 位，bits[31：1]移入 PC。若 Rm 的 bit[0]为 1，则跳转时自动将 CPSR 中的标志位 T 置位，即把目标地址的代码解释为 Thumb 代码；若 Rm 的位 bit[0]为 0，则跳转时自动将 CPSR 中的标志位 T 复位，即把目标地址代码解释为 ARM 代码。

指令的语法格式如下：

```
BX{<cond>}  <Rm>
```

① <cond>：cond 为指令编码中的条件域。它指示指令在什么条件下执行。当 cond 忽略时，指令为无条件执行（cond = AL（Alway））。

② <Rm>：Rm 包含跳转指令的目标地址。如果 Rm 的 bit[0] = 0，目标地址处指令为 ARM 指令；如果 Rm 的 bit[0] = 1，目标地址处指令为 Thumb 指令。

Thumb 状态下的 BX 指令，也用于 ARM 和 Thumb 代码间的相互调用。

指令的语法格式如下：

```
BX  <Rm>
```

其中，<Rm>为目标地址寄存器，包含程序的跳转地址。BX 指令的目标地址寄存器可以是 R0 ~ R15 中的任意寄存器。

ARM 指令集中的 BX 指令和 Thumb 指令集中的 BX 指令相差较大，它们分别为不同方向的跳转。当 R15 作为目的寄存器使用时，要特别注意该指令在两个指令集中的区别。

若在汇编源程序中同时包含 ARM 指令和 Thumb 指令时，可用 CODE16 伪指令通知编译器其后的指令序列为 16 位的 Thumb 指令。

下面通过一个实例，说明 ARM 和 Thumb 之间的状态切换过程。

（2）编程实例。

```
    PRESERVE8
    AREA    AddReg,CODE,READONLY        ;段名为 AddReg，属性为 READONLY
    ENTRY                               ;程序入口
; SECTION 1
main
    ADR R0, ThumbProg + 1               ;确定跳转地址
                                        ;并将 bit[0]置 1
                                        ;使程序切换到 Thumb 状态
    BX  R0                              ;程序跳转并执行状态切换
; SECTION 2
    CODE16                              ;Thumb 代码指示伪操作
ThumbProg
    MOV R2, #2                          ;R2 = 2
    MOV R3, #3                          ;R2 = 3
    ADD R2, R2, R3                      ;R2 = R2 + R3
    ADR R0, ARMProg
    BX  R0                              ;程序跳转并执行状态切换
; SECTION 3
    CODE32                              ;ARM 代码指示伪操作
ARMProg
    MOV R4, #4
    MOV R5, #5
    ADD R4, R4, R5
```

```
; SECTION 4
stop MOV R0, #0x18                          ;设置 semihosting 软中断号
     LDR R1, =0x20026                       ;ADP_Stopped_ApplicationExit
     SWI 0x123456                           ;ARM semihosting SWI 软中断调用
     END                                    ;文件结束
```

上面的例子分为4部分，通过下面的步骤编译和运行。

① 使用文本编辑器，如notepad，输入上面的代码，并保存成文件addreg.s。

② 在命令行中键入汇编命令 armasm –g addreg.s。

③ 在命令行中键入链接命令 armlink addreg.o -o addreg。

④ 使用调试器（Debugger）（如RealView Debuggeror AXD）运行映像文件。可以使用单步执行，观察代码在Thumb状态下的执行。

Thumb代码的地址标号如果用伪操作export声明为“外部的”，则连接器会自动调整该地址标号使其bit[0]等于1；如果该地址标号没有被声明为“外部的”，则使用者必须手动地对标号进行调整，如上例中的ThumProg+1。

（3）ARMv5架构下的状态切换。

在ARMv5体系结构的指令集中，增加了下面两条指令用于ARM代码和Thumb代码之间的互交。

- BLX address

该指令跳转到指令中指定的地址处执行程序并进行程序状态切换，该地址是“PC相关的”，地址范围为-32～32MB（ARM状态）或-4～4MB（Thumb状态）。

- BLX register

在该格式的跳转指令中，寄存器Rm指定转移目标，Rm的第0位复制到CPSR中的T位，bits[31:0]移入PC。

使用上面两条指令，在执行程序跳转之前，处理器自动将返回连接寄存器LR的bit[0]位更新为CPSR寄存器的T位，所以，无论处理器状态是否发生变化，程序都能正确返回。

当使用LDR、LDM及POP指令向PC寄存器中赋值时，寄存器CPSR中的Thumb位将被设置成PC寄存器的bit[0]，这时就实现了程序状态的切换。这种方法在子程序的返回时非常有效，同样的指令可以根据需要返回到ARM状态或Thumb状态。

连接器在对目标代码进行链接时，将代码中的地址标号分为以下3类。

① ARM指令地址标号。

② Thumb指令地址标号。

③ 数据（Data）地址标号。

当连接器重定位Thumb代码中的地址标号时，地址标号的bit[0]位将被自动设置为1。这就意味着跳转指令（包括BX、BLX和LDR）可以根据目标地址正确地进行状态切换。

上面提到的连接器自动设置目的地址的行为，只有在ARMv5及其以上版本中支持。

2. 使用C和C++语言实现互交

对于不同的C和C++源程序，可能有些程序中包含ARM指令，有些程序中包含Thumb指令，这些程序可以相互调用，只是在编译这些程序时指定--apcs/interwork 选项。当使用了--apcs/interwork选项，编译器会自动进行一些相应处理；连接器在检测到程序中存在互交工作时，会生成一些用于程序状态切换的代码。

（1）代码编译。

可以使用下面的指令，将 C 或 C++程序编译为可以执行互交的目标代码。

```
armcc --c90 --thumb --apcs /interwork
armcc --c90 --arm --apcs /interwork
armcc --cpp --thumb --apcs /interwork
armcc --cpp --arm --apcs /interwork
```

使用--apcs/interwork 选项对文件进行编译时，编译器会进行如下处理。

① 对于叶子程序（Leaf Function，即程序中没有其他子程序调用的程序），编译器将程序中的“MOV　PC，LR”指令替换成“BX　LR”指令，因为“MOV　PC”指令不能进行状态切换。

② 对于非叶子程序，要进行一系列的指令替换，例如

```
POP  {R4,R5,pc}
```

替换为

```
POP  {R4,R5}
POP  {R3}
BX   R3
```

下面的例子显示了一段带子程序调用的 C 语言程序，使用--apcs/interwork 选项进行编译时，对代码产生的影响。

C 语言源程序：

```
Void  func(void)
{
…
Sub()

…
}
```

使用 armcc　--apcs/interwork 选项进行编译产生结果如下：

```
Func
STMFD  sp!,{R4-R7,lr}
…
BL  sub
…
LDMFD  sp!, {R4-R7,lr}
BX  lr
```

使用 tcc　--apcs/interwork 选项进行编译产生结果如下：

```
PUSH  {R4-R7,lr}
…
BL  sub
…
POP  {R4-R7}
POP  {R3}
BX
```

（2）C 语言的互交实例。

下面的例子显示了一个 Thumb 状态下的代码通过互交调用 ARM 子程序，然后又在 ARM 子程序中调用 Thumb 指令集的库函数 printf()。

```
/*********************
*      thumbmain.c  *
**********************/
#include <stdio.h>
extern void arm_function(void);
```

```
int main(void)
{
        printf("Hello from Thumb World\n");
        arm_function();
        printf("And goodbye from Thumb World\n");
        return (0);
}
/*********************
*          armsub.c    *
*********************/
#include <stdio.h>
void arm_function(void)
{
       printf("Hello and Goodbye from ARM world\n");
}
```

使用下面的命令对程序进行编译连接。

① 编译生成带互交的 Thumb 代码。

```
armcc --thumb -c -g --apcs /interwork -o thumbmain.o thumbmain.c
```

② 编译生成带互交的 ARM 代码。

```
armcc -c -g --apcs /interwork -o armsub.o armsub.c
```

③ 连接目标文件。

```
armlink thumbmain.o armsub.o -o thumbtoarm.axf
```

另外，可以使用--info 选项使连接器输出由于互交所增加的代码大小。

```
armlink armsub.o thumbmain.o -o thumbtoarm.axf --info veneers
```

输出信息如下所示：

```
Adding Veneers to the image
    Adding TA veneer(4 bytes, Inline) for call to'arm_function'from thumbmain.o(.text).
    Adding AT veneer (8 bytes, Inline) for call to '__0printf' from armsub.o(.text).
    Adding AT veneer (8 bytes, Inline) for call to '__rt_lib_init' from kernel.o(.text).
    Adding AT veneer (12 bytes,Long) for call to'__rt_lib_shutdown'from kernel.o(.text).
    Adding TA veneer (4 bytes, Inline) for call to '__rt_memclr_w' from stdio.o(.text).
    Adding TA veneer (4 bytes, Inline) for call to '__rt_raise' from stdio.o(.text).
    Adding TA veneer (8 bytes, Short) for call to '__rt_exit' from exit.o(.text).
    Adding TA veneer (4 bytes, Inline) for call to '__user_libspace' from free.o(.text).
    Adding TA veneer (4 bytes, Inline) for call to '_fp_init' from lib_init.o(.text).
    Adding TA veneer (4 bytes, Inline) for call to '__heap_extend' from malloc.o(.text).
    Adding AT veneer (8 bytes, Inline) for call to '__raise' from rt_raise.o(.text).
    Adding TA veneer (4 bytes, Inline) for call to '__rt_errno_addr' from ftell.o(.text).
12 Veneer(s) (total 72 bytes) added to the image.
```

（3）Thumb 状态下的功能指针。

任何指向 Thumb 函数（由 Thumb 指令完成的功能函数并且其返回状态也为 Thumb 状态）的指针，其最低有效位（LSB）必为 1。

当重定位 Thumb 代码中的地址标号时，连接器将自动设置地址的最低有效位。如果在程序中使用绝对地址，连接器将无法完成该设置。因此，在 Thumb 代码中使用绝对地址时，必须手工设置为其地址加 1。

下面的例子显示了 Thumb 代码的功能指针的使用。

```
typedef int (*FN)();
myfunc() {
    FN fnptrs[] = {
        (FN)(0x8084 + 1),      // 有效的 Thumb 地址
        (FN)(0x8074)           // 无效的 Thumb 地址
```

```
    };
    FN* myfunctions = fnptrs;
    myfunctions[0]();            // 调用成功
    myfunctions[1]();            // 调用失败
}
```

3.2　ARM 汇编器支持的伪操作

3.2.1　伪操作概述

在 ARM 汇编语言程序中，有一些特殊指令助记符，这些助记符与指令系统的助记符不同，没有相对应的操作码，通常称这些特殊指令助记符为伪操作标识符（directive）[①]，它们所完成的操作称为伪操作。伪操作在源程序中的作用是为了完成汇编程序做各种准备工作的，这些伪操作仅在汇编过程中起作用，一旦汇编结束，伪操作的使命就完成。

在 ARM 的汇编程序中，伪操作主要有符号定义伪操作、数据定义伪操作、汇编控制伪操作及其杂项伪操作等。

3.2.2　符号定义伪操作

符号定义伪操作用于定义 ARM 汇编程序中的变量、对变量赋值及定义寄存器的别名等操作。常见的符号定义伪操作有如下几种。

（1）用于定义全局变量的 GBLA、GBLL 和 GBLS。

（2）用于定义局部变量的 LCLA、LCLL 和 LCLS。

（3）用于对变量赋值的 SETA、SETL 和 SETS。

（4）为通用寄存器列表定义名称的 RLIST。

1. 全局变量定义伪操作 GBLA、GBLL 和 GBLS

（1）语法格式。

GBLA、GBLL 和 GBLS 伪操作用于定义一个 ARM 程序中的全局变量并将其初始化。

① GBLA 伪操作用于定义一个全局的数字变量并初始化为 0。

② GBLL 伪操作用于定义一个全局的逻辑变量并初始化为 F（假）。

③ GBLS 伪操作用于定义一个全局的字符串变量并初始化为空。

由于以上 3 条伪指令用于定义全局变量，因此在整个程序范围内变量名必须唯一。

语法格式如下：

```
<gblx>  <variable>
```

① <gblx>：取值为 GBLA、GBLL、GBLS 三者之一。

② <variable>：定义的全局变量名，在其作用范围内必须唯一。全局变量的作用范围为包含该变量的源程序。

（2）使用说明。

如果用这些伪操作重新声明已经声明过的变量，变量的值将被初始化成后一次声明语句中的值。

[①] 有些文献中也称其为操作标识。

（3）示例。

① 使用伪操作声明全局变量。

```
GBLA      Test1              ;定义一个全局的数字变量，变量名为Test1
Test1  SETA    0xaa          ;将该变量赋值为0xaa
GBLL      Test2              ;定义一个全局的逻辑变量，变量名为Test2
Test2  SETL    {TRUE}        ;将该变量赋值为真
GBLS      Test3              ;定义一个全局的字符串变量，变量名为Test3
Test3  SETS    "Testing"     ;将该变量赋值为"Testing"
```

② 声明变量Objectsize并设置其值为0xff，为“SPACE”操作做准备。

```
   GBLA        objectsize
Objectsize     SETA    oxff

   SPACE    objectsize
```

③ 下面的例子显示如何使用汇编命令设置变量的值。具体做法是使用“-pd”选项。

```
Armasm -pd "objectsize SETA oxff" -o objectfile sourcefile
```

2. 局部变量定义伪操作LCLA、LCLL和LCLS

（1）语法格式

LCLA、LCLL和LCLS伪指令用于定义一个ARM程序中的局部变量并将其初始化。

① LCLA伪操作用于定义一个局部的数字变量并初始化为0。

② LCLL伪操作用于定义一个局部的逻辑变量并初始化为F（假）。

③ LCLS伪操作用于定义一个局部的字符串变量并初始化为空。

以上3条伪操作用于声明局部变量，在其作用范围内变量名必须唯一。

语法格式如下：

```
<lclx>   <variable>
```

① <LClx>：取值为LCLA、LCLL、LCLS三者之一。

② <variable>：所定义的局部变量名，在其作用范围内必须唯一。局部变量作用范围为包含该局部变量的宏。

（2）使用说明。

如果用这些伪操作重新声明已经声明过的变量，则变量的值将被初始化成后一次声明语句中的值。

（3）示例。

① 使用伪操作声明局部变量。

```
LCLA      Test4              ;声明一个局部的数字变量，变量名为Test4
Test3  SETA    0xaa          ;将该变量赋值为0xaa
LCLL      Test5              ;声明一个局部的逻辑变量，变量名为Test5
Test4  SETL    {TRUE}        ;将该变量赋值为真
LCLS      Test6              ;定义一个局部的字符串变量，变量名为Test6
Test6  SETS    "Testing"     ;将该变量赋值为"Testing"
```

② 下面的例子定义一个宏，显示了局部变量的作用范围。

```
    MACRO                        ;声明一个宏
$label   message  $a             ;宏原型
    LCLS    err                  ;声明局部字符串变量
$label
    INFO       0,"err":CC::STR:$a
    MEND                         ;宏结束，局部变量不再起作用
```

3. 变量赋值伪操作 SETA、SETL 和 SETS

（1）语法格式。

伪指令 SETA、SETL 和 SETS 用于给一个已经定义的全局变量或局部变量赋值。

① SETA 伪操作用于给一个数学变量赋值。

② SETL 伪操作用于给一个逻辑变量赋值。

③ SETS 伪操作用于给一个字符串变量赋值。

语法格式如下：

```
Variable  <setx>  expr
```

① Variable：变量名为已经定义过的全局变量或局部变量，表达式为将要赋给变量的值。

② <setx>：取值为 SETA、SETL、SETS 三者之一。

③ expr：数学、逻辑或字符串表达式，也就是将要赋予变量的值。

（2）使用说明。

在向变量赋值前必须先声明变量。也可以在汇编指令中预定义变量，如

```
"Armasm --pd "objectsize SETA oxff" --o objectfile sourcefile"
```

（3）示例。

① 为预先定义的变量赋值。

```
LCLA      Test3              ;声明一个局部的数字变量，变量名为 Test3
Test3  SETA  0xaa            ;将该变量赋值为 0xaa
LCLL      Test4              ;声明一个局部的逻辑变量，变量名为 Test4
Test4  SETL  {TRUE}          ;将该变量赋值为真
LCLS      Test6              ;定义一个局部的字符串变量，变量名为 Test6
Test6  SETS   "Testing"      ;将该变量赋值为“Testing”
```

② 使用变量赋值伪操作，定义一些程序相关内容。

```
GBLA              versionNumber
VersionNumber   SETA    21

GBLL              Debug
Debug SETL  {TRUE}

GBLS  versionString
VersionString    SETS    "version 1.0"
```

4. 通用寄存器列表定义伪操作 RLIST

（1）语法格式。

RLIST 伪操作可用于对一个通用寄存器列表定义名称，使用该伪操作定义的名称可在 ARM 指令 LDM/STM 中使用。在 LDM/STM 指令中，列表中的寄存器访问次序根据寄存器的编号由低到高，与列表中的寄存器排列次序无关。

语法格式如下：

```
Name  RLIST  {list-of-registers}
```

① Name：寄存器列表的名称。

② list-of-registers：通用寄存器列表。列表中的寄存器用“,”隔开，如果是编号连续的通用寄存器可以用“–”指定寄存器范围。具体用法参见程序示例。

（2）使用说明。

在使用 ARM 汇编编译器编译源文件时，可以使用“–checkreg”选项来指定汇编器进行寄存器检查。如果汇编器检测到寄存器列表中的寄存器编号非升序排列，将给出编译警告。

（3）示例。

① 将寄存器列表名称定义为 RegList，可在 ARM 指令 LDM/STM 中通过该名称访问寄存器列表。

```
RegList  RLIST  {R0-R5, R8, R10}
```

② 使用“–”在寄存器列表中，指定寄存器范围。

```
Context  RLIST  {R0-R6,R8,R10-R12,R15}
```

3.2.3 数据定义伪操作

数据定义（Data Definition）伪操作一般用于为特定的数据分配存储单元，同时可完成已分配存储单元的初始化。常见的数据定义伪操作有如下几种。

（1）DCB 用于分配一片连续的字节存储单元并用指定的数据初始化。

（2）DCW（DCWU）用于分配一片连续的半字存储单元并用指定的数据初始化。

（3）DCD（DCDU）用于分配一片连续的字存储单元并用指定的数据初始化。

（4）DCFD（DCFDU）用于为双精度的浮点数分配一片连续的字存储单元并用指定的数据初始化。

（5）DCFS（DCFSU）用于为单精度的浮点数分配一片连续的字存储单元并用指定的数据初始化。

（6）DCQ（DCQU）用于分配一片以 8 字节为单位的连续的存储单元并用指定的数据初始化。

（7）SPACE 用于分配一片连续的存储单元。

（8）MAP 用于定义一个结构化的内存表首地址。

（9）FIELD 用于定义一个结构化的内存表的数据域。

1. DCB

（1）语法格式。

DCB 伪操作用于分配一片连续的字节存储单元并用伪指令中指定的表达式初始化。其中，表达式可以为数字或字符串。DCB 也可用“=”代替。

语法格式如下：

```
{label}  DCB  expr{,expr}
```

① {label}：程序标号。

② expr：可以是–128 ~ 255 的数字，也可以是字符串。

（2）使用说明。

在使用 DCB 伪操作时，其后常跟 ALIGN 伪操作以保证内存地址对齐。

（3）示例。

① 分配一片连续的字节存储单元并初始化为指定字符串。

```
Str  DCB  "This is a test! "
```

② 与 C 中的字符串不同，ARM 汇编中的字符串不以 *null* 结尾，下面指令以 ARM 汇编形成一个 C 语言风格的字符串。

```
C_string  DCB  "C_string",0
```

2. DCW（DCWU）

（1）语法格式。

DCW（或 DCWU）伪操作用于分配一片连续的半字存储单元并用伪指令中指定的表达式初始化。其中，表达式可以为程序标号或数字表达式。

用 DCW 分配的字存储单元是半字对齐的，而用 DCWU 分配的字存储单元并不严格半字对齐。

语法格式如下：

```
{label} DCW  expr{,expr}…
```

① {label}：程序标号，可选。

② expr：数字表达式，取值范围为−32768～65525。

（2）使用说明。

DCW 可能在分配的内存单元前加一个字节以保证内存半字对齐。当程序对内存对齐方式要求不严格时可以是 DCWU 伪操作。

（3）示例。

① 分配一片连续的半字存储单元并初始化。

```
DataTest DCW    1,2,3
```

② 在指定内存单元初始值时可以使用已定义的变量。

```
Data      DCW-255,2*number
          DCWU   number+4
```

3. DCD（DCWU）

（1）语法格式。

DCD（或 DCDU）伪操作用于分配一片连续的字存储单元并用伪指令中指定的表达式初始化。其中，表达式可以为程序标号或数字表达式。DCD 也可用“&”代替。

用 DCDU 分配的字存储单元是字对齐的，而用 DCDU 分配的字存储单元并不严格字对齐。

语法格式如下：

```
{label}  DCD{U}  expr{,expr}
```

① {label}：程序标号，可选。

② expr：expr 可以是数字表达式或程序相关表达式（program-relative expression）。

（2）使用说明。

DCD 可能在分配的内存单元前加 1～3 字节以保证内存字对齐。当程序对内存对齐方式要求不严格时可以是 DCDU 伪操作。

（3）示例。

① 分配一片连续的字存储单元并初始化。

```
DataTest  DCD  4,5,6
```

② 用程序标号初始化内存单元。

```
DataTest  DCD  mem06+4
```

③ 在内存单元不能字对齐的情况下，使用 DCDU 伪操作。

```
          AREA  Mydata,  DATA,READWRITE
          DCB  255              ;字节定义使内存单元不能字对齐
Data3     DCDU  1,5,20
```

4. DCFS（或 DCFSU）

（1）语法格式。

DCFS（或 DCFSU）伪指令用于为单精度的浮点数分配一片连续的字存储单元并用伪指令中指定的表达式初始化。每个单精度的浮点数占据一个字单元。

用 DCFS 分配的字存储单元是字对齐的，而用 DCFSU 分配的字存储单元并不严格字对齐。

语法格式如下：

```
{label}  DCFS{U}  fpliteral{,fpliteral}
```

① {label}：程序标号，可选。

② fpliteral：单精度浮点数。

（2）使用说明。

DCFS 可能在分配的内存单元前加 1～3 字节以保证内存字对齐。当程序对内存对齐方式要求不严格时可以是 DCFSU 伪操作。

此伪操作使用的单精度浮点数的范围为 1.17549435e－38～3.40282347e＋38。

（3）示例。

① 分配一片连续的字存储单元并初始化为指定的单精度浮点数。

```
FDataTest  DCFS  2E5,-5E-7
```

② 分配一片连续的字存储单元并初始化为单精度浮点数，但不严格要求字对齐。

```
DCFSU  1.0,-0.1,3.1e6
```

5. DCFD（或 DCFDU）

（1）语法格式。

DCFD（或 DCFDU）伪指令用于为双精度的浮点数分配一片连续的字存储单元并用伪指令中指定的表达式初始化。每个双精度的浮点数占据两个字单元。

用 DCFD 分配的字存储单元是字对齐的，而用 DCFDU 分配的字存储单元并不严格字对齐。

语法格式如下：

```
{label}  DCFD{U}  fpliteral{,fpliteral}
```

① {label}：程序标号，可选。

② fpliteral：双精度浮点数。

（2）使用说明。

DCFS 可能在分配的内存单元前加 1～3 字节以保证内存字对齐。当程序对内存对齐方式要求不严格时可以是 DCFSU 伪操作。

当程序中的浮点数要由 ARM 处理器进行操作时，用户选择的浮点处理器结构会自动完成字节顺序的转换。当编译时使用了编译选项-fpunone，伪操作 DCFS（DCFSU）不可使用。

此伪操作使用的单精度浮点数的范围为 2.22507385850720138e－308～1.79769313486231571e＋308。

（3）示例。

① 分配一片连续的字存储单元并初始化为指定的双精度浮点数。

```
FDataTest     DCFD   2E115,-5E7
```

② 分配一片连续的字存储单元并初始化为双精度浮点数，但不严格要求字对齐。

```
DCFDU   1.0,-0.1,3.1e6
```

6. DCQ（或 DCQU）

（1）语法格式。

DCQ（或 DCQU）伪指令用于分配一片以 8 个字节为单位的连续存储区域并用伪指令中指定的表达式初始化。

用 DCQ 分配的存储单元是字对齐的，而用 DCQU 分配的存储单元并不严格字对齐。

语法格式如下：

```
{label}  DCQ{U}  {-}literal{,{-}literal}
```

① {label}：程序标号，可选。

② literal：用于初始化内存的数字必须是可数的数字表达式，其取值范围为 $0 \sim 2^{64}-1$。

可以在数字表达式前加负号来表示用负数初始化内存单元，但此时数字表达式的取值范围为 $-2^{63} \sim 1$。

（2）使用说明。

DCQ 可能在分配的内存单元前加 1～3 字节以保证内存字对齐。当程序对内存对齐方式要求不严格时可以是 DCQU 伪操作。

（3）示例。

① 分配一片连续的存储单元并初始化为指定的值。

```
DataTest  DCQ    100
```

② 使用标号定义内存单元。

```
ECQU   number+4
```

7. SPACE

（1）语法格式。

SPACE 伪指令用于分配一片连续的存储区域并初始化为 0。其中，表达式为要分配的字节数。SPACE 也可用“%”代替。

语法格式如下：

```
{label}  SPACE  expr
```

① {label}：程序标号，可选。

② expr：分配的字节数。

（2）使用说明。

SPACE 伪操作常和 ALIGN 一起使用，详见 ALIGN 伪操作。

（3）示例。

① 分配连续 100 字节的存储单元并初始化为 0。

```
DataSpace SPACE    100
```

② 在 Mydata 段的开始可以是 255 个初始化为 0 的字节单元。

```
        AREA    Mydata,DATA,READWRITE
data1 SPACE   255
```

8. MAP

（1）语法格式。

MAP 伪操作用于定义一个结构化的内存表的首地址。MAP 也可用“^”代替。

表达式可以为程序中的标号或数学表达式，基址寄存器为可选项，当基址寄存器选项不存在时，表达式的值即为内存表的首地址，当该选项存在时，内存表的首地址为表达式的值与基址寄存器的和。

MAP 伪操作通常与 FIELD 伪操作配合使用来定义结构化的内存表。

语法格式如下：

```
MAP  expr{,base-register}
```

① expr：如果基地址寄存器（base-register）没有指定，expr 表达式存储到结构化内存表首地址。如果表达式 expr 是“程序相关的（program-relative）”，则程序标号在使用前必须定义。

② base-register：指定一个寄存器。当指令中包含这一项时，结构化内存表的首地址为 expr 和 base-register 寄存器值的和。

（2）使用说明。

MAP 伪指令通常与 FIELD 伪指令配合使用来定义结构化的内存表。

当基地址寄存器（base-register）一旦被指定，下面所有的 FIELD 伪操作全部以基地址为基础增加偏移量。

（3）示例。

① 定义结构化内存表首地址的值为 0x100+R0。

```
MAP   0x100,R0
```

② 不存在基地址寄存器，结构化内存表的首地址直接由表达式定义。

```
MAP    0
```

9. FILED

（1）语法格式。

FIELD 伪操作用于定义一个结构化内存表中的数据域。FILED 也可用“#”代替。

表达式的值为当前数据域在内存表中所占的字节数。

FIELD 伪操作常与 MAP 伪操作配合使用来定义结构化的内存表。MAP 伪操作定义内存表的首地址，FIELD 伪操作定义内存表中的各个数据域，并可以为每个数据域指定一个标号供其他的操作引用。

MAP 和 FIELD 伪操作仅用于定义数据结构，并不实际分配存储单元。

语法格式如下：

```
{label} FIELD expr
```

① {label}：程序标号，可选。当指令中存在这一项时，label 的值为当前内存表的位置计数器{VAR}的值。汇编器处理完这条 FIELD 指令后，内存表计数器的值将加上 expr 的值。

② expr：FIELD 指定的域所占内存单元字节数。

（2）使用说明。

MAP 伪操作中的基地址寄存器（base-register）一旦指定，将被其后的所有 FIELD 伪操作定义的数据域默认使用，指定遇到下一个包含基地址寄存器（base-register）的 MAP 指令。另外，在操作中定义的标号可以被 LOAD/STORE 指令直接引用。

（3）示例。

① 下面的例子定义了一个内存表，其首地址为固定地址 0x100。该结构化内存表包含 3 个域：A 的长度为 16 个字节，位置为 0x100；B 的长度为 32 个字节，位置为 0x110；S 的长度为 256 个字节，位置为 0x130。

```
MAP 0x100               ;定义结构化内存表首地址的值为 0x100
    A    FIELD   16     ;定义 A 的长度为 16 字节，位置为 0x100
    B    FIELD   32     ;定义 B 的长度为 32 字节，位置为 0x110
    S    FIELD   256    ;定义 S 的长度为 256 字节，位置为 0x130
```

② 下面的例子显示了一个寄存器相关的首地址定义结构化内存表。

```
    MAP 0,R9                        ;将结构化内存表的首地址设为 R9 的值
    FIELD  4
LAB FIELD  4
    LDR r0,LAB
```

最后的 LDR 指令，相当于：

```
LDR R0,[R9,#4]
```

3.2.4 汇编控制伪操作

汇编控制伪操作用于控制汇编程序的执行流程，常用的汇编控制伪操作包括以下几条。

- IF、ELSE、ENDIF
- WHILE、WEND
- MACRO、MEND
- MEXIT

1. IF、ELSE、ENDIF

（1）语法格式。

IF、ELSE、ENDIF 伪操作能根据条件的成立与否决定是否执行某个指令序列。当 IF 后面的逻

辑表达式为真，则执行 IF 后的指令序列，否则执行 ELSE 后的指令序列。其中，ELSE 及其后指令序列可以没有，此时，当 IF 后面的逻辑表达式为真，则执行指令序列，否则继续执行后面的指令。

IF、ELSE、ENDIF 伪指令可以嵌套使用。

语法格式如下：

```
IF  logical-expressing
…
{ELSE
…}
ENDIF
```

logical-expression：用于决定指令执行流程的逻辑表达式。

（2）使用说明。

当程序中有一段指令需要在满足一定条件时执行，使用该指令。

该操作还有另一种形式：

```
IF  logical-expression
    Instruction
ELIF  logical-expression2
    Instructions
ELIF  logical-expression3
    Instructions
ENDIF
```

ELIF 形式避免了 IF-ELSE 形式的嵌套，使程序结构更加清晰、易读。

（3）示例。

```
IF  {CONFIG}=16
    BNE_rt_udiv_1     ;
    LDR R0,=_rt_div0   ;
    BX  R0            ;
    ELSE
    BEQ_rt_div()       ;
ENDIF
```

2. WHILE、WEND

（1）语法格式。

WHILE、WEND 伪操作能根据条件的成立与否决定是否循环执行某个指令序列。当 WHILE 后面的逻辑表达式为真，则执行指令序列，该指令序列执行完毕后，再判断逻辑表达式的值，若为真则继续执行，直到逻辑表达式的值为假。

WHILE、WEND 伪指令可以嵌套使用。

语法格式如下：

```
WHILE  logical-expression
code
WEND
```

logical-expression：用于决定指令执行流程的逻辑表达式。

（2）使用说明。

WHILE、WEND 指令形式在进入循环之前判断执行条件，如果在第一次进入循环时，逻辑表达式即为“假”，循环体可以不执行。

（3）示例。

下面的例子用 count 来控制循环体执行次数。

```
Count    SETA    1         ;
         WHILE   count<5    ;
```

```
Count   SETA   count+1   ;
…
…
WEND
```

3. MACRO、MEND

（1）语法格式。

MACRO、MEND 伪操作可以将一段代码定义为一个整体，称为宏指令，然后就可以在程序中通过宏指令多次调用该段代码。其中，$标号在宏指令被展开时，标号会被替换为用户定义的符号。

宏操作可以使用一个或多个参数，当宏操作被展开时，这些参数被相应的值替换。

宏操作的使用方式和功能与子程序有些相似，子程序可以提供模块化的程序设计、节省存储空间并提高运行速度。但在使用子程序结构时需要保护现场，从而增加了系统的开销，因此，在代码较短且需要传递的参数较多时，可以使用宏操作代替子程序。

包含在 MACRO 和 MEND 之间的指令序列称为宏定义体，在宏定义体的第一行应声明宏的原型（包含宏名、所需的参数），然后就可以在汇编程序中通过宏名来调用该指令序列。在源程序被编译时，汇编器将宏调用展开，用宏定义中的指令序列代替程序中的宏调用，并将实际参数的值传递给宏定义中的形式参数。

MACRO、MEND 伪操作可以嵌套使用。

语法格式如下：

```
 MACRO
{$label} macroname {$parameter{,$parameter}…}
 ;code
 MEND
```

① {$label}：$标号在宏指令被展开时，标号会被替换为用户定义的符号。通常，在一个符号前使用“$”表示该符号被汇编器编译时，使用相应的值代替该符号。

② macroname：所定义的宏的名称。

③ $parameter：宏指令的参数。当宏指令被展开时将被替换成相应的值，类似于函数中的参数。

（2）使用说明。

在子程序代码比较短，而需要传递的参数比较多的情况下可以使用宏汇编技术。

首先通过 MACRO 和 MEND 伪操作定义宏，包括宏定义体代码。在 MACRO 伪操作之后的第一行声明宏的原型，其中包含该宏定义的名称及需要的参数。在汇编中可以通过该宏定义的名称来调用它。当源程序被编译时，汇编器将展开每个宏调用，用宏定义体代替源程序中宏定义的名称，并用实际参数值代替宏定义时的形式参数。

（3）示例。

① 没有参数的宏定义如下：

```
MACRO
CSI_SETB                  ;宏名为 CSI_SETB，无参数
LDR R0,=rPDATG            ;读取 GPGO 口的值
LDR R1,[r0]
LDR R1,R1,#0x01           ;CSI 置位
STR   R1,[R0]             ;输出控制
MEND
```

② 带参数的宏定义如下：

```
MACRO
$IRQ_Label       HANDLER    $IRQ_Exception
```

```
                EXPORT    $IRQ_Label
                IMPORT    $IRQ_Exception
$IRQ_Label
          SUB     LR,LR,#4
          SEMFD    SP!,{R0-R3,R12,LR}
          MRS R3,STSR
          STMFD    SP!.{R3}
…
MEND
```

③ 下面的程序显示了一个完整的宏定义和调用过程。

```
;宏定义
        MACRO                         ;开始宏定义
$label  mymacro  $p1,$p2
;code
$label.loop1                          ;代码段
; code
BGE $label.loop1
$label.loop2                          ;代码段
BL        $p1
BGT $label.loop2
;代码段
ADR $p2
;代码段
MEND

;程序汇编后，宏展开结果
abc         mymacro    subr1,de   ;使用宏
            ;代码段
abcloop1    ;代码段
            ;代码段
            BGE abcloop1
Abcloop2    ;代码段
            BL    subr1
            BGT abcloop2
            ;代码段
            ADR de
            ;代码段
```

4. MEXIT

（1）语法格式。

MEXIT 用于从宏定义中跳转出去。

语法格式如下：

```
MEXIT
```

（2）示例。

```
     MACRO
$abc    macro    abc    $param1,$param2
;code
        WHILE    condition1
        ;code
        IF    condition2
              ;代码段
              MEXIT
        ELSE
```

```
        ;代码段
    ENDIF
    WEND
    ;代码段
    MEND
```

5. 关于伪操作的嵌套

下面的伪操作在使用时可以嵌套，嵌套的深度不能超过256。

（1）MACRO宏定义。

（2）WHILE…END循环。

（3）IF…ELSE…ENDIF条件语句。

（4）INCLUDE指定头文件。

当这些伪操作混合使用时，总的嵌套深度不能超过256。

3.2.5 杂项伪操作

ARM汇编中还有一些其他的伪操作，在汇编程序中经常会被使用，包括以下几条。

（1）AREA用于定义一个代码段或数据段。

（2）ALIGN用于使程序当前位置满足一定的对齐方式。

（3）ENTRY用于指定程序入口点。

（4）END用于指示源程序结束。

（5）EQU用于定义字符名称。

（6）EXPORT（或GLOBAL）用于声明符号可以被其他文件引用。

（7）EXPORTAS用于向目标文件引入符号。

（8）IMPORT用于通知编译器当前符号不在本文件中。

（9）EXTERN用于通知编译器要使用的标号在其他的源文件中定义，但要在当前源文件中引用。

（10）GET（或INCLUDE）用于将一个文件包含到当前源文件。

（11）INCBIN用于将一个文件包含到当前源文件。

1. ALIGN

（1）语法格式。

ALIGN伪操作可通过添加填充字节的方式，使当前位置满足一定的对齐方式。

语法格式如下：

```
ALIGN{expr{, offset{, pad}}}
```

① expr：对齐表达式。表达式的值用于指定对齐方式，可能的取值为2的幂，如1、2、4、8、16等。若未指定表达式，则将当前位置对齐到下一个字的位置。

② offset：偏移量也为一个数字表达式，若使用该字段，则当前位置的对齐方式为：n*expr+偏移量。

n为汇编时变量，由编译器根据内存对齐方式决定其值。

③ pad：用作填充的字节。如果没有指定pad，用零填充。

（2）使用说明。

ALIGN伪操作使程序代码和数据保持正确的内存对齐方式。在下面的情况中，要求特定的地址对齐方式。

① Thumb 伪指令 ADR 要求加载的地址是字对齐的，但 Thumb 代码中的标号不一定是字对齐的，这就要使用伪操作 ALIGN4 来确保程序中 Thumb 代码的地址标号是字对齐的。

② 可以使用伪操作 ALIGN 来更有效的使用 Cache。比如，ARM940T 体系结构中，Cache 是 16 字节对齐的，这时使用 ALIGN4 指定 16 字节的内存对齐方式可以充分发挥 Cache 的性能优势。

③ LDRD 和 STRD 双字传送指令要求内存 8 字节对齐。这样在 LDRD/STRD 指令所有访问的内存单元前使用 ALIGN3 实现 8 字节对齐方式。

在伪操作 AREA 后使用的 ALIGN 和直接使用伪操作 ALIGN 有所不同，详见 AREA 伪操作。

（3）示例。

① 通过 ALIGN 伪操作使程序中的地址标号字对齐。

```
    AREA    Example,CODE,READONLY   ;声明一个名为 Example 的代码段
START  LDR R0,=Sdfjk
…
    MOV    PC,LR
Sdfjk DCB 0x58                      ;定义一个字节存储空间，字对齐方式被破坏
    ALIGN                           ;声明字对齐
SUBIMOV    R1,R3                    ;其他代码
…
       MOV    PC,LR
```

② 将一个可能被 Cache 的功能段入口定义在 16 字节边界上。

```
       AREA    Cacheable, CODE, ALIGN=4
Rout1                               ;名称为 Cacheable 的代码段在 16 字节边界上对齐
       ;代码段
       MOV    pc,lr                 ;字边界上对齐
       ALIGN 16                     ;16 字节边界对齐
Rout2  ;代码段
…
```

③ 下面的 ALIGN 伪操作使用了 offset 偏移量。

```
AREA    OffsetExample,CODE
DCB 1
ALIGN  4,3
DCB 1
```

2. AREA

（1）语法格式。

AREA 伪指令用于定义一个代码段或数据段。

ARM 程序采用分段式设计，一个 ARM 源程序至少需要一个代码段，大的程序可以包含多个代码段和数据段。关于“段”更详细的描述，可以参考相关文档。

语法格式如下：

```
AREA  sectionname{,attr}{,attr}
```

① sectionname：指定所定义段的段名。段名若以数字开头，则该段名需用“|”括起来，如|1_test|。

一些代码段具有约定的名称，如|.text|表示 C 语言编译器产生的代码段或者与 C 语言库相关的代码段。

② attr：指定代码段或数据段的属性。

在AREA伪操作中，各属性之间用逗号隔开。表3-2所示为各段属性及相关说明。

表3-2 段属性及说明

段 属 性	说 明
ALIGN = expr	默认情况下，ELF的代码段和数据段是4字节对齐的，expr可以取0～31的数值，相应的对齐方式为2^{expr}字节对齐。例如，expr=10，表示代码段为1k边界对齐。Expr不能为0或1
ASSOC = section	指定与本段相关的ELF段，任何时候连接section段必须包含sectionname段
CODE	指示该段为代码段。READONLY为默认属性
COMDEF	定义一个通用的段，该段可以包含代码或者数据。在多个源文件中同名的COMDEF段必须相同。如果同名的COMDEF段不同，连接器会报错
COMMON	定义一个通用的数据段，该段不包括任何用户代码和数据，它被连接器自动初始化为0。相同名称的COMMON段使用相同的内存单元，每个COMMON段的大小不必相同，连接器为其分配最大尺寸的内存
DATA	定义数据段，默认属性为READWRITE
NOALLOC	指定该段为虚段，并不为其在目标系统上分配内存
NOINIT	指定本数据段不被初始化或仅初始化为0。该操作仅为SPACE/DCB/DCD/DCDU/DCQ/DCQ/DCW/DCWU伪操作保留了内存单元
READONLY	指定该段不可写，为程序代码段
READWRITE	指定可读可写段，数据段的默认属性

（2）使用说明。

编程时使用AREA伪操作将程序分成多个ELF格式的段，段名称可以相同，这时同名的段被放在同一个ELF段中。ELF段的属性根据第一个出现的AREA伪操作的属性设定。

一般情况下，数据段和代码段是分离的。大的程序应该被分成多个不同的代码段和数据段。一个汇编程序至少包含一个段。

（3）示例。

下面伪操作定义了一个代码段，段名为Init，属性为只读。

```
AREA    Init, CODE, READONLY
; code
```

3. END

（1）语法格式。

END伪操作用于通知编译器已经到了源程序的结尾。

语法格式如下：

```
END
```

（2）使用说明。

每一个汇编源文件必须以END结束。

如果汇编文件通过伪操作GET指定了一个"父文件（parent file）"，当汇编器遇到END伪操作时将返回到"父文件"继续汇编。

（3）示例。

使用END伪操作指定应用程序的结尾。

```
AREA    Init, CODE, READONLY
...
```

```
END
```

4. ENTRY

（1）语法格式。

ENTRY 伪操作用于指定汇编程序的入口点。在一个完整的汇编程序中至少要有一个 ENTRY（也可以有多个，当有多个 ENTRY 时，程序的真正入口点由链接器指定），但在一个源文件里最多只能有一个 ENTRY（可以没有）。

语法格式如下：

```
ENTRY
```

（2）使用说明。

在一个完整的汇编程序中至少要有一个 ENTRY，如果在程序连接时没有发现 ENTRY 伪操作，连接器将产生警告信息。

在一个源文件里最多只能有一个 ENTRY，如果多个 ENTRY 同时出现在源文件中，汇编时将产生错误信息。

（3）示例。

使用伪操作 ENTRY 指定程序入口点。

```
AREA    Init, CODE, READONLY
ENTRY                   ;指定应用程序的入口点
...
```

5. EQU

（1）语法格式。

EQU 伪操作用于为程序中的常量、标号等定义一个等效的字符名称，类似于 C 语言中的 #define。其中 EQU 可用“*”代替。

语法格式如下：

```
name  EQU  expr{,type}
```

① name：EQU 伪指令定义的字符名称。

② expr：32 位表达式。其值为基于寄存器的地址值、程序中的标号、32 位的地址常量或 32 位的常量。

③ type：指定数据类型，为一个可选项。

当表达式 expr 为 32 位的常量时，可以指定表达式的数据类型，可以有以下几种类型：CODE16、CODE32、ARM、THUMB 和 DATA。

当定义的名称（name）被声明为可被其他文件引用（exported）时，在目标文件的符号表中将包含名称（name）的数据类型，这些信息将会被连接器使用。

（2）使用说明。

EQU 类似于 C 语言中的 # define 操作。

（3）示例。

定义标号 Test 的值为 50，定义 Addr 的值为 0x55。

```
Test EQU 50             ;定义标号 Test 的值为 50
Addr EQU 0x55,CODE32    ;定义 Addr 的值为 0x55，且该处为 32 位的 ARM 指令。
```

6. EXPORT（或 GLOBAL）

（1）语法格式。

EXPORT 伪操作用于在程序中声明一个全局的标号，该标号可在其他的文件中引用。EXPORT 可用 GLOBAL 代替。标号在程序中区分大小写。

语法格式如下：

```
EXPORT{symbol}{[WEAK, attr]}
```

① symbol：被声明的符号名称。名称区分大小写。如果 symbol 被忽略，所有符号被定义为可以被其他文件引用属性。

② [WEAK]：该选项声明其他的同名标号优先于该标号被引用。

③ [attr]：符号属性。用于定义所定义的符号对其他文件的"可见性（visibility）"。默认情况下，被定义为全局的（global）的符号对其他文件是"可见的"，也就是说可以被其他文件引用。而定义为本地（local）的符号对其他文件是"不可见的"，即不可被其他文件引用。

attr 可以是下面一些属性。

- DYNAMIC：符号可以被其他文件引用，且可以在其他文件中被重新定义。
- HIDDEN：符号不能其他组件引用。
- PROTECTED：符号可以被其他文件引用，但不可重新定义。

（2）使用说明。

EXPORT 声明的变量可以被其他文件访问。

（3）示例。

声明一个可全局引用的标号 Stest。

```
AREA    Init,CODE,READONLY
EXPORT         Stest                    ;声明一个可全局引用的标号 Stest
…
END
```

7. EXPORTAS

（1）语法格式。

EXPORTAS 用于修改已被编译的目标文件中的符号。

语法格式如下：

```
EXPORTAS  symbol1,symbol2
```

① symbol1：源文件中的符号名。symbol1 必须在源文件中已被定义。它可以是段名、标号或常量。

② symbol2：目标文件中的符号名。它将取代目标文件中的 symbol1 符号，该符号名称区分大小写。

（2）使用说明。

用于修改目标文件中的符号定义。

（3）示例。

```
AREA data1, DATA              ;定义新的数据段 data1
AREA data2, DATA              ;定义新的数据段 data2
 EXPORTAS data2, data1        ;data2 中定义的符号将会出现在 data1 的符号表中
one EQU  2
     EXPORTAS one, two
     EXPORT one               ;符号 two 将在目标文件中以"2"的形式出现
```

8. EXTERN

（1）语法格式。

EXTERN 伪操作用于通知编译器要使用的标号在其他的源文件中定义，但要在当前源文件中引用，如果当前源文件实际并未引用该标号，该标号就不会被加入到当前源文件的符号表中。

标号在程序中区分大小写。

语法格式如下：

```
EXTERN  symbol{[WEAK,attr]}
```

① symbol：要引用的符号名称。该名称区分大小写。

② [WEAK]：该选项表示当所有的源文件都没有定义这样一个标号时，编译器也不给出错误信息。在多数情况下将该标号置为 0，若该标号被 B 或 BL 指令引用，则将 B 或 BL 指令置为 NOP 操作。

③ [attr]：符号属性。用于定义所定义的符号对其他文件的“可见性（visibility）”。默认情况下，被定义为全局的（global）的符号对其他文件是“可见的”，也就是说，可以被其他文件引用。而定义为本地（local）的符号对其他文件是“不可见的”，即不可被其他文件引用。

[attr]可以是下面一些属性。

- DYNAMIC：符号可以被其他文件引用，且可以在其他文件中被重新定义。
- HIDDEN：符号不能被其他文件引用。
- PROTECTED：符号可以被其他文件引用，但不可重新定义。

（2）使用说明。

当源文件的符号用 EXTERN 声明后，该符号在连接时被解析。

（3）示例。

① 通知编译器当前文件要引用标号 Main，但 Main 在其他源文件中。

```
AREA    Init, CODE, READONLY
EXTERN        Main ;通知编译器当前文件要引用标号 Main，但 Main 在其他源文件中定义
…
END
```

② 下面的程序用于检测 C++库是否被连接，并根据检测结果，执行指令跳转。

```
AREA    Example, CODE, READONLY
EXTERN  __CPP_INITIALIZE[WEAK]              ;如果 C++ 库被连接
                                            ;得到__CPP_INITIALIZE 函数的入口地址

 LDR    R0,=__CPP_INITIALIZE                ;如果没有被连接，地址为 0
 CMP    R0,#0                               ;如果为 0
 BEQ    nocplusplus                         ;跳转到相应函数
```

9. GET（或 INCLUDE）

（1）语法格式。

GET 伪操作用于将一个源文件包含到当前的源文件中，并将被包含的源文件在当前位置进行汇编处理。可以使用 INCLUDE 代替 GET。

语法格式如下：

```
GET  filename
```

其中，filename 是被包含的文件名称。ARM 汇编器接受的路径名称可以是 UNIX 或 MS-DOS 的路径格式。

（2）使用说明。

汇编程序中常用的方法是在某源文件中定义一些宏指令，用 EQU 定义常量的符号名称，用 MAP 和 FIELD 定义结构化的数据类型，然后用 GET 伪指令将这个源文件包含到其他的源文件中。使用方法与 C 语言中的“include”相似。

GET 伪操作只能用于包含源文件，包含目标文件需要使用 INCBIN 伪操作。

（3）示例。

通知编译器当前源文件包含源文件 a1.s 和源文件 C:\ a2.s。

```
AREA    Init, CODE, READONLY
GET  a1.s            ;通知编译器当前源文件包含a1.s
GE  T   C:\a2.s   ;通知编译器当前源文件包含C:\ a2.s
…
END
```

10. IMPORT

（1）语法格式。

IMPORT 伪操作用于通知编译器要使用的标号在其他的源文件中定义。

注意

IMPORT 和 EXTERN 的用法相似，IMPORT 声明的符号无论当前源文件是否引用该标号，该标号均会被加入到当前源文件的符号表中。EXTERN 声明的符号，如果当前源文件实际并未引用该标号，该标号就不会被加入到当前源文件的符号表中。

标号在程序中区分大小写。

语法格式如下：

```
IMPORT  symbol{[WEAK, attr]}
```

① symbol：被声明的符号名称。名称区分大小写。如果 symbol 被忽略，所有符号被定义为可以被其他文件引用属性。

② [WEAK]：该选项表示当所有的源文件都没有定义这样一个标号时，编译器不给出错误信息。在多数情况下将该标号置为 0，若该标号为 B 或 BL 指令引用，则将 B 或 BL 指令置为 NOP 操作。

③ [attr]：符号属性。用于定义所定义的符号对其他文件的“可见性（visibility）”。默认情况下，被定义为全局的（global）的符号对其他文件是“可见的”，也就是说，可以被其他文件引用。定义为本地（local）的符号对其他文件是“不可见的”，即不可被其他文件引用。

[attr]可以是下面一些属性。

- DYNAMIC：符号可以被其他文件引用，且可以在其他文件中被重新定义。
- HIDDEN：符号不能被其他组件引用。
- PROTECTED：符号可以被其他文件引用，但不可重新定义。

（2）使用说明。

当源文件的的符号用 IMPORT 声明后，该符号在连接时被解析。

（3）示例。

参见 EXTERN 伪操作。

11. INCBIN

（1）语法格式。

INCBIN 伪操作用于将一个目标文件或数据文件包含到当前的源文件中，被包含的文件不作任何变动地存放在当前文件中，编译器从其后开始继续处理。

语法格式如下：

```
INCBIN  filename
```

其中 filename 指定将要包含进当前源文件的文件名。汇编器接受的路径名称可以是 UNIX 或 MS-DOS 的路径格式。

（2）使用说明。

使用 INCBIN 可以包含任何格式的文件，如二进制文件、字符文件等。汇编器对此文件内容不做任何修改。

（3）示例。

通知编译器当前源文件包含文件 a1.dat 和 C:\a2.txt。

```
AREA    Init,CODE,READONLY
INCBIN      a1.dat    ;通知编译器当前源文件包含文件 a1.dat
INCBIN  C:\a2.txt     ;通知编译器当前源文件包含文件 C:\a2.txt
…
END
```

3.3 ARM 汇编器支持的伪指令

ARM 汇编器支持 ARM 伪指令，这些伪指令在汇编阶段被翻译成 ARM 或者 Thumb（或 Thumb-2）指令（或指令序列）。ARM 伪指令包含 ADR、ADRL、LDR 等。

3.3.1 ADR 伪指令

（1）语法格式。

ADR 伪指令为小范围地址读取伪指令。ADR 伪指令将基于 PC 相对偏移地址或基于寄存器相对偏移地址值读取到寄存器中，当地址值是字节对齐时，取值范围为−255 ~ 255，当地址值是字对齐时，取值范围为−1020 ~ 1020。当地址值是 16 字节对齐时其取值范围更大。

语法格式如下：

```
ADR{cond}{.W}  register,label
```

① {cond}：可选的指令执行条件。

② {.W}：可选项，指定指令宽度（Thumb-2 指令集支持）。

③ register：目标寄存器。

④ label：基于 PC 或具有寄存器的表达式。

（2）使用说明。

ADR 伪指令被汇编器编译成一条指令。汇编器通常使用 ADD 指令或 SUB 指令来实现伪操作的地址装载功能。如果不能用一条指令来实现 ADR 伪指令的功能，汇编器将报告错误。

（3）示例。

```
        LDR     R4,=data+4*n      ;n 是汇编时产生的变量
        ; code
        MOV     pc,lr
data    DCD     value0
        ; n-1 条 DCD 伪操作
        DCD     valuen            ;所要装载入 R4 的值
        ;更多 DCD 伪操作
```

3.3.2 ADRL 伪指令

（1）语法格式。

ADRL 伪指令为中等范围地址读取伪指令。ADRL 伪指令将基于 PC 相对偏移的地址或基于寄存器相对偏移的地址值读取到寄存器中，当地址值是字节对齐时，取值范围为−64 ~ 64KB；当地址值是字对齐时，取值范围为−256 ~ 256KB。当地址值是 16 字节对齐时，其取值范围更大。在 32 位的 Thumb-2 指令中，地址取值范围到达−1 ~ 1MB。

语法格式如下：

```
ADRL{cond}  register,label
```

① {cond}：可选的指令执行条件。

② register：目标寄存器。

③ label：基于 PC 或具体寄存器的表达式。

（2）使用说明。

ADRL 伪指令与 ADR 伪指令相似，用于将基于 PC 相对偏移的地址或基于寄存器相对偏移的地址值读取到寄存器中。所不同的是，ADRL 伪指令比 ADR 伪指令可以读取更大范围的地址。这是因为在编译阶段，ADRL 伪指令被编译器换成两条指令。即使一条指令可以完成该操作，编译器也将产生两条指令，其中一条为多余指令。如果汇编器不能在两条指令内完成操作，将报告错误，中止编译。

3.3.3 LDR 伪指令

（1）语法格式。

LDR 伪指令装载一个 32 位的常数和一个地址到寄存器。

语法格式如下：

```
LDR{cond}{.W}  register,=[expr|label-expr]
```

① {cond}：可选的指令执行条件。

② {.W}：可选项，指定指令宽度（Thumb-2 指令集支持）。

③ register：目标寄存器。

④ expr：32 位常量表达式。汇编器根据 expr 的取值情况，对 LDR 伪指令做如下处理。

- 当 expr 表示的地址值没有超过 MOV 指令或 MVN 指令的地址取值范围时，汇编器用一对 MOV 和 MVN 指令代替 LDR 指令。
- 当 expr 表示的指令地址值超过了 MOV 指令或 MVN 指令的地址范围时，汇编器将常数放入数据缓存池，同时用一条基于 PC 的 LDR 指令读取该常数。

⑤ label-expr：一个程序相关或声明为外部的表达式。汇编器将 label-expr 表达式的值放入数据缓存池，使用一条程序相关 LDR 指令将该值取出放入寄存器。

当 label-expr 被声明为外部的表示式时，汇编器将在目标文件中插入链接重定位伪操作，由链接器在链接时生成该地址。

（2）使用说明。

当要装载的常量超出了 MOV 指令或 MVN 指令的范围时，使用 LDR 指令。

由 LDR 指令装载的地址是绝对地址，即 PC 相关地址。

当要装载的数据不能由 MOV 指令或 MVN 指令直接装载时，该值要先放入数据缓存池，此时 LDR 伪指令处的 PC 值到数据缓存池中目标数据所在地址的偏移量有一定限制。ARM 或 32 位的 Thumb-2 指令中该范围是−4 ~ 4KB，Thumb 或 16 位的 Thumb-2 指令中该范围是 0 ~ 1KB。

（3）示例。

① 将常数 0xff0 读到 R1 中。

```
LDR R3,=0xff0 ;
```

相当于下面的 ARM 指令：

```
MOV R3,#0xff0
```

② 将常数 0xfff 读到 R1 中。

```
LDR R1,=0xfff ;
```

相当于下面的 ARM 指令：

```
LDR R1,[pc,offset_to_litpool]
…
litpool DCD 0xfff
```

③ 将 place 标号地址读入 R1 中。

```
LDR R2,=place ;
```

相当于下面的 ARM 指令：

```
LDR R2,[pc,offset_to_litpool]
…
litpool DCD place
```

3.4　汇编语言与 C/C++的混合编程

在 C 或 C++代码中实现汇编语言的方法有内联汇编和内嵌汇编两种，使用它们可以在 C/C++程序中实现 C/C++语言不能完成的一些工作。例如，在下面几种情况中必须使用内联汇编或嵌入型汇编。

（1）程序中使用饱和算术运算（Saturating Arithmetic），如 SSAT16 和 USAT16 指令。

（2）程序中需要对协处理器进行操作。

（3）在 C 或 C++程序中完成对程序状态寄存器的操作。

3.4.1　内联汇编

1. 内联汇编语法

内联汇编使用"_asm"（C++）和"asm"（C 和 C++）关键字声明，语法格式如下：

```
• __asm("instruction[;instruction]");  // 必须为单条指令
  __asm{instruction[;instruction]}
• __asm{
  …
  instruction
  …
}
• asm("instruction[;instruction]");     // 必须为单条指令
  asm{instruction[;instruction]}
• asm{
   …
   instruction
   …
}
```

内联汇编支持大部分的 ARM 指令，但不支持带状态转移的跳转指令，如 BX 和 BLX 指令，详细内容见 ARM 相关文档。

由于内联汇编嵌入在 C 或 C++程序中，所以在用法上有其自身的一些特点。

① 如果同一行中包含多条指令，则用分号隔开。

② 如果一条指令不能在一行中完成，使用反斜杠"/"将其连接。

③ 内联汇编中的注释语句可以使用 C 或 C++风格。

④ 汇编语言中使用逗号","作为指令操作数的分隔符，所以如果在 C 语言中使用逗号必须用圆括号括起来，如__asm {ADD x, y, (f(), z)}。

⑤ 内联汇编语言中的寄存器名被编译器视为C或C++语言中的变量，所以，内联汇编中出现的寄存器名不一定和同名的物理寄存器相对应。这些寄存器名在使用前必须声明，否则编译器将提示警告信息。

⑥ 内联汇编中的寄存器（除程序状态寄存器CPSR和SPSR外）在读取前必须先赋值，否则编译器将产生错误信息。下面的例子显示了内联汇编和真正汇编的区别。

错误的内联汇编函数如下：

```
int f(int x)
{
    __asm
    {
        STMFD sp!, {R0}      // 保存R0不合法，因为在读之前没有对寄存器写操作
        ADD R0, x, 1
        EOR x, R0, x
        LDMFD sp!, {R0}      // 不需要恢复寄存器
    }
    return x;
}
```

将其进行改写，使它符合内联汇编的语法规则。

```
int f(int x)
{
    int R0;
    __asm
    {
        ADD R0, x, 1
        EOR x, R0, x
    }
    return x;
}
```

2. 内联汇编示例

下面通过几个例子进一步了解内联汇编的语法。

（1）字符串的复制。

下面的例子使用一个循环完成了字符串的复制工作。

```
#include <stdio.h>
void my_strcpy(const char *src, char *dst)
{
    int ch;
    __asm
    {
    loop:
        LDRB    ch, [src], #1
        STRB    ch, [dst], #1
        CMP     ch, #0
        BNE     loop
    }
}
int main(void)
{
    const char *a = "Hello world!";
    char b[20];
    my_strcpy (a, b);
    printf("Original string: '%s'\n", a);
    printf("Copied string: '%s'\n", b);
    return 0;
}
```

（2）中断使能。

下面的例子通过读取程序状态寄存器（CPSR）并设置它的中断使能位 bit[7]来禁止/打开中断。需要注意的是，该例只能运行在系统模式下，因为用户模式是无权修改程序状态寄存器的。

```
__inline void enable_IRQ(void)
{
    int tmp;
    __asm
    {
        MRS tmp, CPSR
        BIC tmp, tmp, #0x80
        MSR CPSR_c, tmp
    }
}
__inline void disable_IRQ(void)
{
    int tmp;
    __asm
    {
        MRS tmp, CPSR
        ORR tmp, tmp, #0x80
        MSR CPSR_c, tmp
    }
}
int main(void)
{
    disable_IRQ();
    enable_IRQ();
}
```

3.4.2 嵌入型汇编

利用 ARM 编译器可将汇编代码包括到一个或多个 C 或 C++函数定义中去。嵌入式汇编器提供对目标处理器不受限制的低级别访问。

本小节将介绍以下内容：

（1）嵌入式汇编程序语法；

（2）嵌入式汇编程序表达式和 C 或 C++表达式之间的差异；

（3）嵌入式汇编函数的生成；

（4）__cpp 关键字。

有关为 ARM 处理器编写汇编语言的详细信息，请参阅 ADS 或 RealView 编译工具的汇编程序指南。

1. 嵌入式汇编语言语法

嵌入式汇编函数定义由 --asm（C 和 C++）或 asm（C++）函数限定符标记，可用于：

（1）成员函数；

（2）非成员函数；

（3）模板函数；

（4）模板类成员函数。

用__asm 或 asm 声明的函数可以有调用参数和返回类型。它们从 C 和 C++中调用的方式与普通 C 和 C++函数调用方式相同。嵌入式汇编函数语法如下：

```
__asm return-type function-name(parameter-list)
{
    // ARM/Thumb/Thumb-2 assembler code
```

```
    instruction[; instruction]
    ...
    [instruction]
}
```

嵌入式汇编的初始执行状态是在编译程序时由编译选项决定的，这些编译选项如下所示。

（1）如果初始状态为 ARM 状态，则内嵌汇编器使用--arm 选项。

（2）如果初始状态为 Thumb 状态，则内嵌汇编器使用--thumb 选项。

可以显示地使用 ARM、Thumb 和 Code16 伪操作改变嵌入式汇编的执行状态。关于 ARM 伪操作的详细信息请参见指令伪操作一节。如果使用的处理器支持 Thumb-2 指令，则可以在 Thumb 状态下，在嵌入式汇编中使用 Thumb-2 指令。

在参数列表中允许使用参数名，但不能用在嵌入式汇编函数体内。例如，以下函数在函数体内使用整数 i，但在汇编中无效。

```
__asm int f(int i) {
    ADD i, i, #1 // 编译器报错
}
```

可以使用 R0 代替 i。

下面通过嵌入式汇编的例子，来进一步熟悉嵌入式汇编的使用。

下面的例子实现了字符串的复制，注意和上一节中内联汇编中字符串复制的例子相比较，分析其中的区别。

```
#include <stdio.h>
__asm void my_strcpy(const char *src, const char *dst) {
loop
      LDRB  R3, [R0], #1
      STRB  R3, [R1], #1
      CMP   R3, #0
      BNE   loop
      MOV   pc, lr
}
void main()
{
     const char *a = "Hello world!";
     char b[20];
     my_strcpy (a, b);
     printf("Original string: '%s'\n", a);
     printf("Copied   string: '%s'\n", b);
}
```

2. 嵌入式汇编程序表达式和 C 或 C++表达式之间的差异

嵌入式汇编表达式和 C 或 C++表达式之间存在以下差异。

（1）汇编程序表达式总是无符号的。相同的表达式在汇编程序和 C 或 C++中有不同值。例如：

```
MOV R0, #(-33554432 / 2)          // 结果为 0x7f000000
MOV R0, #__cpp(-33554432 / 2)     //结果为 0xff000000,CPP 指明的部分表示访问的是 C、C++表达
```

式，参考本节稍后介绍的“__CPP”部分

（2）以 0 开头的汇编程序编码仍是十进制的。例如：

```
MOV R0,#0700              // 十进制 700
MOV R0, #__cpp(0700)      // 八进制 0700 等于 十进制 448
```

（3）汇编程序运算符优先顺序与 C 和 C++ 不同。例如：

```
MOV r0, #(0x23 :AND: 0xf + 1)     // ((0x23 & 0xf) + 1) => 4
MOV r0, #__cpp(0x23 & 0xf + 1)    // (0x23 & (0xf + 1)) => 0
```

（4）汇编程序字符串不是以空字符为终止标志的。

```
DCB "no trailing null"                // 16 bytes
DCB __cpp("I have a trailing null!!")  // 24 bytes
```

3. 嵌入式汇编函数的生成

由关键字__asm 声明的嵌入式汇编程序，在编译时将作为整个文件体传递给 ARM 汇编器。在传递过程中，__asm 函数的顺序保持不变（用模板实例生成的函数除外）。正是由于嵌入式汇编的这个特性，使得由一个__asm 标识的嵌入式汇编程序调用在同一文件中的另一个嵌入式汇编程序是可以实现的。

当使用编译器 armcc 时，局部链接器（Partial Link）将汇编程序产生的目标文件与编译 C 程序的目标文件相结合，产生单个目标文件。

编译程序为每个 __asm 函数生成 AREA 命令，如以下__asm 函数：

```
#include <cstddef>
struct X { int x,y; void addto_y(int); };
__asm void X::addto_y(int) {
    LDR     R2,[R0, #__cpp(offsetof(X, y))]
    ADD     R1,R2,R1
    STR     R1,[R0, #__cpp(offsetof(X, y))]
    BX      lr
}
```

对于此函数，编译器生成：

```
AREA ||.emb_text||, CODE, READONLY
EXPORT |_ZN1X7addto_yEi|
#line num "file"
|_ZN1X7addto_yEi| PROC
 LDR R2,[R0, #4]
 ADD R1,R2,R1
 STR R1,[R0, #4]
 BX lr
 ENDP
 END
```

由上面的例子可以看出，对于变量 offsetof 的使用必须加__cpp（ ）标识符才能引用，因为该变量是在 cstddef 头文件中定义的。

__asm 声明的常规函数被放在名为.emb_text 的段（Section）中。这一点也是嵌入式汇编和内联汇编最大的不同。相反，隐式实例模板函数（Implicitly Instantiated Template Function）和内联汇编函数放在与函数名同名的区域（Area）内，并为该区域增加公共属性。这就确保了这类函数的特殊语义得以保持。

由于内联和模板函数的区域的特殊命名，所以这些函数不按照文件中定义的顺序排列，而是任意排序。因此，不能以__asm 函数在原文件中的排列顺序，来判断它们的执行顺序，也就是说，即使两个连续排列的__asm 函数，也不一定能顺序执行。

4. 关键字__cpp

可用__cpp 关键字从汇编代码中访问 C 或 C++的编译时的常量表达式，其中包括含有外部链接的数据或函数地址。标识符__cpp 内的表达式必须是适合用作 C++静态初始化的常量表达式（请参阅 ISO/IEC 14882:2003 中的 3.6.2 非本地对象初始化一节和本书的常量表达式一节）。

编译时，编译器将使用__cpp(expr) 的地方用汇编程序可以使用的常量所取代。例如：

```
LDR R0, =__cpp(&some_variable)
LDR R1, =__cpp(some_function)
BL  __cpp(some_function)
```

```
MOV R0, #__cpp(some_constant_expr)
```

__cpp 表达式中的名称可在__asm 函数的 C++上下文中查阅。__cpp 表达式结果中的任何名称按照要求被损毁并自动为其生成 IMPORT 语句。

3.4.3 汇编代码访问 C 全局变量

在汇编代码中访问 C 全局变量，只能通过地址间接访问全局变量。要访问全局变量，必须在汇编中使用 IMPORT 伪操作输入全局变量，然后将地址载入寄存器。可以根据变量的类型使用载入和存储指令访问该变量。

对于无符号变量，使用以下指令。

（1）LDRB/STRB：用于 char 型。

（2）LDRH/STRH：用于 short 型（对于 ARM 体系结构 v3，使用两个 LDRB/STRB 指令）。

（3）LDR/STR：用于 int 型。

对于有符号变量，请使用等效的有符号数的 Load/Store 指令，如 LDRSB 和 LDRSH。

对于少于 8 个字的小结构体可以用 LDM 和 STM 指令将其作为整体访问。同时，也可以用适当类型的 Load/Store 指令访问结构的单个成员。为了访问成员，必须了解该成员地址相对于结构体开始处的偏移量。

下面的例子将整型全局变量 globvar 的地址载入 R1、将该地址中包含的值载入 R0、将它与 2 相加，然后将新值存回 globvar 中。

```
        PRESERVE8
        AREA     globals,CODE,READONLY
        EXPORT    asmsubroutine
        IMPORT    globvar
asmsubroutine
        LDR  R1, =globvar   ;从内存池中读取 globvar 变量的地址，加载到 R1 中
        LDR  R0, [R1]
        ADD  R0, R0, #2
        STR  R0, [R1]
        MOV  pc, lr
        END
```

3.4.4 C++中使用 C 头文件

本节描述如何在 C++代码中使用 C 头文件。从 C++调用 C 头文件之前，C 头文件必须包含在 extern"C"命令中。本节包含以下两部分内容：

（1）在 C++中使用系统的 C 头文件；

（2）在 C++中使用自定义的 C 头文件。

1. 在 C++中使用系统 C 头文件

要包括标准的系统 C 头文件，如 stdio.h，不必进行任何特殊操作，由编译器自动包含标准 C 头文件。例如：

```
#include <stdio.h>
int main()
{
    …     // C++ 代码
    return 0;
}
```

如果使用此语法包含头文件，则所有库名都放在全局命名空间中。

C++标准规定可以通过特定的 C++头文件获取 C 头文件。这些文件与标准 C 头文件一起安装在 install_directory\RVCT\Data\2.0\build_num \include \platform 目录下，可以用常规方法进行引用。例如：

```
#include <cstdio-h>
int main()
{
   …     // C++ 代码
   return 0;
}
```

2. 在 C++中使用自定义的 C 头文件

要包含自己的 C 头文件，用户必须将#include 命令包在 extern "C"语句中。可以用以下方法完成此操作。

（1）在#include 文件之前使用 extern，如下例所示：

```
// C++ code
extern "C" {
#include "my-header1.h"
#include "my-header2.h"
}
int main()
{
    // …
    return 0;
}
```

（2）将 extern "C"语句添加到头文件，如下例所示：

```
/* C header file */
#ifdef __cplusplus    /* 加入到 extern C 结构的开始处 */
extern "C" {
#endif
/* Body of header file */
#ifdef __cplusplus  /* 加入到 extern C 结构的结束处 */
}
#endif              /* 此时包含在 C++头文件中的 C 头文件已经可以正常使用了*/
```

3.4.5 混合编程调用举例

汇编程序、C 程序及 C++程序相互调用时，要特别注意遵守相应的 AAPCS。下面一些例子具体说明了在这些混合调用中应注意遵守的 AAPCS 规则。

（1）从 C 程序调用汇编语言。

下面的程序显示如何在 C 程序中调用汇编语言子程序，该段代码实现了将一个字符串复制到另一个字符串。

```
#include <stdio.h>
extern void strcopy(char *d, const char *s);
int main()
{   const char *srcstr = "First string - source ";
    char dststr[] = "Second string - destination ";
/* 下面将 dststr 作为数组进行操作 */
    printf("Before copying:\n");
    printf("  %s\n  %s\n",srcstr,dststr);
    strcopy(dststr,srcstr);
    printf("After copying:\n");
    printf("  %s\n  %s\n",srcstr,dststr);
```

```
    return(0);
  }
```

下面为调用的汇编程序。

```
    PRESERVE8
    AREA    SCopy, CODE, READONLY
    EXPORT strcopy
Strcopy                        ;R0 指向目的字符串
                               ;R1 指向源字符串
    LDRB R2, [R1],#1           ;加载字节并更新源字符串指针地址
    STRB R2, [R0],#1           ;存储字节并更新目的字符串指针地址
    CMP R2, #0                 ;判断是否为字符串结尾
    BNE strcopy                ;如果不是，程序跳转到 strcopy 继续复制
    MOV pc,lr                  ;程序返回
    END
```

（2）汇编语言调用C程序。

下面的例子显示了如何从汇编语言调用C程序。

下面的子程序段定义了C语言函数。

```
int g(int a, int b, int c, int d, int e)
{
            return a + b + c + d + e;
}
```

下面的程序段显示了汇编语言调用。假设程序进入f时，R0中的值为i。

```
; int f(int i) { return g(i, 2*i, 3*i, 4*i, 5*i); }
PRESERVE8
EXPORT f
AREA f, CODE, READONLY
IMPORT g                       // 声明C程序g()
STR lr, [sp, #-4]!             // 保存返回地址 lr
ADD R1, R0, R0                 // 计算2*i(第2个参数)
ADD R2, R1, R0                 // 计算3*i(第3个参数)
ADD R3, R1, R2                 // 计算5*i
STR R3, [sp, #-4]!             // 第5个参数通过堆栈传递
ADD R3, R1, R1                 // 计算4*i(第4个参数)
BL g                           // 调用C程序
ADD sp, sp, #4                 // 从堆栈中删除第5个参数
LDR pc, [sp], #4               // 返回
END
```

（3）从C++程序调用C++。

下面的例子显示了如何从C++程序中调用C程序。

```
struct S {                     // 本结构没有基类和虚函数

    S(int s):i(s) { }
    int i;
};
extern "C" void cfunc(S *);
                               // 被调用的C函数使用extern "C" 声明
int f(){
    S s(2);                    // 初始化 's'
    cfunc(&s);                 // 调用C函数 'cfunc' 将改变 's'
    return si*3;
}
```

下面的程序段显示了被调用的 C 程序代码。

```
struct S {
    int i;
};
void cfunc(struct S *p) {
/*定义被调用的 C 功能 */
    p->i += 5;
}
```

（4）从 C++程序中调用汇编程序。

下面的例子显示了如何从 C++程序中调用汇编程序。

```
struct S {                          // 本结果没有基类和虚拟函数
                                    //
    S(int s) : i(s) { }
    int i;
};
extern "C" void asmfunc(S *);  // 声明被调用的汇编函数

int f() {
     S s(2);                        // 初始化结构体 's'
     asmfunc(&s);                   // 调用汇编子程序 'asmfunc'

     return s.i * 3;
}
```

下面是被调用的汇编程序。

```
    PRESERVE8
    AREA Asm, CODE
    EXPORT asmfunc
asmfunc                             // 被调用的汇编程序定义
    LDR R1, [R0]
    ADD R1, R1, #5
    STR R1, [R0]
    MOV pc, lr
    END
```

（5）从 C 程序中调用 C++程序。

下面的例子显示了如何从 C 代码中调用 C++程序。

```
struct S {                          // 本结构没有基类和虚拟函数
    S(int s) : i(s) { }
    int i;
};
extern "C" void cppfunc(S *p) {
// 定义被调用的 C++代码
// 连接了 C 功能
    p->i += 5;                 //
}
```

下面是调用了 C++代码的 C 函数。

```
struct S {
    int i;
};
extern void cppfunc(struct S *p);
/* 声明将会被调用的 C++功能 */
```

```
int f(void) {
    struct S s;
    s.i = 2;                    /* 初始化 S */
    cppfunc(&s);                /* 调用 cppfunc 函数，该函数可能改变 S 的值 */
    return s.i * 3;
}
```

（6）从汇编中调用C++程序。

下面的代码显示了如何从汇编中调用C++程序。

```
struct S {          // 本结构没有基类和虚拟函数
    S(int s) : i(s) { }
    int i;
};
extern "C" void cppfunc(S * p) {
// 定义被调用的 C++功能
// 功能函数体
    p->i += 5;
}
```

在汇编语言中，声明要调用的C++功能，使用带连接的跳转指令调用C++功能。

```
    AREA Asm, CODE
    IMPORT cppfunc            ;声明被调用的 C++ 函数名

    EXPORT   f
f
    STMFD  sp!,{lr}
    MOV    R0,#2
    STR    R0,[sp,#-4]!       ;初始化结构体
    MOV    R0,sp              ;调用参数为指向结构体的指针
    BL     cppfunc            ;调用 C++功能'cppfunc'

    LDR    R0, [sp], #4
    ADD    R0, R0, R0,LSL #1
    LDMFD  sp!,{pc}
    END
```

（7）在C和C++函数间传递参数。

下面的例子显示了如何在C和C++函数间传递参数。

```
extern "C" int cfunc(const int&);
// 声明被调用的 C 函数
extern "C" int cppfunc(const int& r) {
// 定义将被 C 调用的 C++函数
    return 7 * r;
}
int f() {
    int i = 3;
    return cfunc(i); // 向 C 函数传参
}
```

下面为C函数。

```
extern int cppfunc(const int*);
/* 声明将被调用的 C++函数 */
```

```
int cfunc(const int *p) {
/*定义被 C++调用的 C 函数*/
    int k = *p + 4;
    return cppfunc(&k);
}
```

本章小结

本章介绍了 ARM 程序设计的过程与方法，包括汇编语言编程、伪指令的使用、汇编器的使用、汇编和 C/C++混合编程等内容。这些内容是嵌入式编程的基础，希望读者掌握。

思 考 题

3-1　比较 ARM 指令和 Thumb 指令的不同。
3-2　如何从 ARM 状态切换到 Thumb 状态？
3-3　在 ARM 汇编中如何定义一个全局的数字变量？
3-4　ADR 和 LDR 的用法有什么区别？
3-5　AAPCS 过程调用标准的内容是什么？
3-6　什么是内联汇编？什么是嵌入型汇编？两者之间的区别是什么？
3-7　汇编代码中如何调用 C 代码中定义的函数？
3-8　C++代码中如何包含 C 头文件？

第4章 嵌入式软件基础实验

本章主要介绍 Realview MDK 软件的使用方法及几个典型的嵌入式软件基础实验。通过本章的学习，读者应熟悉 MDK 平台开发，并对 ARM 编程有更深一步的认识。

本章主要内容：

- Realview MDK 简介
- ULINK2 仿真器简介
- 使用 Realview MDK 创建一个工程
- 嵌入式软件开发基础实验

4.1 Realview MDK 简介

MDK（Microcontroller Development Kit）是 Keil 公司（现在已经被 ARM 公司收购）开发的 ARM 开发工具，是用来开发基于 ARM 核的系列微控制器的嵌入式应用程序的开发工具。它适合不同层次的开发者使用，包括专业的应用程序开发工程师和嵌入式软件开发的入门者。MDK 包含了工业标准的 Keil C 编译器、宏汇编器、调试器、实时内核等组件，并支持所有基于 ARM 的设备，能帮助工程师按照计划完成项目。

Keil ARM 开发工具集集成了很多有用的工具（见图 4-1），正确地使用它们，可以有助于快速完成项目开发。

利用 MDK 的 μVision 3，可以开发基于 ARM7、ARM9、Cortex-M3 的微控制器应用程序，它易学易用且功能强大。以下是它的一些主要特性。

（1）μVision 3 集成了一个能自动配置工具选项的设备数据库。

（2）工业标准的 RealView C/C++编译器能产生代码容量最小、运行速度最快的高效应用程序，同时它包含了一个支持 C++ STL 的 ISO 运行库。

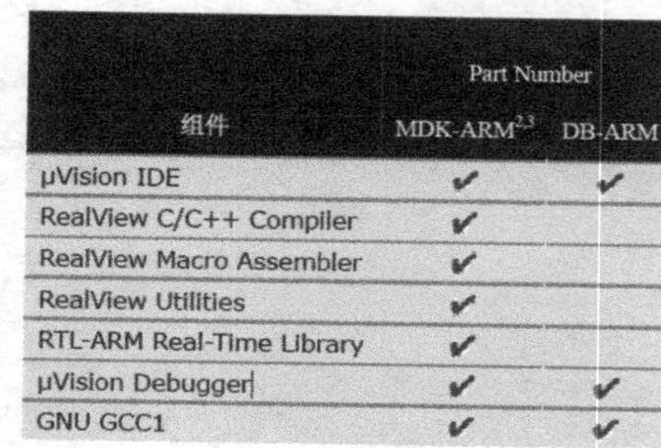

组件	Part Number	
	MDK-ARM$^{2.3}$	DB-ARM
μVision IDE	✔	✔
RealView C/C++ Compiler	✔	
RealView Macro Assembler	✔	
RealView Utilities	✔	
RTL-ARM Real-Time Library	✔	
μVision Debugger	✔	✔
GNU GCC1	✔	✔

图 4-1　MDK 开发工具的组件

（3）集成在 μVision 3 中的在线帮助系统提供了大量有价值的信息，利用它可加快应用程序的开发速度。

（4）包含大量的例程，帮助开发者快速配置 ARM 设备，以及开始应用程序的开发。

（5）μVision 3 集成开发环境能帮助工程人员开发稳健、功能强大的嵌入式应用程序。

（6）μVision 3 调试器能够精确地仿真整个微控制器，包括其片上外设，使得在没有目标硬件的情况下也能测试开发程序。

（7）包含标准的微控制器和外部 Flash 设备的 Flash 编程算法。

（8）ULINK USB-JTAG 仿真器可以实现 Flash 下载和片上调试。

（9）RealView RL-ARM 具有网络和通信的库文件及实时软件。

（10）还可使用第三方工具扩展 μVision 3 的功能。

（11）μVision 3 还支持 GNU 的编译器。

本书的大部分例程在 MDK 下开发。

4.2　ULINK2 仿真器简介

ULINK 是 Keil 公司提供的 USB-JTAG 接口仿真器，目前最新的版本是 2.0。它支持诸多芯片厂商的 8051、ARM7、ARM9、Cortex-M3、Infineon C16x、Infineon XC16x、InfineonXC8xx、STMicroelectronics μPSD 等多个系列的处理器。ULINK2 内部实物如图 4-2 所示，由 PC 的 USB 接口提供电源。ULINK2 不仅包含了 ULINK USB-JTAG 适配器具有的所有特点，还增加了串行线调试（SWD）支持，以及返回时钟支持和实时代理功能。

ULINK2 的主要功能如下：

（1）下载目标程序；

（2）检查内存和寄存器；

（3）片上调试，整个程序的单步执行；

（4）插入多个断点；

（5）运行实时程序；

（6）对 Flash 存储器进行编程。

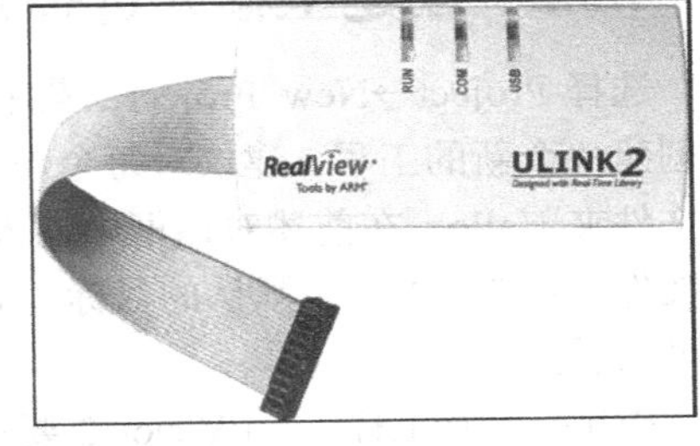

图 4-2　ULINK2 仿真器

ULINK2 的新特点包括：

（1）标准 Windows USB 驱动支持，也就是 ULINK2 即插即用；

（2）支持基于 ARM Cortex-M3 的串行线调试；

（3）支持程序运行期间的存储器读写、终端仿真和串行调试输出；

（4）支持 10/20 针连接器。

本书使用的例程均使用 ULINK2 仿真器进行调试。

4.3　使用 Realview MDK 创建一个工程

Realview MDK 引入工程管理，使得基于 ARM 处理器的应用程序设计开发变得越来越方便。通常使用 Realview MDK 创建一个新的工程需要以下几个环节：

选择工具集→创建工程并选择处理器→创建源文件→配置硬件选项→配置对应启动代码→编译链接生成 HEX 文件。

4.3.1　选择工具集

利用 μVision 3 创建一个基于处理器的应用程序，首先要选择开发工具集。单击 Project→Manage→Components, Environment and Books 菜单项，在如图 4-3 所示对话框中，可选择所使用的工具集。在 μVision 3 中既可使用 ARM RealView 编译器、ARM ADS 编译器、GNU GCC 编译器，也可以使用 Keil CARM 编译器。当使用 GNU GCC 编译器或者 ARM ADS 编译器时，需要安装相应的工具集。在本例程中选择 RealView Compiler 编译器。

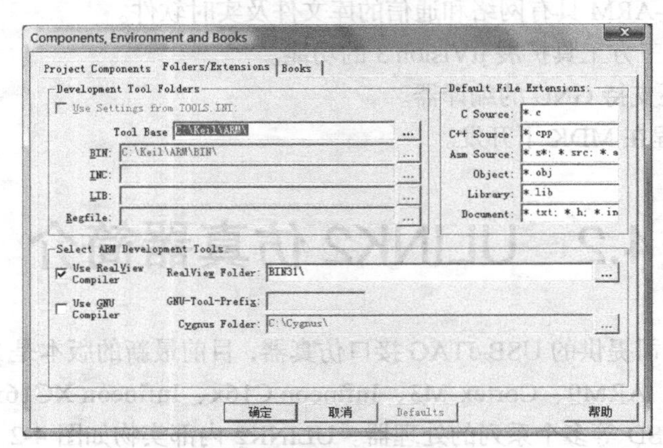

图 4-3　选择工具集

4.3.2　创建工程并选择处理器

选择 Project→New Project…菜单项，μVision 3 将打开一个标准对话框，输入工程名，即可创建一个新的工程。建议对每个新建工程都使用一个独立的文件夹。先在硬盘上创建一个新的文件夹 Hello，在前述对话框中输入 Hello，μVision 将会创建一个以 Hello.uv2 为名称的新工程文件，它包含了一个默认的目标（target）和文件组名。这些内容在 Project→Workspace→Files 中可以看到。

创建一个新工程时，μVision 3 要求设计者为工程选择一款对应处理器，如图 4-4 所示。该对话框中列出了 μVision 3 所支持的处理器设备数据库，也可以通过单击 Project→Select Device…菜单项进入这个对话框。当选择了某款处理器后，μVision 3 将会自动为工程设置相应的工具选项，这使得工具的配置过程简化了很多。

对于大部分处理器设备来说，μVision 3 会提示程序员是否在目标工程中加入 CPU 的相关启动代码（见图 4-5）。启动代码是用来初始化目标设备的配置，完成运行时系统的初始化工作，对于嵌入式系统开发而言是必不可少的，单击“OK”按钮便可将启动代码加入工程，这使得系统的启动代码编写工作量大大减少。图 4-5 给出了加入启动代码后的工程文件。其中 S3C2410A.s 就是系统自带的启动代码。这段代码是 CPU 复位后首先要执行的代码，读者不能忽视它的作用。

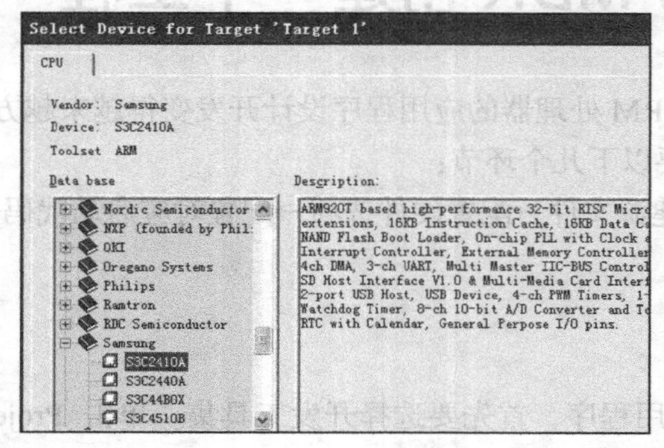

图 4-4　选择处理器

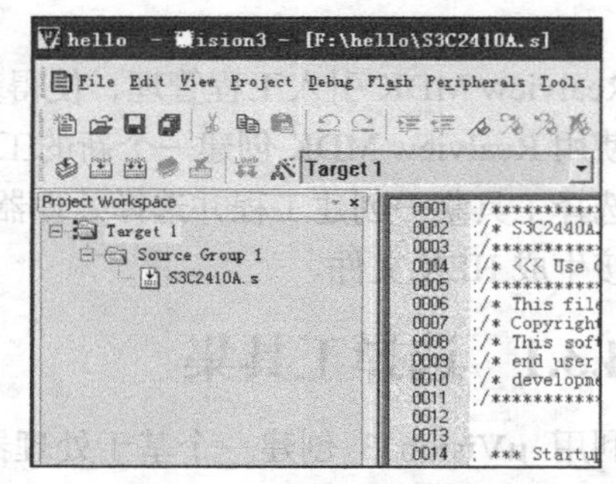

图 4-5　加入启动代码后的工程

4.3.3　建立一个新的源文件

工程创建完成以后，就可以开始编写程序。向工程中创建新文件的方法是选择菜单项 File→New。μVision IDE 将会打开一个空的编辑窗口用以使程序员输入源程序。在输入完源程序后，选择 File→Save As…菜单项保存源程序，当以*.c 为扩展名保存源文件时，μVision IDE 将会根据语法以彩色高亮字体显示源程序。

4.3.4　工程中文件的加入

创建完源文件后便可以在工程里加入此源文件，μVision 提供了多种方法加入源文件到工程中。例如，在 Project Workspace→Files 菜单项中选择文件组，右击将会弹出如图 4-6 所示的快捷菜单，单击选项 Add Files to Group…打开一个标准文件对话框，将已创建好的源文件加入到工程中。

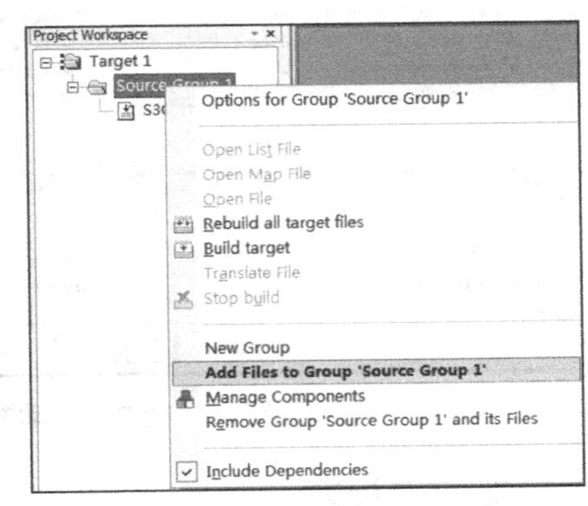

图 4-6　加入源文件到工程中

4.3.5　工程基本配置

1. 硬件选项配置

μVision 3 可根据目标硬件的实际情况对工程进行配置。通过单击目标工具栏图标或者单击菜单项 Project→Options for Target，在弹出的 Target 页面中可指定目标硬件和所选择设备片内组件的相关参数，如图 4-7 所示。

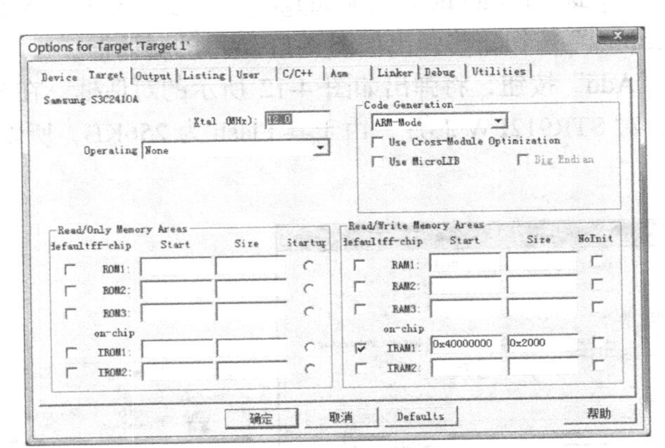

图 4-7　处理器配置对话框

所填写的内容包括 RAM、ROM 的起始地址及大小。同时还可以选择是否使用 Thumb 模式，是否使用 RTX 内核等。如果我们没有配置 ROM 等信息，在编译过程中会提示“ROM1”没有定义之类的错误。

2. 处理器启动代码配置

通常情况下，ARM 程序都需要初始化代码用来配置所对应的目标硬件。如 4.3.2 小节所述，当创建一个应用程序时，μVision 3 会提示使用者自动加入相应设备的启动代码。μVision 3 提供了丰富的启动代码文件，可在相应文件夹中获得。例如，针对 Keil 开发工具的启动代码放在..\ARM\Startup 文件夹下，针对 GNU 开发工具的启动代码在..\ARM\GNU\Startup 文件夹下，针对 ADS 开发工具的启动代码在文件夹..\ARM\ADS\Startup 下。以 LPC2106 处理器为例，其启动代码文件为...\Startup\Philips\Startup.s，可把这个启动代码文件复制到工程文件夹下。

在使用 ULINK 仿真器时，首先为仿真器选择合适的驱动，并为下载应用程序和可执行文件进行配置，关于仿真的设置如图 4-8 和图 4-9 所示。

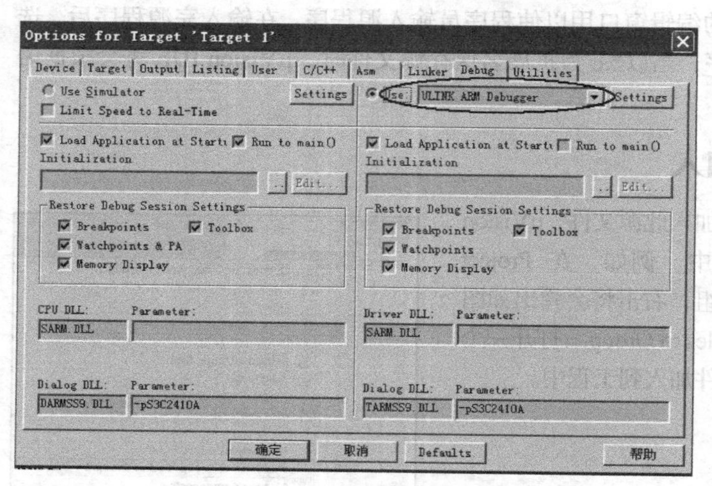

图 4-8　仿真器驱动配置图

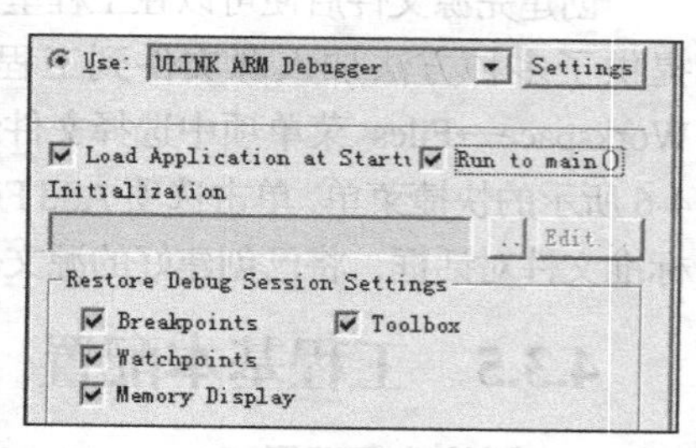

图 4-9　仿真器下载应用程序配置图

3. 工具配置

工具选项（Utilities）主要设置 Flash 的下载选项，如图 4-10 所示。

在图 4-10 所示对话框中选择“Use Target Driver for Flash Programming”，再选择“ULINK ARM Debugger”，同时勾选“Update Target before Debugging”选项。这时还没有完成设置，还需要选择编程算法，单击“Settings”按钮，将弹出如图 4-11 所示的对话框。

单击图 4-11 中的“Add”按钮，将弹出如图 4-12 所示的对话框，在该对话框中选对需要的 Flash 编程算法。例如，对 STR912FW 芯片，由于其 Flash 为 256KB，所以需要选择图 4-12 所标注的 Flash 编程算法。

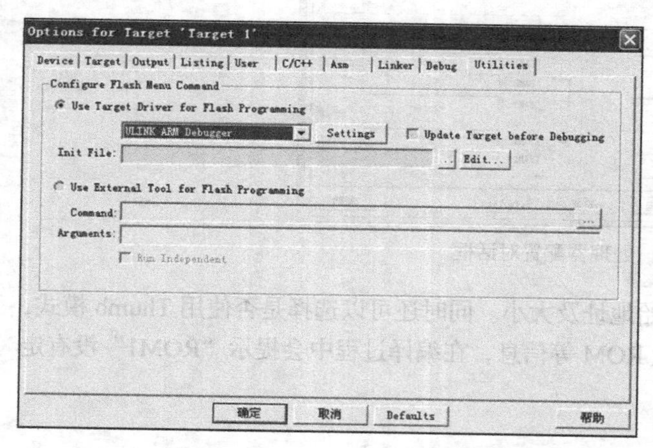

图 4-10　“Utilities”配置对话框

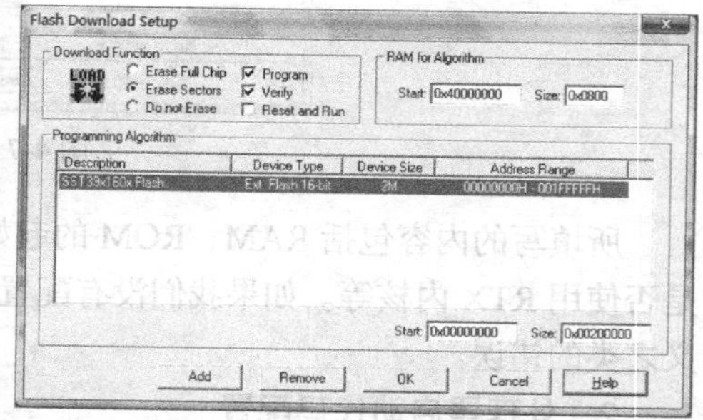

图 4-11　Flash 下载选项设置

4. 调试设置

μVision 3 调试器提供了两种调试模式，可以从 Project→Options for Target 对话框的 Debug 页内进行选择，如图 4-13 所示。

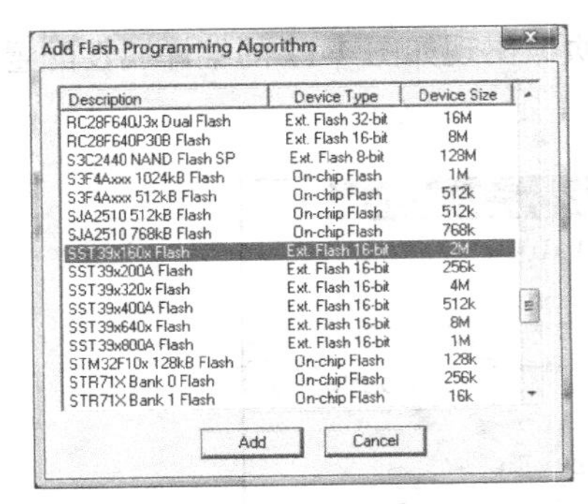

图 4-12　选择 Flash 编程算法

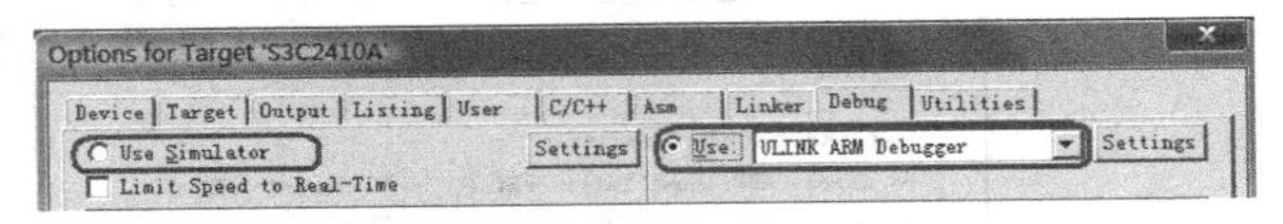

图 4-13　调试器的选择

使用仿真器调试时，选择菜单项 Project→Project-Option for Target 或者直接单击，打开 Options for Target 对话框的 Debug 页进行调试配置，如图 4-14 所示。

如果目标板已上电，并且与 ULINK 连接好，单击图 4-14 中右侧的“Settings”按钮，将弹出如图 4-15 所示的对话框，正常情况下则可读取目标板芯片 ID 号。如果读不出 ID 号，则需要检查 ULINK 与 PC 或目标板的连接是否正确。

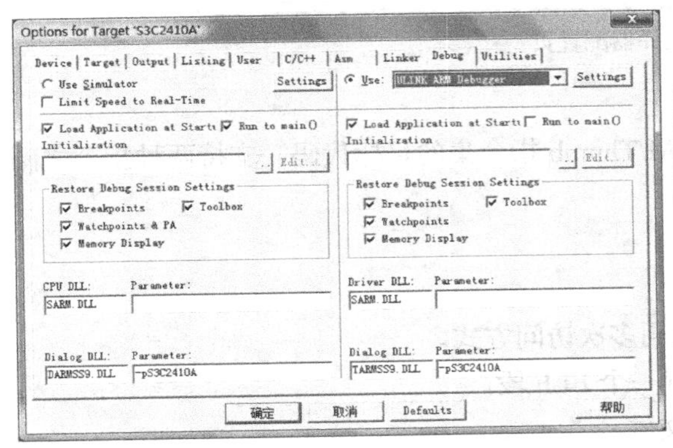

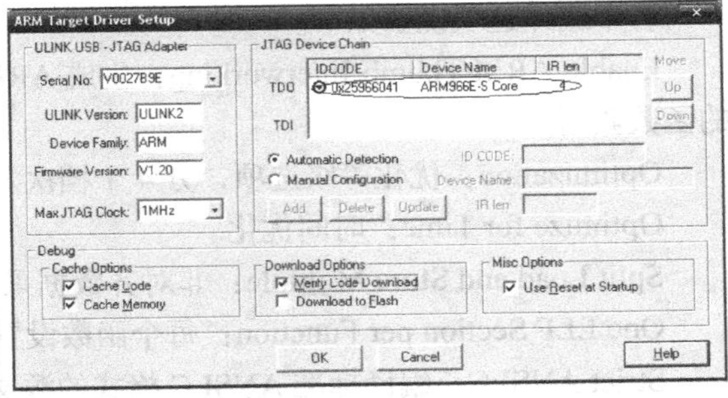

图 4-14　选择 ULINK USB-JTAG 仿真器调试

图 4-15　读取设备 ID

5. 编译配置

μVision IDE 目前支持 RealView、Keil CARM 和 GNU 这 3 种编译器，选择菜单栏中的 Project→Manage→Component，Environment and Books…或者直接单击工具栏中的图标，打开其 Folders/Extensions 页进入编译器选择界面。我们使用 RealView 编译器，如图 4-16 所示。

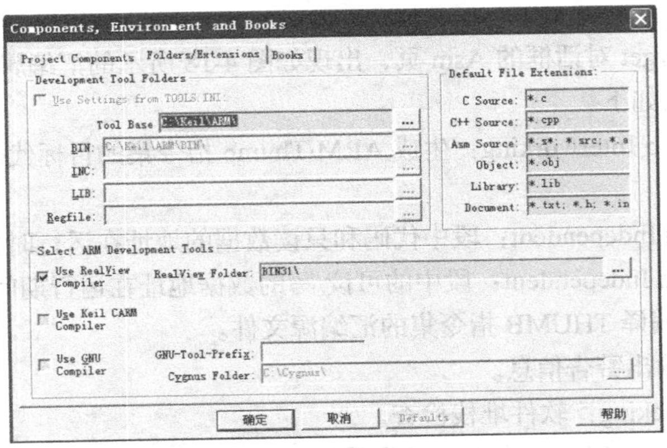

图 4-16　选择编译器

选择好编译器后，打开 Option for Target 对话框的 C/C++页，出现如图 4-17 的编译属性配置页面（这里主要说明 RealView 编译器的编译配置）。

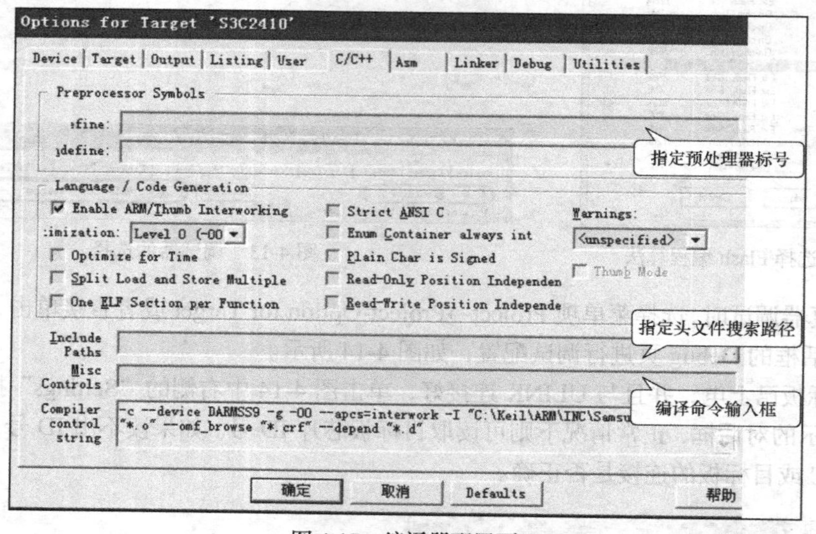

图 4-17　编译器配置页

各个编译选项说明如下。

Enable ARM/Thumb Interworking：生成 ARM/Thumb 指令集的目标代码，支持两种指令之间的函数调用。

Optimization：优化等级选项，分 4 个档次。

Optimize for Time：时间优化。

Split Load and Store Multiple：非对齐数据采用多次访问方式。

One ELF Section per Function：每个函数设置一个 ELF 段。

Strict ANSI C：编译标准 ANSI C 格式的源文件。

Enum Container always int：枚举值用整型数表示。

Plain Char is Signed：Plain Char 类型用有符号字符表示。

Read-Only Position Independent：段中代码和只读数据的地址在运行时候可以改变。

Read-Write Position Independent：段中的可读/写的数据地址在运行期间可以改变。

Warnings：编译源文件时，警告信息输出提示选项。

6. 汇编选项设置

打开 Option for Target 对话框的 Asm 页，出现如图 4-18 所示的汇编属性配置界面。

各个汇编选项说明如下。

Enable ARM/Thumb Interworking：生成 ARM/Thumb 指令集的目标代码，支持两种指令之间的函数调用。

Read-Only Position Independent：段中代码和只读数据的地址在运行时候可以改变。

Read-Write Position Independent：段中的可读/写的数据地址在运行期间可以改变。

Thumb Mode：只编译 THUMB 指令集的汇编源文件。

No Warnings：不输出警告信息。

Software Stack-Checking：软件堆栈检查。

Split Load and Store Multiple：非对齐数据采用多次访问方式。

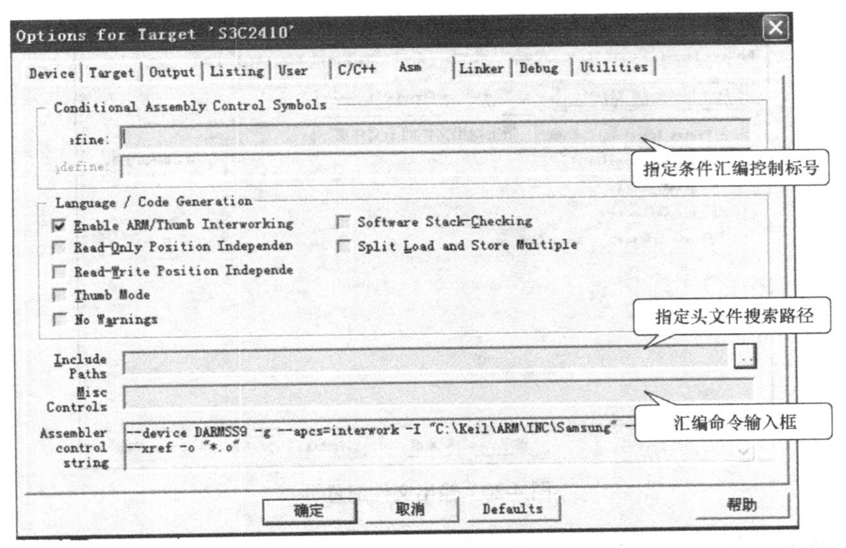

图 4-18　汇编配置界面

7. 链接选项设置

链接器/定位器用于将目标模块进行段合并，并对其定位，生成程序。既可通过命令行方式使用链接器，也可在μVision IDE 中使用链接器。单击图标，打开 Option for Target 对话框的 Linker 页，出现如图 4-19 所示的链接属性配置页面。

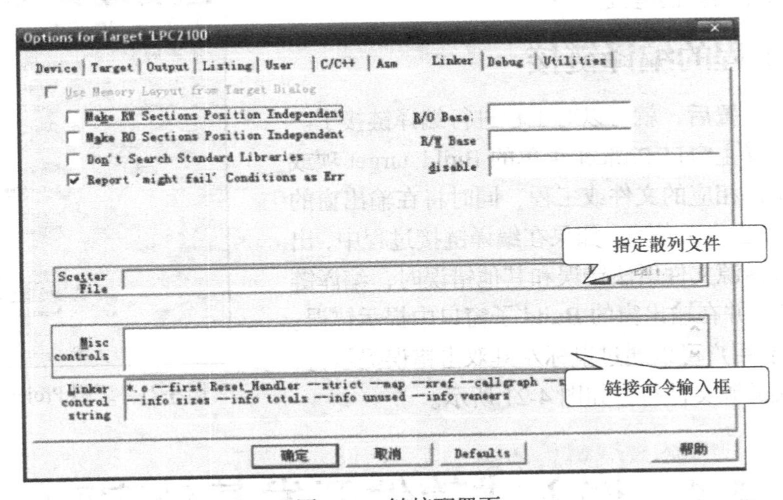

图 4-19　链接配置页

各个链接选项配置说明如下。

Make RW Sections Position Independent：RW 段运行时可改变。

Make RO Sections Position Independent：RO 段运行时可改变。

Don't Search Standard Libraries：链接时不搜索标准库。

Report 'might fail' Conditions as Err：将'might fail'报告为错误提示输出。

R/O Base：R/O 段起始地址输入框。

R/W Base：R/W 段起始地址输入框。

8. 输出文件设置

在 Project→Option for Target 的 Output 页中配置输出文件，如图 4-20 所示。

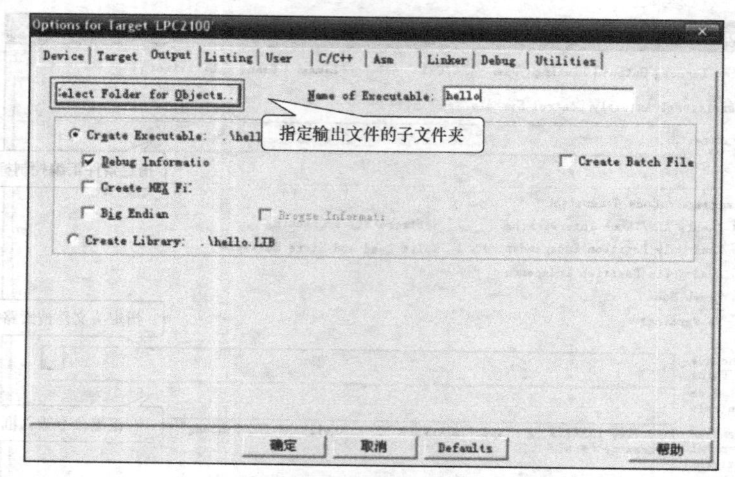

图 4-20　输出文件配置页

输出文件配置选项说明如下。

Name of Executable：指定输出文件名。

Debug Information：允许时，在可执行文件内存储符号的调试信息。

Create HEX File：允许时，使用外部程序生成一个 HEX 文件进行 Flash 编程。

Big Endian：输出文件采用大端对齐方式。

Create Batch File：创建批文件。

4.3.6　工程的编译链接

完成工程的设置后，就可以对工程进行编译链接了。用户可以通过选择主窗口 Project 菜单的 Build target 项或工具条按钮，编译相应的文件或工程，同时将在输出窗的 Build 子窗口中输出有关信息。如果在编译链接过程中，出现任何错误，包括源文件语法错误和其他错误时，编译链接操作立刻终止，并在输出窗的 Build 子窗口中提示错误。如果是语法错误，用户可以通过鼠标左键双击错误提示行，来定位引起错误的源文件行，如图 4-21 所示。

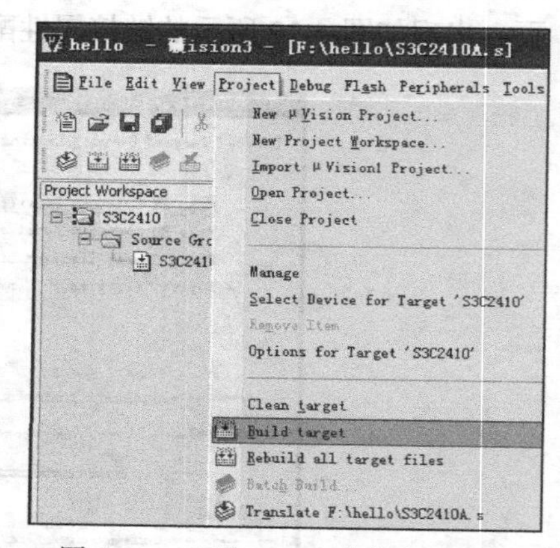

图 4-21　工程 Project 菜单和工具条

4.4　嵌入式软件开发基础实验

4.4.1　ARM 汇编指令实验一

1．实验目的

（1）初步学会使用 μVision 3 IDE for ARM 开发环境及 ARM 软件模拟器。

（2）通过实验掌握简单 ARM 汇编指令的使用方法。

2．实验设备

（1）硬件：PC。

（2）软件：μVision 3 IDE for ARM 集成开发环境。

3. 实验内容

（1）熟悉开发环境的使用并使用 ldr/str、mov 等指令访问寄存器或存储单元。

（2）使用 add/sub/lsl/lsr/and/orr 等指令，完成基本算术/逻辑运算。

4. 实验原理

ARM 体系结构将存储器看做是从 0 地址开始的字节的线性组合。字节 0 到字节 3 存储第一个字（WORD），字节 4 到字节 7 存储第二个字，依此类推。

ARM 体系结构可以用两种方法存储字数据，分别称为大端格式和小端格式。

在大端格式中，字数据的高位字节存储在低地址中，而字数据的低位字节则存放在高地址中，如图 4-22 所示。

在小端格式中，字数据的高位字节存储在高地址中，而字数据的低位字节则存放在低地址中，如图 4-23 所示。

高地址 ↑ 低地址

31　　23	22　　16	15　　8	7　　0	字地址
8	9	10	11	8
4	5	6	7	4
0	1	2	3	0

图 4-22　大端格式

高地址 ↑ 低地址

31　　23	22　　16	15　　8	7　　0	字地址
11	10	9	8	8
7	6	5	4	4
3	2	1	0	0

图 4-23　小端格式

5. 实验操作步骤

（1）新建工程。

首先建立文件夹命名为 Asm1_a，运行 μVision3 IDE 集成开发环境，选择菜单项 Project→New…→μVision Project，系统弹出一个对话框，按照图 4-24 所示输入相关内容。单击“保存”按钮，将创建一个新工程 asm_1a.Uv2。

（2）为工程选择 CPU。

新建工程后，要为工程选择处理器，如图 4-25 所示，在此选择 Samsung 公司的 S3C2410A 处理器。

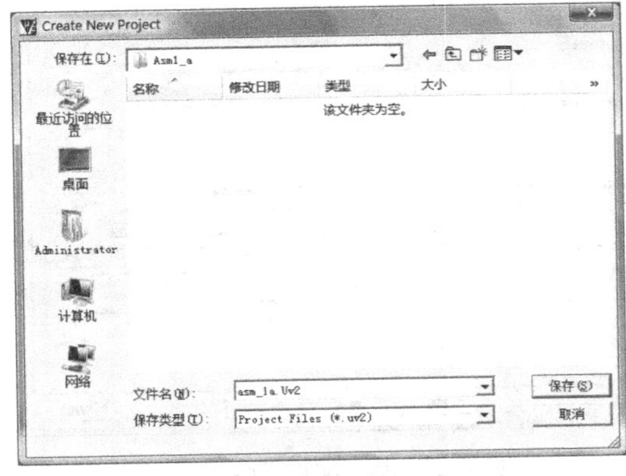

图 4-24　新建工程

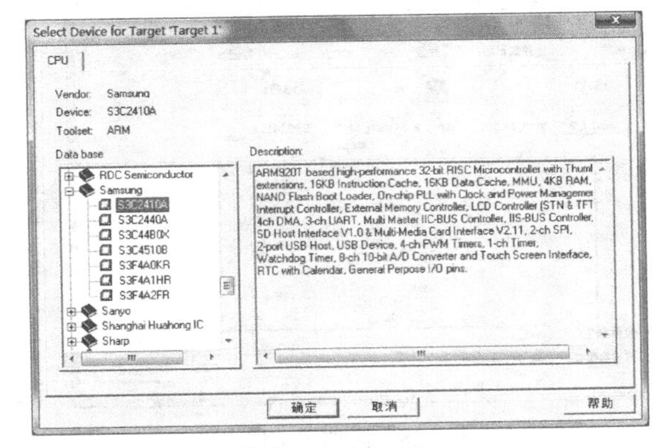

图 4-25　选择 CPU

（3）添加启动代码。

单击“确定”按钮后，会弹出一个对话框，询问是否要添加启动代码，如图 4-26 所示。

由于本实验是简单的汇编实验，因此不需要启动代码。单击“否”按钮。

（4）选择开发工具。

接下来要为工程选择开发工具，在 Project→Manage→Components, Environment and Books→

Folders/Extensions 对话框的 Folder/Extensions 页内选择开发工具，如图4-27所示。

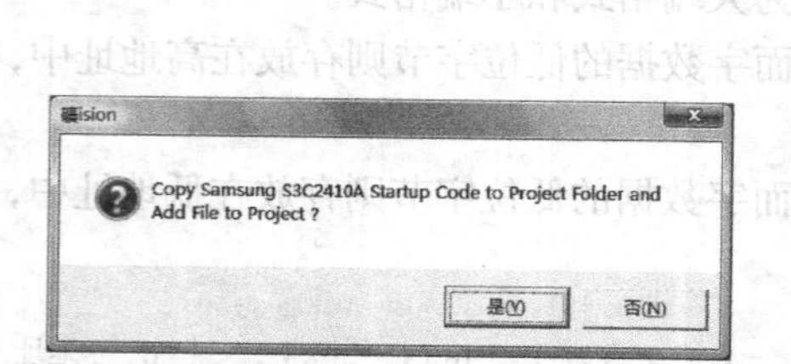

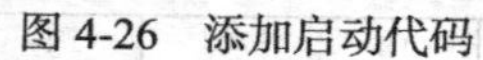
图4-26　添加启动代码

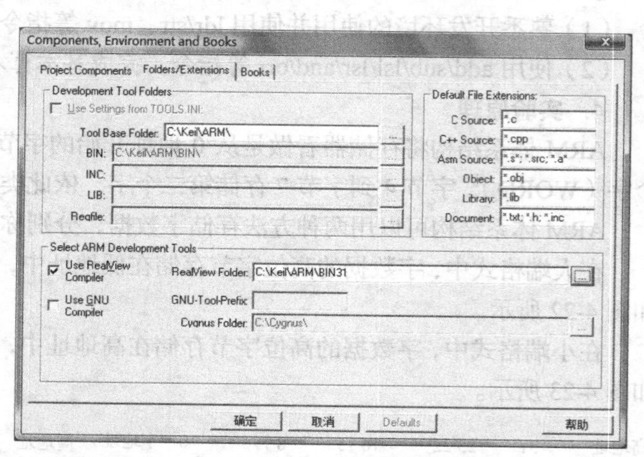

图4-27　选择开发工具

在本例中，我们选择 RealView Compiler。

（5）建立源文件。

选择菜单项 File→New，系统弹出一个新的、没有标题的文本编辑窗，输入光标位于窗口中第一行，按照实验参考程序编辑输入源文件代码。编辑完后，保存文件为 asm1_a.s。

（6）添加源文件。

单击工程管理窗口中的相应右键菜单命令，选择 Add Files to…，会弹出文件选择对话框，在工程目录下选择刚才建立的源文件 asm1_a.s，如图4-28所示。

（7）工程配置。

选择菜单项 Project→Option for Target…，将弹出工程设置对话框，如图4-29所示。对话框会因所选开发工具的不同而不同，在此仅对 Target 选项页、Linker 选项页及 Debug 选项页进行配置。

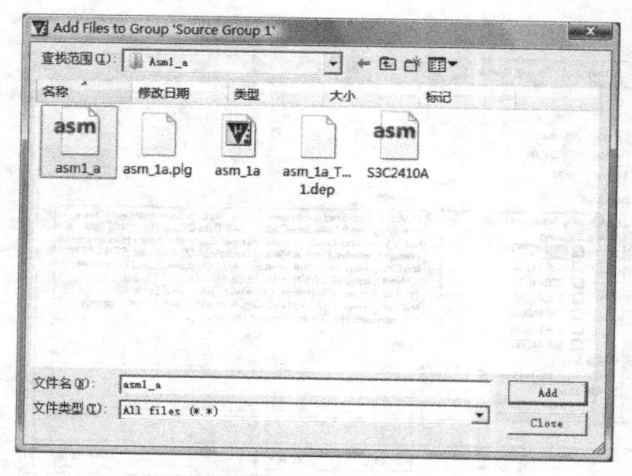

图4-28　添加源文件

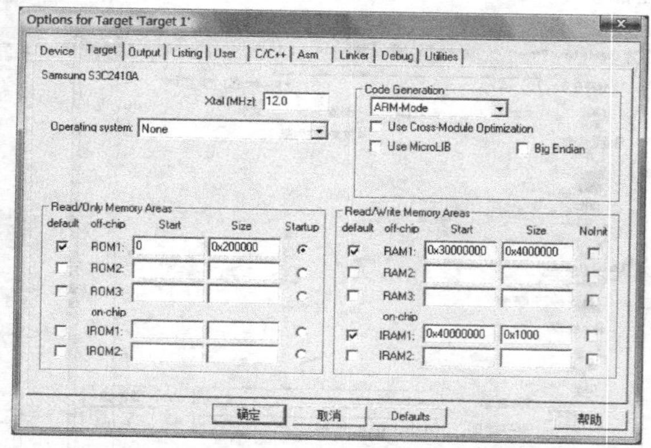

图4-29　基本配置 Target

Target 选项页的配置如图4-29所示；Linker 选项页的配置如图4-30所示；Debug 选项页的配置如图4-31所示。

需要注意的是，在 Debug 选项页内需要一个初始化文件 DebugINRam.ini。这个.ini 文件用于设置生成的.axf 文件下载到目标中的位置，以及调试前的寄存器、内存的初始化等配置操作。它是由调试函数及调试命令组成调试命令脚本文件。

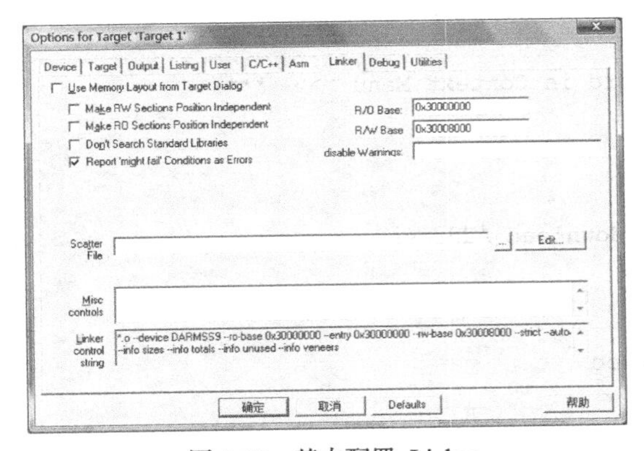

图 4-30　基本配置 Linker

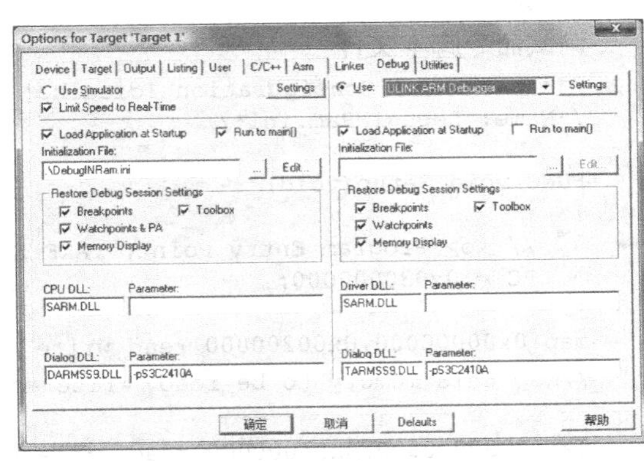

图 4-31　基本配置 Debug

（8）生成目标代码。

选择菜单项 Project→Build target 或快捷键 F7，生成目标代码。在此过程中，若有错误，则进行修改，直至无错误；若无错误，则可进行下一步的调试。

（9）调试。

选择菜单项 Debug→Start/Stop Debug Session 或快捷键 Ctrl+F5，即可进入调试模式。若没有目标硬件，可以用 µVision3 IDE 中的软件仿真器。如果使用 MDK 试用版，则在进入调试模式前，会有对话框弹出，如图 4-32 所示。

图 4-32　在软件仿真下调试程序

实验 B 与上述步骤完全相同，只要把对应的 asm1_a.s 文件改成 asm1_b.s 及工程名即可。

6. 实验参考程序

（1）实验 A。

汇编程序代码：

```
;/*---------------------------------------------------------------- */
;/*          constant define                                          */
;/*----------------------------------------------------------------*/
x   EQU 45                ;  x=45
y   EQU 64                ;  y=64
stack_top EQU 0x30200000     ; define the top address for stacks

        export Reset_Handler

;/*----------------------------------------------------------------*/
;/*      code                                                       */
;/*---------------------------------------------------------------- */
 AREA text,CODE,READONLY
   export   Reset_Handler                    ; code start
   ldr  sp, =stack_top
   mov  R0, #x                               ; put x value into R0
   str  R0, [sp]                             ; save the value of R0 into
stacks
    mov  R0, #y                              ; put y value into R0
    ldr   R1, [sp]                           ; read the data from stack,and
put it into R1
     add  R0, R0, R1                         ;R0=R0+R1
     str  R0, [sp]
stop
     b  stop                                 ; end the code £-|cycling
```

```
    end
```

调试命令脚本文件：

```
/*** <<<  Use Configuration !disalbe! Wizard in Context Menu >>>  ***/
/*Name: DebugINRam.ini*/

FUNC void Setup(void)
{
   // <o> Program Entry Point, .AXF File download Address
   PC = 0x030000000;
}
map 0x00000000,0x00200000 read write exec
//Map this memory to be read、write and exec

map 0x30000000,0x34000000 read write exec
                                    //Map this memeory to be read,write
and exec
Setup();                            // Setup for Running
//g, main
```

（2）实验B。

汇编程序如下：

```
;/*------------------------------------------------------------------- */
;/*       constant define                                               */
;/*------------------------------------------------------------------- */
x   EQU 45              ;/* x=45 */
y   EQU 64              ;/* y=64 */
z   EQU 87              ;/* z=87 */
stack_top EQU 0x30200000    ;/* define the top address for stacks*/
export  Reset_Handler

;/*------------------------------------------------------------------- */
;/*                              code                                  */
;/*------------------------------------------------------------------- */
 AREA text,CODE,READONLY

Reset_Handler                       ;/* code start */
    mov  R0, #x                     ;/* put x value into R0*/
    mov   R0, R0, lsl #8            ;/* R0 = R0 << 8  */
    mov  R1, #y                     ;/* put y value into R1*/
    add  R2, R0, R1, lsr #1         ;/* R2 = (R1>>1) + R0*/
    ldr  sp, =stack_top
    str  R2, [sp]

    mov  R0, #z                     ;/* put z value into R0 */
    and  R0, R0, #0xFF              ;/* get low 8 bit from R0 */
    mov  R1, #y                     ;/* put y value into R1  */
    add  R2, R0, R1, lsr #1         ;/* R2 = (R1>>1) + R0 */

    ldr  R0, [sp]                   ;/* put y value into R1 */
    mov  R1, #0x01
    orr  R0, R0, R1
    mov  R1, R2                     ;/* put y value into R1 */
    add  R2, R0, R1, lsr #1         ;/* R2 = (R1>>1) + R0 */

stop
    b  stop                         ;/* end the code  £-|cycling*/
 END
```

调试命令脚本文件与实验A相同。

4.4.2　ARM 汇编指令实验二

1. 实验目的

（1）通过实验掌握使用 ldm/stm、b、bl 等指令完成较为复杂的存储区访问和程序分支。

（2）学习使用条件码，加强对 CPSR 的认识。

2. 实验设备

（1）硬件：PC。

（2）软件：μVision3 IDE for ARM 集成开发环境。

3. 实验内容

（1）熟悉开发环境的使用并完成一块存储区的复制。

（2）完成分支程序设计，要求判断参数，根据不同参数，调用不同的子程序。

4. 实验操作步骤

（1）建立文件夹命名为 Asm2_1，参考前面实验的操作步骤建立一个新的工程，命名为 AsmTest2_1。

（2）参考 4.4.1 小节实验的步骤和实验参考程序编辑输入源代码，保存文件为 asm_code1.s。

（3）在 Project workspace 工作区中右击 target1→Source Group 1，在弹出菜单中选择“Add file to Group ‘Source Group 1’”，在随后弹出的文件选择对话框中，选择刚才建立的源文件 asm_code1.s。

（4）把光盘\Code\Chapter4\Asm2_1 目录中的 DebugINRam.ini 文件复制到\Keil\ARM\ Examples\EduKit2410\Asm2_1 目录下。选择菜单项 Project→Option for Target…，将弹出工程设置对话框。在这个工程里只需把 Linker 选项页的配置对话框中的 R/W Base 改为 0x30000000 即可。其他设置与前面实验中的工程配置相同。

（5）选择菜单项 Project→Build target 或快捷键 F7，生成目标代码。

（6）选择菜单项 Debug→Start/Stop Debug Session 或快捷键 Ctrl+F5，即可进入调试模式。这里使用的是 μVision3 IDE 中的软件仿真器。

（7）选择菜单项 Debug→run 或快捷键 F5，即可运行代码；在 memory 窗口中，观察地址 0x30000058 ~ 0x30000094 的内容，与地址 0x300000a8 ~ 0x300000E4 的内容。

（8）单步执行程序并观察和记录寄存器与 memory 的值变化，注意观察步骤（7）中地址的内容变化，当执行 stmfd、ldmfd、ldmia、stmia 指令的时候，注意观察其后面参数所指的地址段或寄存器段的内容变化。

（9）结合实验内容和相关资料，观察程序运行，通过实验加深理解 ARM 指令的使用。

5. 实验参考程序

```
;/*------------------------------------------------------------------- */
;/*         code                                                        */
;/*------------------------------------------------------------------- */

  GLOBAL Reset_Handler
  area start,code,readwrite
     entry
     code32
num  EQU  20                           ;/*  Set number of words to be copied */

Reset_Handler
     ldr  R0, =src                     ;/*  R0 = pointer to source block */
```

```
        ldr  R1, =dst                    ;/*  R1 = pointer to destination block */
        mov  R2, #num                    ;/*  R2 = number of words to copy */

        ldr  sp, =0x30200000             ;/*  set up stack  pointer (R13) */
blockcopy
        movs R3,R2, LSR #3               ;/*  number of eight word multiples */
        beq  copywords                   ;/*  less than eight words to move ? */

        stmfd sp!, {R4-R11}              ;/*  save some working registers */
octcopy
        ldmia R0!, {R4-R11}              ;/*  load 8 words from the source */
        stmia R1!, {R4-R11}              ;/*  and put them at the destination */
        subs R3, R3, #1                  ;/*  decrement the counter */
        bne  octcopy                     ;/*  ... copy more */

        ldmfd sp!, {R4-R11}              ;/*  don't need these now -restore originals */

copywords
        ands R2, R2, #7                  ;/*  number of odd words to copy */
        beq  stop                        ;/*  No words left to copy ?*/
wordcopy
        ldr  R3, [R0], #4                ;/*  a word from the source */
        str  R3, [R1], #4                ;/*  store a word to the destination */
        subs R2, R2, #1                  ;/*  decrement the counter */
        bne  wordcopy                    ;/*  ... copy more */

stop
        b  stop
;/*----------------------------------------------------------------------------- */
;/*        make a word pool                                                       */
;/*----------------------------------------------------------------------------- */
    ltorg
src
    dcd  1,2,3,4,5,6,7,8,1,2,3,4,5,6,7,8,1,2,3,4
dst
    dcd  0,0,0,0,0,0,0,0,0,0,0,0,0,0,0,0,0,0,0,0
    end
```

4.4.3 Thumb 汇编指令实验

1. 实验目的

通过实验掌握 ARM 处理器 16 位 Thumb 汇编指令的使用方法。

2. 实验设备

（1）硬件：PC。

（2）软件：MDK 集成开发环境、Windows 98/2000/NT/XP。

3. 实验内容

（1）使用 Thumb 汇编语言，完成基本 reg/mem 访问，以及简单的算术/逻辑运算。

（2）使用 Thumb 汇编语言，完成较为复杂的程序分支，push/pop，领会立即数大小的限制，并体会 ARM 工作状态与 Thumb 工作状态的区别。

4. 实验操作步骤

（1）在\Keil\ARM\Examples\EduKit2410\ThumbTest_1 目录下建立一个新的工程，命名为 Thumb_test1。

（2）参考 4.4.1 小节实验的步骤和实验参考程序编辑输入源代码，保存文件为 ThumbCode1.s。

（3）在 Project workspace 工作区中右击 target1→Source Group 1，在弹出的菜单中选择“Add file to Group ‘Source Group 1’”，在随后弹出的文件选择对话框中，选择刚才建立的源文件 ThumbCode1.s。

（4）选择菜单项 Project→Build target 或快捷键 F7，生成目标代码。

（5）选择菜单项 Debug→Start/Stop Debug Session 或组合键 Ctrl+F5，即可进入调试模式。这里使用的是 μVision3 IDE 中的软件仿真器。

（6）选择菜单项 Debug→run 或快捷键 F5，即可运行代码。

（7）记录代码执行区中每条指令的地址，注意指令最后尾数的区别。

（8）观察 Project workspace 工作区中寄存器的变化，特别是 R0 和 R1 的值的变化。

（9）结合实验内容和相关资料，观察程序运行，通过实验加深理解 ARM 指令和 Thumb 指令的不同。

5. 实验参考程序

```
;/*------------------------------------------------------------------- */
;/*   unable to locate source file.                              Code */
;/*--------------------------------------------------------------------*/
  area start,code,readonly
  entry
    code32                          ;/* Subsequent instructions are ARM * /
    export Reset_Handler
Reset_Handler
   adr   R0, Tstart + 1             ;/* Processor starts in ARM state, */
  bx  R0                            ;/* so small ARM code header used */
                                    ;/* to call Thumb main program * /

  nop
  code16
Tstart
  mov  R0, #10                      ;/* Set up parameters */
  mov  R1, #3
  bl  doadd                         ;/* Call subroutine */
stop
  b  stop

;/*--------------------------------------------------------------------*/
;/* Subroutine code:R0 = R0 + R1 and return     */
;/*------------------------------------------------------------------- */
doadd
  add  R0, R0, R1                   ;/* Subroutine code */
  mov  pc, lr                       ;/* Return from subroutine */
  end                               ;/* Mark end of file */
```

4.4.4 ARM 处理器工作模式实验

1. 实验目的

（1）通过实验，掌握学会使用 msr/mrs 指令实现 ARM 处理器工作模式的切换；观察不同模式下的寄存器，加深对 CPU 结构的理解。

（2）通过实验进一步熟悉 ARM 汇编指令。

2. 实验设备

（1）硬件：Embest ARM 教学实验系统、PC。

（2）软件：μVision3 IDE for ARM 集成开发环境。

3. 实验内容

通过 ARM 汇编指令，在各种处理器模式下切换并观察各种模式下寄存器的区别；掌握 ARM 不同模式的进入与退出。

4. 实验操作步骤

（1）参考 4.4.1 小节实验 A 的步骤建立一个新的工程，命名为 ARMMode，处理器选择 S3C2410A。

（2）参考 4.4.1 小节实验 A 的步骤和实验参考程序编辑输入源代码，编辑完毕后，保存文件为 armmode.s。

（3）单击工具栏中的图标，或单击工程管理窗口中的相应右键菜单 Manage Components 命令，弹出 Componets,Environment and Books 对话框，在该对话框中为相应的文件组添加刚才新建的源文件 ARMMode.s。

（4）选择菜单项 Project→Build target 或快捷键 F7，生成目标代码和下载目标代码调试。

（5）打开寄存器窗，单步执行，观察并记录寄存器 R0 和 CPSR 的值的变化和每次变化后执行寄存器赋值后的 36 个寄存器的值的变化情况，尤其注意各个模式下 R13 和 R14 的值。

（6）结合实验内容和相关资料，观察程序运行，通过实验加深理解 ARM 各种状态下寄存器的使用。

5. 实验参考程序

```
;/*------------------------------------------------------------------------*/
;/*      constant define                                                  */
;/*------------------------------------------------------------------------*/
 EXPORT start
;/*------------------------------------------------------------------------*/
;/*      code                                                             */
;/*------------------------------------------------------------------------*/
 AREA   |.text|, CODE, READONLY
start
;/*------------------------------------------------------------------------*/
;/* Setup interrupt / exception vectors                                   */
;/*------------------------------------------------------------------------*/
 b  Reset_Handler
Undefined_Handler
 b  Undefined_Handler
 b  SWI_Handler
Prefetch_Handler
 b  Prefetch_Handler
Abort_Handler
 b   Abort_Handler
 nop        ;/*  Reserved vector */
IRQ_Handler
 b  IRQ_Handler
FIQ_Handler
 b  FIQ_Handler
SWI_Handler
   bx lr

Reset_Handler
visitmen
;/*------------------------------------------------------------------------*/
;/*  into System mode                                                     */
;/*------------------------------------------------------------------------*/
 mrs  R0,cpsr                ;/* read CPSR value */
 bic  R0,R0,#0x1f            ;/* clear low 5 bit */
 orr  R0,R0,#0x1f            ;/* set the mode as System mode  */
 msr  cpsr_cxfs,R0
 mov R0, #1                  ;/* initialization the register in System mode */
 mov R1, #2
```

```
mov R2, #3
mov R3, #4
mov R4, #5
mov R5, #6
mov R6, #7
mov R7, #8
mov R8, #9
mov R9, #10
mov R10, #11
mov R11, #12
mov R12, #13
mov R13, #14
mov R14, #15

;/*------------------------------------------------------------------------*/
;/*  into FIQ mode                                                          */
;/*------------------------------------------------------------------------*/
 mrs  R0,cpsr                ;/* read CPSR value */
 bic  R0,R0,#0x1f            ;/* clear low 5 bit  */
 orr  R0,R0,#0x11            ;/* set the mode as FIQ mode */
 msr  cpsr_cxfs,R0
 mov R8, #16                 ;/* initialization the register in FIQ mode */
 mov R9, #17
 mov R10, #18
 mov R11, #19
 mov R12, #20
 mov R13, #21
 mov R14, #22

;/*------------------------------------------------------------------------*/
;/*  into SVC mode                                                          */
;/*------------------------------------------------------------------------*/
 mrs  R0,cpsr                ;/* read CPSR value  */
 bic  R0,R0,#0x1f            ;/* clear low 5 bit  */
 orr  R0,R0,#0x13            ;/* set the mode as SVC mode  */
 msr  cpsr_cxfs,R0

 mov R13, #23                ;/* initialization the register in SVC mode */
 mov R14, #24

;/*------------------------------------------------------------------------*/
;/*  into Abort mode                                                        */
;/*------------------------------------------------------------------------*/
 mrs  R0,cpsr                ;/* read CPSR value */
 bic  R0,R0,#0x1f            ;/* clear low 5 bit */
 orr  R0,R0,#0x17            ;/* set the mode as Abort mode */
msr  cpsr_cxfs,R0

   mov R13, #25              ;/* initialization the register in Abort mode */
   mov R14, #26

;/*------------------------------------------------------------------------*/
;/*  into IRQ mode                                                          */
;/*------------------------------------------------------------------------*/
 mrs  R0,cpsr                ;/* read CPSR value */
 bic  R0,R0,#0x1f            ;/* clear low 5 bit */
 orr  R0,R0,#0x12            ;/* set the mode as IRQ mode */
 msr  cpsr_cxfs,R0

 mov R13, #27                ;/* initialization the register in IRQ mode */
 mov R14, #28
```

```
;/*--------------------------------------------------------------------------*/
;/*  into UNDEF mode                                                          */
;/*--------------------------------------------------------------------------*/
 mrs  R0,cpsr                  ;/* read CPSR value */
 bic  R0,R0,#0x1f              ;/* clear low 5 bit */
 orr  R0,R0,#0x1b              ;/* set the mode as UNDEF mode */
 msr  cpsr_cxfs,R0

     mov R13, #29              ;/* initialization the register in UNDEF mode */
 mov R14, #30

    b  Reset_Handler           ;/* jump back to  Reset_Handler */

 END
```

4.4.5 C语言实验程序一

1. 实验目的

（1）学会使用 μVision IDE for ARM 开发环境编写简单的 C 语言程序。

（2）学会编写和使用调试脚本。

（3）掌握通过 memory/register/watch/variable 窗口分析判断运行结果。

2. 实验设备

（1）硬件：PC。

（2）软件：μVision IDE for ARM 集成开发环境。

3. 实验内容

用函数初始化栈指针，并使用 C 语言完成延时函数。

4. 实验原理

（1）调试脚本。

μVision3 具有强大的调试功能，其中之一就是它的调试函数，用于保存此调试函数的文件称为调试脚本。μVision3 有一个内嵌的调试函数编辑器，可以通过 Debug→Function Editor 打开。在此编辑器中，可以编写调试函数,并编译此函数。调试函数的功能如下。

① 扩展的 μVision3 Debugger 的能力。

② 产生外部中断。

③ 生成存储器内容文件。

④ 定期更新模拟输入值。

⑤ 输入串行数据到片上串口。

⑥ 其他。

具体来说，用户在集成环境与目标板连接时、软件调试过程中及复位目标板后，有时需要集成环境自动完成一些特定的功能，比如复位目标板、清除看门狗、屏蔽中断寄存器、存储区映射等，这些特定的功能可以通过执行一组命令序列完成，而这一组命令序列可以写在调试函数中。

（2）调试函数的执行方法。

编写好调试函数后，可以使用 INCLUDE 命令读取并处理调试函数。若保存调试函数的脚本文件名为 MYFUNCS.INI，在命令窗口中输入如下命令 μVision3 就可读取并解释 MYFUNCS.INI 中的内容。

```
>INCLUDE MYFUNCS.INI
```

MYFUNCS.INI 可以包含调试命令和函数定义，当然也可以通过如下的方式来执行：把此文件放入 Options for Target→Debug→Initialization File 内，这样每当启动 μVision3 Debugger 时，MYFUNCS.INI 中的内容就会被处理。

（3）常用命令介绍。

① GO：用于指定程序从哪里执行及在哪里结束。

指令格式：Go startaddr, stopaddr

若 startaddr 被指定，则程序从 startaddr 处开始执行；否则从当前地址开始执行。若 stopaddr 被指定，则程序在 stopaddr 处结束；否则，运行到最近的断点处。

命令举例：

```
G,main   //从 main 处开始执行
```

② Display：用于显示存储区域的内容。

指令格式：Display startaddr, endaddr

在命令窗口或存储器窗口（若打开）显示从 startaddr 到 endaddr 区域中的内容。可以以各种格式来显示存储器中的内容。

命令举例：

```
D main                  /* Output beginning at main */
```

其他命令请参考帮助文档 DEBUG COMMAND。

5. 实验操作步骤

（1）参考 4.4.1 实验的操作步骤建立一个新的工程，命名为 C_Test1。

（2）参考 4.4.1 实验的步骤和实验参考程序编辑输入源代码，保存文件为 C_Call.c。

（3）按照实验参考程序建立调试脚本 DebugInRam.ini。

（4）在 Project workspace 工作区中右击 target1→Source Group 1，在弹出菜单中选择“Add file to Group ‘Source Group 1’”，在随后弹出的文件选择对话框中，选择刚才建立的源文件 C_Call.c。

（5）选择菜单项 Project→Build target 或快捷键 F7，生成目标代码。

（6）选择菜单项 Debug→Start/Stop Debug Session 或组合键 Ctrl+F5，即可进入调试模式。

（7）这里使用的是 μVision3 IDE 中的软件仿真器。在 Option For Target 对话框的 Debug 界面中将 Initialization 文本框的内容清空。

（8）选择菜单项 Debug→run 或快捷键 F5，即可运行代码。

（9）在 Output Windows 中的 Command 输入栏中输入“Include DebugInRam.ini”命令。

（10）单步执行，通过 memory、register、watch&call stack 等窗口分析判断结果，在 watch 框中输入要观察变量 I 和变量 J 的值，并记录下来。特别注意观察变量 I 的变化并记录下来。

（11）结合实验内容和相关资料，学习和尝试一些调试命令，观察程序运行。

6. 实验参考程序

（1）C 程序。

```
/*------------------------------------------------------------------------*/
            function  declare                                           */
/*------------------------------------------------------------------------*/
void delay(int nTime);
/*------------------------------------------------------------------------*/
/* NAME             :    START                                          */
/* FUNC             :    ENTRY POINT                                    */
/* PARA             :  NONE                                             */
/* RET              :  NONE                                             */
/* MODIFY           :                                                   */
```

```
/* COMMENT            :                                                  */
/*-----------------------------------------------------------------------*/

main()
{
 int i = 5;
 for( ; ; )
 {
 delay(i);
 }
}
/*-----------------------------------------------------------------------*/
/* NAME               :  DELAY                                           */
/* FUNC               :     DELAY SOME TIME                              */
/* PARA               :  nTime -- INPUT                                  */
/* RET                :  NONE                                            */
/* MODIFY                                                                */
/* COMMENT            :                                                  */
/*-----------------------------------------------------------------------*/
void delay(int nTime)
{
 int i, j = 0;
 for(i = 0; i < nTime; i++)
 {
   for(j = 0; j < 10; j++)
  {
  }
 }
}
```

（2）调试脚本 DebugInRam.ini。

```
//*** <<< Use Configuration !disalbe! Wizard in Context Menu >>>  ***
FUNC void Setup (void)
{
   // <o> Program Entry Point
  PC =main;;
}
map 0x30000000,0x30200000 READ WRITE exec
Setup();                                        // Setup for Running
```

4.4.6 C 语言实验程序二

1. 实验目的

（1）掌握建立基本 ARM 工程，包含启动代码，连接属性的配置等。

（2）了解 ARM9 的启动过程，学会使用 MDK 编写简单的 C 语言程序和汇编启动代码并进行调试。

（3）掌握如何指定代码入口地址与入口点。

（4）掌握通过 memory、register、watch、Local 等窗口分析判断结果。

2. 实验设备

（1）硬件：PC。

（2）软件：μVision3 IDE for ARM 集成开发环境。

3. 实验内容

用 C 语言编写延时函数，使用嵌入汇编。

4. 实验原理

Scatter file（分散加载描述文件）用于 LARM 链接器的输入参数，它指定映像文件内部各区域的下载与运行时的位置。LARM 将会根据 scatter file 生成一些区域相关的符号，它们是全局的供用户建立运行环境时使用。通过这个文件可以指定程序的入口地址。在利用 MDK 进行实际应用程序开发时，常常需要使用道分散加载文件，如以下两种情况。

（1）存在复杂的地址映射。例如，代码和数据需要分开放在多个区域。

（2）存在多种存储器类型。例如，包含 Flash、ROM、SDRAM、快速 SRAM。需要根据代码与数据的特性把它们放在不同的存储器中，如中断处理部分放在快速 SRAM 内部来提高响应速度，而把不常用到的代码放到速度比较慢的 Flash 内。函数的地址固定定位：可以利用 scatter file 把某个函数放在固定地址，而不管其应用程序是否已经改变或重新编译。利用符号确定堆与堆栈：内存映射的 I/O：采用 scatter file 可以实现把某个数据段放在精确的地址处。因此，对于实际的嵌入式系统来说 scatter file 是必不可少的，因为嵌入式系统通常采用了 ROM、RAM 和内存映射的 I/O。关于 scatter file 的相关知识非常多，详细内容可以参考 MDK 所带的帮助，下面给出一个简单实例。

```
LOAD_ROM 0x0000 0x8000
{
        EXEC_ROM 0x0000 0x8000
        {
        *(+RO)
        }
       RAM 0x10000 0x6000
       {
        *(+RW, +ZI)
       }
}
```

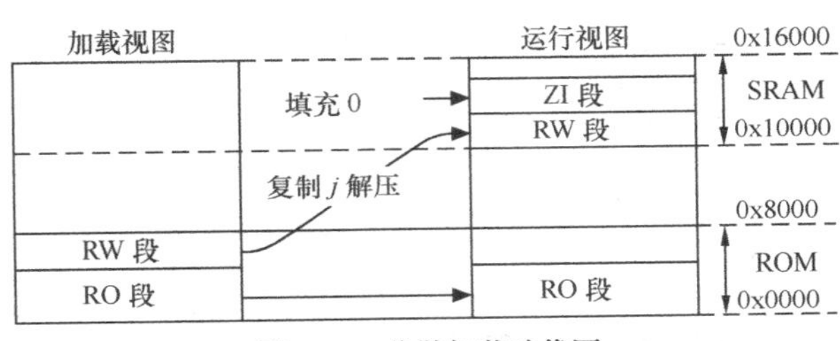

图 4-33　分散加载映像图

这个分散加载描述文件对应的分散加载映像如图 4-33 所示，文件中各项内容的含义分别如下。

```
LOAD_ROM(下载区域名称) 0x0000(下载区域起始地址) 0x8000(下载区域最大字节数)
{
        EXEC_ROM(第一执行区域名称) 0x0000(第一执行区域起始地址) 0x8000(第一执行区域最大字节数)
        {
        *(+RO(代码与只读数据))
        }
       RAM(第二执行区域名称) 0x10000(第二执行区域起始地址) 0x6000(第二执行区域最大字节数)
       {
        *(+RW(读写变量), +ZI(未初始化变量))
       }
}
```

5. 实验操作步骤

（1）参考 4.4.1 小节实验的操作步骤建立一个新的工程，命名为 CTest2。注意在建立工程的过程中添加设备数据库中 S3C2410 芯片自带的启动代码，也可手动添加启动代码 startup.s。

（2）参考 4.4.1 小节实验的步骤和实验参考程序编辑输入源代码，保存文件为 CCode.c。

（3）在 Project workspace 工作区中右击 target1→Source Group 1，在弹出菜单中选择“Add file to Group ‘Source Group 1’”，在随后弹出的文件选择对话框中，选择刚才建立的源文件 CCode.c。

（4）在 Option for Target 对话框 Linker 页 Scatter File 对话框中添加分散加载描述文件 CTest2.sct，文件内容参考 4.4.1 小节。

（5）选择菜单项 Project→Build target 或快捷键 F7，生成目标代码。

（6）选择菜单项 Debug→Start/Stop Debug Session 或组合键 Ctrl+F5，即可进入调试模式。这

里使用的是 μVision3 IDE 中的软件仿真器。

（7）选择菜单项 Debug→run 或快捷键 F5，即可运行代码。

（8）打开 memory、register、watch、Local 窗口，单步执行，并通过 memory/register/watch/variable 窗口分析判断结果。注意观察程序如何从跳转进主程序__main，在 call stack 窗口观察当前执行函数之间的调用。在 watch 框中输入要观察变量 I 的值，并记录下来。特别注意在 local 窗口观察变量 I 的变化并记录下来。

（9）结合实验内容和相关资料，观察程序运行。

6. 实验参考程序

```
void _nop_()
{
 int temp=0;
 __asm
 {
  mov temp,temp
  }
 }

 void delay(void)
 {
 int i=0;

  for(; i <= 10; i++)
  {
   _nop_();
  }
 }
void delay10(void)
{
 int i;

  for(i = 0; i <= 10; i++)
 {
delay();
}
}

__main()
{
// int i = 5;

 for( ; ; )
{
 delay10();
}
}
```

7. Startup.S 的源代码

```
;/*----------------------------------------------------------------
;/*    global symbol define                                      */
;/*----------------------------------------------------------------
; .global  start

;/*---------------------------------------------------------------
;/*     code                                                    */
;/*---------------------------------------------------------------
area RESET,code,readonly
```

```
 entry
;# Set  interrupt / exception vectors
  b       Reset_Handler
Undefined_Handler
  b       Undefined_Handler
SWI_Handler
  b       SWI_Handler
Prefetch_Handler
  b       Prefetch_Handler
Abort_Handler
  b       Abort_Handler
  nop                               ;/* Reserved vector */
IRQ_Handler
  b       IRQ_Handler
FIQ_Handler
  b       FIQ_Handler
Reset_Handler
; ldr sp, =0x0C002000

;# ***********************************************************
;# Branch on C code Main function (with interworking)         *
;# Branch must be performed by an interworking call as        *
;# either an ARM or Thumb.main C function must be             *
;# supported. This makes the code not position-independant.*
;# A Branch with link would generate errors                   *
;# ***********************************************************
        IMPORT  __main
        LDR     R0, =__main
        BX      R0
;    # jump to __main()

;# ***********************************************************
;# * Loop for ever                                            *
;# * End of application. Normally, never occur.              *
;# * Could jump on Software Reset ( B 0x0 ).                  *
;# ***********************************************************
End
  b          End
    end
```

8. Ctest.sct 的源代码

```
; ************************************************************
; *** Scatter-Loading Description File generated by /µVision ***
; ************************************************************

LR_ROM1 0x30000000         {    ; load region
  ER_ROM1 0x30000000 0x00200000  {  ; load address = execution address
   *.o (RESET, +First)
;   *(InRoot$$Sections)
   .ANY (+RO)
  }
  RW_RAM1 0x30300000 0x03D00000  {  ; RW data
   .ANY (+RW +ZI)
  }
}
```

4.4.7　汇编语言与 C 语言相互调用实例

1. 实验目的

（1）阅读 S3C2410 启动代码，观察处理器的启动过程。

（2）学会使用MDK集成开发环境辅助窗口来分析判断调试过程和结果。

（3）学会在MDK集成开发环境中编写、编译与调试汇编和C语言相互调用的程序。

2. 实验设备

（1）硬件：PC。

（2）软件：μVision3 IDE for ARM集成开发环境。

3. 实验内容

使用汇编完成一个随机数产生函数，通过C语言调用该函数，产生一系列随机数，存放到数组里面。

4. 实验操作步骤

（1）参考前面实验的操作步骤建立一个新的工程，命名为 explasm。注意在建立工程的过程中添加设备数据库中S3C2410芯片自带的启动代码，也可手动添加启动代码startup.s。

（2）参考前面实验的步骤和实验参考程序编辑输入源代码，保存文件为randtest.c和random.s。

（3）在Project workspace工作区中右击target1→Source Group 1，在弹出菜单中选择“Add file to Group ‘Source Group 1’”，在随后弹出的文件选择对话框中，选择刚才建立的源文件randtest.c和random.s。

（4）在 Option for Target 对话框 Linker 页 Scatter File 对话框中添加分散加载描述文件explasm.sct，文件内容与CTest2.sct相同。

（5）选择菜单项Project→Build target或快捷键F7，生成目标代码。

（6）选择菜单项Debug→Start/Stop Debug Session或组合键Ctrl+F5，即可进入调试模式。这里使用的是μVision3 IDE中的软件仿真器。

（7）选择菜单项Debug→run或快捷键F5，即可运行代码。

（8）打开memory、register、watch、Local窗口，单步执行，并通过memory、register、watch、variable窗口分析判断结果。注意观察程序如何从跳转进主程序__main，在call stack窗口观察当前执行函数之间的调用。

（9）结合实验内容和相关资料，观察程序运行。

5. 实验参考程序

（1）randtest.c 参考源代码。

```
/*------------------------------------------------------------------*/
/*         extern function                                          */
/*------------------------------------------------------------------*/
extern unsigned int randomnumber( void );

/*******************************************************************
* name:  main
* func:  c code entry
* para:  none
* ret:  none
* modify:
* comment:
*******************************************************************/

main()
{
  unsigned int i,nTemp;
  unsigned int unRandom[10];
```

```
    for( i = 0; i < 10; i++ )
      {
      nTemp = randomnumber();
      unRandom[i] = nTemp;
      }

   return(0);
  }
```

（2）random.s 参考源代码。

```
;/*------------------ ------------------------------------------------*/
;/*           global symbol define                                   */
;/*------------------------------------------------------------------*/
  EXPORT randomnumber
  EXPORT  seed

;/*------------------------------------------------------------------*/
;/*             code                                                */
;/*------------------------------------------------------------------*/


  AREA  RAND,CODE,READONLY
 randomnumber
 ;#  on exit:
 ;#  a1 = low 32-bits of pseudo-random number
 ;#  a2 = high bit (if you want to know it)
  ldr     ip, seedpointer
  ldmia   ip, {a1, a2}
  tst     a2, a2, lsr#1             ;/* to bit into carry  */
     movs    a3, a1, rrx            ;/* 33-bit rotate right  */
     adc     a2, a2, a2             ;/* carry into LSB of a2 */
     eor     a3, a3, a1, lsl#12     ;/* (involved!)         */
     eor     a1, a3, a3, lsr#20     ;/* (similarly involved!)*/
     stmia   ip, {a1, a2}
     mov     pc, lr

 seedpointer
   DCD    seed
 seed       DCD      0x55555555
            DCD      0x55555555
   END
```

本章小结

本章重点是让读者通过实验掌握嵌入式软件开发工具的使用及软件开发的基础知识。本章的实验是对前几章理论内容的应用与巩固。每个实验的设计都有不同的针对性，以便读者掌握。

第5章 ARM应用系统设计

在对 ARM 处理器及嵌入式编程有一定理解的基础上，本章将学习基于 ARM 核心的 SoC 的概念，以及基于 ARM 处理器的功能电路设计。本章主要介绍基于 S3C2410 的系统功能电路设计，同时介绍设计一个基于 S3C2410 的硬件系统的各个功能单元的设计电路。

本章主要内容：

- SoC 系统概述
- S3C2410 概述
- S3C2410 系统功能电路设计

5.1 SoC 系统概述

SoC 的定义多种多样，由于其内涵丰富、应用范围广，很难给出其准确定义。一般说来，SoC 称为系统级芯片，也有的称为片上系统，意思是指它是一个产品，是一个有专用目标的集成电路，其中包含完整系统并有嵌入软件的全部内容。同时，它又是一种技术，用以实现从确定系统功能开始，到软/硬件划分，并完成设计的整个过程。从狭义角度讲，它是信息系统核心的芯片集成，是将系统关键部件集成在一块芯片上；从广义角度讲，SoC 是一个微小型系统，如果说中央处理器（CPU）是大脑，那么 SoC 就是包括大脑、心脏、眼睛和手的系统。国内外学术界一般倾向将 SoC 定义为将微处理器、模拟 IP 核、数字 IP 核和存储器（或片外存储控制接口）集成在单一芯片上，它通常是客户定制的或是面向特定用途的标准产品。

常见的基于 ARM 的 SoC 有：SAMSUNG 公司的 S3C44B0、S3C2410、S3C2460；CirrusLogic 公司的 EP93XX 系列；ATMEL 公司的 AT9200、AT9261；TI 公司的 OMAP 系列；NXP 公司的 LPC 系列；Freescale 公司的 MX 系列等。

本章主要以 S3C2410 讲解 SoC 各个组成部分的外围功能设计。

5.2 S3C2410 概述

S3C2410 是著名的半导体公司 SAMSUNG 推出的一款 32 位 RISC 处理器，它为手持设备和一般类型的应用提供了低价格、低功耗、高性能微控制器的解决方案。S3C2410 的内核基于 ARM920T，带有 MMU（Memory Management Unit）功能，采用 0.18μm 工艺，其主频可达 203MHz，适合于对成本和功耗敏感的需求，同时它还采用了 AMBA（Advanced Microcontr-oller Bus

Architecture）的新型总线结构，实现了 MMU、AMBA BUS、Harvard 的高速缓冲体系结构，同时支持 Thumb16 位压缩指令集，从而能以较小的存储空间需求，获得 32 位的系统性能。

其片上功能如下：

（1）内核工作电压为 1.8/2.0V，存储器供电电压为 3.3V，外部 I/O 设备的供电电压为 3.3V；

（2）16KB 的指令 Cache 和 16KB 的数据 Cache；

（3）LCD 控制器，最大可支持 4K 色 STN 和 256 色 TFT；

（4）4 通道的 DMA 请求；

（5）3 通道的 UART（IrDA1.0、16 字节 TxFIFO、16 字节 RxFIFO），2 通道的 SPI 接口；

（6）2 通道的 USB（Host/Slave）；

（7）4 路 PWM 和 1 个内部时钟控制器；

（8）117 个通用 I/O，24 路外部中断；

（9）272Pin FBGA 封装；

（10）16 位的看门狗定时器；

（11）1 通道的 IIC/IIS 控制器；

（12）带有 PLL 片上时钟发生器。

S3C2410 处理器支持大/小端模式存储字数据，其寻址空间可达 1GB，对于外部 I/O 设备的数据宽度，可以是 8/16/32 位，所有的存储器 Bank（共有 8 个）都具有可编程的操作周期，而且支持各种 ROM 引导方式（NOR/Nand Flash、EEPROM 等），其结构框图如图 5-1 所示。

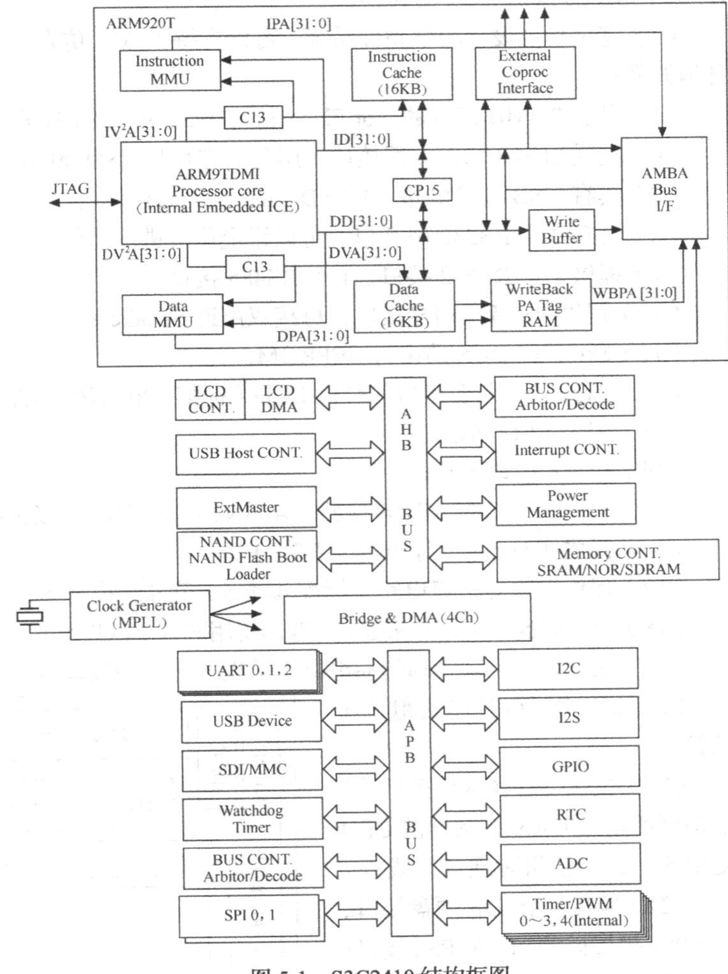

图 5-1　S3C2410 结构框图

5.3　S3C2410 系统功能电路设计

5.3.1　概述

Embest EduKit-Ⅲ教学实验平台是一款功能强大的 32 位的嵌入式开发板，里面采用了 SAMSUNG 公司的以 ARM7TDMI-S 为内核的处理器 S3C44B0X，同时可以兼容 S3C2410，具有 JTAG 调试等功能。板上提供了一些键盘、LED、串口等一些常用的功能模块，并且具有 IDE

硬件接口、CF 存储卡接口、以太网接口、SD 卡接口等，对用户在 32 位 ARM 嵌入式领域进行开发实验非常方便。Embest EduKit-Ⅲ教学实验平台的功能特点如下：

（1）使用 CPU 扩展接口，可以使用 SAMSUNG 公司的 S3C44B0 和 S3C2410；

（2）系统核心板包括 SDRAM、CPU、核心电压模块、实时时钟、系统跳线、系统时钟、核心板接口等；

（3）SDRAM 用量与 CPU 有关，S3C2410 采用 64MB，S3C44B0 采用 8/16MB 兼容芯片为 HY57V561620 或 HY57V641620；

（4）完全自主设计的软硬件系统，可以支持 JTAG 仿真技术，支持 ADS、STD、IDE 等集成环境开发；

（5）具有 2/4MB 兼容的 Nor Flash 和 8/16/32/64/128MB 兼容的 Nand Flash；

（6）提供 10MB 的以太网接口，用到的芯片是 CS8900A；

（7）具有 USB 接口电路（1 个 Device、2 个 Host）；

（8）具有 2 个 RS232 串行口，可以跟上位机进行通信；

（9）提供 1 个 RS422 接口、1 个 RS485 接口；

（10）提供 IIS 音频信号接口，可接双声道 Speaker；

（11）8kbit IIC BUS 的串行 EEPROM；

（12）STN/TFT 兼容接口的彩色 LCD（标配 320×240 CSTN 5.7 英寸 LCD）；

（13）多个 LED 指示灯；

（14）8 个 8 段数码管；

（15）8 路 10BIT 的 AID 转换器、ANIN2 和 ANIN4 可以模拟；

（16）提供实时时钟控制试验（RTC）；

（17）提供触摸屏接口电路（标配 4 线 5.7 英寸触摸屏）；

（18）5×4 键盘，可以扩展至 64 键，使用芯片 ZLG7290；

（19）用 PWM 控制的蜂鸣器电路，可以发出不同频率的声音；

（20）提供用 I/O 控制的跑马灯试验；

（21）提供 2 个 CAN 接口（1 个是预留给带 CAN 控制器的 CPU 使用的），方便组装现场总线；

（22）具有 1 个 IDE 硬盘接口、1 个 PCI 扩展插槽和 1 个 PS2 接口；

（23）提供 CF 存储卡接口、SD 卡接口；

（24）包含红外线接口模块；

（25）包含直流电机、步进电机模块；

（26）具有采用扩展子板形式的 GPRS 模块电路和 GPS 模块电路

Embest EduKit-Ⅲ教学实验平台主要功能模块如图 5-2 所示。

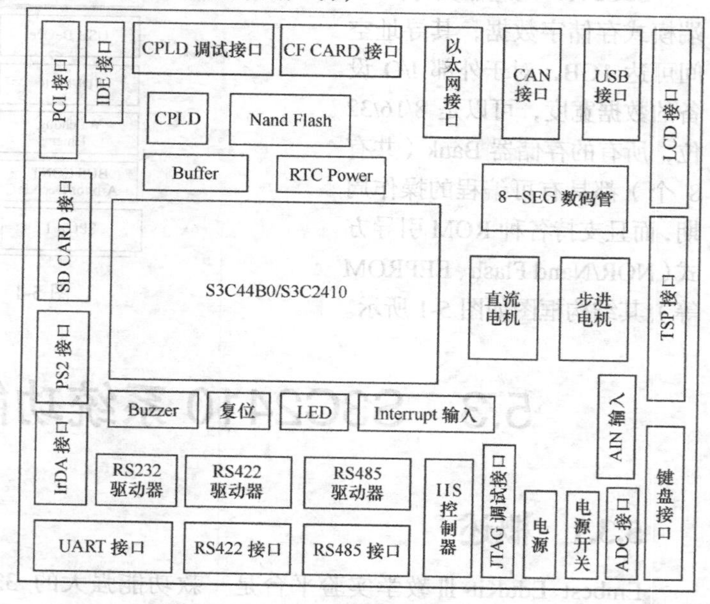

图 5-2 实验箱功能分布图

下面的内容将以此平台为例讲解基于 S3C2410 的 ARM 系统功能电路设计。

5.3.2　电源电路

在该系统中，需要用到 5V、3.3V、1.8V 的直流稳压电源。其中，S3C2410 的 I/O 电压需要 3.3V 电源，S3C2410 的核心电压需要 1.8V，另外其他外围器件有的需要用到 5V 和 3.3V。系统的输入电压为 5V。具体电路如图 5-3、图 5-4 所示。

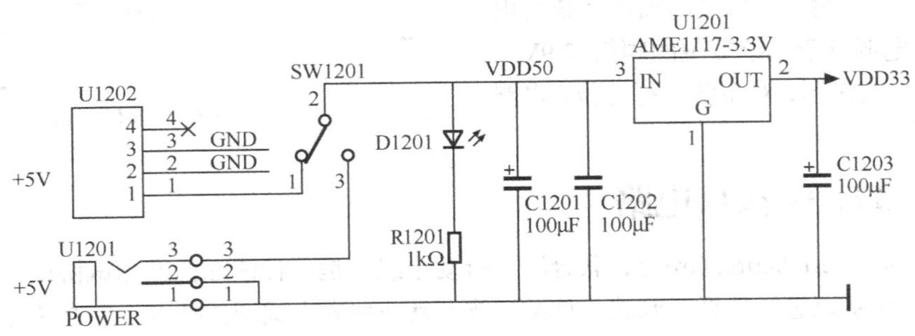

图 5-3　3.3V 电源电路

核心电压可以是 2.5V 或 1.8V。可完成 5V 到 3.3V 及 3.3V 到 1.8V 转换的 DC-DC 转换器有很多，如 Linear Technology 的 LT108X 系列、LM1117 系列。设计者需要考虑到电源的功率。

如果设计者对系统的功耗要求比较严格，那么就需要选择一些开关电源的方案了。设计者可根据系统的实际情况，选择不同的器件。

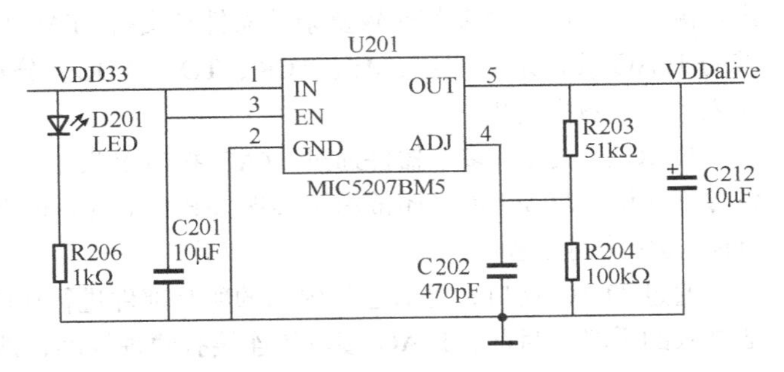

图 5-4　2.5V 电源电路

5.3.3　时钟电路

时钟电路用于向 CPU 及其他电路提供工作时钟。根据 S3C2410 的工作频率及 PLL 电路的工作方式，选择 12MHz 的无源晶振，与 S3C2410 内部的 PLL 电路倍频后最高可以达到 207MHz。片内的 PLL 电路兼有频率放大和信号提纯的功能，因此系统可以较低的外部时钟信号获得较高的工作频率，以降低因高速开关时钟所造成的高频噪声。在该系统中 S3C2410 所使用的晶振电路是无源晶振。系统晶振电路如图 5-5 所示。

另外，S3C2410 集成了实时时钟控制器，需要外部提供 32.768kHz 的实时时钟信号，如图 5-6 所示。

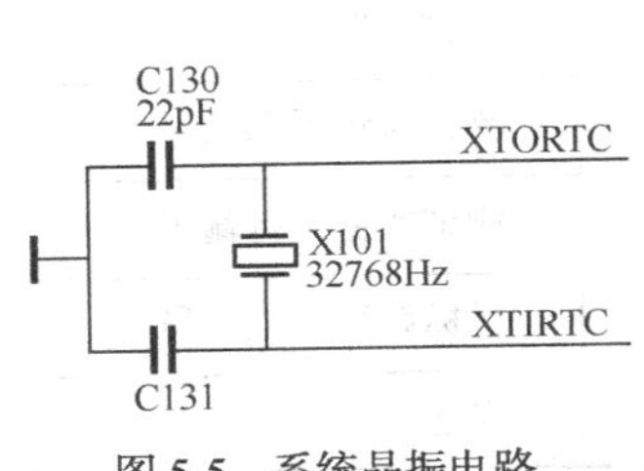

图 5-5　系统晶振电路

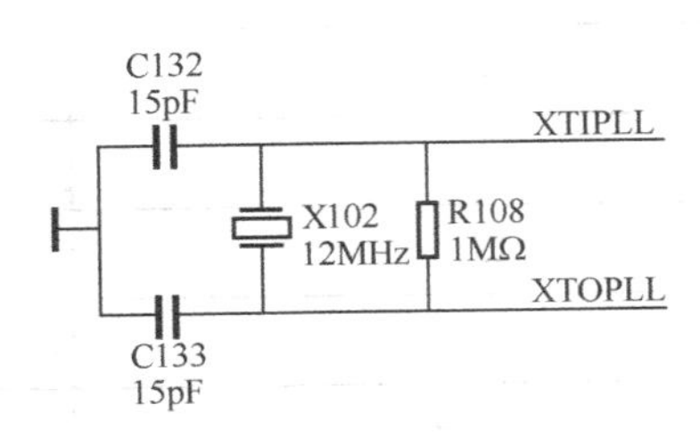

图 5-6　RTC 时钟电路

5.3.4 复位电路

复位电路主要为了提供性能优越的电源监视性能，选取了专门的系统监视复位芯片IMP811S，该芯片性能优良，可以通过手动控制系统的复位，同时还可以实时监控系统的电源，一旦系统电源低于系统复位的阈值(2.9V)，IMP811S将会起作用，对系统进行复位，电路如图5-7所示。

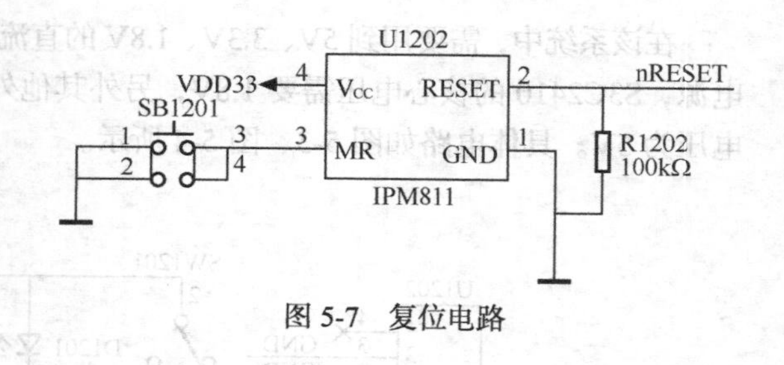

图 5-7　复位电路

5.3.5 JTAG接口电路

JTAG（Joint Test Action Group，联合测试行动小组）是一种国际标准测试协议，主要用于芯片内部测试及对系统进行仿真、调试，JTAG技术是一种嵌入式调试技术，它在芯片内部封装了专门的测试电路TAP（Test Access Port，测试访问口），通过专用的JTAG测试工具对内部节点进行测试。目前，大多数比较复杂的器件都支持JTAG协议，如ARM、DSP、FPGA器件等。标准的JTAG接口是4线：TMS、TCK、TDI、TDO，分别为测试模式选择、测试时钟、测试数据输入和测试数据输出。

JTAG测试允许多个器件通过JTAG接口串联在一起，形成一个JTAG链，能实现对各个器件分别测试。JTAG接口还常用于实现ISP（In-System Programmable，在系统编程）功能，如对Flash器件进行编程等。

通过JTAG接口，可对芯片内部的所有部件进行访问，因而是开发调试嵌入式系统的一种简洁高效的手段。目前，JTAG接口的连接有两种标准，即14针接口和20针接口。本系统采用的是20针JTAG接口定义，接口定义如表5-1所示。

表5-1　JTAG接口定义

引　脚	名　称	描　述
1	VTref	目标板参考电压，接电源
2	VCC	接电源
3	nTRST	测试系统复位信号
4、6、8、10、12、14、16、18、20	GND	接地
5	TDI	测试数据串行输入
7	TMS	测试模式选择
9	TCK	测试时钟
11	RTCK	测试时钟返回信号
13	TDO	测试数据串行输出
15	nRESET	目标系统复位信号
17、19	NC	未连接

JTAG电路如图5-8所示。

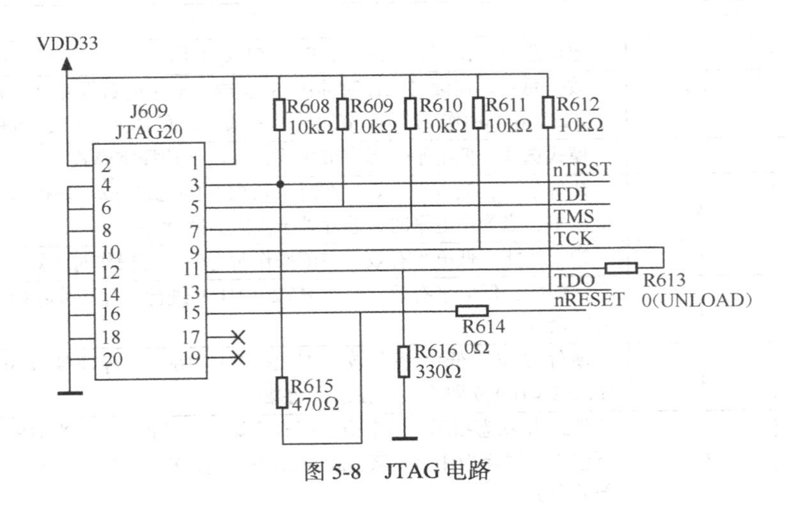

图 5-8 JTAG 电路

5.3.6 Nor Flash 电路

Flash 存储器是一种可在系统（In-System）进行电擦写，掉电后信息不丢失的存储器。它具有低功耗、大容量、擦写速度快、可整片或分扇区在系统编程（烧写）、擦除等特点，并且可由内部嵌入的算法完成对芯片的操作，因而在各种嵌入式系统中得到了广泛的应用。作为一种非易失性存储器，Flash 在系统中通常用于存放程序代码、常量表及一些在系统掉电后需要保存的用户数据等。常用的 Flash 为 8 位或 16 位的数据宽度，编程电压为单 3.3V。主要的生产厂商为 ATMEL、AMD、SST、HYUNDAI 等，他们生产的同型器件一般具有相同的电气特性和封装形式，可通用。

下面以该系统中使用的 Flash 存储器 AM29LV160D 为例，简要描述一下 Flash 存储器的基本特性。

采用 AMD 公司的 Nor Flash，其型号为 AM29LV160D，容量为 2MB，兼容 Intel E28F128J3A/16MB。舍弃原来的 Intel Strata Flash，原因一是价格贵，二是因为已经有一大容量的 Nand Flash。

AM29LV160D 单片存储容量为 16M 位（2MB），工作电压为 2.7～3.6V，采用 48 脚 TSOP 封装或 48 脚 FBGA 封装，16 位数据宽度，可以以 8 位（字节模式）或 16 位（字模式）数据宽度的方式工作。AM29LV160D 需要 3V 电压即可完成在系统的编程与擦除操作，通过对其内部的命令寄存器写入标准的命令序列，可对 Flash 进行编程（烧写）、整片擦除、按扇区擦除及其他操作。

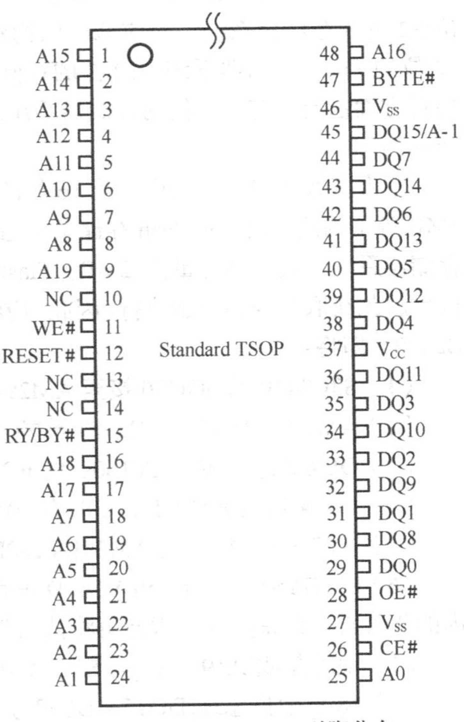

图 5-9 AM29LV160D 引脚分布

AM29LV160D 的引脚分布及信号描述分别如图 5-9 和表 5-2 所示。

表 5-2　　AM29LV160D 引脚信号描述

引　脚	类　型	描　述
A[19:0]	I	地址总线。在字节模式下，DQ[15]/A[-1]用作 21 位字节地址的最低位
DQ[15]/A[-1] DQ[14:0]	I/O 三态	数据总线。在读写操作时提供 8 位或 16 位的数据宽度。在字节模式下，DQ[15]/A[-1]用作 21 位字节地址的最低位，而 DQ[14:8]处于高阻状态
BYTE#	I	模式选择。低电平选择字节模式，高电平选择字模式
CE#	I	片选信号，低电平有效。在对 HY29LV160 进行读写操作时，该引脚必须为低电平，当为高电平时，芯片处于高阻旁路状态
OE#	I	输出使能，低电平有效。在读操作时有效，写操作时无效
WE#	I	写使能，低电平有效。在对 HY29LV160 进行编程和擦除操作时，控制相应的写命令
RESET#	I	硬件复位，低电平有效。对 HY29LV160 进行硬件复位。当复位时，HY29LV160 立即终止正在进行的操作
RY/BY#	O	就绪/忙状态指示。用于指示写或擦除操作是否完成。当 HY29LV160 正在进行编程或擦除操作时，该引脚为低电平，操作完成时为高电平，此时可读取内部的数据
V_{CC}	—	3.3V 电源
V_{SS}	—	接地

以上为一款常见的 Flash 存储器 AM29LV160D 的简介，更具体的内容可参考 AM29LV160D 的用户手册。其他类型的 Flash 存储器的特性与使用方法与之类似，用户可根据自己的实际需要选择不同的器件。

下面使用 AM29LV160D 来构建 Flash 存储系统。由于 ARM 微处理器的体系结构支持 8 位/16 位/32 位的存储器系统，对应地可以构建 8 位的 Flash 存储器系统、16 位的 Flash 存储器系统或 32 位的 Flash 存储器系统。32 位的存储器系统具有较高的性能，16 位的存储器系统则在成本及功耗方面占有优势，8 位的存储器系统现在已经很少使用。在此，介绍 16 位的 Flash 存储器系统的构建。

在大多数系统中，选用一片 16 位的 Flash 存储器芯片（常见单片容量有 1MB、2MB、4MB、8MB 等）构建 16 位的 Flash 存储系统已经足够，在此采用一片 AM29LV160D 构建 16 位的 Flash 存储器系统，其存储容量为 2MB。Flash 存储器在系统中通常用于存放程序代码，系统上电或复位后从此获取指令并开始执行，因此，应将存有程序代码的 Flash 存储器配置到 ROM/SRAM/Flash Bank0，即将：

（1）S3C2410 的 nGCS0 接至 AM29LV160D 的 CE #；

（2）AM29LV160D 的 RESET # 端接系统复位信号；

（3）OE # 端接 AM29LV160D 的 nOE（Pin72）；

（4）WE # 端接 AM29LV160D 的 nWE（Pin100）；

（5）BYTE # 上拉，使 AM29LV160D 工作在字模式（16 位数据宽度）；

（6）RY/BY#指示 AM29LV160D 编程或擦除操作的工作状态，但其工作状态也可通过查询片内的相关寄存器来判断，因此可将该引脚悬空；

（7）地址总线[A19 ~ A0]与 S3C2410 的地址总线[A20 ~ A1]相连；

（8）16 位数据总线[DQ15 ~ DQ0]与 S3C2410B 的低 16 位数据总线[D0 ~ D15]相连。

注意

此时应将 S3C2410 的 OM[1:0]置为‘01’，选择 ROM/SRAM/Flash Bank0 为 16 位工作方式。Nor Flash 电路如图 5-10 所示。

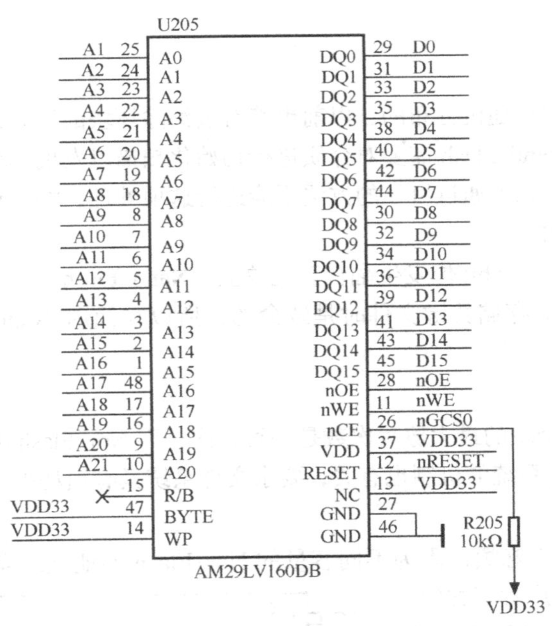

图 5-10　Nor Flash 电路

5.3.7　Nand Flash 电路

Nand Flash 芯片的出现，使得移动存储设备层出不穷，目前嵌入式设备上大容量存储一般都采用 Nand Flash。本系统采用 64MB Nand Flash，型号为 K9F1208。

Flash 存储器又称闪存，主要有 Nor Flash 和 Nand Flash 两种，下面我们从多个角度来对它们对比介绍一下。在实际开发中，设计者可以根据产品需求来进行闪存的合理选择。

1. 接口对比

Nor Flash 带有通用的 SRAM 接口，可以轻松地挂接在 CPU 的地址、数据总线上，对 CPU 的接口要求低。Nor Flash 的特点是芯片内执行（eXecute In Place，XIP），这样，应用程序可以直接在 Flash 闪存内运行，不必再把代码读到系统 RAM 中。例如，uboot 中的 ro 段可以直接在 Nor Flash 上运行，只需要把 rw 和 zi 段复制到 RAM 中运行即可。

Nand Flash 器件使用复杂的 I/O 口来串行地存取数据，8 个引脚用来传送控制、地址和数据信息。由于时序较为复杂，所以一般 CPU 最好集成 Nand 控制器。另外，由于 Nand Flash 没有挂接在地址总线上，所以如果想用 Nand Flash 作为系统的启动盘，就需要 CPU 具备特殊的功能，如 S3C2410 在被选择为 Nand Flash 启动方式时会在上电时自动读取 Nand Flash 的 4KB 数据到地址 0 的 SRAM 中。如果 CPU 不具备这种特殊功能，用户不能直接运行 Nand Flash 上的代码，那么可以采取其他方式，如使用 Nand Flash 的开发板。除了使用 Nand Flash 以外，还用上了一块小的 Nor Flash 来运行启动代码。

2. 容量和成本对比

相比起 Nand Flash 来说，Nor Flash 的容量要小，一般为 1 ~ 16MB，一些新工艺采用了芯片叠加技术可以把 Nor Flash 的容量做得大一些。在价格方面，Nor Flash 比 Nand Flash 高，如目前市场上一片 4MB 的 AM29lV320 Nor Flash 零售价在 20 元左右，而一片 128MB 的 K9FLG08 Nand Flash 零售价在 30 元左右。

Nand Flash 生产过程更为简单，其结构可以在给定的模具尺寸内提供更高的容量，这样也就相应地降低了价格。

3. 可靠性对比

Nand Flash中的坏块是随机分布的，以前也曾有过消除坏块的努力，但发现成品率太低，代价太高，根本不划算。Nand Flash需要对介质进行初始化扫描以发现坏块，并将坏块标记为不可用。在已制成的器件中，如果通过可靠的方法不能进行这项处理，将导致高故障率。而坏块问题在Nor Flash上是不存在的。

在Flash的位翻转（一个bit位发生翻转）现象上，Nand Flash的出现几率要比Nor Flash大得多。这个问题在Flash存储关键文件时是致命的，所以在使用Nand Flash时建议同时使用EDC/ECC等校验算法。

4. 寿命对比

在Nand Flash中每个块的最大擦写次数是一百万次，而Nor Flash的擦写次数是十万次。闪存的使用寿命同时和文件系统的机制也有关，要求文件系统具有损耗平衡功能。

5. 升级对比

Nor Flash的升级较为麻烦，因为不同容量的Nor Flash的地址线需求不一样，所以在更换不同容量的Nor Flash芯片时不方便。通常我们会通过在电路板的地址线上做一些跳接电阻来解决这样的问题，针对不同容量的Nor Flash。而不同容量的Nand Flash的接口是固定的，所以升级简单。

6. 读写性能对比

任何Flash器件的写入操作只能在空的或已擦除的单元内进行。Nand Flash执行擦除操作是十分简单的，而Nor Flash则要求在进行擦除前先要将目标块内所有的位都写为1。擦除Nor Flash时是以64～128KB的块进行的，执行一个写入/擦除操作的时间约为5s。擦除Nand Flash是以8～32KB的块进行的，执行相同的操作最多只需要4ms。Nor Flash的读速度比Nand Flash稍快一些。

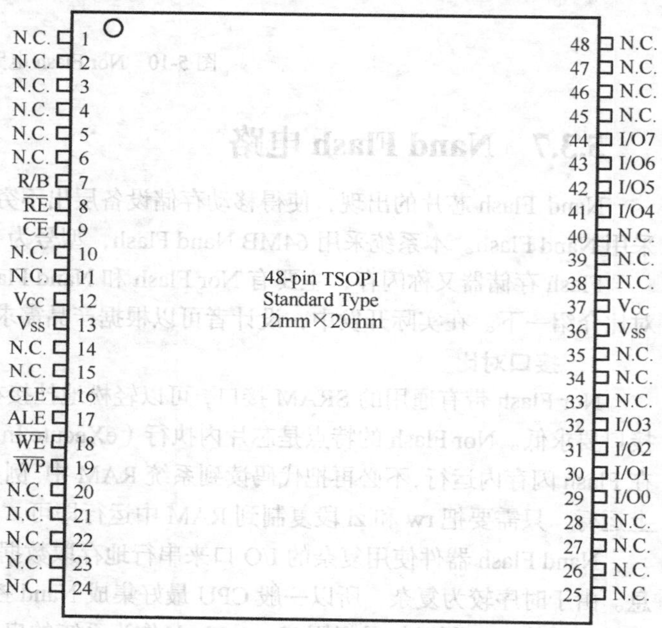

图5-11 K9F1208的引脚分布

K9F1208的引脚分布及信号描述分别如图5-11和表5-3所示。

表5-3 K9F 1208的引脚信号描述

引　脚	描　述	引　脚	描　述
I/O0～I/O7	数据、命令、地址输入/输出引脚	$\overline{WP}$	写保护
CLE	命令锁存使能	R/$\overline{B}$	是否忙碌
ALE	地址锁存使能	V_{CC}	电源（2.7～3.3V）
$\overline{CE}$	芯片使能	V_{SS}	地
$\overline{RE}$	读使能	N.C.	无连接
$\overline{WE}$	写使能		

Nand Flash 电路如图 5-12 所示。

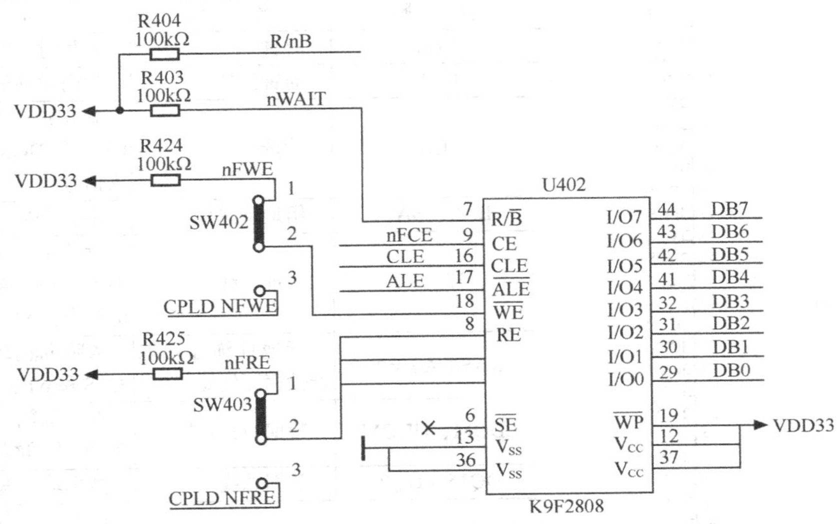

图 5-12　Nand Flash 电路

5.3.8　SDRAM 电路

与 Flash 存储器相比，SDRAM 不具有掉电保持数据的特性，但其存取速度大大高于 Flash 存储器，且具有读/写的属性。因此，SDRAM 在系统中主要用作程序的运行空间、数据及堆栈区。当系统启动时，CPU 首先从复位地址 0x0 处读取启动代码，在完成系统的初始化后，程序代码一般应调入 SDRAM 中运行，以提高系统的运行速度，同时，系统及用户堆栈、运行数据也都放在 SDRAM 中。

SDRAM 具有单位空间存储容量大和价格便宜的优点，已广泛应用在各种嵌入式系统中。SDRAM 的存储单元可以理解为一个电容，总是倾向于放电，为避免数据丢失，必须定时刷新（充电）。因此，要在系统中使用 SDRAM，就要求微处理器具有刷新控制逻辑，或在系统中另外加入刷新控制逻辑电路。S3C2410 及其他一些 ARM 芯片在片内具有独立的 SDRAM 刷新控制逻辑，可方便地与 SDRAM 接口。但某些 ARM 芯片则没有 SDRAM 刷新控制逻辑，就不能直接与 SDRAM 接口，在进行系统设计时应注意这一点。

目前常用的 SDRAM 为 8 位/16 位的数据宽度，工作电压一般为 3.3V。主要的生产厂商为 HYUNDAI、Winbond 等。他们生产的同型器件一般具有相同的电气特性和封装形式，可通用。

下面以该系统中使用的 HY57V561620 为例，简要描述一下 SDRAM 的基本特性及使用方法：HY57V561620 存储容量为 4 组×16M 位（32MB），工作电压为 3.3V，常见封装为 54 脚 TSOP，兼容 LVTTL 接口，支持自动刷新（Auto-Refresh）和自刷新（Self-Refresh），16 位数据宽度。

HY57V561620 引脚分布及信号描述分别如图 5-13 和表 5-4 所示。

以上为一款常见的 SDRAM HY57V561620 的简介，更具体的内容可参考 HY57V561620 的用户手册。其他类型 SDRAM 的特性和使用方法与之类似，用户可根据自己的实际需要选择不同的器件。

根据系统需求，可构建 16 位或 32 位的 SDRAM 存储器系统，但为充分发挥 32 位 CPU 的数据处理能力，大多数系统采用 32 位的 SDRAM 存储器系统。HY57V561620 为 16 位数据宽度，单片容量为 32MB，系统选用的两片 HY57V561620 并联构建 32 位的 SDRAM 存储器系统，共 64MB 的 SDRAM 空间，可满足嵌入式操作系统及各种相对较复杂的算法的运行要求。

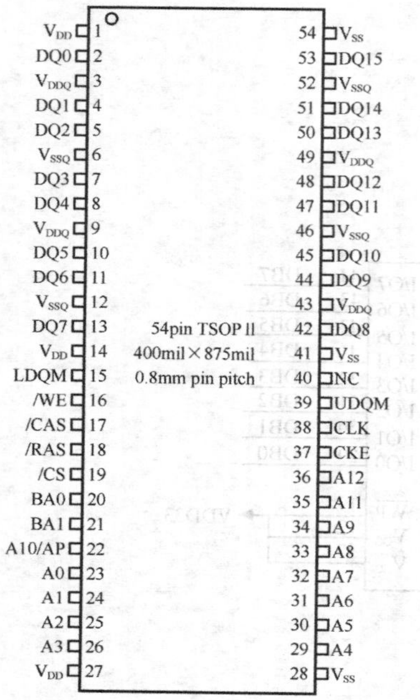

图 5-13 HY57V561620 引脚分布

表 5-4 HY57V561620 引脚信号描述

引　脚	名　称	描　述
CLK	时钟	芯片时钟输入
CKE	时钟使能	片内时钟信号控制
/CS	片选	禁止或使能除 CLK、CKE 和 DQM 外的所有输入信号
BA0、BA1	组地址选择	用于片内 4 个组的选择
A12～A0	地址总线	行地址：A12～A0，列地址：A8～A0，自动预充电标志：A10
/RAS/CAS/WE	行地址锁存列地址锁存写使能	参照功能真值表，/RAS、/CAS 和/WE 定义相应的操作
LDQM、UDQM	数据 I/O 屏蔽	在读模式下控制输出缓冲；在写模式下屏蔽输入数据
DQ15～DQ0	数据总线	数据输入/输出引脚
V_{DD}/V_{SS}	电源/地	内部电路及输入缓冲电源/地
V_{DDQ}/V_{SSQ}	电源/地	输出缓冲电源/地
NC	未连接	未连接

系统的 SDRAM 电路如图 5-14 所示。

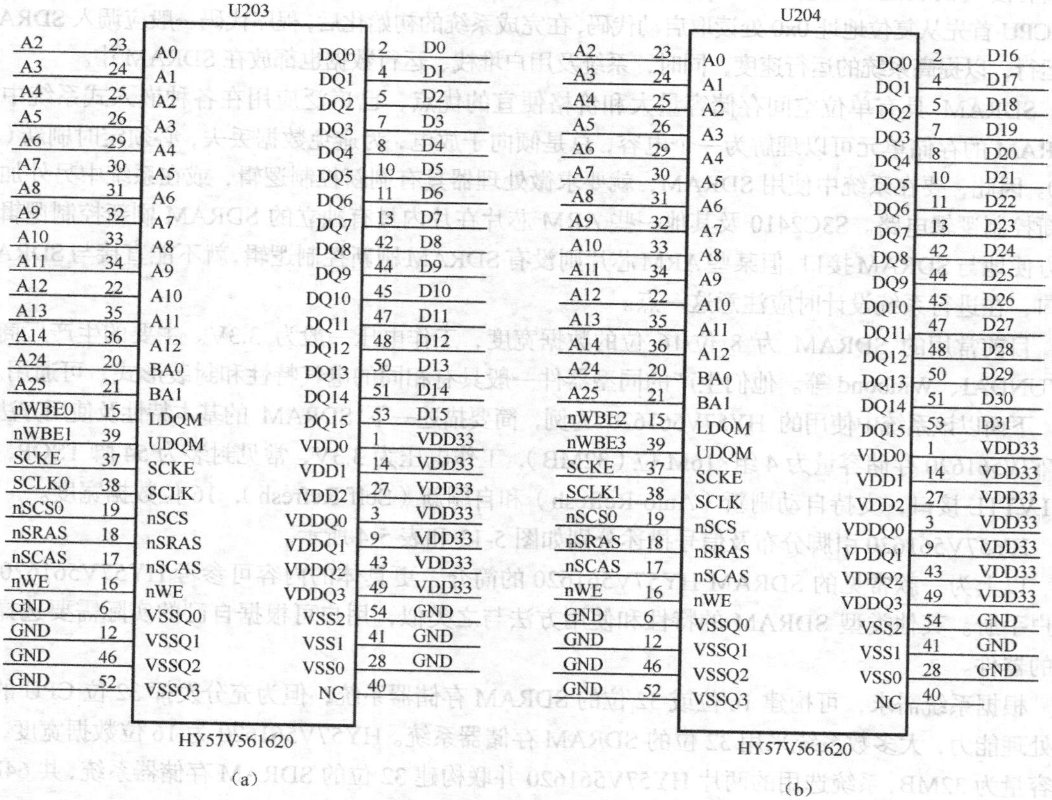

图 5-14 HY57V561620 电路

5.3.9　串行接口电路

系统带有两个串行接口，分别是 UART0 和 UART1，其中 UART1 复用为支持 RS485 和 RS422 的接口，另外还将其复用为 IRDA 红外模块。

几乎所有的微控制器、PC 都提供串行接口，使用电子工业协会（EIA）推荐的 RS-232-C 标准，这是一种很常用的串行数据传输总线标准。早期它被应用于计算机和终端通过电话线和 Modem 进行远距离的数据传输。随着微型计算机和微控制器的发展，不仅远距离，近距离也采用该通信方式。在近距离通信系统中，不再使用电话线和 Modem，而直接进行端到端的连接。

RS-232-C 标准采用的接口是 9 芯或 25 芯的 D 型插头，以常用的 9 芯 D 型插头为例，其功能描述如表 5-5 所示。

表 5-5　　9 芯 RS232 功能描述

引　　脚	名　　称	功 能 描 述	引　　脚	名　　称	功 能 描 述
1	DCD	数据载波检测	5	GND	地
2	RXD	数据接收	6	DSR	数据设备准备好
3	TXD	数据发送	7	RTS	请求发送
4	DTR	数据终端准备好	8	CTS	清除发送

要完成最基本的串行通信功能，实际上只需要 RXD、TXD 和 GND 即可，但由于 RS-232-C 标准所定义的高、低电平信号与 S3C2410B 系统的 LVTTL 电路所定义的高、低电平信号完全不同，LVTTL 的标准逻辑“1”对应 2～3.3V 电平，标准逻辑“0”对应 0～0.4V 电平；而 RS-232-C 标准采用负逻辑方式，标准逻辑“1”对应−5～−15V 电平，标准逻辑“0”对应+5～+15V 电平。显然，两者间要进行通信必须经过信号电平的转换，目前常使用的电平转换电路为 MAX3232，其引脚分布如图 5-15 所示。

串口电路图 5-16 所示。

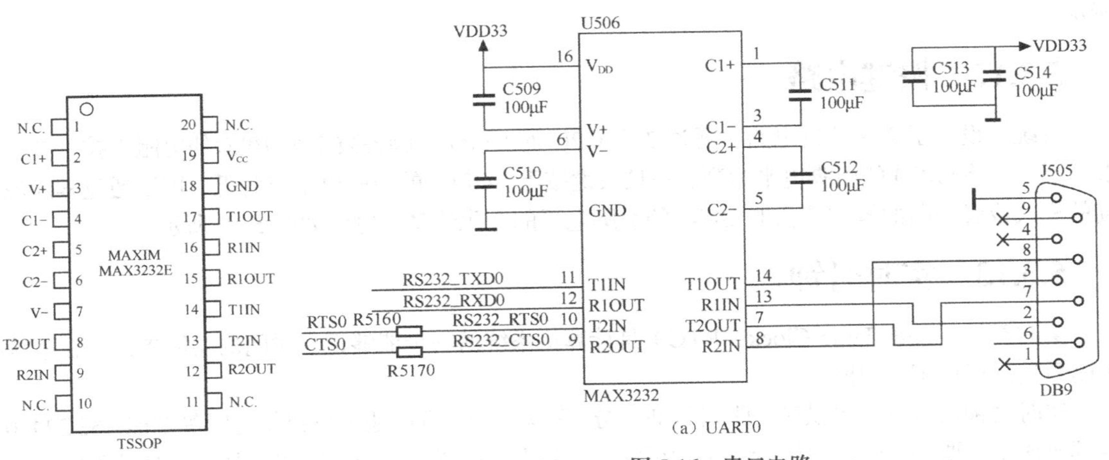

图 5-15　MAX3232 引脚分布

（a）UART0

图 5-16　串口电路

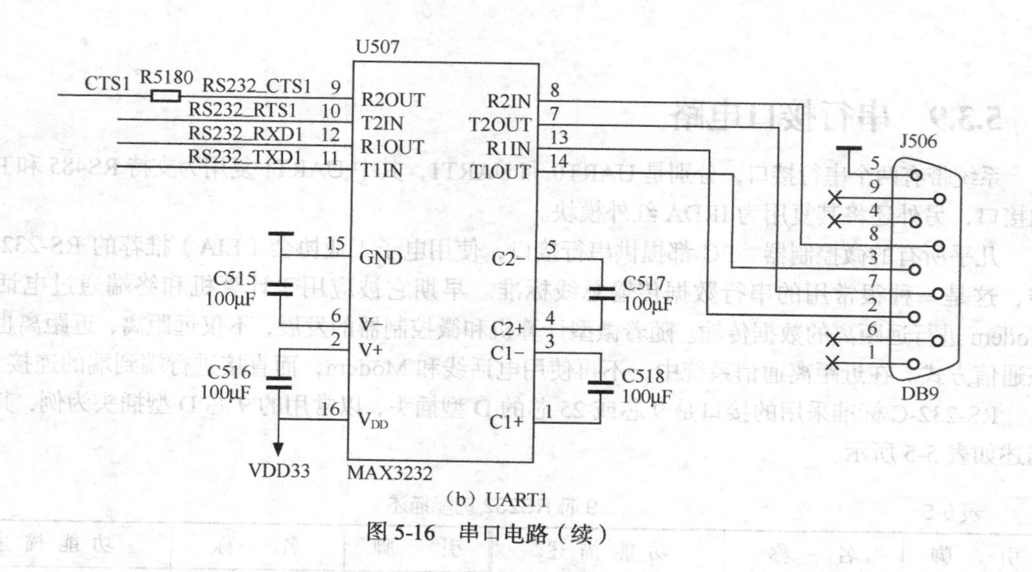

(b) UART1

图 5-16　串口电路（续）

5.3.10　以太网接口电路

以太网接口电路主要由 MAC 控制器和物理层接口（Physical Layer，PHY）两大部分构成。常见的以太网物理层接口芯片有 RTL8019、RTL8029、RTL8039、CS8900、DM9008 等。

S3C2410 等 CPU 本身并没有网络接口，但是，通过扩展网络接口的模式，连接一个 CS8900A 10MB 的网络接口。信号地发送端和接收端应通过网络隔离变压器和 RJ45 接口接入传输媒体，其实际应用电路如图 5-17 所示。

5.3.11　蜂鸣器电路及其 PWM 电路

PWM（Pulse Width Modulation，脉冲宽度调制）技术，通过对一系列脉冲的宽度进行调制，来等效地获得所需要波形。PWM 有个很重要的概念“占空比”，即输出的 PWM 中，高电平保持的时间与该 PWM 的时钟周期的时间之比，通常可以通过改变 PWM 信号的占空比实现对设备的控制。本系统提供了通过 PWM 推动，能够发出不同频率声音的蜂鸣器，电路如图 5-18 所示。

5.3.12　按键电路

系统上设计了 2 路按键电路，通过 2 个 CPU 的 GPIO 引脚各被 1 个 10kΩ的电阻上拉，在一般情况下，该 GPIO 的引脚电平为高，一旦按键按下，GPIO 的引脚电平将为低，可以通过程序轮询的模式或者中断的模式来获取 GPIO 的引脚电平的变化信息，电路如图 5-19 所示。

5.3.13　实时时钟

实时时钟（Real Time Clock，RTC）是计算机系统的一个能够记录时间的功能单元，在系统关闭后仍然可以记录时间。

实时时钟通常可以提供年、月、日、时、分、秒等信息，有些还可以提供定时等功能。S3C2410 内部集成了需要的时钟，设计者如果觉得它在性能上不能满足要求，可以选择一些外接的时钟芯片。选择时钟芯片的主要指标有精度、功耗、抗干扰、温度漂移等。

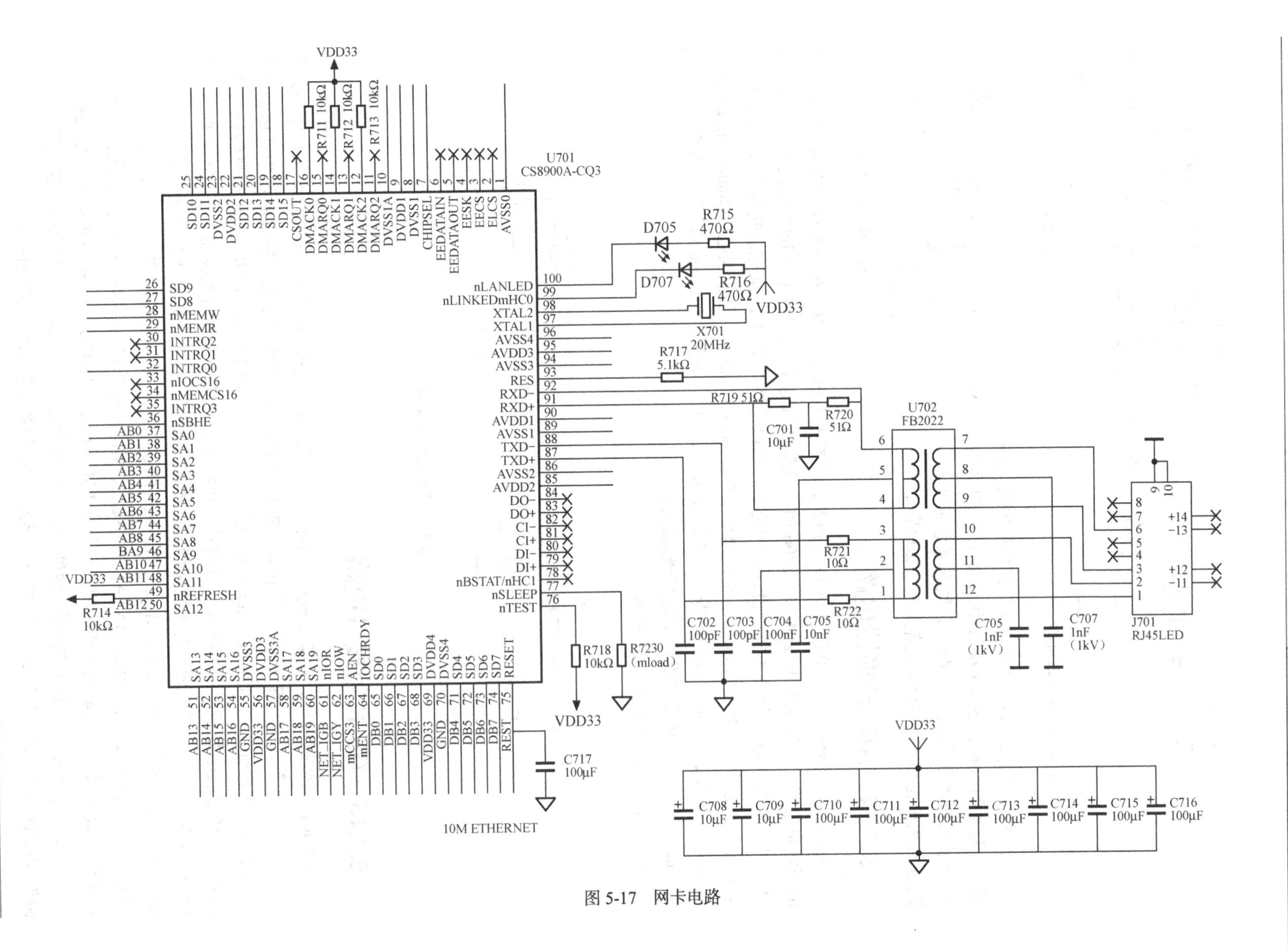
U701
CS8900A-CQ3
VDD33
R711 10kΩ
R712 10kΩ
R713 10kΩ
D705
R715
470Ω
D707
R716
470Ω
X701
20MHz
R717
5.1kΩ
R719 51Ω
R720
51Ω
C701
10μF
U702
FB2022
R721
10Ω
R722
10Ω
C702
100pF
C703
100pF
C704
100nF
C705
10nF
C705
1nF
(1kV)
C707
1nF
(1kV)
J701
RJ45LED
R714
10kΩ
R718
10kΩ
R7230
(mload)
C717
100μF
10M ETHERNET
C708
10μF
C709
10μF
C710
100μF
C711
100μF
C712
100μF
C713
100μF
C714
100μF
C715
100μF
C716
100μF

图 5-17　网卡电路

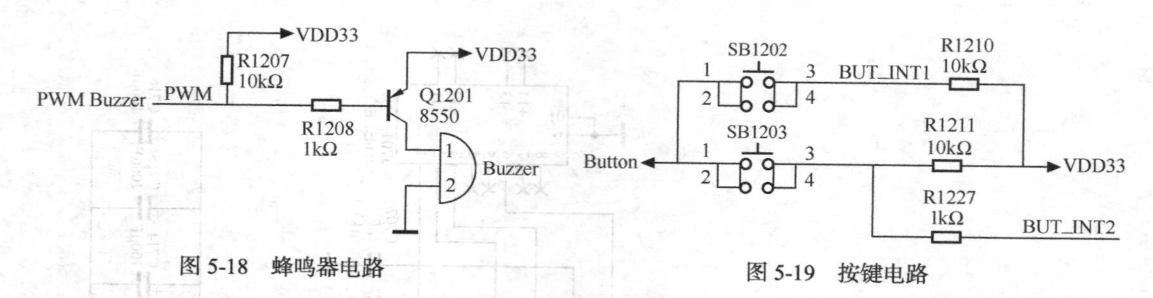

图5-18　蜂鸣器电路

图5-19　按键电路

本系统采用的S3C2410内部自带的RTC控制器。它需要的时钟由5.3.3小节中的RTC时钟供给，而为了保持系统的状态数据，必须在系统断电后，通过备用电池供电，具体电路如图5-20所示。

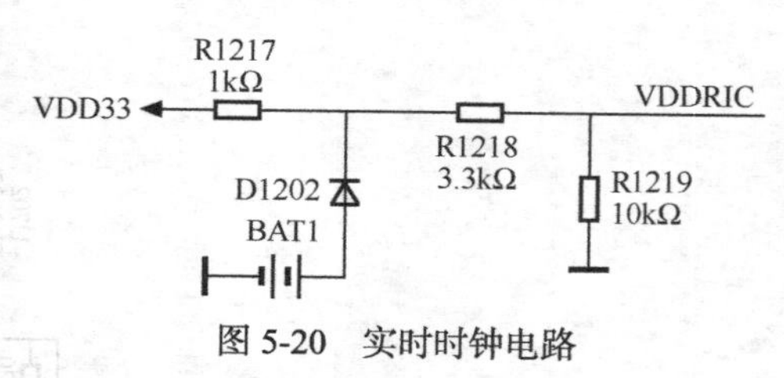

图5-20　实时时钟电路

5.3.14　A/D转换器电路

S3C2410内部有8路10位的A/D转换器，其参考电压为2.5V，在开发板上提供了两路直流电压测量电路，可调电阻R1204和R1206用于调整输入电压，AIN4和AIN2是模拟电压输入端口。如果内置A/D的性能不符合设计者的要求，可以选择外接A/D来完成转换功能。选择A/D主要考虑：分辨率（Resolution）、转换速率（Conversion Rate）、量化误差（Quantizing Error）、偏移误差（Offset Error)、满刻度误差（Full Scale Error）、线性度（Linearity）等。本系统流通过两个电位计给A/D转换器提供了模拟量的输入。

模拟量输入电路如图5-21所示。

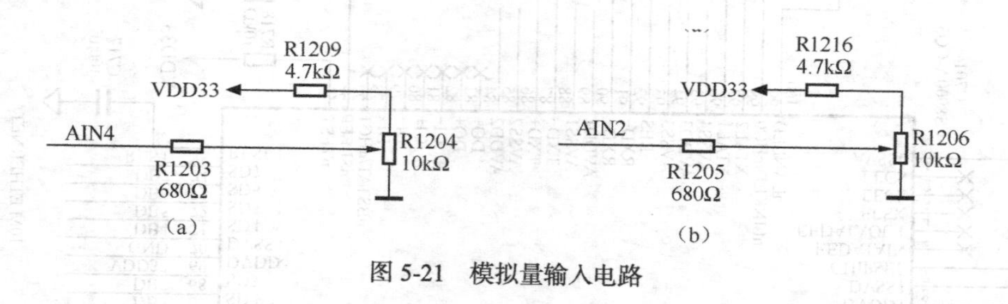

图5-21　模拟量输入电路

5.3.15　IIS音频接口电路

IIS即音频数据接口，它是Sony、Philips等电子巨头共同推出的接口标准。IIS接口电路如图5-22所示，本系统把IIS接口与Philips的UDA1341TS音频数字信号编译码器相连接，得到MicroPhone音频输入通道和Speader音频输出通道。UDA1341TS可把立体声模拟信号转化为数字信号，同样也能把数字信号转换成模拟信号，并可用PGA（可编程增益控制）、AGC（自动增益控制）对模拟信号进行处理；对于数字信号，该芯片提供了DSP（数字音频处理）功能。在实际中，UDA1341TS可广泛应用于MD、CD、NoteBook、PC、数码摄像机等。S3C2410的IIS口可与UDA1341TS的BCK、WS、DATAI、SYSCLK相连。对于UDA1341TS的L3总线，它是该芯片工作于微控制器输入模式时使用的，它包括L3DATA、L3MODE、L3CLOCK共3根接线，它们分别表示为微处理器接口数据线、微处理器接口模式线、微处理器接口时钟线。通过这个接口，微处理器能够对UDA1341TS中的数字音频处理参数和系统控制参数进行配置。

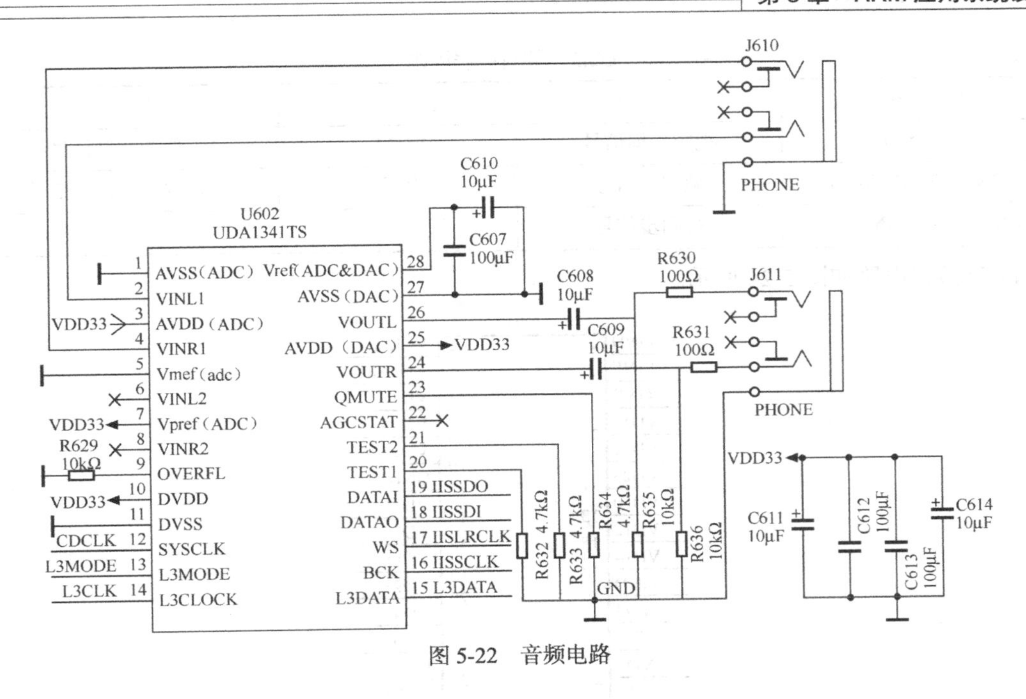

图 5-22　音频电路

5.3.16　SD 卡接口电路

SD（Security Digital）卡是目前应用越来越广泛的一类卡，为了支持该类卡的读写，系统开发板专门设计了一个接口电路。其中，S3C2410 内部集成了 SD 模块控制器。SD 卡的引脚信号描述如表 5-6 所示。

表 5-6　SD 卡的引脚信号描述

引　脚	名　称	描　述	引　脚	名　称	描　述
1	CD/DAT3	卡检测数据位 3	6	Css2	地
2	CMD	命令/回复	7	DAT0	数据位 0
3	Vss	地	8	DAT1	数据位 1
4	Vcc	供电电压	9	DAT2	数据位 2
5	CLK	时钟			

SD 卡接口电路如图 5-23 所示。

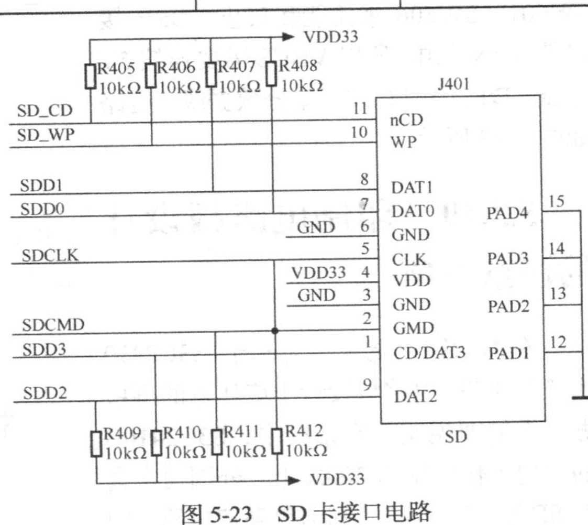

图 5-23　SD 卡接口电路

5.3.17　LCD 电路

一块 LCD 屏显示图像，不但需要 LCD 驱动器，还需要有相应的 LCD 控制器。通常 LCD 驱动器会以 COF/COG 的形式与 LCD 玻璃基板制作在一起，而 LCD 控制器则有外部电路来实现。而 S3C2410 内部已经集成了 LCD 控制器，因此可以很方便地去控制各种类型的 LCD 屏，如 STN 和 TFT 屏。对于控制 TFT 屏来说，LCD 的引脚信号描述如表 5-7 所示。

表 5-7　　　　LCD 的引脚信号描述

名　称	描　述	名　称	描　述
VD[23:0]	视频数据信号	VCLK	像素时钟信号
VSYNC（VFRAME）	帧同步信号	VDEN	数据有效标志信号
HSYNC（VLINE）	行同步信号		

LCD 接口电路如图 5-24 所示。

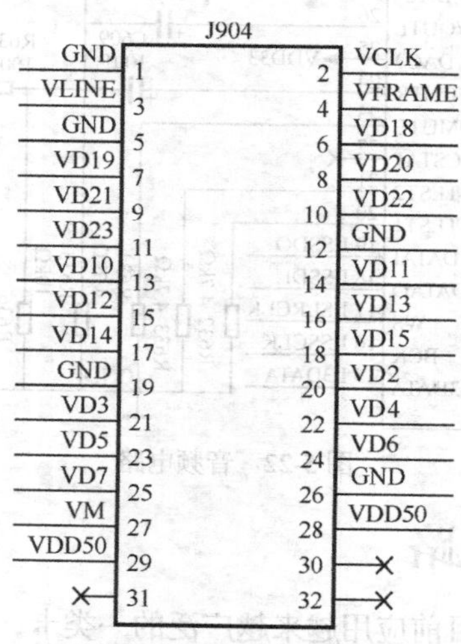

图 5-24　LCD 接口电路

5.3.18　USB 接口电路

在 S3C2410 芯片里面集成了 USB 控制器，所以使用 S3C2410 的时候，可以直接利用其内部集成的 USB 控制器。控制器可以支持两个 HOST 接口，其中一个 HOST 接口可以通过跳线配置为 DIVICE 接口。DEVICE 和 HOST 由主板跳线 SW601～SW606 来使能和禁止。USB 接口需要 5V 供电，所以 VBUS 需要连接 5V 电压。D+、D−为 USB 差分数据线，电路如图 5-25 所示。

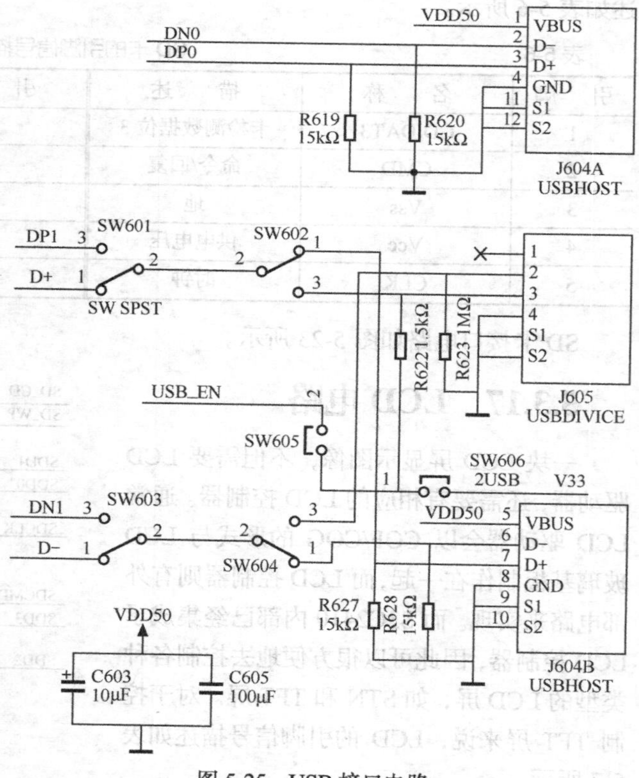

图 5-25　USB 接口电路

5.3.19　印制电路板设计的注意事项

在本章结束之前，对基于 S3C2410 系统的 PCB 电路板设计中应注意的事项做一个简要说明。在系统中，S3C2410B 的片内工作频率为 200MHz，外围通常会有 SDRAM、Flash、网卡等高速电路，因此，在印制电路板的设计过程中，应该遵循一些高频电路的设计基本原则。高速问题的出现给硬件设计带来了更大的挑战，有许多从逻辑角度看来正确的设计，如果在实际 PCB 设计中处理不当就会导致整个设计失败。专家预测，在未来的硬件电路设计开销方面，逻辑功能设计的开销将大为缩减，而与高速设计相关的开销将占总开销的 80%甚至更多。高速 PCB 设计已成为系统设计能否成功的关键因素之一。

所以，为了设计出可靠、稳定的高速电路系统，就要求设计者具有一些高速设计的知识。当然，好的工具可以让开发事半功倍。目前，市场上用一些 PCB 开发工具具有信号仿真功能，如 Candence 等。利用这些工具可以在设计 PCB 阶段就模拟出实际工作的信号波形，大大降低了开发风险。

本章小结

本章主要介绍了基于 S3C2410 的系统功能电路设计，同时介绍了设计一个基于 S3C2410 的硬件系统的各个功能单元的设计电路。需要说明，本章中所使用的器件、电路等，可能不是最优的，但可以保证是能正常工作的，在系统开发的过程中，不同的人会碰到不同的问题。有了本章的电路基础后，下一章将阐述如何操作本章所涉及的一些典型接口电路。

思考题

5-1　S3C2410 核心电压是多少？

5-2　JTAG 接口电路的作用是什么？

5-3　本章介绍的系统采用的是什么样的复位电路？

5-4　Nor Flash 的特点是什么？

5-5　比较 Nand Flash 和 Nor Flash 的不同。

5-6　SDRAM 的特点与作用是什么？

5-7　MAX232 的作用是什么？

5-8　S3C2410 处理器上集成的 A/D 转换器性能参数是什么？

第 6 章 S3C2410 系统接口操作原理及实验

在第 5 章接口电路的基础上，本章讲解该系统的各接口原理，并辅以实验代码加以说明。通过本章的学习，读者应掌握 S3C2410 处理器的常用接口开发。

本章主要内容：

- I/O 接口实验
- 串口通信实验
- 中断实验
- 键盘控制实验
- 实时时钟实验
- 看门狗实验
- IIC 串行通信实验
- A/D 转换实验
- Nand Flash 读写实验

6.1 I/O 接口实验

6.1.1 实验目的

（1）掌握 S3C2410X 芯片的 I/O 控制寄存器的配置。
（2）通过实验掌握 ARM 芯片使用 I/O 端口控制 LED 显示。
（3）了解 ARM 芯片中复用 I/O 接口的使用方法。

6.1.2 实验设备

（1）硬件：Embest ARM 教学实验系统、ULINK USB-JTAG 仿真器套件、PC。
（2）软件：MDK 集成开发环境，Windows 98/2000/NT/XP。

6.1.3 实验内容

编写程序，控制实验平台的发光二极管 LED1、LED2、LED3、LED4，使它们有规律地点亮和熄灭，具体顺序如下：LED1 亮→LED2 亮→LED3 亮→LED4 亮→LED1 灭→LED2 灭→LED3 灭→LED4 灭→全亮→全灭，如此反复。

6.1.4 实验原理

S3C2410X 芯片上共有 71 个多功能的输入/输出引脚，它们分为 7 组 I/O 端口。

（1）1 个 23 位的输出端口（端口 A）。

（2）2 个 11 位的输入/输出端口（端口 B、H）。

（3）4 个 16 位的输入/输出端口（端口 C、D、E、G）。

（4）1 个 8 位的输入/输出端口（端口 F）。

在运行程序之前必须对每个用到的引脚功能进行设置，如果某些引脚的复用功能没有使用，可以先将该引脚设置为 I/O 端口。

1. S3C2410X I/O 口常用的控制寄存器

（1）端口控制寄存器（GPACON-GPHCON）。

在 S3C2410X 中，大多数的引脚都复用，所以必须对每个引脚进行配置。端口控制寄存器（PnCON）定义了每个引脚的功能。

如果 GPF0-GPF7 和 GPG0-GPG7 在掉电模式使用了弱上拉信号，这些端口必须在中断模式配置。

（2）端口数据寄存器（GPADAT-GPHDAT）。

如果端口被配置成了输出端口，可以向 PnDAT 的相应位写数据。如果端口被配置成了输入端口，可以从 PnDAT 的相应位读出数据。

（3）端口上拉寄存器（GPBUP-GPHUP）。

端口上拉寄存器控制了每个端口组的上拉电阻的允许/禁止。如果某一位为 0，相应的上拉电阻被允许；如果是 1，相应的上拉电阻被禁止。

如果端口的上拉电阻被允许，无论在哪种状态（INPUT、OUTPUT、DATAn、EINTn 等）下，上拉电阻都要起作用。

（4）外部中断控制寄存器（EXTINTN）。

24 个外部中断有各种各样的中断请求信号，EXTINTN 寄存器可以配置信号的类型为低电平触发、高电平触发、下降沿触发、上升沿触发、两沿触发中断请求。

本实验用到了 GPF 端口，表 6-1 ~ 表 6-4 列出了端口 F 控制寄存器中 GPFCON、GPFDAT、GPFUP 的含义。

表 6-1 端口 F 控制寄存器

寄存器	地址	读/写	描述	复位值
GPFCON	0x56000050	R/W	端口 F 配置寄存器	0x0
GPFDAT	0x56000054	R/W	端口 F 数据寄存器	未定义
GPFUP	0x56000058	R/W	端口 F 上拉控制寄存器	0x0
Reserved	0x5600005C	—	保留	未定义

表 6-2 GPFCON 寄存器

GPFCON	位	描述
GPF7	[15:14]	00 = Input 01 = Output 10 = EINT7 11 = Reserved
GPF6	[13:12]	00 = Input 01 = Output 10 = EINT6 11 = Reserved
GPF5	[11:10]	00 = Input 01 = Output 10 = EINT5 11 = Reserved

续表

GPFCON	位	描　述
GPF4	[9:8]	00 = Input 01 = Output 10 = EINT4 11 = Reserved
GPF3	[7:6]	00 = Input 01 = Output 10 = EINT3 11 = Reserved
GPF2	[5:4]	00 = Input 01 = Output 10 = EINT2 11 = Reserved
GPF1	[3:2]	00 = Input 01 = Output 10 = EINT1 11 = Reserved
GPF0	[1:0]	00 = Input 01 = Output 10 = EINT0 11 = Reserved

表 6-3　GPFDAT 寄存器

GPFDAT	位	描　述
GPF[7:0]	[7:0]	当端口被配置成输入时，外部数据可以从对应的端口中读出；当端口被配置成输出时，写入该寄存器的数据会被送到对应的引脚上；当端口被配置成功能脚时，此寄存器未定义

表 6-4　GPFUP 寄存器

GPFUP	位	描　述
GPF[7:0]	[7:0]	0：使能对应引脚的上拉功能 1：对应引脚的上拉功能无效

如果端口 F 被配置为输入端口，可以从引脚读出相应外部输入源输入的数据。如果端口被配置为输出端口，向寄存器写的数据可以被送往相应的引脚。如果端口被配置为功能引脚，从该引脚读出的数据不确定。

置位 GPFUP[15:0]的某一位允许相应引脚的上拉功能，否则禁止上拉功能。

2. 电路设计

LED 接线原理图如图 6-1 所示。图中，LED_1 ~ LED_4 分别与 GFP7 ~ GPF4 相连，通过 GFP7 ~ GPF4 引脚的高低电平来控制发光二极管的亮与灭。当这几个引脚输出高电平的时候发光二极管熄灭，反之，发光二极管点亮。

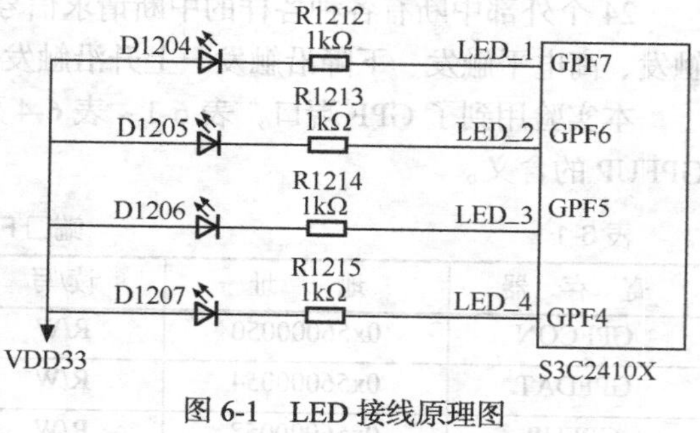

图 6-1　LED 接线原理图

6.1.5　实验操作步骤

1. 准备实验环境

（1）把光盘中 Code\Chapter6 文件夹的内容复制到主机（如果已经复制，跳过该操作）。

（2）使用 EduKit-Ⅲ目标板附带的串口线连接目标板上 UART0 和 PC 串口 COMx，并连接好 ULINK2 仿真器套件。

2. 串口接收设置

在 PC 上运行 Windows 自带的超级终端串口通信程序（波特率为 115 200Bd、1 位停止位、无校验位、无硬件流控制），或者使用其他串口通信程序。

3. 打开实验例程

（1）运行 MDK 开发环境，进入实验例程目录 MDK\led_test 子目录下的 led_test.Uv2 例程，编译链接工程。

（2）根据 ReadMe 目录下的 ReadMeCommon.txt 及 readme.txt 文件配置集成开发环境，在 Option for Target 对话框的 Linker 页中选择 RuninRAM.sct 分散加载文件，单击 MDK 的 Debug 菜单，选择 Start/Stop Debug Session 项或单击，下载工程生成的.axf 文件到目标板的 RAM 中调试运行。

（3）在 Option for Target 对话框的 Linker 页中选择 RuninFlash.sct 分散加载文件，单击 MDK 的 Flash 菜单，选择 Download 烧写调试代码到目标系统的 Nor Flash 中，重启目标板，目标板自动运行烧写到 Nor Flash 中的代码。

（4）在工程管理窗口中双击 led_test.c 就会打开该文件，分别在约第 34 行（for(i = 0;i<100000;i++);）和 58 行（for(i = 0;i<100000;i++);）设置断点后，单击 Debug 菜单 Go 运行程序。

（5）程序停到第一个断点处，观察 4 个灯是否都被点亮（注意观察渐变过程），按 Step Out 跳出这个子函数，继续执行。

（6）程序运行到 led_off()，按 step into，停到第二个断点处，观察 4 个灯是否都熄灭（注意观察渐变过程）。按 Step Out，继续执行。

（7）去掉断点，重新下载，执行程序。

4. 观察实验结果

观察发光二极管的亮灭情况，可以观察到的现象与前面实验内容中的相符，说明实验成功地实现了对 I/O 的操作。

```
boot success...
I/O (Diode Led) Test Example
end.
```

6.1.6 实验参考程序

```
*************************************************************************/
#include "2410lib.h"
/*************************************************************************
* name: led_xxx
* func: the led operations
* para: none
* ret: none
*************************************************************************/
void led_on(void)
{
    int i,nOut;
    nOut=0xF0;
    rGPFDAT=nOut & 0x70;
    for(i=0;i<100000;i++);
    rGPFDAT=nOut & 0x30;
    for(i=0;i<100000;i++);
    rGPFDAT=nOut & 0x10;
    for(i=0;i<100000;i++);
    rGPFDAT=nOut & 0x00;
    for(i=0;i<100000;i++);
}
void led_off(void)
```

```
    {
        int i,nOut;
        nOut=0;
        rGPFDAT = 0;
        for(i=0;i<100000;i++);
        rGPFDAT = nOut | 0x80;
        for(i=0;i<100000;i++);
        rGPFDAT |= nOut | 0x40;
        for(i=0;i<100000;i++);
        rGPFDAT |= nOut | 0x20;
        for(i=0;i<100000;i++);
        rGPFDAT |= nOut | 0x10;
        for(i=0;i<100000;i++);
    }
void led_on_off(void)
    {
        int i;
        rGPFDAT=0;
        for(i=0;i<100000;i++);
        rGPFDAT=0xF0;
        for(i=0;i<100000;i++);
    }
```

6.2 串口通信实验

6.2.1 实验目的

（1）了解 S3C2410X 处理器的 UART 相关控制寄存器的使用。
（2）熟悉 ARM 处理器系统硬件电路中 UART 接口的设计方法。
（3）掌握 ARM 处理器串行通信的软件编程方法。

6.2.2 实验设备

（1）硬件：Embest EduKit-Ⅲ实验平台、ULINK2 仿真器套件、PC。
（2）软件：MDK 集成开发环境、Windows 98/2000/NT/XP。

6.2.3 实验内容

（1）编写 S3C2410X 处理器的串口通信程序。
（2）监视串行口 UART0 动作。
（3）将从 UART0 接收到的字符串回送显示。

6.2.4 实验原理

1. S3C2410X 串行通信（UART）单元

S3C2410X UART 单元提供 3 个独立的异步串行通信接口，皆可工作于中断和 DMA 模式。使用系统时钟最高波特率达 230.4kbit/s，如果使用外部设备提供的时钟，可以达到更高的速率。每一个 UART 单元包含一个 16 字节的 FIFO，用于数据的接收和发送。

S3C44B0X UART 支持可编程波特率，红外发送/接收，一个或两个停止位，5bit/6bit/7bit/或

8bit 数据宽度和奇偶校验。

2. 波特率的产生

波特率由一个专用的 UART 波特率分频寄存器（UBRDIVn）控制，计算公式如下：

$$UBRDIVn = (int)(ULK/(bps \times 16)) - 1$$

或者

$$UBRDIVn = (int)(PLK/(bps \times 16)) - 1$$

其中，时钟选用 ULK 还是 PLK 由 UART 控制寄存器 UCONn[10]的状态决定。如果 UCONn[10] = 0，用 PLK 作为波特率发生，否则选用 ULK 做波特率发生。UBRDIVn 的值必须在 1 ~（$2^{16}-1$）之间。

例如：ULK 或者 PLK 等于 40MHz，当波特率为 115 200 时，

$$\begin{aligned} UBRDIVn &= (int)(40\,000\,000/(115\,200 \times 16)) - 1 \\ &= (int)(21.7) - 1 \\ &= 21 - 1 = 20 \end{aligned}$$

3. UART 通信操作

下面简要介绍 UART 操作，关于数据发送，数据接收，中断产生，波特率产生，轮流检测模式，红外模式和自动流控制的详细介绍，请参照相关教材和数据手册。

发送数据帧是可编程的。一个数据帧包含一个起始位，5 ~ 8 个数据位，一个可选的奇偶校验位和 1 ~ 2 位停止位，停止位通过行控制寄存器 ULCONn 配置。

与发送类似，接收数据帧也是可编程的。接收数据帧由一个起始位，5 ~ 8 个数据位，一个可选的奇偶校验和 1 ~ 2 位行控制寄存器 ULCONn 里的停止位组成。接收器还可以检测溢出错、奇偶校验错、帧错误和传输中断，每一个错误均可以设置一个错误标志。

（1）溢出错误（Overrun Error）是指已接收到的数据在读取之前被新接收的数据覆盖。

（2）奇偶校验错是指接收器检测到的校验和与设置的不符。

（3）帧错误指没有接收到有效的停止位。

（4）传输中断表示接收数据 RxDn 保持逻辑 0 超过一帧的传输时间。

在 FIFO 模式下，如果 RxFIFO 非空，而在 3 个字的传输时间内没有接收到数据，则产生超时。

4. UART 控制寄存器

（1）UART 行控制寄存器 ULCONn。

该寄存器的第 6 位决定是否使用红外模式，位 5 ~ 3 决定校验方式，位 2 决定停止位长度，位 1 和位 0 决定每帧的数据位数。

（2）UART 控制寄存器 UCONn。

该寄存器决定 UART 的各种模式，其含义如表 6-5 所示。

表 6-5　UCONn 的含义

UCONn	位	描　述	初 始 值
Clock Selection	[10]	0：PLK 做比特率发生 1：ULK 做比特率发生	0
Tx Interrupt Type	[9]	0：Tx 中断脉冲触发 1：Tx 中断电平触发	0
Rx Interrupt Type	[8]	0：Rx 中断脉冲触发 1: Rx 中断电平触发	0

续表

UCONn	位	描　述	初 始 值
Rx Time Out Enable	[7]	0：接收超时中断不允许 1：接收超时中断允许	0
Rx Error Status Interrupt Enable	[6]	0：不产生接收错误中断 1：产生接收错误中断	0
Loopback Mode	[5]	0：正常模式 1：发送直接传给接收方式（Loopback）	0
Reserved	[4]	0：正常模式发送 1：发送间断信号	0
Transmit Mode	[3:2]	发送模式选择 00：不允许发送 01：中断或查询模式 10：DMA0 请求（UART0） DMA3 请求（UART2） 11：DMA1 请求（UART1）	00
Receive Mode	[1:0]	接收模式选择 00：不允许接收 01：中断或查询模式 10：DMA0 请求（UART0） DMA3 请求（UART2） 11：DMA1 请求（UART1）	00

（3）UART MODEM 控制寄存器 UMCONn(n = 0 或 1)。

UMCONn 的含义如表 6-6 所示。

表 6-6　UMCONn 的含义

UMCONn	位	描　述	初 始 值
Reserved	[7:5]	保留，必须全为 0	00
Auto Flow Control (AFC)	[4]	0：不允许使用 AFC 模式 1：允许使用 AFC 模式	0
Reserved	[3:1]	保留，必须全为 0	00
Request to Send	[0]	0:不激活 nRTS 1：激活 nRTS	0

（4）发送寄存器 UTXH 和接收寄存器 URXH。

这两个寄存器存放着发送和接收的数据，当然只有一个字节 8 位数据。需要注意的是，在发生溢出错误的时候，接收的数据必须被读出来，否则会引发下次溢出错误。

（5）波特率分频寄存器 UBRDIV。

在例程目录下的 common\include\2410addr.h 文件中有关于 UART 单元各寄存器的定义。

```
// UART
#define rULCON0 (*(volatile unsigned *)0x50000000) //UART 0 Line control
#define rUCON0 (*(volatile unsigned *)0x50000004) //UART 0 Control
#define rUFCON0 (*(volatile unsigned *)0x50000008) //UART 0 FIFO control
#define rUMCON0 (*(volatile unsigned *)0x5000000c) //UART 0 Modem control
```

```
#define rUTRSTAT0 (*(volatile unsigned *)0x50000010) //UART 0 Tx/Rx status
#define rUERSTAT0 (*(volatile unsigned *)0x50000014) //UART 0 Rx error status
#define rUFSTAT0 (*(volatile unsigned *)0x50000018) //UART 0 FIFO status
#define rUMSTAT0 (*(volatile unsigned *)0x5000001c) //UART 0 Modem status
#define rUBRDIV0 (*(volatile unsigned *)0x50000028) //UART 0 Baud rate divisor
#define rULCON1 (*(volatile unsigned *)0x50004000) //UART 1 Line control
#define rUCON1 (*(volatile unsigned *)0x50004004) //UART 1 Control
#define rUFCON1 (*(volatile unsigned *)0x50004008) //UART 1 FIFO control
#define rUMCON1 (*(volatile unsigned *)0x5000400c) //UART 1 Modem control
#define rUTRSTAT1 (*(volatile unsigned *)0x50004010) //UART 1 Tx/Rx status
#define rUERSTAT1 (*(volatile unsigned *)0x50004014) //UART 1 Rx error status
#define rUFSTAT1 (*(volatile unsigned *)0x50004018) //UART 1 FIFO status
#define rUMSTAT1 (*(volatile unsigned *)0x5000401c) //UART 1 Modem status
#define rUBRDIV1 (*(volatile unsigned *)0x50004028) //UART 1 Baud rate divisor
#define rULCON2 (*(volatile unsigned *)0x50008000) //UART 2 Line control
#define rUCON2 (*(volatile unsigned *)0x50008004) //UART 2 Control
#define rUFCON2 (*(volatile unsigned *)0x50008008) //UART 2 FIFO control
#define rUMCON2 (*(volatile unsigned *)0x5000800c) //UART 2 Modem control
#define rUTRSTAT2 (*(volatile unsigned *)0x50008010) //UART 2 Tx/Rx status
#define rUERSTAT2 (*(volatile unsigned *)0x50008014) //UART 2 Rx error status
#define rUFSTAT2 (*(volatile unsigned *)0x50008018) //UART 2 FIFO status
#define rUMSTAT2 (*(volatile unsigned *)0x5000801c) //UART 2 Modem status
#define rUBRDIV2 (*(volatile unsigned *)0x50008028) //UART 2 Baud rate divisor
#ifdef __BIG_ENDIAN
#define rUTXH0 (*(volatile unsigned char *)0x50000023) //UART 0 Transmission Hold
#define rURXH0 (*(volatile unsigned char *)0x50000027) //UART 0 Receive buffer
#define rUTXH1 (*(volatile unsigned char *)0x50004023) //UART 1 Transmission Hold
#define rURXH1 (*(volatile unsigned char *)0x50004027) //UART 1 Receive buffer
#define rUTXH2 (*(volatile unsigned char *)0x50008023) //UART 2 Transmission Hold
#define rURXH2 (*(volatile unsigned char *)0x50008027) //UART 2 Receive buffer
#define WrUTXH0(ch) (*(volatile unsigned char *)0x50000023)=(unsigned char)(ch)
#define RdURXH0() (*(volatile unsigned char *)0x50000027)
#define WrUTXH1(ch) (*(volatile unsigned char *)0x50004023)=(unsigned char)(ch)
#define RdURXH1() (*(volatile unsigned char *)0x50004027)
#define WrUTXH2(ch) (*(volatile unsigned char *)0x50008023)=(unsigned char)(ch)
#define RdURXH2() (*(volatile unsigned char *)0x50008027)
#define UTXH0 (0x50000020+3) //Byte_access address by DMA
#define URXH0 (0x50000024+3)
#define UTXH1 (0x50004020+3)
#define URXH1 (0x50004024+3)
#define UTXH2 (0x50008020+3)
#define URXH2 (0x50008024+3)
#else //Little Endian
#define rUTXH0 (*(volatile unsigned char *)0x50000020) //UART 0 Transmission Hold
#define rURXH0 (*(volatile unsigned char *)0x50000024) //UART 0 Receive buffer
#define rUTXH1 (*(volatile unsigned char *)0x50004020) //UART 1 Transmission Hold
#define rURXH1 (*(volatile unsigned char *)0x50004024) //UART 1 Receive buffer
#define rUTXH2 (*(volatile unsigned char *)0x50008020) //UART 2 Transmission Hold
#define rURXH2 (*(volatile unsigned char *)0x50008024) //UART 2 Receive buffer
#define WrUTXH0(ch) (*(volatile unsigned char *)0x50000020)=(unsigned char)(ch)
#define RdURXH0() (*(volatile unsigned char *)0x50000024)
#define WrUTXH1(ch) (*(volatile unsigned char *)0x50004020)=(unsigned char)(ch)
#define RdURXH1() (*(volatile unsigned char *)0x50004024)
#define WrUTXH2(ch) (*(volatile unsigned char *)0x50008020)=(unsigned char)(ch)
#define RdURXH2() (*(volatile unsigned char *)0x50008024)
#define UTXH0 (0x50000020) //Byte_access address by DMA
#define URXH0 (0x50000024)
#define UTXH1 (0x50004020)
#define URXH1 (0x50004024)
#define UTXH2 (0x50008020)
```

```
#define URXH2 (0x50008024)
#endif
```

5. UART 初始化代码

下面列出的两个函数是我们本实验用到的两个主要函数，包括UART初始化、字符的接收函数，希望大家仔细阅读，理解每一行的含义。这几个函数可以在例程目录下\common\include\2410lib.c文件内找到。

```
void uart_init(int nMainClk, int nBaud, int nChannel)
{
   int i;
   if(nMainClk == 0)
   nMainClk = PCLK;
   switch (nChannel)
   {
     case UART0:
         rUFCON0 = 0x0; //UART channel 0 FIFO control register, FIFO disable
         rUMCON0 = 0x0; //UART chaneel 0 MODEM control register, AFC disable
         rULCON0 = 0x3; //Line control register : Normal,No parity,1 stop,8 bits
         rUCON0 = 0x245; // Control register
         rUBRDIV0=( (int)(nMainClk/16./nBaud+0.5) -1 ); // Baud rate divisior register 0
         break;
     case UART1:
         rUFCON1 = 0x0; //UART channel 1 FIFO control register, FIFO disable
         rUMCON1 = 0x0; //UART chaneel 1 MODEM control register, AFC disable
         rULCON1 = 0x3;
         rUCON1 = 0x245;
         rUBRDIV1=( (int)(nMainClk/16./nBaud) -1 );
         break;
     case UART2:
         rULCON2 = 0x3;
         rUCON2 = 0x245;
         rUBRDIV2=( (int)(nMainClk/16./nBaud) -1 );
         rUFCON2 = 0x0; //UART channel 2 FIFO control register, FIFO disable
         break;
         default:
         break;
   }
   for(i=0;i<100;i++);
   delay(0);
}
```

下面是接收字符的实现函数：

```
char uart_getch(void)
{
   if(f_nWhichUart==0)
   {
      while(!(rUTRSTAT0 & 0x1)); //Receive data ready
      return RdURXH0();
   }
   else if(f_nWhichUart==1)
   {
      while(!(rUTRSTAT1 & 0x1)); //Receive data ready
      return RdURXH1();
   }
   else if(f_nWhichUart==2)
   {
      while(!(rUTRSTAT2 & 0x1)); //Receive data ready
      return RdURXH2();
   }
}
```

6. RS232 接口电路

本教学实验平台的电路中，UART0 串口电路如图 6-2 所示，UART0 只采用两根接线 RXD0 和 TXD0，因此只能进行简单的数据传输及接收功能。UART0 则采用 MAX3221E 作为电平转换器。

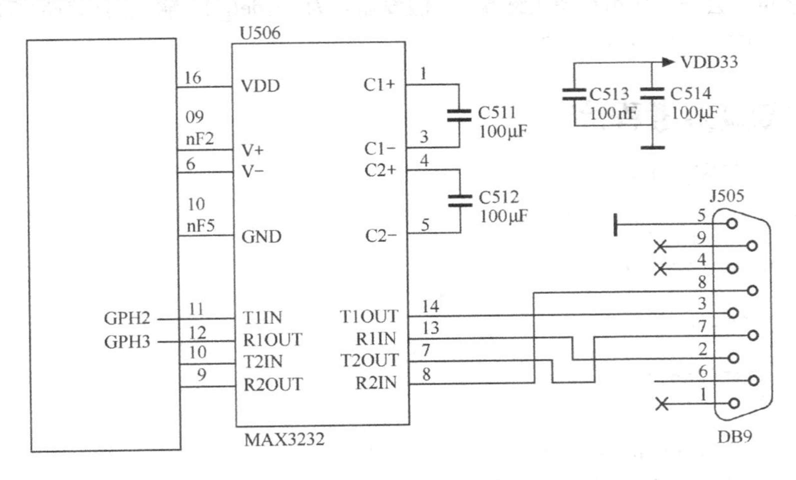

图 6-2　UART0 与 S3C2410 的连接图

6.2.5　实验操作步骤

1. 准备实验环境

（1）把光盘中 Code\Chapter6 文件夹的内容复制到主机（如果已经复制，跳过该操作）。

（2）使用 EduKit-Ⅲ目标板附带的串口线连接目标板上 UART0 和 PC 串口 COMx，并连接好 ULINK2 仿真器套件。

2. 串口接收设置

在 PC 上运行 Windows 自带的超级终端串口通信程序（波特率为 115 200Bd、1 位停止位、无校验位、无硬件流控制）如图 6-3 所示，或者使用其他串口通信程序。

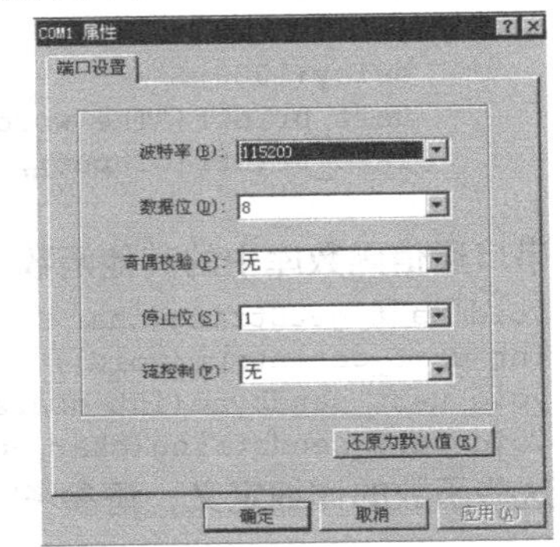

图 6-3　Embest ARM 教学系统超级终端配置

3. 打开实验例程

（1）运行 MDK 开发环境，进入实验例程目录 EduKit2410\uart_test 子目录下的 uart_test.Uv2 例程，编译链接工程。

（2）单击 MDK 控制栏“Options for Target”，选择 Debug 菜单，选择 ULINK ARM Debugger。

（3）单击 Debug 运行程序，下载调试代码到目标系统的 RAM 中。

（4）在超级终端的“Please input words that you want to transmit:”提示后输入想要发送的数据，并以回车作为发送字符串的结尾标志。

（5）继续运行程序，直至程序的结尾。

（6）结合实验内容和实验原理部分，熟练掌握 S3C2410X 处理器 UART 模块的使用。

4. 观察实验结果

在执行到第（4）步时，可以看到超级终端上输出等待输入字符：

```
boot success...
UART0 Communication Test Example
Please input words, then press Enter:
/>
```

如果输入字符就会马上显示在超级终端上（假设输入为abcdefg），输入回车符后打印一整串字符：

```
The words that you input are:
abcdefg
```

6.2.6 实验参考程序

本实验的参考程序如下：

```
/* include files */
#include "2410lib.h"
/* function declare */

void uart0_test()
{
    char cInput[256];
    U8 ucInNo=0;
    char c;
    uart_init(0,115200,0);
    uart_printf("\n UART0 communication test!!\n");
    uart_printf(" Please input words that you want to transmit:\n");
    uart_printf(" ");
    g_nKeyPress = 1;
    while(g_nKeyPress==1) // only for board test to exit
    {
        c=uart_getch();
        //uart_sendbyte(c);
        uart_printf("%c",c);
        if(c!='\r')
        cInput[ucInNo++]=c;
        else
        {
        cInput[ucInNo]='\0';
        break;
        }
    }
    delay(1000);
    uart_printf("The words that you input are:\n");
    uart_printf(cInput);
}
```

串口通信函数库中的其他函数：

```
void uart_getString(char *pString);
int uart_getintnum(void);
void uart_sendbyte(int nData);
void uart_sendstring(char *pString);
```

这些函数的详细定义，请参考\common\include\2410lib.c。

6.3 中 断 实 验

6.3.1 实验目的

（1）通过实验掌握S3C2410X的中断控制寄存器的使用。

（2）通过实验掌握 S3C2410X 处理器的中断响应过程。

（3）通过实验掌握不同中断触发方式下中断产生的过程。

（4）通过实验掌握 ARM 处理器的中断方式和中断处理过程。

（5）通过实验掌握 ARM 处理器中断处理的软件编程方法。

6.3.2　实验设备

（1）硬件：Embest EduKit-Ⅲ实验平台、ULINK2 仿真器套件、PC。

（2）软件：μVision IDE、Windows 98/2000/NT/XP。

6.3.3　实验内容

编写中断服务程序，实现下列功能。

（1）通过 UART0 选择中断触发方式，使能外部中断 EINT0、EINT11。

（2）在不同的中断触发方式下，使用 Embest EduKit-Ⅲ实验平台的按钮 SB1202 触发 EINT0，同时在超级终端的主窗口中显示外部中断号。

（3）在不同的中断触发方式下，使用 Embest EduKit-Ⅲ实验平台的按钮 SB1203 触发 EINT11，同时在超级终端的主窗口中显示外部中断号。

6.3.4　实验原理

1. S3C2410X 的中断

S3C2410X 的中断控制器可以接收多达 56 个中断源的中断请求。S3C2410X 的中断源可以由片内外设提供，如 DMA、UART、IIC 等，其中 UARTn 中断和 EINTn 中断是逻辑或的关系，它们共用一条中断请求线。

S3C2410X 的中断源也可以由处理器的外部中断输入引脚提供，这部分中断源如下所示（11 个）。

（1）INT_ADC：A/D 转换中断。

（2）INT_TC：触摸屏中断。

（3）INT_ERR2：UART2 收发错误中断。

（4）INT_TXD2：UART2 发送中断。

（5）INT_RXD2：UART2 接收中断。

（6）INT_ERR1：UART1 收发错误中断。

（7）INT_TXD1：UART1 发送中断。

（8）INT_RXD1：UART1 接收中断。

（9）INT_ERR0：UART0 收发错误中断。

（10）INT_TXD0：UART0 发送中断。

（11）INT_RXD0：UART0 接收中断。

当 S3C2410X 收到来自片内外设和外部中断请求引脚的多个中断请求时，S3C2410X 的中断控制器在中断仲裁过程后向 S3C2410X 内核请求 FIQ 或 IRQ 中断。中断仲裁过程依靠处理器的硬件优先级逻辑，处理器在仲裁过程结束后将仲裁结果记录到 INTPND 寄存器，以告知用户中断由哪个中断源产生。S3C2410X 的中断控制器的处理过程如图 6-4 所示。

S3C2410X 的中断控制器的任务是在有多个中断发生时，选择其中一个中断通过 IRQ 或 FIQ 向 CPU 内核发出中断请求。

实际上，最初 CPU 内核只有 FIQ（快速中断请求）和 IRQ（通用中断请求）两种中断，其他中断都是各个芯片厂家在设计芯片时，通过加入一个中断控制器来扩展定义的，这些中断根据中断的优先级高低来进行处理，更符合实际应用系统中要求提供多个中断源的要求。例如，如果你定义所有的中断源为 IRQ 中断（通过中断模式寄存器设置），并且同时有 10 个中断发出请求，这时可以通过读中断优先级寄存器来确定哪一个中断将被优先执行。

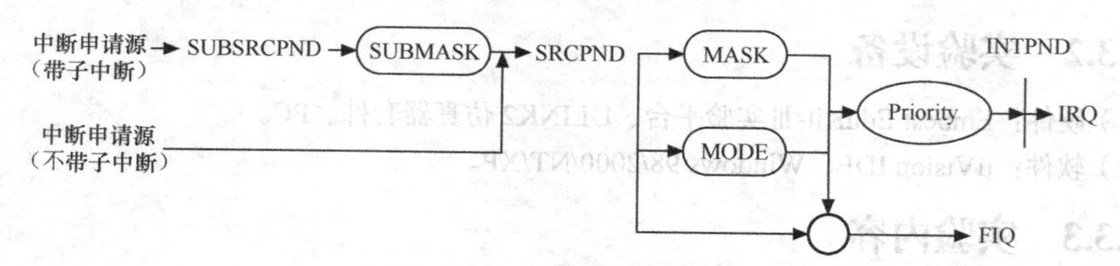

图 6-4　S3C2410X 的中断控制器

S3C2410X 的中断处理流程：当有中断源请求中断时，中断控制器处理中断请求，并根据处理结果向 CPU 内核发出 IRQ 请求或 FIQ 请求，同时，CPU 的程序指针 PC 将指向 IRQ 异常入口（0x18）或 FIQ 异常入口（0x1C），程序从 IRQ 异常入口（0x18）或 FIQ 异常入口（0x1C）开始执行。

2. S3C2410X 的中断控制

（1）程序状态寄存器的 F 位和 I 位。

如果 CPSR 程序状态寄存器的 F 位被设置为 1，那么 CPU 将不接收来自中断控制器的 FIQ（快速中断请求），如果 CPSR 程序状态寄存器的 I 位被设置为 1，那么 CPU 将不接收来自中断控制器的 IRQ（中断请求）。因此，为了使能 FIQ 和 IRQ，必须先将 CPSR 程序状态寄存器的 F 位和 I 位清零，并且中断屏蔽寄存器 INTMSK 中相应的位也要清零。

（2）中断模式（INTMOD）。

ARM920T 提供了 2 种中断模式，即 FIQ 模式和 IRQ 模式。所有的中断源在中断请求时都要确定使用哪一种中断模式。

（3）中断挂起寄存器（INTPND）。

S3C2410X 有两个中断挂起寄存器：源中断挂起寄存器（SRCPND）和中断挂起寄存器（INTPND），用于指示对应的中断是否被激活。当中断源请求中断的时候，SRCPND 寄存器的相应位被置 1，同时 INTPND 寄存器中也有唯一的一位在仲裁程序后被自动置 1，如果屏蔽位被设置为 1，相应的 SRCPND 位会被置 1，但是 INTPND 寄存器不会有变化，如果 INTPND 被置位，只要标志 I 或标志 F 一旦被清零，就会执行相应的中断服务程序。在中断服务子程序中要先向 SRCPND 中的相应位写 1 来清除源挂起状态，再用同样的方法来清除 INTPND 的相应位的挂起状态。

可以通过“INTPND = INTPND；”来实现清零，以避免写入不正确的数据引起错误。

（4）中断屏蔽寄存器（INTMSK）。

当 INTMSK 寄存器的屏蔽位为 1 时，对应的中断被禁止；当 INTMSK 寄存器的屏蔽位为 0 时，则对应的中断正常执行。如果一个中断的屏蔽位为 1，在该中断发出请求时挂起位还是会被设置为 1，但中断请求都不被受理。

3. S3C2410X 的中断源

在 56 个中断源中，有 30 个中断源提供给中断控制器，其中外部中断 EINT4/5/6/7 通过逻辑“或”的形式提供给中断控制器，EINT8-EINT23 也通过逻辑“或”的形式提供给中断控制器（见图 6-4），S3C2410X 的中断源如表 6-7 所示。

表 6-7 S3C2410X 的中断源

中断源	描述	中断仲裁组
INT_ADC	ADC EOC and Touch interrupt (INT_ADC/INT_TC)	ARB5
INT_RTC	RTC alarm interrupt	ARB5
INT_SPI1	SPI1 interrupt	ARB5
INT_UART0	UART0 Interrupt (ERR、RXD and TXD)	ARB5
INT_IIC	IIC interrupt	ARB4
INT_USBH	USB Host interrupt	ARB4
INT_USBD	USB Device interrupt	ARB4
Reserved	Reserved	ARB4
INT_UART1	UART1 Interrupt (ERR、RXD and TXD)	ARB4
INT_SPI0	SPI0 interrupt	ARB4
INT_SDI	SDI interrupt	ARB3
INT_DMA3	DMA channel 3 interrupt	ARB3
INT_DMA2	DMA channel 2 interrupt	ARB3
INT_DMA1	DMA channel 1 interrupt	ARB3
INT_DMA0	DMA channel 0 interrupt	ARB3
INT_LCD	LCD interrupt (INT_FrSyn and INT_FiCnt)	ARB3
INT_UART2	UART2 Interrupt (ERR、RXD and TXD)	ARB2
INT_TIMER4	Timer4 interrupt	ARB2
INT_TIMER3	Timer3 interrupt	ARB2
INT_TIMER2	Timer2 interrupt	ARB2
INT_TIMER1	Timer1 interrupt	ARB2
INT_TIMER0	Timer0 interrupt	ARB2
INT_WDT	Watch-Dog timer interrupt	ARB1
INT_TICK	RTC Time tick interrupt	ARB1
nBATT_FLT	Battery Fault interrupt	ARB1
Reserved	Reserved	ARB1
EINT8_23	External interrupt 8 ~ 23	ARB1
EINT4_7	External interrupt 4 ~ 7	ARB1
EINT3	External interrupt 3	ARB0
EINT2	External interrupt 2	ARB0
EINT1	External interrupt 1	ARB0
EINT0	External interrupt 0	ARB0

4. S3C2410X 的中断控制寄存器

S3C2410X 的中断控制器有 5 个控制寄存器：源挂起寄存器（SRCPND）、中断模式寄存器（INTMOD）、中断屏蔽寄存器（INTMSK）、中断优先权寄存器（PRIORITY）和中断挂起寄存器（INTPND）。中断源发出的中断请求首先被寄存器在中断源挂起寄存器（SRCPND）中，INTMOD 把中断请求分为两组：快速中断请求（FIQ）和中断请求（IRQ），PRIORITY 处理中断的优先级。

（1）源挂起寄存器（SRCPND）。

中断控制寄存器 INTCON 共有 32 位，每一位对应着一个中断源，当中断源发出中断请求的时候，就会置位源挂起寄存器的相应位。反之，中断的挂起寄存器的值为 0。SRCPND 描述如表 6-8 所示。

表 6-8 SRCPND 描述

寄存器	地址	读/写	描述	复位值
SRCPND	0x4A000000	R/W	0 = 中断没有发出请求 1 = 中断源发出中断请求	0x00000000

（2）中断模式寄存器（INTMOD）。

中断模式寄存器 INTMOD 共有 32 位，每一位对应着一个中断源，当中断源的模式位设置为 1 时，对应的中断会由 ARM920T 内核以 FIQ 模式来处理。相反，当模式位设置为 0 时，中断会以 IRQ 模式来处理。INTMOD 描述如表 6-9 所示。

表 6-9　INTMOD 描述

寄 存 器	地　址	读/写	描　述	复 位 值
INTMOD	0x4A000004	R/W	0 = IRQ 模式 1 = FIQ 模式	0x00000000

中断控制寄存器中只有一个中断源可以被设置为 FIQ 模式，因此只能在紧急情况下使用 FIQ。如果 INTMOD 寄存器把某个中断设为 FIQ 模式，FIQ 中断不影响 INTPND 和 INTOFFSET 寄存器，因此，这两个寄存器只对 IRQ 模式中断有效。

（3）中断屏蔽寄存器（INTMSK）。

这个寄存器有 32 位，分别对应一个中断源。当中断源的屏蔽位设置为 1 时，CPU 不响应该中断源的中断请求，反之，等于 0 时 CPU 能响应该中断源的中断请求。INTMSK 描述如表 6-10 所示。

表 6-10　INTMSK 描述

寄 存 器	地　址	R/W	描　述	复 位 值
INTMSK	0x4A000008	R/W	0 = 允许响应中断请求 1 = 中断请求被屏蔽	0xFFFFFFFF

（4）中断挂起寄存器（INTPND）。

中断挂起寄存器 INTPND 共有 32 位，每一位对应着一个中断源，当中断请求被响应的时候，相应的位会被设置为 1。在某一时刻只有一个位能为 1，因此在中断服务子程序中可以通过判断 INTPND 来判断哪个中断正在被响应，在中断服务子程序中必须在清零 SRCPND 中相应位后清零相应的中断挂起位，清零方法和 SRCPND 相同。INTPND 描述如表 6-11 所示。

表 6-11　INTPND 描述

寄 存 器	地　址	R/W	描　述	复 位 值
INTPND	0x4A000010	R/W	0 = 未发生中断请求 1 = 中断源发出中断请求	0x00000000

① FIQ 响应的时候不会影响 INTPND 相应的标志位。

② 向 INTPND 等于“1”的位写入“0”时，INTPND 寄存器和 INTOFFSET 寄存器会有无法预知的结果，因此，千万不要向 INTPND 的“1”位写入“0”，推荐的清零方法是把 INTPND 的值重新写入 INTPND，尽管我们也没有这么做。

（5）IRQ 偏移寄存器。

中断偏移寄存器给出 INTPND 寄存器中哪个是 IRQ 模式的中断请求，如表 6-12 所示。

表 6-12　INTOFFSET 描述

寄 存 器	地　址	R/W	描　述	复 位 值
INTOFFSET	0x4A000014	R	指示中断请求源的 IRQ 模式	0x00000000

S3C2410X 中的优先级产生模块包含 7 个单元，即 1 个主单元和 6 个从单元。2 个从优先级产生单元管理 4 个中断源，4 个从优先级产生单元管理 6 个中断源。主优先级产生单元管理 6 个从单元。

每一个从单元有 4 个可编程优先级中断源和 2 个固定优先级中断源。这 4 个中断源的优先级是由 ARB_SEL 和 ARM_MODE 决定的。另外 2 个固定优先级中断源在 6 个中断源中的优先级最低。

（6）外部中断控制寄存器（EXTINTn）。

S3C2410X 的 24 个外部中断有几种中断触发方式，EXTINTn 配置外部中断的触发类型是电平触发、边沿触发及触发的极性。

EXTINT0/1/2/3 具体配置参考数据手册。

（7）外部中断屏蔽寄存器（EXTMASK）。

EXTMASK 描述如表 6-13 所示。

表 6-13　EXTMASK 描述

寄　存　器	地　　址	R/W	描　　述	复　位　值
EXTMASK	0x560000A4	R/W	外部中断屏蔽标志	0x00FFFFF0

EXTMASK[23:4]分别对应外部中断 23～4，等于 1，对应的中断被屏蔽；等于 0，允许外部中断。EXTMASK[3:0]保留。

5. 电路原理

本实验选择的是外部中断 EXTINT0 和 EXTINT11。中断的产生分别来自按钮 SB1202 和 SB1203，当按钮按下时，EXTINT0 或 EXTINT11 和地连接，输入低电平，从而向 CPU 发出中断请求。当 CPU 受理中断后，进入相应的中断服务程序，通过超级终端的主窗口显示当前进入的中断号。S3C2410X 中断实验电路图如图 6-5 所示。

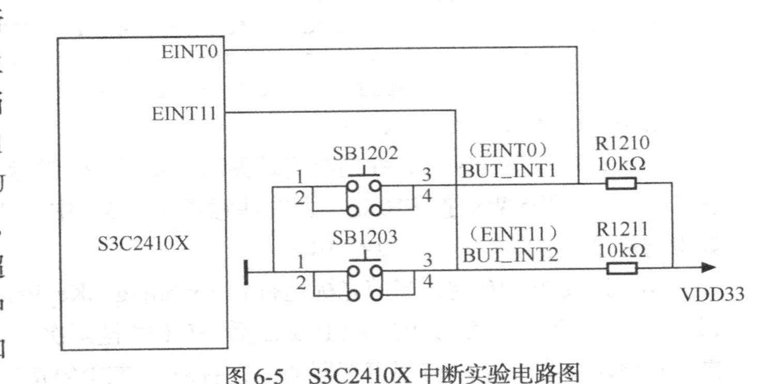

图 6-5　S3C2410X 中断实验电路图

6.3.5　实验操作步骤

1. 准备实验环境

（1）把光盘中 Code\Chapter6 文件夹的内容复制到主机（如果已经复制，跳过该操作）。

（2）使用 EduKit-Ⅲ目标板附带的串口线连接目标板上 UART0 和 PC 串口 COMx，并连接好 ULINK2 仿真器套件。

2. 串口接收设置

在 PC 上运行 Windows 自带的超级终端串口通信程序（波特率为 115 200Bd、1 位停止位、无校验位、无硬件流控制），或者使用其他串口通信程序。

3. 打开实验例程

（1）运行 μVision IDE 开发环境，进入实验例程目录 EduKit-Ⅲ2410\int_test 子目录下，打开例程，编译链接工程。

（2）单击IDE的Debug菜单，选择"Debug→Start/Stop Debug Session"项或按Ctrl+F5组合键，连接目标板并启动调试程序。

（3）单击Peripherals 菜单→Interrupt Controller，打开中断控制器的窗口，在试验中观察中断控制寄存器的值的变化，如图6-6所示。

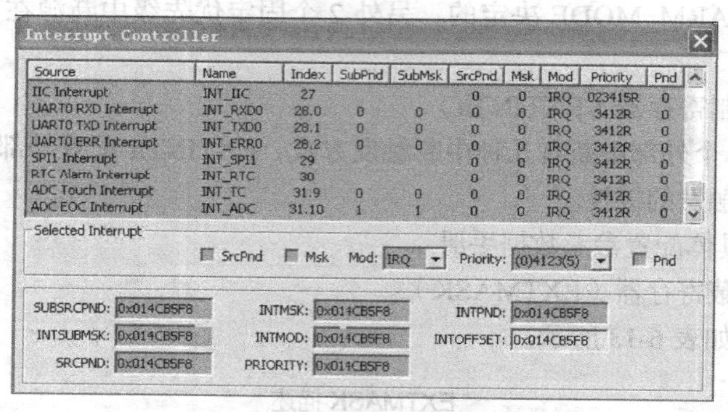

图6-6 μVision IDE中断控制器窗口

（4）在工程管理窗口中双击int_test.c就会打开该文件，分别在两个中断服务程序的第一行语句处设置断点，在函数int_test()的函数调用语句"int_init();"处设置断点，选择菜单Debug→Run或按F5键运行程序，程序正确运行后，会在超级终端上输出如下信息：

```
boot success…
External Interrupt Test Example
1.L-LEVEL 2.H-LEVEL 3.F-EDGE(default here) 4.R-EDGE 5.B-EDGE
Select number to change the external interrupt type:
Press the Buttons (SB1202/SB1203) to test…
Press SPACE(PC) to exit…
```

（5）程序停留在断点，在超级终端界面，使用PC键盘，输入所需设置的中断触发方式（默认3）后，在程序界面按F10键，此时注意观察图6-6中中断控制寄存器的值，即中断配置情况；如果选择2，是高电平，一直有中断。

（6）连续按F10键，当前光标运行到（while(g_nKeyPress&(g_nKeyPress<6))），等待按下按钮产生中断；当按下SB1202或SB1203后，按F10键两次，程序停留到中断服务程序入口的断点，再次观察图6-6中中断控制寄存器的值，右击INTERRUPT，刷新寄存器窗口，注意观察各个值在程序运行前后的变化（提示：中断申请标志位应该被置位）。

（7）去掉断点，重新下载执行程序，按下数字键选择相应的中断触发方式，按下按键SB1202或SB1203，在超级终端的主窗口中观察输出结果是否与事实相符。

（8）选择不同的外部中断信号触发方式，观察不同中断触发方式按下SB1202或SB1203时，超级终端输出中断情况。

（9）结合实验内容和实验原理部分，掌握ARM处理器中断操作过程，如中断使能、设置中断触发方式、中断源识别等，重点理解ARM处理器的中断响应及中断处理的过程。

4. 观察实验结果

等待选择输入所需中断方式设置：

```
boot success…
External Interrupt Test Example
1.L-LEVEL 2.H-LEVEL 3.F-EDGE(default here) 4.R-EDGE 5.B-EDGE
Select number to change the external interrupt type:
```

```
Press the Buttons (SB1202/SB1203) to test…
Press SPACE(PC) to exit…
```

在 PC 键盘上输入 3，选择下降沿触发，并按下 SB1202 键。

```
3.F-EDGE
EINT0 interrupt occurred.
end.
```

按下 SB1203 键，超级终端主窗口中继续显示：

```
External Interrupt Test Example
1.L-LEVEL 2.H-LEVEL 3.F-EDGE(default here) 4.R-EDGE 5.B-EDGE
Select number to change the external interrupt type:
Press the Buttons (SB1202/SB1203) to test...
Press SPACE(PC) to exit...
EINT11 interrupt occurred.
end.
```

其他选择类似。

6.3.6　实验参考程序

1. 中断初始化程序

```
void int_init(void)
{
    rSRCPND = rSRCPND; // clear all
    interrupt
    rINTPND = rINTPND; // clear all
    interrupt
    rGPFCON = (rGPFCON & 0xffcc) | (1<<5) | (1<<1); // PF0/2 = EINT0/2
    rGPGCON = (rGPGCON & 0xff3fff3f) | (1<<23) | (1<<7);// PG3/11 = EINT11/19
    pISR_EINT0 = (UINT32T)int0_int; // isrEINT0;
    pISR_EINT8_23 = (UINT32T)int11_int; // isrEINT11_19;
    rEINTPEND = 0xffffff;
    rSRCPND = BIT_EINT0 | BIT_EINT8_23; //to clear the
    previous pending states
    rINTPND = BIT_EINT0 | BIT_EINT8_23;
    rEXTINT0 = (rEXTINT0 & ~((7<<8) | (0x7<<0))) | 0x2<<8 | 0x2<<0;
    rEXTINT1 = (rEXTINT1 & ~(7<<12)) | 0x2<<12;
    rEINTMASK &= ~(1<<11);
    rINTMSK &= ~(BIT_EINT0 | BIT_EINT8_23);
}

void int_test(void)
{
    int nIntMode;
    uart_printf("\n External Interrupt Test Example\n");
    uart_printf(" 1.L-LEVEL 2.H-LEVEL 3.F-EDGE(default here) 4.R-EDGE
    5.B-EDGE\n");
    uart_printf(" Select number to change the external interrupt type:");
    uart_printf(" \nPress the Buttons (SB1202/SB1203) to test...\n");
    uart_printf(" Press SPACE(PC) to exit...\n");
    int_init();
    g_nKeyPress = 3; // only 3 times test (for board test)
    while(g_nKeyPress&(g_nKeyPress<6)) // SB1202/SB1203 to exit board test
    {
        nIntMode = uart_getkey();
        switch(nIntMode)
        {
            case '1':
                uart_printf(" 1.L-LEVEL\n");
```

```
            // EINT0/2=low level triggered,EINT11=low level triggered
            rEXTINT0 = (rEXTINT0 & ~((7<<8) |(0x7<<0)))|0x0<<8 | 0x0<<0;
            rEXTINT1 = (rEXTINT1 & ~(7<<12)) | 0x0<<12;
            break;
        case '2':
            uart_printf(" 2.H-LEVEL\n");
            // EINT0/2=high level triggered,EINT11=high level triggered
            rEXTINT0 = (rEXTINT0 & ~((7<<8)|(0x7<<0))) | 0x1<<8 | 0x1<<0;
            rEXTINT1 = (rEXTINT1 & ~(7<<12)) | 0x1<<12;
            break;
        case '3':
            uart_printf(" 3.F-EDGE\n");
            // EINT0/2=falling edge triggered, EINT11=falling edge triggered
            rEXTINT0 = (rEXTINT0 & ~((7<<8) | (0x7<<0))) | 0x2<<8 | 0x2<<0;
            rEXTINT1 = (rEXTINT1 & ~(7<<12)) | 0x2<<12;
            break;
        case '4':
            uart_printf(" 4.R-EDGE\n");
            // EINT0/2=rising edge triggered,EINT11=rising edge triggered
            rEXTINT0 = (rEXTINT0 & ~((7<<8) | (0x7<<0))) | 0x4<<8 | 0x4<<0;
            rEXTINT1 = (rEXTINT1 & ~(7<<12)) | 0x4<<12;
            break;
        case '5':
            uart_printf(" 5.B-EDGE\n");
            // EINT0/2=both edge triggered,EINT11=both edge triggered
            rEXTINT0 = (rEXTINT0 & ~((7<<8) | (0x7<<0))) | 0x6<<8 | 0x6<<0;
            rEXTINT1 = (rEXTINT1 & ~(7<<12)) | 0x6<<12;
            break;
        case ' ':
            return;
        default:
            break;
        }
        delay(10000);
    }
    uart_printf(" end.\n");
}
```

2. 中断服务程序

```
void __irq int0_int(void)
{
    uart_printf( " EINT0 interrupt occurred.\n" );
    ClearPending( BIT_EINT0 );
    if( g_nKeyPress )
    g_nKeyPress-=1;
}

void __irq int11_int(void)
{
    if(rEINTPEND==(1<<11))
    {
        uart_printf(" EINT11 interrupt occurred.\n");
        rEINTPEND=(1<<11);
        if(g_nKeyPress<20)
        g_nKeyPress+=1;
        else
        g_nKeyPress=0;
    }
    else if(rEINTPEND==(1<<19))
    {
        uart_printf(" EINT19 interrupt occurred.\n");
```

```
        rEINTPEND=(1<<19);
    }
    else
    {
        uart_printf(" rEINTPEND=0x%x\n",rEINTPEND);
        rEINTPEND=(1<<19)|(1<<11);
    }
    ClearPending(BIT_EINT8_23);
}
```

6.4 键盘控制实验

6.4.1 实验目的

（1）通过实验掌握键盘控制与设计方法。

（2）熟练编写 ARM 核处理器 S3C2410X 中断处理程序。

6.4.2 实验设备

（1）硬件：Embest EduKit-Ⅲ实验平台、Embest ARM 标准/增强型仿真器套件、PC。

（2）软件：MDK 集成开发环境、Windows 98/2000/NT/XP。

6.4.3 实验内容

（1）使用实验板上 5×4 用户键盘，编写程序接收键盘中断。

（2）通过 IIC 总线读入键值，并将读到的键值发送到串口。

6.4.4 实验原理

1．常规键盘电路设计原理

用户设计行列键盘接口，一般常采用 3 种方法读取键值。一种是中断式，另两种是扫描法和反转法。

中断式在键盘按下时产生一个外部中断通知 CPU，并由中断处理程序通过不同的地址读取数据线上的状态，判断哪个按键被按下。本实验采用中断方式实现用户键盘接口。

扫描法对键盘上的某一行发送低电平，其他为高电平，然后读取列值，若列值中有一位是低，表明该行与低电平对应列的键被按下；否则扫描下一行。

反转法先将所有行扫描线输出低电平，读列值，若列值有一位是低，表明有键按下；接着所有列扫描线输出低电平，再读行值。根据读到的值组合就可以查表得到键码。

2．使用 ZLG7290 的键盘电路设计原理

（1）ZLG7290 的特点。

① IIC 串行接口，提供键盘中断信号，方便与处理器接口。

② 可驱动 8 位共阴数码管或 64 只独立 LED 和 64 个按键。

③ 可控扫描位数，可控任一数码管闪烁。

④ 提供数据译码和循环、移位、段寻址等控制。

⑤ 8 个功能键，可检测任一键的连击次数。

⑥ 无须外接元件即直接驱动 LED，可扩展驱动电流和驱动电压。

⑦ 提供工业级器件，多种封装形式 PDIP24、SO24。

（2）ZLG7290 的引脚说明。

采用 24 引脚封装，引脚图如图 6-7 所示。

（3）ZLG7290 的寄存器说明。

① 系统寄存器（SystemReg）地址为 00H，复位值为 11110000B。系统寄存器保存 ZLG7290 的系统状态，并可对系统运行状态进行配置。

② KeyAvi（SystemReg.0）位：置 1 时表示有效的按键动作（普通键的单击、连击和功能键状态变化），/INT 引脚信号有效（变为低电平）；清 0 时表示无按键动作，/INT 引脚信号无效（变为高阻态）。有效的按键动作消失后或读 Key 后 KeyAvi 位自动清 0。

图 6-7 ZLG7290 引脚图

③ 键值寄存器（Key）：地址为 01H，复位值为 00H。Key 表示被按键的键值。当 Key = 0 时，表示没有键被按。

④ 连击次数计数器（RepeatCnt）：地址为 02H，复位值为 00H。RepeatCnt=0 时，表示单击键。RepeatCnt 大于 0 时，表示键的连击次数。用于区别出单击键或连击键，判断连击次数，检测被按时间。

⑤ 功能键寄存器（FunctionKey）：地址为 03H，复位值为 0FFH。FunctionKey 对应位的值= 0 时，表示对应功能键被压按（FunctionKey.7 ~ FunctionKey.0 对应 S64 ~ S57）。

⑥ 命令缓冲区（CmdBuf0 ~ CmdBuf1）：地址 07H ~ 08H，复位值 00H。用于传输指令。

⑦ 闪烁控制寄存器（FlashOnOff）：地址为 0CH，复位值为 0111B/0111B。高 4 位表示闪烁时亮的时间，低 4 位表示闪烁时灭的时间，改变其值同时也改变了闪烁频率，也能改变亮和灭的占空比。FlashOnOff 的 1 个单位相当于 150 ~ 250ms（亮和灭的时间范围为 1 ~ 16，0000B 相当 1 个时间单位），所有像素的闪烁频率和占空比相同。

⑧ 扫描位数寄存器（ScanNum）：地址为 0DH，复位值为 7。用于控制最大的扫描显示位数（有效范围为 0 ~ 7，对应的显示位数为 1 ~ 8），减少扫描位数可提高每位显示扫描时间的占空比，以提高 LED 亮度。不扫描显示的显示缓存寄存器则保持不变，如 ScanNum=3 时，只显示 DpRam0 ~ DpRam3 的内容。

⑨ 显示缓存寄存器（DpRam0 ~ DpRam7）：地址为 10H ~ 17H，复位值为 00H ~ 00H。缓存中位置 1 表示该像素亮，DpRam7 ~ DpRam0 的显示内容对应 Dig7 ~ Dig0 引脚。

（4）ZLG7290 的通信接口。

ZLG7290 的 IIC 接口传输速率可达 32kbit/s，容易与处理器接口通信，并提供键盘中断信号，提高主处理器时间效率。ZLG7290 的从地址 Slave Address 为 70H(01110000B)。我们从它的键值寄存器（01H）中读取按键值（ucChar 用于保存读到的键值）：iic_read(0x70, 0x1, &ucChar)。

有效的按键动作都会令系统寄存器（SystemReg）的 KeyAvi 位置 1，/INT 引脚信号有效（变为低电平）。用户的键盘处理程序可由/INT 引脚低电平中断触发，以提高程序效率；也可以不采样/INT 引脚信号节省系统的 I/O 数，而轮询系统寄存器的 KeyAvi 位。要注意读键值寄存器会令 KeyAvi 位清 0，并会令/INT 引脚信号无效。为确保某个有效的按键动作所有参数寄存器的同步性，建议利用 IIC 通信的自动增址功能连续读 RepeatCnt、FunctionKey 和 Key 寄存器，但用户无须太担心寄存器的同步性问题，因为键参数寄存器变化速度较缓慢（典型的为 250ms，最快的为 9ms）。

ZLG7290 内可通过 IIC 总线访问的寄存器地址范围为 00H ~ 17H，任一寄存器都可按字节直接读写，也可以通过命令接口间接读写或按位读写，请参考 ZLG7290 芯片手册。

ZLG7290 支持自动增址功能（访问一寄存器后寄存器子地址自动加一）和地址翻转功能（访问最后一寄存器后寄存器子地址翻转为 00H）。ZLG7290 的控制和状态查询全部都是通过读/写寄存器实现的，用户只需像读写 24C02 内的单元一样即可实现对 ZLG7290 的控制，关于 IIC 总线访问的细节请参考 IIC 总线规范。

6.4.5　实验设计

1．键盘硬件电路设计

（1）键盘连接电路。

5×4 键盘连接电路如图 6-8 所示。

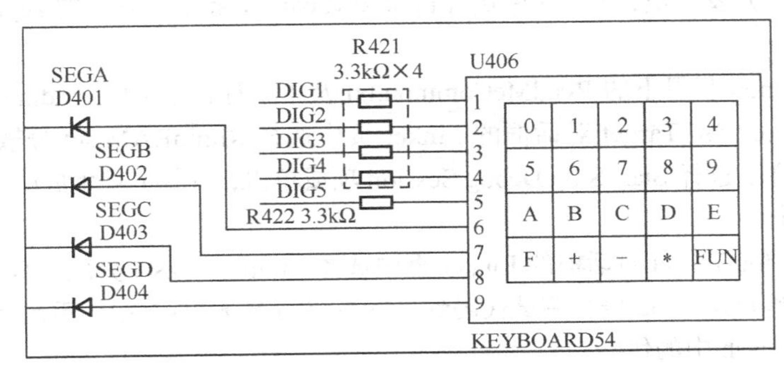

图 6-8　5×4 键盘连接电路

（2）键盘控制电路。

键盘控制电路使用芯片 ZLG7290 控制，如图 6-9 所示。对应图 6-9 中的 14 引脚 KEY_INT 捕捉由键盘按下产生的中断触发信号。

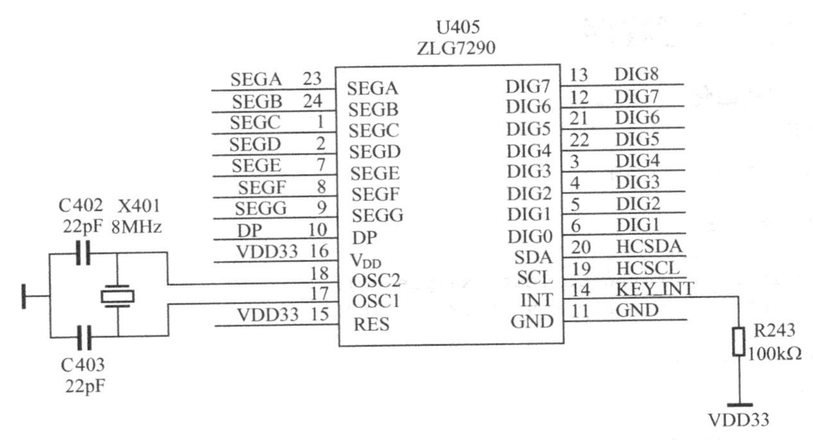

图 6-9　5×4 键盘控制电路

（3）工作过程。

键盘动作由芯片 ZLG7290 检测，当键盘按下时，芯片检测到后在 INT 引脚产生中断触发电平通知处理器，处理器通过 IIC 总线读取芯片 ZLG7290 键值寄存器（01H）中保存的键值（具体的读取方法可以参考 IIC 串行通信实验）。

6.4.6 实验操作步骤

1. 准备实验环境

（1）把光盘中 Code\Chapter6 文件夹的内容复制到主机（如果已经复制，跳过该操作）。

（2）使用 EduKit-Ⅲ目标板附带的串口线连接目标板上 UART0 和 PC 串口 COMx，并连接好 ULINK2 仿真器套件。

2. 串口接收设置

在 PC 上运行 Windows 自带的超级终端串口通信程序（波特率为 115 200Bd、1 位停止位、无校验位、无硬件流控制），或者使用其他串口通信程序。

3. 打开实验例程

（1）运行 MDK 开发环境，进入实验例程目录 keyboard_test 子目录下的 keyboard_test.Uv2 例程，编译链接工程。

（2）根据 common 目录下的 ReadMeCommon.txt 及本工程目录下的 readme.txt 文件配置集成开发环境，在 Option for Target 对话框的 Linker 页中选择 RuninRAM.sct 分散加载文件，单击 MDK 的 Debug 菜单，选择 Start/Stop Debug Session 项或单击，下载工程生成的.axf 文件到目标板的 RAM 中调试运行。

（3）在 Option for Target 对话框的 Linker 页中选择 RuninFlash.sct 分散加载文件，单击 MDK 的 Flash 菜单，选择 Download 烧写调试代码到目标系统的 Nor Flash 中，重启目标板，目标板自动运行烧写到 Nor Flash 中的代码。

4. 观察实验结果

（1）在 PC 上观察超级终端程序主窗口，可以看到如下界面：

```
Boot success…
Keyboard Test Example
```

（2）用户可以按下实验系统的 5×4 键盘，在超级终端上观察结果。

6.4.7 实验参考程序

1. 键盘控制初始化

其代码如下：

```
void keyboard_test(void)
{
    UINT8T ucChar;
    UINT8T szBuf[40];
    uart_printf("\n Keyboard Test Example\n");
    uart_printf(" Press any key to exit...\n");
    keyboard_init();
    g_nKeyPress=0xFE;
    while(1)
    {
        f_nKeyPress = 0;
        while(f_nKeyPress==0)
        {
            if(uart_getkey()) // Press any key from UART0 to exit
            return;
            else if(ucChar==7) // or press 5×4 Key-7 to exit
            return;
            else if(g_nKeyPress!=0xFE) // or SB1202/SB1203 to exit
            return;
```

```
        }
        iic_read_keybd(0x70, 0x1, &ucChar); // get data from ZLG7290
        if(ucChar != 0)
        {
            ucChar = key_set(ucChar); // key map for EduKitII
            if(ucChar<16)
                sprintf(&szBuf, " press key %d",ucChar);
            else if(ucChar<255)
                sprintf(&szBuf, " press key %c",ucChar);
            if(ucChar==0xFF)
                sprintf(&szBuf, " press key FUN");
            #ifdef BOARDTEST
            print_lcd(200,170,0x1c,&szBuf);
            #endif
            uart_printf(szBuf);
            uart_printf("\n");
        }
    }
}
```

2. 中断服务程序

其代码如下：

```
void keyboard_init(void)
{
    int i;
    iic_init_8led();
    for(i=0; i<8; i++)
    {
        iic_write_8led(0x70, 0x10+i, 0xFF); // write data to DpRam0~DpRam7(Register of
        ZLG7290)
        delay(5);
    }
    iic_init_keybd(); // enable IIC and EINT1 int
    pISR_EINT1 = (int)isrEINT1;//keyboard_int;
}

void __irq iic_int_keybd(void){
    ClearPending(BIT_IIC);
    f_nGetACK = 1;
}
```

6.5　实时时钟实验

6.5.1　实验目的

（1）了解实时时钟的硬件控制原理及设计方法。

（2）掌握 S3C2410X 处理器的 RTC 模块程序设计方法。

6.5.2　实验设备

（1）硬件：Embest ARM 教学实验系统、ULINK USB-JTAG 仿真器套件、PC。

（2）软件：MDK 集成开发环境、Windows 98/2000/NT/XP。

6.5.3 实验内容

学习和掌握 Embest ARM 教学实验平台中 RTC 模块的使用，编写应用程序，修改时钟日期及时间的设置，以及使用 Embest ARM 教学系统的串口，在超级终端显示当前系统时间。

6.5.4 实验原理

1. 实时时钟

实时时钟（RTC）器件是一种能提供日历/时钟、数据存储等功能的专用集成电路，常用作各种计算机系统的时钟信号源和参数设置存储电路。RTC 具有计时准确、耗电低、体积小等特点，特别是在各种嵌入式系统中用于记录事件发生的时间和相关信息，如通信工程、电力自动化、工业控制等自动化程度高的领域。随着集成电路技术的不断发展，RTC 器件的新产品也不断推出，这些新品不仅具有准确的 RTC，还有大容量的存储器、温度传感器、A/D 数据采集通道等，已成为集 RTC、数据采集和存储于一体的综合功能器件，特别适用于以微控制器为核心的嵌入式系统。

RTC 器件与微控制器之间的接口大都采用连线简单的串行接口，如 I2C、SPI、MICROWIRE、CAN 等串行总线接口。这些串口由 2～3 根线连接，分为同步和异步两种方式。

2. S3C2410X 实时时钟单元

S3C2410X 实时时钟单元是处理器集成的片内外设，其功能框图如图 6-10 所示。它由开发板上的后备电池供电，可以在系统电源关闭的情况下运行。RTC 发送 8 位 BCD 码数据到 CPU，传送的数据包括秒、分、小时、星期、日期、月份和年份。RTC 单元时钟源由外部 32.768kHz 晶振提供，可以实现闹钟（报警）功能。

S3C2410X 实时时钟的单元特性如下。

（1）BCD 数据：秒、分、小时、星期、日期、月份和年份。

（2）闹钟（报警）功能：产生定时中断或激活系统。

（3）自动计算闰年。

（4）无 2000 年问题。

（5）独立的电源输入。

（6）支持毫秒级时间片中断，为 RTOS 提供时间基准。

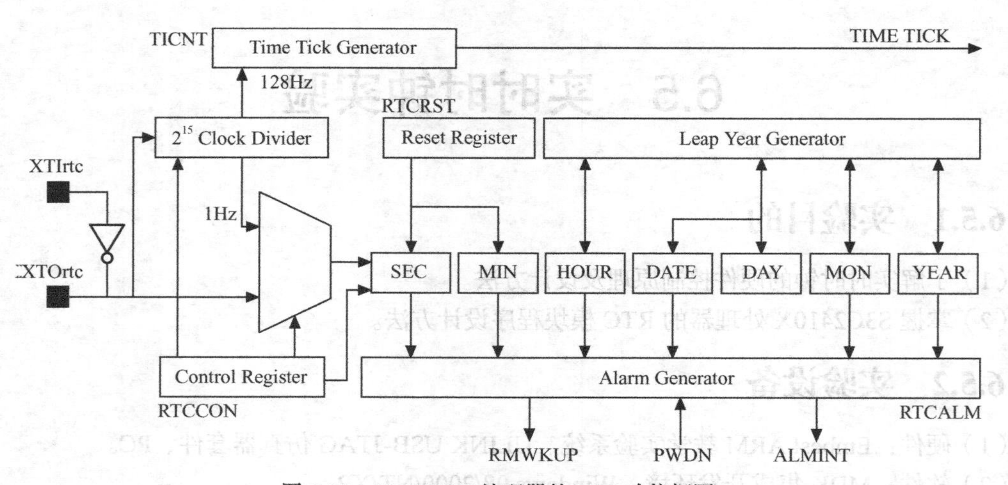

图 6-10　S3C2410X 处理器的 RTC 功能框图

（1）读/写寄存器。

访问 RTC 模块的寄存器，首先要设置 RTCCON 的 bit0 位为 1。CPU 通过读取 RTC 模块中寄存器 BCDSEC、BCDMIN、BCDHOUR、BCDDAY、BCDDATE、BCDMON 和 BCDYEAR 的值，得到当前的相应时间值。然而，由于多个寄存器依次读出，所以有可能产生错误。例如，用户依次读取年（1989）、月（12）、日（31）、时（23）、分（59）、秒（59）。当秒数为 1～5 时，没有任何问题，但是，当秒数为 0 时，当前时间和日期就变成了 1990 年 1 月 1 日 0 时 0 分。这种情况下（秒数为 0），用户应该重新读取年份到分钟的值（参考程序设计）。

（2）后备电池。

RTC 单元可以使用后备电池通过引脚 RTCVDD 供电。当系统关闭电源后，CPU 和 RTC 的接口电路被阻断，后备电池只需要驱动晶振和 BCD 计数器，从而达到最小的功耗。

（3）闹钟功能。

RTC 在指定的时间产生报警信号，包括 CPU 工作在正常模式和休眠（Power Down）模式下。在正常工作模式，报警中断信号（ALMINT）被激活。在休眠模式，报警中断信号和唤醒信号（PMWKUP）同时被激活。RTC 报警寄存器（RTCALM）决定报警功能的使能/屏蔽和完成报警时间检测。

（4）时间片中断。

RTC 时间片中断用于中断请求。寄存器 TICNT 有一个中断使能位和中断计数。该中断计数自动递减，当达到 0 时，则产生中断。中断周期按照下列公式计算：

$$Period = (n+1)/128$$

其中，n 为 RTC 时钟中断计数，可取值为 1～127。

（5）置零计数功能。

RTC 的置零计数功能可以实现 30、40 和 50s 步长重新计数，供某些专用系统使用。当使用 50s 置零设置时，如果当前时间是 11:59:49，则下一秒后时间将变为 12:00:00。注意：所有的 RTC 寄存器都是字节型的，必须使用字节访问指令（STRB、LDRB）或字符型指针访问。

6.5.5　实验设计

1. 硬件电路设计

实时时钟外围电路如图 6-11 所示。

2. 软件程序设计

（1）时钟设置。

时钟设置程序须实现时钟工作情况及数据设置有效性检测功能。具体实现可参考示例程序设计。

（2）时钟显示。

时钟参数通过实验系统串口 0 输出到超级终端，显示内容包括年、月、日、时、分、秒。参数以 BCD 码形式传送，用户使用串口通信函数（参见串口通信实验）将参数取出显示。

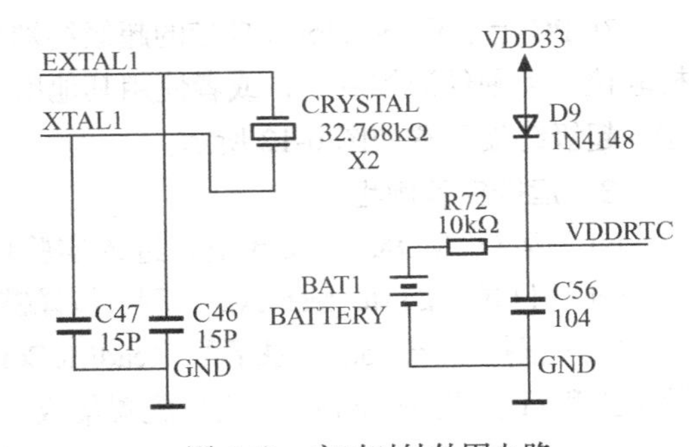

图 6-11　实时时钟外围电路

```
void rtc_display(void)
{
    INT32T nTmp;
    // INT32T nKey;
    uart_printf("\n Display current Date and time: \n");
```

```
        rRTCCON = 0x01; // No reset, Merge BCD counters, 1/32768, RTC Control enable
        uart_printf(" Press any key to exit.\n");
        while(!uart_getkey())
        {
            while(1)
            {
                if(rBCDYEAR==0x99)
                g_nYear = 0x1999;
                else
                g_nYear = 0x2000 + rBCDYEAR;
                g_nMonth = rBCDMON;
                g_nWeekday = rBCDDAY;
                g_nDate = rBCDDATE;
                g_nHour = rBCDHOUR;
                g_nMin = rBCDMIN;
                g_nSec = rBCDSEC;
                if(g_nSec!=nTmp) // Same time is not display
                {
                    nTmp = g_nSec;
                    break;
                }
            }
            uart_printf("%02x:%02x:%02x%10s, %02x/%02x/%04x\r",
            g_nHour,g_nMin,g_nSec,day[g_nWeekday],g_nMonth,g_nDate,g_nYear);
        }
        rRTCCON = 0x0; //No reset, Merge BCD counters, 1/32768, RTC Control disable(for power
consumption)
        uart_printf("\n\n Exit display.\n");
    }
```

6.5.6 实验操作步骤

1. 准备实验环境

（1）把光盘中 Code\Chapter6 文件夹的内容复制到主机（如果已经复制，跳过该操作）。

（2）使用 EduKit-Ⅲ目标板附带的串口线连接目标板上 UART0 和 PC 串口 COMx，并连接好 ULINK2 仿真器套件。

2. 串口接收设置

在 PC 上运行 Windows 自带的超级终端串口通信程序（波特率为 115 200Bd、1 位停止位、无校验位、无硬件流控制），或者使用其他串口通信程序。超级终端配置如图 6-12 所示。

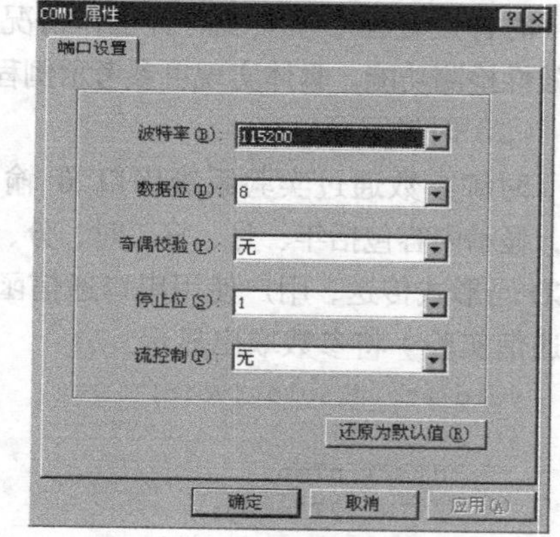

图 6-12　Embest ARM 教学系统超级终端配置

3. 运行实验例程

（1）运行 MDK 开发环境，进入实验例程目录 rtc_test 子目录下的 rtc_test.Uv2 例程，编译链接工程。

（2）根据 common 目录下的 ReadMeCommon.txt 及本工程目录下的 readme.txt 文件配置集成开发环境，在 Option for Target 对话框的 Linker 页中选择 RuninRAM.sct 分散加载文件，单击 MDK 的 Debug 菜单，选择 Start/Stop Debug Session 项或单击，下载工程生成的.axf 文件到目标板的 RAM 中调试运行。

（3）在 Option for Target 对话框的 Linker 页中选

择 RuninFlash.sct 分散加载文件，单击 MDK 的 Flash 菜单，选择 Download 烧写调试代码到目标系统的 Nor Flash 中，重启目标板，目标板自动运行烧写到 Nor Flash 中的代码。

4. 观察实验结果

（1）在 PC 上观察超级终端程序主窗口，可以看到如下界面：

```
boot success...
RTC Test Example
RTC Check(Y/N)?Y
```

（2）用户可以选择是否对 RTC 进行检查，检查正确的话，则继续执行程序，检查不正确时也会提示是否重检查。

```
RTC Alarm Test for S3C2410
3f:26:06
RTC Alarm Interrupt O.K.
3f:26:08
0. RTC Time Setting 1. Only RTC Display
Please Selet :
```

（3）用户可以选择是否重新进行时钟设置，当输入不正确时也会提示是否重新设置。

```
please Selet : 0
Please input 0x and Two digit then press Enter, such as 0x99.
Year (0x??): 0x07
Month (0x??): 0x06
Date (0x??): 0x03
1:Sunday 2:Monday 3:Thesday 4:Wednesday 5:Thursday 6:Friday
7:Saturday
Day of week : 1
Hour (0x??): 0x21
Minute(0x??): 0x30
Second(0x??): 0x01
```

（4）最终超级终端输出信息如下：

```
Display current date and time:
Press any key to exit.
21:30:01 Sunday, 06/03/2007
Exit display.
Press any key to exit.
```

6.5.7　实验参考程序

1. RTC 报警控制程序

其程序如下：

```
int rtc_alarm_test(void)
{
    // INT32T g_nHour=0xff0000,g_nMin=0xff00,g_nSec=0xff;
    uart_printf(" RTC Alarm Test for S3C2410 \n");
    // rtc_init();
    rRTCCON = 0x01; // No reset, Merge BCD counters, 1/32768, RTC Control enable
    rALMYEAR = rBCDYEAR ;
    rALMMON = rBCDMON;
    rALMDATE = rBCDDATE ;
    rALMHOUR = rBCDHOUR ;
    rALMMIN = rBCDMIN ;
    rALMSEC = rBCDSEC + 2;
    f_nIsRtcInt = 0;
    pISR_RTC = (unsigned int)rtc_int;
    rRTCALM = 0x7f; //Global,g_nYear,g_nMonth,Day,g_nHour,Minute,Second alarm enable
    rRTCCON = 0x0; // No reset, Merge BCD counters, 1/32768, RTC Control disable
    rINTMSK &= ~(BIT_RTC);
```

```
    uart_printf(" %02x:%02x:%02x\n",rBCDHOUR,rBCDMIN,rBCDSEC);
    // while(f_nIsRtcInt==0);
    delay(21000); // delay 2.1s
    uart_printf(" %02x:%02x:%02x\n",rBCDHOUR,rBCDMIN,rBCDSEC);
    rINTMSK |= BIT_RTC;
    rRTCCON = 0x0; // No reset, Merge BCD counters, 1/32768, RTC Control disable
    return f_nIsRtcInt;
}
```

2. 时钟设置控制程序

其程序如下：

```
void rtc_set(void)
{
    uart_printf("\n Please input 0x and Two digit then press Enter, such as 0x99.\n");
    uart_printf(" Year (0x??): ");
    g_nYear = uart_getintnum();
    uart_printf(" Month (0x??): ");
    g_nMonth = uart_getintnum();
    uart_printf(" Date (0x??): ");
    g_nDate = uart_getintnum();
    uart_printf("\n 1:Sunday 2:Monday 3:Thesday 4:Wednesday 5:Thursday 6:Friday 7:Saturday\n");
    uart_printf(" Day of week : ");
    g_nWeekday = uart_getintnum();
    uart_printf("\n Hour (0x??): ");
    g_nHour = uart_getintnum();
    uart_printf(" Minute(0x??): ");
    g_nMin = uart_getintnum();
    uart_printf(" Second(0x??): ");
    g_nSec = uart_getintnum();
    rRTCCON = rRTCCON &~(0xf) | 0x1;//No reset, Merge BCD counters, 1/32768, RTC Control enable
    rBCDYEAR = rBCDYEAR & ~(0xff) | g_nYear;
    rBCDMON = rBCDMON & ~(0x1f) | g_nMonth;
    rBCDDAY = rBCDDAY & ~(0x7) | g_nWeekday; // SUN:1 MON:2 TUE:3 WED:4 THU:5 FRI:6 SAT:7
    rBCDDATE = rBCDDATE & ~(0x3f) | g_nDate;
    rBCDHOUR = rBCDHOUR & ~(0x3f) | g_nHour;
    rBCDMIN = rBCDMIN & ~(0x7f) | g_nMin;
    rBCDSEC = rBCDSEC & ~(0x7f) | g_nSec;
    rRTCCON = 0x0; // No reset, Merge BCD counters, 1/32768, RTC Control disable
}
```

6.6 看门狗实验

6.6.1 实验目的

（1）了解看门狗的作用。

（2）掌握 S3C2410X 处理器看门狗控制器的使用。

6.6.2 实验设备

（1）硬件：Embest EduKit-Ⅲ实验平台、ULINK2 仿真器、PC。

（2）软件：RealView MDK 集成开发环境、Windows 98/2000/NT/XP。

6.6.3 实验内容

通过使用 S3C2410 处理器集成的看门狗模块，对其进行如下操作。

（1）掌握看门狗的操作方式和用途。

（2）对看门狗模块进行软件编程，实现看门狗的定时功能和复位功能。

6.6.4　实验原理

1. 看门狗概述

看门狗的作用是微控制器受到干扰进入错误状态后，使系统在一定时间间隔内复位。因此，看门狗是保证系统长期、可靠和稳定运行的有效措施。目前，大部分的嵌入式芯片内都集成了看门狗定时器来提高系统运行的可靠性。

S3C2410X 处理器的看门狗是当系统被故障（如噪声或者系统错误）干扰时，用于微处理器的复位操作，也可以作为一个通用的 16 位定时器来请求中断操作。看门狗定时器产生 128 个 PCLK 周期的复位信号，其主要特性如下：

（1）通用的中断方式的 16 位定时器；

（2）当计数器减到 0（发生溢出），产生 128 个 PLK 周期的复位信号。

看门狗定时器的功能框图如图 6-13 所示。

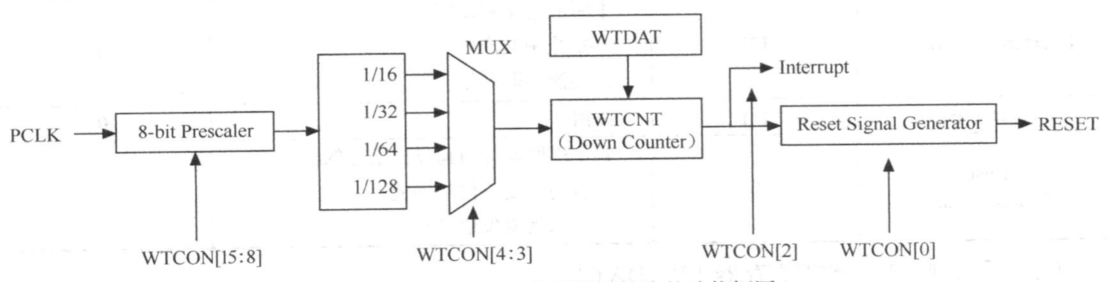

图 6-13　S3C2410X 处理器看门狗的功能框图

看门狗模块包括一个预比例因子放大器，一个四分频的分频器，一个 16 位计数器。看门狗的时钟信号源来自 PCLK，为了得到宽范围的看门狗信号，PCLK 先被预分频，然后再经过分频器分频。预分频比例因子和分频器的分频值，都可以由看门狗控制寄存器（WTCON）决定，预分频比例因子的范围是 0 ~ 255，分频器的分频比可以是 16、32、64 或者 128。看门狗定时器时钟周期的计算如下：

t_watchdog = 1/(PCLK/(Prescaler value + 1)/Division_factor)

式中，Prescaler value 为预分频比例放大器的值；Division_factor 是四分频的分频比，可以是 16、32、64 或者 128。

一旦看门狗定时器被允许，看门狗定时器数据寄存器（WTDAT）的值不能被自动地装载到看门狗计数器（WTCNT）中。因此，看门狗启动前要将一个初始值写入看门狗计数器（WTCNT）中。

当 S3C2410X 用嵌入式 ICE 调试的时候，看门狗定时器的复位功能不被启动，看门狗定时器能从 CPU 内核信号判断出当前 CPU 是否处于调试状态。如果看门狗定时器确定当前模式是调试模式，尽管看门狗能产生溢出信号，但是仍然不会产生复位信号。

2. 看门狗定时器寄存器组

（1）看门狗定时器控制寄存器（WTCON）。

WTCON 寄存器的内容包括：用户是否启用看门狗定时器、4 个分频比的选择、是否允许中断产生、是否允许复位操作等。

如果用户想把看门狗定时器当作一般的定时器使用，应该中断使能，禁止看门狗定时器复位。WTCON描述如表6-14所示。WTCON的标识位如表6-15所示。

表6-14 WTCON描述

寄存器	地址	读/写	描述	初始值
WTCON	0x53000000	读/写	看门狗定控制寄存器	0x8021

表6-15 WTCON的标识位

WTCON	Bit	描述	初始值
Prescaler Value	[15:8]	预装比例值，有效范围值为0~255	0x80
Reserved	[7:6]	保留	00
Watchdog Timer	[5]	使能和禁止看门狗定时器 0 =禁止看门狗定时器 1 =使能看门狗定时器	0
Clock Select	[4:3]	这两位决定时钟分频因素 00:1/16　01:1/32 10:1/64　11:1/128	00
Interrupt Generation	[2]	中断的禁止和使能 0=禁止中断产生 1=使能中断产生	0
Reserved	[1]	保留	0
Reset Enable/Disable	[0]	禁止很使能看门狗复位信号的输出 1=看门狗复位信号使能 0=看门狗复位信号禁止	1

（2）看门狗定时器数据寄存器（WTDAT）。

WTDAT用于指定超时时间，在初始化看门狗操作后看门狗数据寄存器的值不能被自动装载到看门狗计数寄存器（WTCNT）中。然而，如果初始值为0x8000，可以自动装载WTDAT的值到WTCNT中。WTDAT描述如表6-16所示。

表6-16 WTDAT描述

寄存器	地址	读/写	描述	初始值
WTDAT	0x53000004	读/写	看门狗数据寄存器	0x8000

（3）看门狗计数寄存器（WTCNT）。

WTCNT包含看门狗定时器工作的时候计数器的当前计数值。注意在初始化看门狗操作后，看门狗数据寄存器的值不能被自动装载到看门狗计数寄存器（WTCNT）中，所以看门狗被允许之前应该初始化看门狗计数寄存器的值。WTCNT描述如表6-17所示。

表6-17 WTCNT描述

寄存器	地址	读/写	描述	初始值
WTCNT	0x53000008	读/写	看门狗计数器当前值	0x8000

6.6.5 实验设计

1. 软件程序设计

由于看门狗是对系统的复位或者中断的操作，所以不需要外围的硬件电路。要实现看门狗的功能，只需要对看门狗的寄存器组进行操作，即对看门狗的控制寄存器（WTCON）、看门狗数据寄存器（WTDAT）、看门狗计数寄存器（WTCNT）的操作。

其一般流程如下。

（1）设置看门狗中断操作包括全局中断和看门狗中断的使能及看门狗中断向量的定义，如果只是进行复位操作，这一步可以不用设置。

（2）对看门狗控制寄存器（WTCON）的设置，包括设置预分频比例因子、分频器的分频值、中断使能、复位使能等。

（3）对看门狗数据寄存器（WTDAT）和看门狗计数寄存器（WTCNT）的设置。

（4）启动看门狗定时器。

2. 看门狗在函数 delay()中的使用

在编写程序的过程中，常常需要一些延时操作，此时可以利用看门狗控制器来实现这样的功能。

```
void delay(int nTime)
{
    int i,adjust=0;
    if(nTime==0)
    {
        nTime = 200;
        adjust = 1;
        delayLoopCount = 400;
        //PCLK/1M,Watch-dog disable,1/64,interrupt disable,reset disable
        rWTCON = ((PCLK/1000000-1)<<8)|(2<<3);
        rWTDAT = 0xffff; // for first update
        rWTCNT = 0xffff; // resolution=64μs @any PCLK
        rWTCON = ((PCLK/1000000-1)<<8)|(2<<3)|(1<<5); // Watch-dog timer start
    }
    for(;nTime>0;nTime--)
    for(i=0;i<delayLoopCount;i++);
    if(adjust==1)
    {
        rWTCON = ((PCLK/1000000-1)<<8)|(2<<3); // Watch-dog timer stop
        i = 0xffff - rWTCNT;
        //1count→64μs, 200*400 cycle runtime = 64*i μs
        delayLoopCount = 8000000/(i*64); // 200*400:64*i=1*x:100 → x=80000*100/(64*i)
    }
}
```

nTime = 0 的时候调整 delayLoopCount 的值，在调整的过程中把看门狗看做一个普通的计数器。然后根据计数器中的数据来确定延时 100μs 时，delayLoopCount 的值。根据程序和看门狗时钟频率输出可知，在 ntime = 200，delayLoopCount = 400 的时间内，看门狗计数器记了 i 个脉冲，看门狗的时钟频率为 Hz，所以可以计算出一个 delayLoopCount 需要的时间，即一个 for(i = 0;i < 1;i++)的时间为

$$t = \frac{64 \times 10^{-6} \times i}{200 \times 400}$$

因此，要延时 100μs，delayLoopCount 的值应该为

$$\text{delayLoopCount} = \frac{100 \times 10^{-6} \times 80\,000}{64 \times 10^{-6} \times i} = \frac{8\,000\,000}{64 \times i}$$

6.6.6 实验操作步骤

1. 准备实验环境

（1）把光盘中 Code\Chapter6 文件夹的内容复制到主机（如果已经复制，跳过该操作）。

（2）使用 EduKit-Ⅲ目标板附带的串口线连接目标板上 UART0 和 PC 串口 COMx，并连接好 ULINK2 仿真器套件。

2. 串口接收设置

在 PC 上运行 Windows 自带的超级终端串口通信程序（波特率为 115 200Bd、1 位停止位、无校验位、无硬件流控制），或者使用其他串口通信程序。

3. 打开实验例程

（1）运行 MDK 开发环境，进入实验例程目录 watchdog_test 子目录下的 watchdog_test.Uv2 例程，编译链接工程。

（2）根据 common 目录下的 ReadMeCommon.txt 及本工程目录下的 readme.txt 文件配置集成开发环境，在 Option for Target 对话框的 Linker 页中选择 RuninRAM.sct 分散加载文件，单击 MDK 的 Debug 菜单，选择 Start/Stop Debug Session 项或单击，下载工程生成的.axf 文件到目标板的 RAM 中调试运行。

（3）在 Option for Target 对话框的 Linker 页中选择 RuninFlash.sct 分散加载文件，单击 MDK 的 Flash 菜单，选择 Download 烧写调试代码到目标系统的 Nor Flash 中，重启目标板，目标板自动运行烧写到 Nor Flash 中的代码。

4. 观察实验结果

在 PC 的超级终端的主窗口中观察实验的结果如下：

```
boot success…
WatchDog Timer Test Example
10 seconds:
1s 2s 3s 4s 5s 6s 7s 8s 9s 10s
O.K. end.
```

6.6.7 实验参考程序

```
void watchdog_test(void)
{
   //Initialize interrupt registers
   rSRCPND |= 0x200;
   rINTPND |= 0x200;
   //Initialize WDT registers
   pISR_WDT = (unsigned)watchdog_int;
   rWTCON = (PCLK/(100000-1)<<8)|(3<<3)|(1<<2);// 1M,1/128, enable interrupt
   rWTDAT = 781;
   rWTCNT = 781;
   rWTCON |=(1<<5); // start watchdog timer
   rINTMOD &= 0xFFFFFDFF;
   rINTMSK &= 0xFFFFFDFF;
   while((f_ucSecondNo)<11);
}
void watchdog_int(void)
{
   ClearPending(BIT_WDT);
   f_ucSecondNo++;
   if(f_ucSecondNo<11)
      uart_printf(" %ds ",f_ucSecondNo);
   else
      uart_printf("\n O.K.");
}
```

6.7　IIC 串行通信实验

6.7.1　实验目的

（1）通过实验掌握 IIC 串行数据通信协议的使用。

（2）掌握 EEPROM 器件的读写访问方法。

（3）通过实验掌握 S3C2410X 处理器的 IIC 控制器的使用。

6.7.2　实验设备

（1）硬件：Embest EduKit-Ⅲ实验平台、ULINK2 仿真器、PC。

（2）软件：RealView IDE、Windows 98/2000/NT/XP。

6.7.3　实验内容

（1）编写程序对实验板上 EEPROM 器件 AT24C04 进行读写访问。

（2）写入 EEPROM 某一地址，再从该地址读出，输出到超级终端。

（3）把读出内容和写入内容进行比较，检测 S3C2410X 处理器通过 IIC 接口，是否可以正常读写 EEPROM 器件 AT24C04。

6.7.4　实验原理

1. IIC 接口及 EEPROM

IIC 总线为同步串行数据传输总线，其标准总线传输速率为 100kbit/s，增强总线可达 400kbit/s。总线驱动能力为 400pF。S3C2410X RISC 微处理器能支持多主 IIC 总线串行接口。图 6-14 所示为 IIC 总线的内部结构框图。

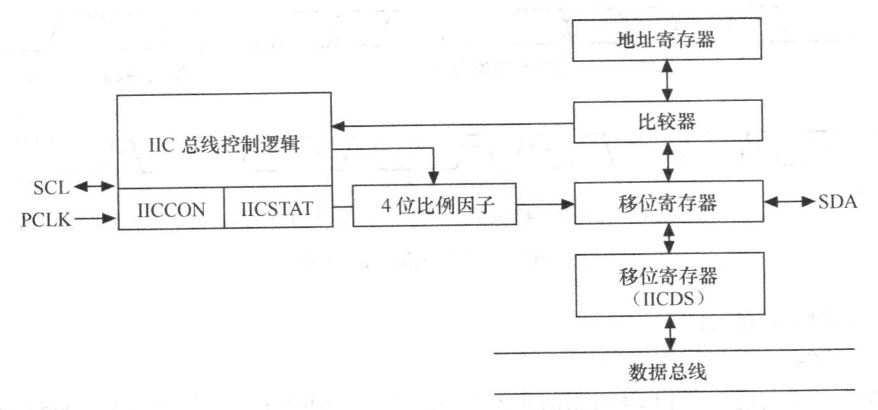

图 6-14　IIC 总线内部结构框图

IIC 总线可构成多主系统和主从系统。在多主系统结构中，系统通过硬件或软件仲裁获得总线控制使用权。应用系统中 IIC 总线多采用主从结构，即总线上只有一个主控节点，总线上的其他设备都作为从设备。IIC 总线上的设备寻址由器件地址接线决定，并且通过访问地址最低位来控制读写方向。

目前，通用存储器芯片多为EEPROM，其常用的协议主要有两线串行连接协议（IIC）和三线串行连接协议。带IIC总线接口的EEPROM有许多型号，其中AT24CXX系列使用十分普遍，产品包括AT2401/02/04/08/16等，其容量（单位：bit）分别为128x8/256x8/512x8/1024x8/2048x8，适用于2～5V的低电压的操作，具有低功耗和高可靠性等优点。

AT24系列存储器芯片采用CMOS工艺制造，内置有高压泵，可在单电压供电条件件下工作。其标准封装为8脚DIP封装形式，如图6-15所示。

A0 1 8 V_{CC}
A1 2 7 WP
A2 3 AT24CXX 6 SCL
GND 4 5 SDA

图6-15　AT24系列EEPROM的DIP8封装示意图

各引脚的功能说明如下。

（1）SCL：串行时钟。遵循ISO/IEC7816同步协议；漏极开路，需接上拉电阻。在该引脚的上升沿，系统将数据输入到每个EEPROM器件，在下降沿输出。

（2）SDA：串行数据线。漏极开路，需接上拉电阻。

双向串行数据线，漏极开路，可与其他开路器件"线或"。

（3）A0、A1、A2：器件/页面寻址地址输入端。

在AT24C01/02中，引脚被硬连接；其他AT24CXX均可接寻址地址线。

（4）WP：读写保护。

接低电平时可对整片空间进行读写；接高电平时不能读写受保护区。

（5）V_{CC}/GND：一般输入+5V的工作电压。

2. IIC总线的读写控制逻辑

（1）开始条件（START_C）：在开始条件下，当SCL为高电平时，SDA由高转为低。

（2）停止条件（STOP_C）：在停止条件下，当SCL为高电平时，SDA由低转为高。

（3）确认信号（ACK）：在接收方应答下，每收到一个字节后便将SDA电平拉低。

（4）数据传送（Read/Write）：IIC总线启动或应答后，SCL高电平期间数据串行传送；低电平期间为数据准备，并允许SDA线上数据电平变换。总线以字节（8bit）为单位传送数据，且高有效位（MSB）在前。IIC数据传送时序如图6-16所示。

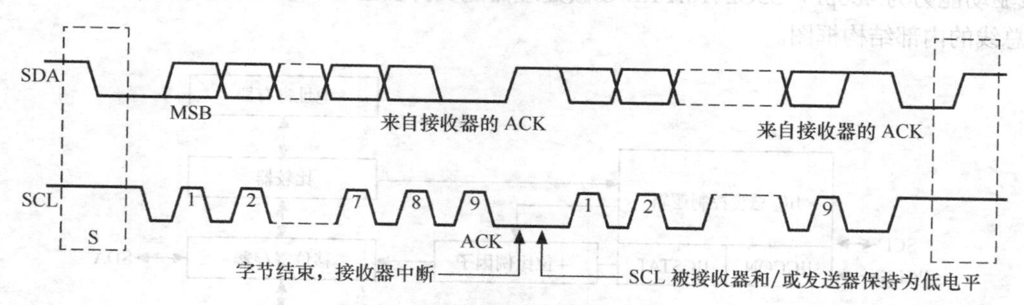

图6-16　IIC总线信号的时序

3. EEPROM读写操作

（1）AT24C04结构与应用简述。

AT24C04由输入缓冲器和EEPROM阵列组成。由于EEPROM的半导体工艺特性写入时间为5～10ms，如果从外部直接写入EEPROM，每写一个字节都要等候5～10ms，成批数据写入时则要等候更长的时间。具有SRAM输入缓冲器的EEPROM器件，其写入操作变成对SRAM缓冲器的装载，装载完后启动一个自动写入逻辑将缓冲器中的全部数据一次写入EEPROM阵列中。对缓冲器的输入称为页写，缓冲器的容量称为页写字节数。AT24C04的页写字节数为16，占用最低4位地址。写入不超过页写字节数时，对EEPROM器件的写入操作与对SRAM的写入操作相同；

若超过页写字节数时，应等候 5 ~ 10ms 后再启动一次写操作。

由于 EEPROM 器件缓冲区容量较小（只占据最低 4 位），且不具备溢出进位检测功能，所以，从非零地址写入 16 个字节数或从零地址写入超过 16 个字节数会形成地址翻卷，导致写入出错。

（2）设备地址（DADDR）。

AT24C04XX 的器件地址是 1010。

（3）AT24CXX 的数据操作格式。

Embest ARM 教学系统中 AT24C04 的引脚 A2A1 为 00,系统可寻址 AT24C04 全部页面共 512 字节。在 IIC 总线中对 AT24C04 内部存储单元读写，除了要给出器件的设备地址（DADDR）外还须指定读写的页面地址（PADDR），两者组成操作地址（OPADDR）如下：

1010 A2 A1 P0 R/W（P0 为页地址，用来选择 AT24C04 高 256 字节或低 256 字节）。

按照 AT24C04 器件手册读写地址（ADDR = 1010 A2 A1 P0 R/W）中的数据操作格式如下。

① 写入操作格式。

向任意地址 ADDR_W 写入一个字节，格式如图 6-17 所示。

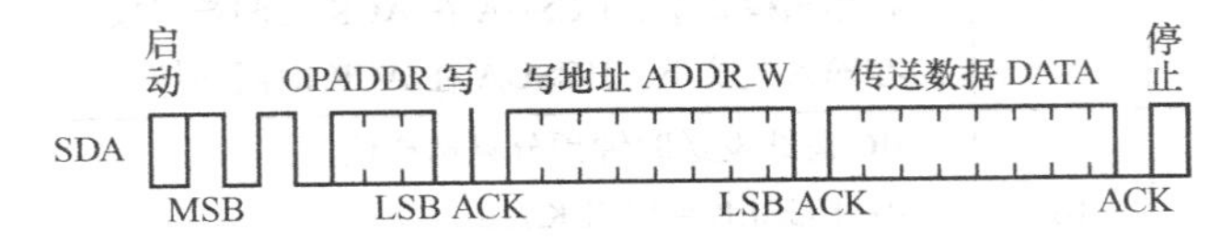

图 6-17　任意写一个字节

从地址 ADDR_W 起连续写入 *n* 个字节（同一页面），格式如图 6-18 所示。

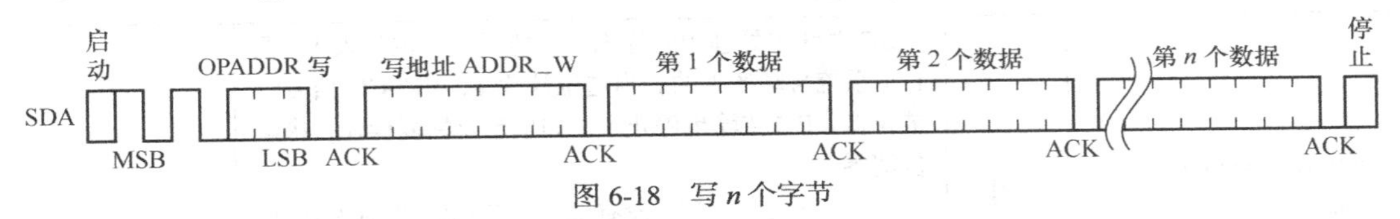

图 6-18　写 *n* 个字节

② 读出操作格式。

从任意地址 ADDR_R 读取一个字节数据，格式如图 6-19 所示。

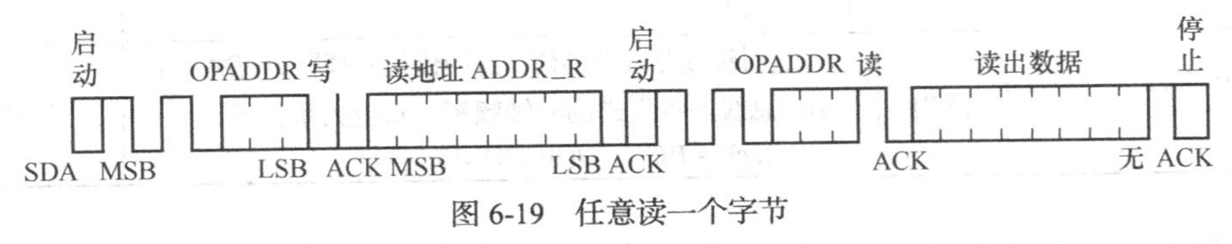

图 6-19　任意读一个字节

从地址 ADDR_R 起连续读出 *n* 个字节（同一页面），格式如图 6-20 所示。

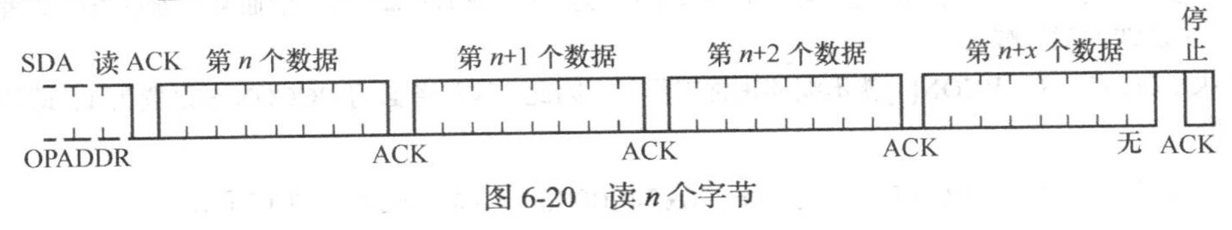

图 6-20　读 *n* 个字节

在读任意地址操作中，除了发送读地址外还要发送页面地址（PADDR），因此在连续读出 *n* 个字节操作前要进行一个字节 PADDR 写入操作，然后重新启动读操作。注意，读操作完成后没有 ACK。

4. S3C2410X 处理器 IIC 接口

（1）S3C2410X IIC 接口。

S3C2410X处理器为用户进行应用设计提供了支持多主总线的IIC接口。处理器提供符合IIC协议的设备连接的双向数据线IICSDA和IICSCL，在IICSCL高电平期间，IICSDA的下降沿启动上升沿停止。S3C2410X处理器可以支持主发送、主接收、从发送、从接收4种工作模式。在主发送模式下，处理器通过IIC接口与外部串行器件进行数据传送，需要使用到如下寄存器。

IIC总线控制寄存器IICCON如表6-18所示，其位描述如表6-19所示。

表6-18 IICCON寄存器

寄存器	地址	读/写	描述	复位值
IICCON	0x54000000	R/W	IIC总线控制寄存器	0x0x

表6-19 IICCON描述

IICCON	位	描述	初始值
Acknowledge generation [注1]	[7]	IIC总线应答使能位 0：禁止，1：使能 在输出模式下，IICSDA在ACK时间被释放 在输入模式下，IICSDA在ACK时间被拉低	0
Tx clock source selection	[6]	IIC总线发送时钟预分频选择位 0：IICCLK = fPCLK /16 1：IICCLK = fPCLK /512	0
Tx/Rx Interrupt [注3]	[5]	IIC总线中断使能位 0：禁止，1：使能	0
Interrupt pending flag [注2]	[4]	IIC总线未处理中断标志。不能对这一位写入1，置1是系统自动产生的。当这位被置1，IICSCL信号将被拉低，IIC传输也停止了。如果想要恢复操作，将该位清零 0：① 当读出0时，没有发生中断；② 当写入0时，清除未决条件并恢复中断响应 1：① 当读出1时，发生了未决中断；② 不可以进行写入操作	0
Transmit clock value	[3:0]	发送时钟预分频器的值，这四位预分频器的值决定了IIC总线进行发送的时钟频率，对应关系如下 Tx clock = IICCLK/(IICCON[3:0]+1).	Undefined

注：

（1）在Rx模式下访问EEPROM时，为了产生停止条件，在读取最后一个字节数据之后不允许产生ACK信号。

（2）IIC总线上发生中断的条件：① 当一个字节的读写操作完成时；② 当一个通常的通话发生或者是从地址匹配上时；③ 总线仲裁失败时。

（3）如果IICON[5]=0，IICON[4]就不能够正常工作了。因此，建议务必将IICCON[5]设置为1，即使你暂时并不用IIC中断。

IIC总线状态寄存器IICSTAT（地址：0x54000004）描述如表6-20所示。

表6-20 IICSTAT描述

IICSTAT	位	描述	初始值
模式选择	[7:6]	IIC总线主从，发送/接收模式选择位 00：从接收模式；01：从发送模式；10：主接收模式 11：主发送模式	0

续表

IICSTAT	位	描 述	初 始 值
忙信号状态/起始/停止条件	[5]	IIC 总线忙信号状态位 0：读出为 0，表示状态不忙；写入 0，产生停止条件 1：读出为 1，表示状态忙；写入 1，产生起始条件 IICDS 中的数据在起始条件之后自动被送出	0
串行数据输出使能	[4]	IIC 总线串行数据输出使能/禁止位 0：禁止发送/接收；1：使能发送接收	0
仲裁状态位	[3]	IIC 总线仲裁程序状态标志位 0：总线仲裁成功 1：总线仲裁失败	0
从地址状态标志位	[2]	IIC 总线从地址状态标志位 0：在探测到起始或停止条件时，被清零 1：如果接收到的从器件地址与保存在 IICADD 中的地址相符，则置 1	0
0 地址状态标志位	[1]	IIC 总线 0 地址状态标志位 0：在探测到起始或停止条件时，被清零 1：如果接收到的从器件地址为 0，则置 1	0
应答位状态标志	[0]	应答位（最后接收到的位）状态标志 0：最后接收到的位为 0（ACK 接收到了） 1：最后接收到的位为 1（ACK 没有接收到）	0

IIC 总线地址寄存器 IICADD（地址：0x54000008）描述如表 6-21 所示。

表 6-21 IICADD 描述

IICADD	位	描 述	初 始 值
从器件地址	[7:0]	7 位从器件地址：如果 IICSTAT 中的串行数据输出使能位为 0，IICADD 就变为写使能。IICADD 总为可读	××××××××

IIC 总线发送接收移位寄存器 IICDS（地址：0x5400000C）描述，如表 6-22 所示。

表 6-22 IICDS 描述

IICDS	位	描 述	初 始 值
数据移位寄存器	[7:0]	IIC 接口发送/接收数据所使用的 8 位数据移位寄存器：当 IICSTAT 中的串行数据输出使能位为 1，则 IICDS 写使能。IICDS 总为可读	××××××××

（2）使用 S3C2410X IIC 总线读写方法。

单字节写操作（R/W = 0）Addr：设备、页面及访问地址如表 6-23 所示。

表 6-23 单字节操作描述

START_C	Addr(7bit) W	ACK	DATA(1Byte)	ACK	STOP_C

同一页面的多字节写操作（R/W = 0）OPADDR：设备及页面地址（高 7 位）如表 6-24 所示。

表 6-24 多字节写操作描述

START_C	OPADDR(7bit) W	ACK	Addr	DATA(nByte)	ACK	STOP_C

单字节读串行存储器件（R/W = 1）Addr：设备、页面及访问地址如表 6-25 所示。

表 6-25　单字节读串行存储器描述

START_C	Addr(7bit) R	ACK	DATA(1Byte)	ACK	STOP_C

同一页面的多字节读操作（R/W = 1）Addr：设备、页面及访问地址如表 6-26 所示。

表 6-26　同一页面的多字节操作描述

START_C	P & R	ACK	Addr	ACK	P & R	ACK	DATA(nByte)	ACK	STOP_C

P & R = OPADDR_R = 1010xxx（字节高 7 位）R：重新启动读操作。

6.7.5 实验设计

1. 程序设计

本实验的内容就是将 0 ~ F 这 16 个数按顺序写入到 EEPROM（AT24C04）的内部存储单元中，然后再依次将它们读出，并通过实验板的串口 UART0 输出到在 PC 上运行的 Windows 自带超级终端上。在本实验中，EEPROM 是被作为 IIC 总线上的从设备来进行处理的，其工作过程涉及 IIC 总线的主发送和主接收两种工作模式。图 6-21 和图 6-22 详细说明了这两种工作模式下的程序流程。关于它们的具体实现可以参考实验参考程序中的 write_24c040()和 read_24c040()这两个函数。

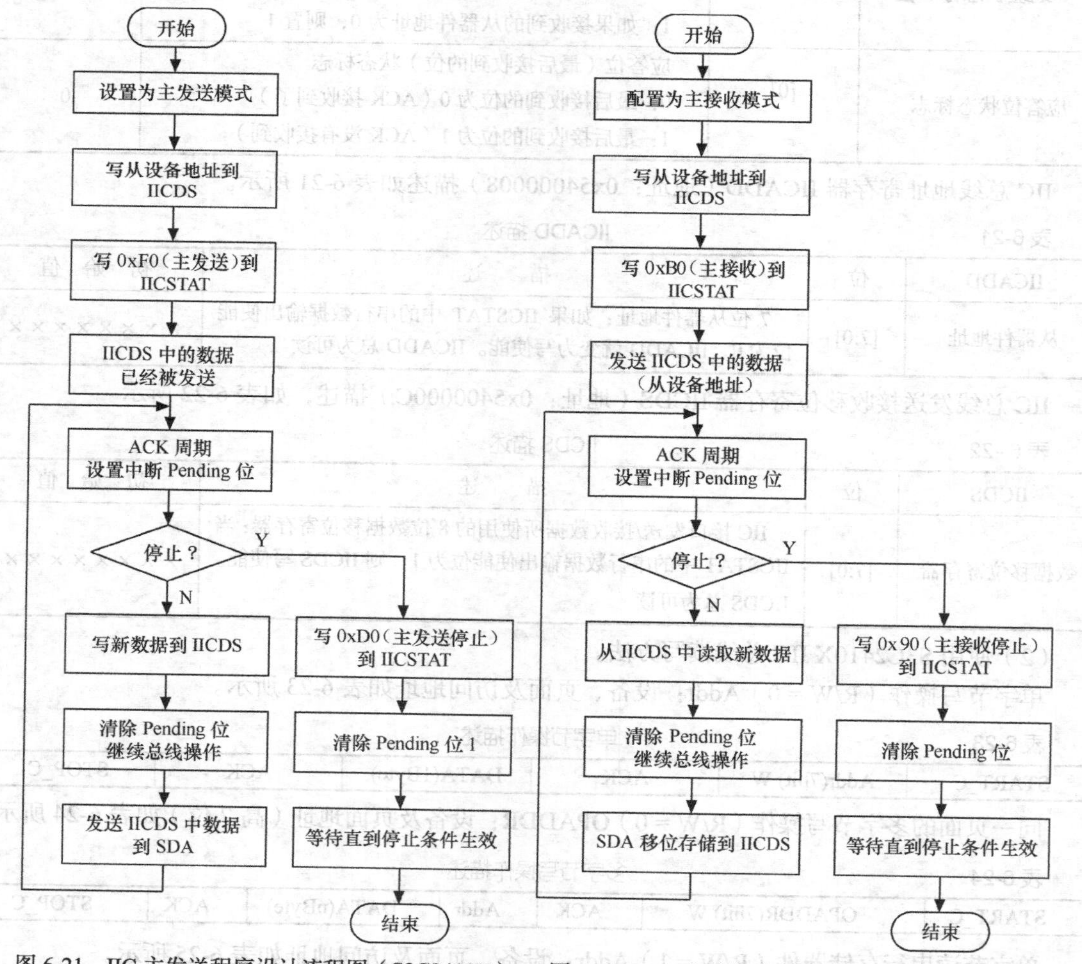

图 6-21　IIC 主发送程序设计流程图（S3C2410X）　　图 6-22　IIC 主接收程序设计流程图（S3C2410X）

2. 电路设计

EduKit-Ⅲ实验平台中，使用 S3C2410X 处理器内置的 IIC 控制器作为 IIC 通信主设备，AT24C04 EEPROM 为从设备。电路设计如图 6-23 所示。

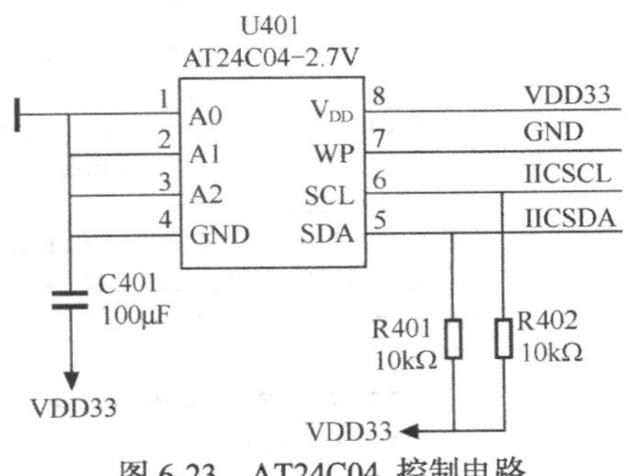

图 6-23　AT24C04 控制电路

6.7.6 实验操作步骤

1. 准备实验环境

（1）把光盘中 Code\Chapter6 文件夹的内容复制到主机（如果已经复制，跳过该操作）。

（2）使用 EduKit-Ⅲ目标板附带的串口线连接目标板上 UART0 和 PC 串口 COMx，并连接好 ULINK2 仿真器套件。

2. 串口接收设置

在 PC 上运行 Windows 自带的超级终端串口通信程序（波特率为 115 200Bd、1 位停止位、无校验位、无硬件流控制），或者使用其他串口通信程序。

3. 打开实验例程

（1）运行 MDK 开发环境，进入实验例程目录 EduKit2410\iic_test 子目录下的 iic_test.Uv2 例程，编译链接工程。

（2）单击 MDK 的 Debug 菜单，选择 Debug/Stop Debug Session 选项或按 Ctrl+F5 组合键，进行连接目标板。

（3）单击 MDK 的 Debug 菜单，选择 Download 下载调试代码到目标系统的 RAM 中。

（4）单击 Debug 菜单 Run 或按 F5 键运行程序。

（5）结合实验内容和实验原理部分，掌握在 S3C2410X 处理器中使用 IIC 接口访问 EEPROM 存储空间的编程方法。

（6）观察实验结果。

在 PC 上观察超级终端程序主窗口，可以看到如下界面：

```
Boot success
IIC operate Test Example
IIC Test using AT24C04...
Write char 0-f into AT24C04
Read 16 bytes from AT24C04
0 1 2 3 4 5 6 7 8 9 a b c d e f
end.
```

6.7.7 实验参考程序

1. 初始化及测试主程序

其代码如下：

```
void iic_test(void)
{
    UINT8T szData[16];
    UINT8T szBuf[40];
    unsigned int i, j;
    uart_printf("\n IIC Protocol Test Example, using AT24C04...\n");
    uart_printf(" Write char 0-f into AT24C04\n");
    f_nGetACK = 0;
    // Enable interrupt
```

```
    rINTMOD = 0x0;
    rINTMSK &= ~BIT_IIC;
    pISR_IIC = (unsigned)iic_int_24c04;
    // Initialize iic
    rIICADD = 0x10; // S3C2410X slave address
    rIICCON = 0xaf; // Enable ACK, interrupt, SET
    IICCLK=MCLK/16
    rIICSTAT = 0x10; // Enable TX/RX
    // Write 0 - 16 to 24C04
    for(i=0; i<16; i++)
    {
        iic_write_24c040(0xa0, i, i);
        delay(10);
    }
    // Clear array
    for(i=0; i<16; i++)
    szData[i]=0;
    // Read 16 byte from 24C04
    for(i=0; i<16; i++)
    iic_read_24c040(0xa0, i, &(szData[i]));
    // Printf read data
    uart_printf(" Read 16 bytes from AT24C04\n");
    for(i=0; i<16; i++)
    {
        #ifdef BOARDTEST
        sprintf(szBuf," %2x ",szData[i]);
        if(i<8)
        Lcd_DspAscII6x8(194+10*i,170,0xec,szBuf);
        else
        Lcd_DspAscII6x8(194+10*(i-8),180,0xec,szBuf);
        #endif
        uart_printf(" %2x ", szData[i]);
    }
    rINTMSK |= BIT_IIC;
    uart_printf("\n end.\n");
}
```

2. 中断服务程序

```
void iic_int_24c04(void)
{
    ClearPending(BIT_IIC);
    f_nGetACK = 1;
}
```

3. IIC 写 AT24C04 程序

```
void iic_write_24c040(UINT32T unSlaveAddr,UINT32T unAddr,UINT8T ucData)
{
    f_nGetACK = 0;
    // Send control byte
    rIICDS = unSlaveAddr; // 0xa0
    rIICSTAT = 0xf0; // Master Tx,Start
    while(f_nGetACK == 0); // Wait ACK
    f_nGetACK = 0;
    //Send address
    rIICDS = unAddr;
    rIICCON = 0xaf; // Resumes IIC operation.
    while(f_nGetACK == 0); // Wait ACK
    f_nGetACK = 0;
    // Send data
    rIICDS = ucData;
    rIICCON = 0xaf; // Resumes IIC operation.
```

```
    while(f_nGetACK == 0); // Wait ACK
    f_nGetACK = 0;
    // End send
    rIICSTAT = 0xd0; // Stop Master Tx condition
    rIICCON = 0xaf; // Resumes IIC operation.
    delay(5); // Wait until stop condtion is in
    effect.
}
```

4. IIC 读 AT24C04 程序

```
void read_24c040(UINT32T unSlaveAddr,UINT32T unAddr,UINT8T *pData)
{
    char cRecvByte;
    f_nGetACK = 0;
    rIICDS = unSlaveAddr; //IIC slave address is 0xa0
    rIICSTAT = 0xf0; //master send model, then start
    while(f_nGetACK == 0); //wait ACK
    f_nGetACK = 0;
    rIICDS = unAddr; //send data address
    rIICCON = 0xaf; //restart IIC process
    while(f_nGetACK == 0); //wait ACK
    f_nGetACK = 0;
    rIICDS = unSlaveAddr; //IIC slave address is 0xa0
    rIICSTAT = 0xb0; // master send model, then start
    rIICCON = 0xaf; // restart IIC process
    while(f_nGetACK == 0); //wait ACK
    f_nGetACK = 0;
    cRecvByte = rIICDS; //receive data
    rIICCON = 0x2f;
    delay(1);
    cRecvByte = rIICDS;
    rIICSTAT = 0x90; //stop master receive
    rIICCON = 0xaf; // restart IIC process
    delay(5); //wait till stop validate
    *pData = cRecvByte; //save received data to pData
}
```

6.8　A/D 转换实验

6.8.1　实验目的

（1）通过实验掌握模/数转换（A/D）的原理。

（2）掌握 S3C2410X 处理器的 A/D 转换功能。

6.8.2　实验设备

（1）硬件：Embest EduKit-Ⅲ实验平台、Embest ARM 标准/增强型仿真器套件、PC。

（2）软件：MDK 集成开发环境、Windows 98/2000/NT/XP。

6.8.3　实验内容

设计分压电路，利用 S3C2410X 集成的 A/D 模块，把分压值转换为数字信号，并通过超级终端和数码管观察转换结果。

6.8.4 实验原理

1. A/D 转换器

随着数字技术，特别是计算机技术的飞速发展与普及，在现代控制、通信及检测领域中，对信号的处理广泛采用了数字计算机技术。由于系统的实际处理对象往往都是一些模拟量（如温度、压力、位移、图像等），要使计算机或数字仪表能识别和处理这些信号，必须首先将这些模拟信号转换成数字信号，这就必须用到 A/D 转换器。

2. A/D 转换的一般步骤

模拟信号进行 A/D 转换的时候，从启动转换到转换结束输出数字量，需要一定的转换时间，在这个转换时间内，模拟信号要基本保持不变。否则转换精度没有保证，特别当输入信号频率较高时，会造成很大的转换误差。要防止这种误差的产生，必须在 A/D 转换开始时将输入信号的电平保持住，而在 A/D 转换结束后，又能跟踪输入信号的变化。因此，一般的 A/D 转换过程是通过取样、保持、量化和编码这 4 个步骤完成的。一般取样和保持主要由采样保持器来完成，而量化和编码就由 A/D 转换器完成。

3. S3C2410X 处理器的 A/D 转换

处理器内部集成了采用近似比较算法（计数式）的 8 路 10 位 A/D，集成零比较器，内部产生比较时钟信号；支持软件使能休眠模式，以减少电源损耗。其主要特性如下。

（1）精度（Resolution）：10bit。

（2）微分线性误差（Differential Linearity Error）：±1.5LSB。

（3）积分线性误差（Integral Linearity Error）：±2.0LSB。

（4）最大转换速率（Maximum Conversion Rate）：500KSPS。

（5）输入电压（Input Voltage Range）：0 ~ 3.3V。

（6）片上采样保持电路。

（7）正常模式。

（8）单独 x、y 坐标转换模式。

（9）自动 x、y 坐标顺序转换模式。

（10）等待中断模式。

4. S3C2410X 处理器 A/D 转换器的使用

（1）寄存器组。

处理器集成的 A/D 转换器使用到了两个寄存器，即 A/D 转换控制寄存器（ADCCON）和 A/D 转换数据寄存器（ADCDAT）。

A/D 转换控制寄存器 ADCCON（地址：0x58000000）描述如表 6-27 所示。

表 6-27 ADCCON 描述

ADCCON	位	描　述	初　始　值
ECFLG	[15]	A/D 转换结束标志 0: A/D 转换正在进行 1: A/D 转换结束	0
PRSCEN	[14]	A/D 转换预分频允许 0：不允许预分频 1：允许预分频	0
PRSCVL	[13:6]	预分频值 PRSCVL	0xFF

续表

ADCCON	位	描　述	初 始 值
SEL_MUX	[5:3]	模拟信道输入选择 000 = AIN0 001 = AIN1 010 = AIN2 011 = AIN3 100 = AIN4 101 = AIN5 110 = AIN6 111 = AIN7	0
STDBM	[2]	待机模式选择位 0：正常模式 1：待机模式	1
READ_START	[1]	A/D 转换读 – 启动选择位 0：禁止 Start-by-read 1：允许 Start-by-read	0
ENABLE_START	[0]	A/D 转换器启动 0：A/D 转换器不工作 1：A/D 转换器开始工作	0

A/D 转换数据寄存器 ADCDAT0（地址：0x5800000C）描述如表 6-28 所示。

表 6-28　ADCDAT0 描述

ADCDAT0	Bit	描　述	初 始 值
UPDOWN	[15]	等待中断模式，Stylus 电平选择 0：低电平 1：高电平	—

续表

ADCDAT0	Bit	描　述	初 始 值
AUTO_PST	[14]	自动按照先后顺序转换 *x*、*y* 坐标 0：正常 A/D 转换顺序 1：按照先后顺序转换	—
XY_PST	[13:12]	自定义 *x*、*y* 位置 00：无操作模式 01：测量 *x* 位置 10：测量 *y* 位置 11：等待中断模式	—
Reserved	[11:10]	保留	—
XPDATA	[9:0]	*x* 坐标转换数据值（包括正常的 ADC 转换数值）	—

（2）A/D 转换的转换时间计算。

例如，PCLK 为 50MHz，PRESCALER = 49；所有 10 位转换时间为

$$50\ \text{MHz} / (49 + 1) = 1\text{MHz}$$

转换时间为 1/(1M/5 cycles) = 5μs。

A/D转换器的最大工作时钟为2.5MHz，所以最大的采样率可以达到500kbit/s。

6.8.5 实验设计

1. 分压电路设计

分压电路比较简单，为了保证电压转换时是稳定的，可以直接调节可变电阻得到稳定的电压值。Embest EduKit-Ⅲ实验平台的分压电路如图6-24所示。

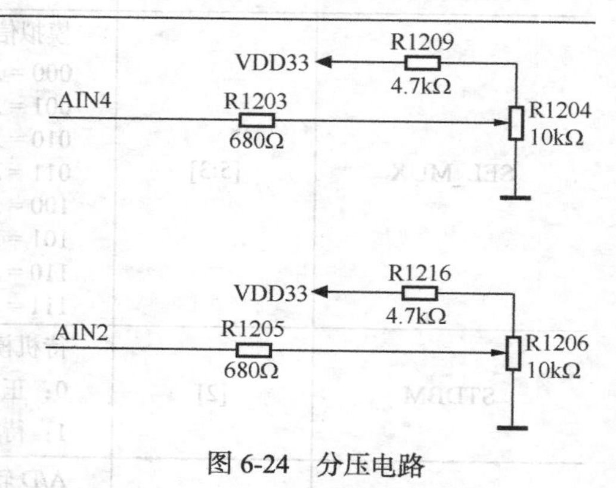

图6-24 分压电路

2. 软件程序设计

实验主要是对S3C2410X中的A/D模块进行操作，所以软件程序也主要是对A/D模块中的寄存器进行操作，其中包括对ADC控制寄存器（ADCCON）、ADC数据寄存器（ADCDAT）的读写操作。同时为了观察转换结果，可以通过串口在超级终端里面观察。

6.8.6 实验操作步骤

1. 准备实验环境

（1）把光盘中Code\Chapter6文件夹的内容复制到主机（如果已经复制，跳过该操作）。

（2）使用EduKit-Ⅲ目标板附带的串口线连接目标板上UART0和PC串口COMx，并连接好ULINK2仿真器套件。

2. 串口接收设置

在PC上运行Windows自带的超级终端串口通信程序（波特率为115 200Bd、1位停止位、无校验位、无硬件流控制），或者使用其他串口通信程序。

3. 打开实验例程

（1）运行MDK开发环境，进入实验例程目录adc_test子目录下的adc_test.Uv2例程，编译链接工程。

（2）根据common目录下的ReadMeCommon.txt及本工程目录下的readme.txt文件配置集成开发环境，在Option for Target对话框的Linker页中选择RuninRAM.sct分散加载文件，单击MDK的Debug菜单，选择Start/Stop Debug Session项或单击，下载工程生成的.axf文件到目标板的RAM中调试运行。

（3）在Option for Target对话框的Linker页中选择RuninFlash.sct分散加载文件，单击MDK的Flash菜单，选择Download烧写调试代码到目标系统的Nor Flash中，重启目标板，目标板自动运行烧写到Nor Flash中的代码。

4. 观察实验结果

（1）在PC上观察超级终端程序主窗口，可以看到如下界面：

```
boot success...
[ ADC_IN Test,channel 2]
ADC conv. freq. = 2500000Hz
Please adjust AIN2 value!
The results of ADC are:
```

（2）本实验对AIN2输入信号进行A/D转换，调节电位器R1206，可以在超级终端和数码管上观察到变化的数据，本实验使用start-by-read模式，每1秒钟对数据进行一次采样，共采样20个点。超级终端主窗口和数码管显示出采样点的数据经过转换后的结果。

```
[ ADC_IN Test,channel 2]
ADC conv. freq. = 2500000Hz
Please adjust AIN2 value!
The results of ADC are:
3.2742 3.2742 2.9097 1.9452 1.6774 1.6161
1.0871 0.8194 1.2194 1.2806 1.6290 1.6290 1.9161
2.1065 2.2839 2.2871 1.7032 1.1806 0.7161 0.0677
```

6.8.7　实验参考程序

```
#include "2410lib.h"
#define REQCNT 100
#define ADC_FREQ 2500000
#define LOOP 10000
/*------------------------------------------------------------------------------*/
/* global variables */
/*------------------------------------------------------------------------------*/
volatile UINT8T unPreScaler;
volatile char nEndTest;
extern void iic_init_8led(void);
extern void iic_write_8led(UINT32T unSlaveAddr, UINT32T unAddr, UINT8T ucData);
extern void iic_read_8led(UINT32T unSlaveAddr, UINT32T unAddr, UINT8T *pData);

void adc_test(void)
{
    int i,j;
    UINT16T usConData;
    float usEndData;
    UINT8T f_szDigital[10] ={0xFC,0x60,0xDA,0xF2,0x66,0xB6,0xBE,0xE0,0xFE,0xF6}; // 0 ~ 9
    uart_printf("\n Adc Conversion Test Example (Please look at 8-seg LED)\n");
    iic_init_8led(); // initialize iic and leds
    for(i=0;i<8;i++)
    iic_write_8led(0x70,0x10+i,0);
    uart_printf(" ADC_IN Test,channel 2\n");
    uart_printf(" ADC conv. freq. = %dHz\n",ADC_FREQ);
    unPreScaler = PCLK/ADC_FREQ -1;
    rADCCON=(1<<14)|(unPreScaler<<6)|(2<<3)|(0<<2)|(1<<1);//enable
            prescaler,ain2,normal,start by read
    uart_printf(" Please adjust AIN2 value!\n");
    uart_printf(" The results of ADC are:\n");
    usConData=rADCDAT0&0x3FF;
    for(j=0;j<20;j++) // sample and show data both by UART and leds
    {
        while(!(rADCCON & 0x8000));
        usConData=rADCDAT0&0x3FF;
        usEndData=usConData*3.3000/0x3FF;
        uart_printf(" %0.4f ",usEndData);
        iic_write_8led(0x70,0x10+4,f_szDigital[(int)usEndData]+1);
        usEndData=usEndData-(int)usEndData;
        for(i=0;i<4;i++)
        {
            usEndData=usEndData*10;
            iic_write_8led(0x70,0x10+3-i,f_szDigital[(int)usEndData]);
            usEndData=usEndData-(int)usEndData;
        }
        delay(10000);
    }
    uart_printf(" end.\n");
}
```

6.9 Nand Flash 读写实验

6.9.1 实验目的

（1）通过实验掌握 Nand Flash 的操作方法。

（2）通过实验掌握 S3C2410X 处理器的 Nand 控制器的使用。

6.9.2 实验设备

（1）硬件：Embest EduKit-Ⅲ实验平台、ULINK2 仿真器、PC。

（2）软件：RealView IDE、Windows 98/2000/NT/XP。

6.9.3 实验内容

编写程序对实验板上的 K9F1208 进行擦除、读、写访问。写入 K9F1208 某一地址，再从该地址读出，输出到超级终端。

6.9.4 实验原理

1．结构分析

S3C2410 处理器集成了 8 位 Nand Flash 控制器。目前市场上常见的 8 位 Nand Flash 有三星公司的 K9F1208、K9F1G08、K9F2G08 等。K9F1208、K9F1G08、K9F2G08 的数据页大小分别为 512B、2KB、2KB。它们在寻址方式上有一定差异，所以程序代码并不通用。本实验以 S3C2410 处理器和 K9F1208 系统为例，讲述读写方法。

Nand Flash 的数据是以 bit 的方式保存在 Memory Cell。一般来说，一个 Cell 中只能存储一个 bit。这些 Cell 以 8 个或者 16 个为单位，连成 Bit Line，形成所谓的 byte(X8)/Word(X16)，这就是 Nand Device 的位宽。这些 Line 组成 page，page 再组织形成一个 Block。K9F1208 的相关数据如下：

1block = 32page；1page = 528byte = 512byte(Main Area) + 16byte(Spare Area)

总容量为 = 4 096(block 数量) × 32(page/block) × 512(byte/page) = 64MB

Nand Flash 以页为单位读写数据，而以块为单位擦除数据。按照 K9F1208 的组织方式可以分 4 类地址：Column Address、halfpage pointer、Page Address、Block Address。A[0:25]表示数据在 64MB 空间中的地址。

Column Address 表示数据在半页中的地址，大小范围为 0 ~ 255，用 A[0:7]表示。

halfpage pointer 表示半页在整页中的位置，即在 0 ~ 255 空间还是在 256 ~ 511 空间，用 A[8]表示。

Page Address 表示页在块中的地址，大小范围 0 ~ 31，用 A[13:9]表示。

Block Address 表示块在 Flash 中的位置，大小范围为 0 ~ 4 095，A[25:14]表示。

对 Nand Flash 的操作主要包括读操作、擦除操作、写操作、坏块设别、坏块标识等。本书主要介绍读操作、擦除操作和写操作的实现过程。

2．读操作过程

K9F1208 的寻址分为 4 个 cycle，分别是 A[0:7]、A[9:16]、A[17:24]、A[25]，如表 6-29 所示。

表 6-29　K9F1208 的寻址

	I/O 0	I/O 1	I/O 2	I/O 3	I/O 4	I/O 5	I/O 6	I/O 7
1st Cycle	A_0	A_1	A_2	A_3	A_4	A_5	A_6	A_7
2nd Cycle	A_9	A_{10}	A_{11}	A_{12}	A_{13}	A_{14}	A_{15}	A_{16}
3rd Cycle	A_{17}	A_{18}	A_{19}	A_{20}	A_{21}	A_{22}	A_{23}	A_{24}
4th Cycle	A_{25}	*L	*L	*L	*L	*L	*L	*L

图 6-25 所示为 K9F1208 读操作流程图。读操作的过程为：① 发送读取指令；② 发送第 1 个 cycle 地址；③ 发送第 2 个 cycle 地址；④ 发送第 3 个 cycle 地址；⑤ 发送第 4 个 cycle 地址；⑥ 读取数据至页末。

K9F1208 提供了两个读指令："0x00"、"0x01"。这两个指令的区别在于"0x00"可以将 A[8]置为 0，选中上半页；而"0x01"可以将 A[8]置为 1，选中下半页。

读操作的对象为一个页面，建议从页边界开始读写至页结束。

3. 擦除操作过程

图 6-26 所示为擦除 K9F1208 一个块的操作过程。擦除的操作过程为：① 发送擦除指令"0x60"；② 发送第 1 个 cycle 地址（A9～A16）；③ 发送第 2 个 cycle 地址（A17～A24）；④ 发送第 3 个 cycle 地址（A25）；⑤ 发送擦除指令"0xD0"；⑥ 发送查询状态命令字"0x70"；⑦ 读取 K9F1208 的数据总线，判断 I/O 6 上的值或判断 R/B 线上的值，直到 I/O 6 = 1 或 R/$\overline{\text{B}}$ = 1；⑧ 判断 I/O 0 是否为 0，从而确定操作是否成功。0 表示成功，1 表示失败。

其中，擦除的对象是一个数据块，即 32 个页面。

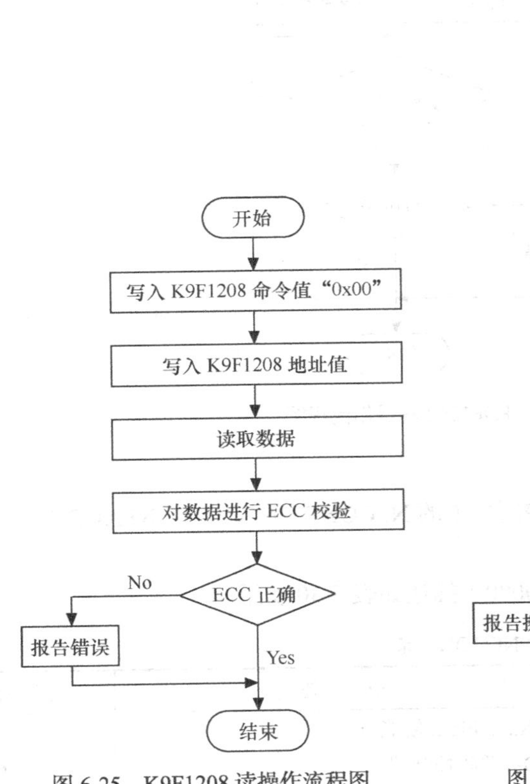

图 6-25　K9F1208 读操作流程图

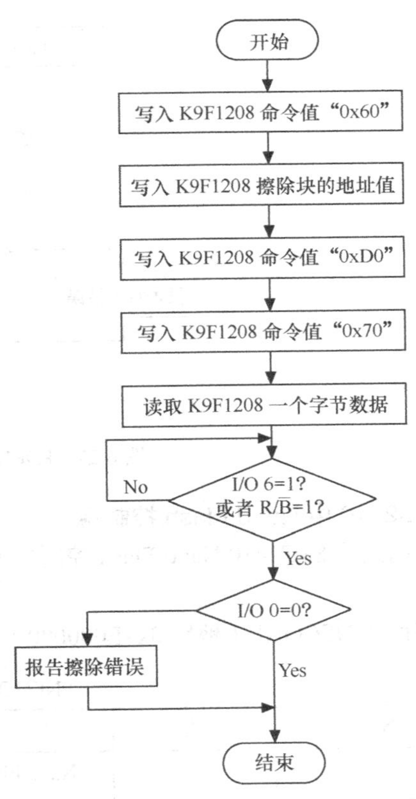

图 6-26　K9F1208 擦除操作流程图

4. 写操作过程

图6-27所示为写入K9F1208某一扇区或一页的数据流程图。写入的操作过程为：① 发送编程指令“0x80”；② 发送第1个cycle地址（A0~A7）；③ 发送第2个cycle地址（A9 ~ A16）；④ 发送第3个cycle地址（A17 ~ A24）；⑤ 发送第4个cycle地址（A25）；⑥ 向K9F1208的数据总线发送一个扇区的数据；⑦ 发送编程指令“0x10”；⑧ 发送查询状态命令字“0x70”；⑨ 读取K9F1208的数据总线，判断I/O 6上的值或判断R/$\overline{B}$线上的值，直到I/O 6=1或R/$\overline{B}$ =1；⑩ 判断I/O 0是否为0，从而确定操作是否成功。0表示成功，1表示失败。

写入的操作对象是一个页面。

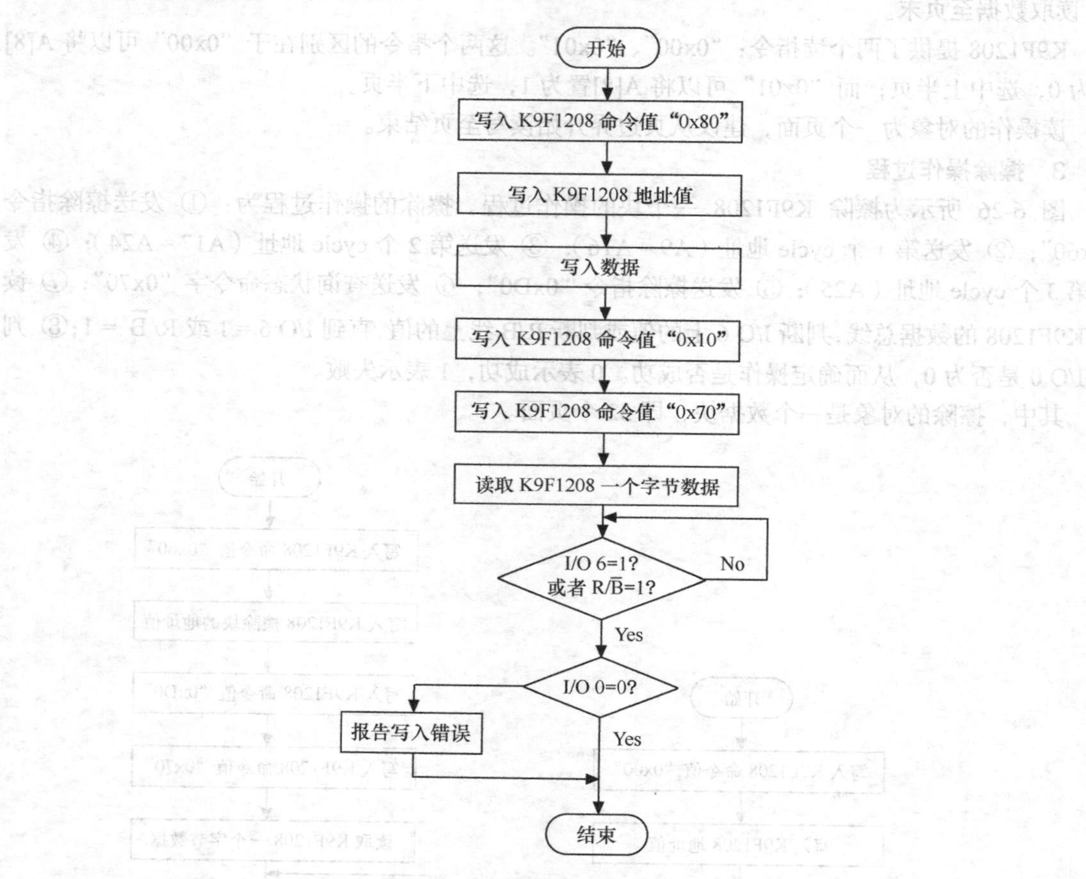

图6-27 K9F1208写操作流程图

5. S3C2410中Nand Flash控制器

实验中用到了S3C2410 Nand Flash控制器中的NFCONF、NFCMD、NFADDR、NFDATA、NFSTAT。

配置寄存器NFCONF（地址0x4E000000）描述如表6-30所示。

表6-30 NFCONF描述

NFCONF	位	描 述	初 始 值
Enable/Disable	[15]	Nand Flash使能位 0：关闭控制器 1：使用控制器	0

续表

NFCONF	位	描 述	初 始 值
Reserved	[14:13]	保留	—
Initialize ECC	[12]	初始化 ECC 0：不使用 ECC 1：使用 ECC	0
Nand Flash Memory chip enable	[11]	内存片选使能	0
TACLS	[10:8]	CLE 和 ALE 持续时间设置（0~7） 持续时间 = HCLK × (设定值 + 1)	0
Reserved	[7]	保留	—
TWRPH0	[6:4]	TWRPH0 持续时间设置（0~7） 持续时间 = HCLK × (设定值 + 1)	0
Reserved	[3]	保留	—
TWRPH1	[2:0]	TWRPH1 持续时间设置（0~7） 持续时间 = HCLK × (设定值 + 1)	0

命令寄存器 NFCMD（地址：0x4e000004）描述如表 6-31 所示。

表 6-31 NFCMD 描述

NFCMD	位	描 述	初 始 值
Reserved	[15:8]	保留	—
Command	[7:0]	命令寄存器	0x00

地址寄存器 NFADDR（地址：0x4E000008）描述如表 6-32 所示。

表 6-32 NFADDR 描述

NFADDR	位	描 述	初 始 值
Reserved	[15:8]	保留	—
NFADDR	[7:0]	地址寄存器	—

数据寄存器 NFDATA（地址：0x4E00000C）描述如表 6-33 所示。

表 6-33 NFDATA 描述

NFDATA	位	描 述	初 始 值
Reserved	[15:8]	保留	—
Data	[7:0]	数据寄存器	—

状态寄存器 NFSTAT（地址：0x4E000010）描述如表 6-34 所示。

表 6-34 NFSTAT 描述

NFSTAT	位	描 述	初 始 值
Reserved	[16:1]	保留	—
RnB	[0]	Nand Flash 忙判断位 0=忙 1=准备好	—

6.9.5 实验设计

由于电路中采用的是通过 S3C2410 的 Nand Flash 控制器控制 K9F1208，所以实验主要是对 S3C2410X 中的 Nand 模块进行操作，从而实现对 Nand Flash 的擦除、读、写实验。

6.9.6 实验操作步骤

1. 准备实验环境

（1）把光盘中 Code\Chapter6 文件夹的内容复制到主机（如果已经复制，跳过该操作）。

（2）使用 EduKit-Ⅲ目标板附带的串口线连接目标板上 UART0 和 PC 串口 COMx，并连接好 ULINK2 仿真器套件。

2. 串口接收设置

在 PC 上运行 Windows 自带的超级终端串口通信程序（波特率为 115 200Bd、1 位停止位、无校验位、无硬件流控制），或者使用其他串口通信程序。

3. 打开实验例程

（1）运行 MDK 开发环境，进入实验例程目录 nand_test 子目录下的 nand_test.Uv2 例程，编译链接工程。

（2）根据 common 目录下的 ReadMeCommon.txt 及本工程目录下的 readme.txt 文件配置集成开发环境，在 Option for Target 对话框的 Linker 页中选择 RuninRAM.sct 分散加载文件，单击 MDK 的 Debug 菜单，选择 Start/Stop Debug Session 项或单击，下载工程生成的.axf 文件到目标板的 RAM 中调试运行。

（3）在 Option for Target 对话框的 Linker 页中选择 RuninFlash.sct 分散加载文件，单击 MDK 的 Flash 菜单，选择 Download 烧写调试代码到目标系统的 Nor Flash 中，重启目标板，目标板自动运行烧写到 Nor Flash 中的代码。

（4）观察实验结果。

其结果如下：

```
 boot success...
 nand test:
buf_read[0] =0
buf_read[1] =1
buf_read[2] =2
buf_read[3] =3
buf_read[4] =4
buf_read[5] =5
buf_read[6] =6
buf_read[7] =7
buf_read[8] =8
buf_read[9] =9
```

6.9.7 实验参考程序

1. 主测试程序

其主测试程序如下：

```
#include "2410lib.h"
void nand_test(void)
{
   INT32T nTmp;
```

```
    unsigned int page,block,i;
    unsigned char buf_write[512]={0,1,2,3,4,5,6,7,8,9};
    unsigned char buf_read[512]={0,0,0,0,0,0,0,0,0,0};
    block=0x20 ;
    page=block<<5;
    uart_printf("\n nand test: \n");
    InitNandFlash();
    EraseBlock(page);
    WritePage(page,(unsigned char *)buf_write);
    ReadPage(page,buf_read);
    for(i=0;i<10;i++)
    {
       uart_printf("buf_read[%d] =%d\n",i,buf_read[i]);
    }
    while(1) ;
}
```

2. K9F1208 初始化函数

其初始化函数如下：

```
static void InitNandCfg(void)
{
    //enable Nand Flash control, initilize ecc, chip disable
    rNFCONF = (1<<15)|(1<<12)|(1<<11)|(7<<8)|(7<<4)|(7);
}
void InitNandFlash(void)
{
    U32 i;
    InitNandCfg();
    i = ReadChipId();
    if((i==0x9873)||(i==0xec75))
       NandAddr = 0;
    else if(i==0xec76)
    {
       support=1;
       NandAddr = 1;
    }
    else
    {
       uart_printf("Chip id error!!!\n");
       return;
    }
}
```

3. K9F1208 页面读函数

其页面读函数如下：

```
void ReadPage(U32 addr, U8 *buf)
{
    U16 i;
    NFChipEn();
    WrNFCmd(READCMD0);
    WrNFAddr(0);
    WrNFAddr(addr);
    WrNFAddr(addr>>8);
    if(NandAddr)
       WrNFAddr(addr>>16);
    WaitNFBusy();
    for(i=0; i<512; i++)
       buf[i] = RdNFDat();
    NFChipDs();
}
```

4. K9F1208 页面写函数

其页面写函数如下：

```
U32 WritePage(U32 addr, U8 *buf)
{
    U16 i;
    U8 stat;
    NFChipEn();
    WrNFCmd(READCMD0);
    WrNFCmd(PROGCMD0);
    WrNFAddr(0);
    WrNFAddr(addr);
    WrNFAddr(addr>>8);
    if(NandAddr)
        WrNFAddr(addr>>16);
    for(i=0; i<512; i++)
        WrNFDat(buf[i]);
    WrNFCmd(PROGCMD1);
    stat = WaitNFBusy();
    WrNFCmd(READCMD0);//add
    NFChipDs();
    if(stat)
        uart_printf("Write Nand Flash 0x%x fail\n", addr);
    else {
        U8 RdDat[512];
        ReadPage(addr, RdDat);
        for(i=0; i<512; i++)
            if(RdDat[i]!=buf[i]) {
                uart_printf("Check data at page 0x%x, offset 0x%x fail\n", addr, i);
                stat = 1;
                break;
            }
        }
    return stat;
}
```

5. K9F1208 块擦除函数

其块擦除函数如下：

```
U32 EraseBlock(U32 addr)
{
    U8 stat;
    addr &= ~0x1f;
    NFChipEn();
    WrNFCmd(ERASECMD0);
    WrNFAddr(addr);
    WrNFAddr(addr>>8);
    if(NandAddr)
        WrNFAddr(addr>>16);
    WrNFCmd(ERASECMD1);
    stat = WaitNFBusy();
    NFChipDs();
    return stat;
}
```

本章小结

本章为读者提供了基于 S3C2410 平台各个典型接口的实验。本章是本书的一个重点章节，希望读者通过阅读和实践能够加深对嵌入式编程及 S3C2410 接口的理解。

第7章 嵌入式操作系统及开发简述

本章介绍关于嵌入式 Linux 的基本内容。本章从嵌入式开发环境的搭建和交叉编译开始，介绍 Bootloader 的概念以及 U-Boot 的编译方法；然后介绍 Linux 内核的相关知识，主要讲解内核编译和移植的方法；本章最后介绍 Linux 根文件系统的内容。通过本章的学习，读者应熟悉嵌入式 Linux 的基本开发流程，并掌握编译 U-Boot 和编译 Linux 的方法。

本章主要内容：

- 嵌入式 Linux 简介
- 配置嵌入式 Linux 开发平台
- Bootloader 的编译和移植概要
- 内核的编译和移植概要
- 根文件系统

7.1 嵌入式 Linux 简介

Linux 是一种类 UNIX 操作系统。从绝对意义上讲，Linux 是 Linus Torvalds 维护的内核。现在的 Linux 操作系统已经包括内核和大量应用程序，这些软件大部分来源于 GNU 软件工程。因此，Linux 又称为 GNU/Linux。目前 Linux 操作系统的发行版很多，比较知名的发行版包括 Redhat Linux、Suse Linux、Ubuntu Linux、Turbo Linux 等。这些 Linux 版本都可以在台式机或者服务器上安装使用。

嵌入式 Linux 是在 Linux 基础上经过裁剪，在嵌入式设备上运行的一种 Linux 操作系统。根据嵌入式产品的特性，嵌入式 Linux 在实时性方面要优于普通的 Linux 操作系统。一些商业上的嵌入式 Linux 产品往往价格不菲，如 MontaVista Linux。MontaVista 在实时性、电源管理、高可靠性和稳定性上都要远远优于普通的 Linux 内核。嵌入式 Linux 除了在一些性能上的优势以外，还都支持多平台，如 MontaVista 就支持了包括 ARM 在内的五大主流平台。

7.2 构建嵌入式 Linux 开发环境

构建开发环境是任何开发工作的基础，对于软、硬件非常丰富的嵌入式系统来说，构建高效、稳定的环境是能否开展工作的重要因素之一。本节将介绍如何构建一套嵌入式 Linux 开发环境。

在构建开发环境以前，有必要了解嵌入式 Linux 开发流程。因为嵌入式 Linux 开发往往会涉及多个层面，这与桌面开发有很大不同。构建一个 Linux 系统，需仔细考虑下面几点。

（1）选择嵌入式 Linux 发行版。商业的 Linux 发行版是作为产品开发维护的，经过严格的测试验证，并且可以得到厂家的技术支持。它为开发者提供了可靠的软件和完整的开发工具包。

（2）熟悉开发环境和工具。交叉开发环境是嵌入式 Linux 开发的基本模型。Linux 环境配置、GNU 工具链、测试工具甚至集成开发环境都是开发嵌入式 Linux 的利器。

（3）熟悉 Linux 内核。因为嵌入式 Linux 开发一般需要重新定制 Linux 内核，所以熟悉内核配置、编译和移植很重要。

（4）熟悉目标板引导方式。开发板的 Bootloader 负责硬件平台的最基本的初始化，并且具备引导 Linux 内核启动的功能。由于硬件平台是专门定制的，一般需要修改编译 Bootloader。

（5）熟悉 Linux 根文件系统。高级一点的操作系统一般都有文件系统的支持，Linux 也一样离不开文件系统。系统启动必需的程序和文件都必须放在根文件系统中。Linux 系统支持的文件系统种类非常多，可以通过 Linux 内核命令行参数指定要挂接的根文件系统。

（6）理解 Linux 内存模型。Linux 是保护模式的操作系统。内核和应用程序分别运行在完全分离的虚拟地址空间，物理地址必须映像到虚拟地址才能访问。

（7）理解 Linux 调度机制和进程线程编程。Linux 调度机制影响到任务的实时性，理解调度机制可以更好地运用任务优先级。此外，进程和线程编程是应用程序开发所必需的。

7.2.1 交叉开发环境介绍

交叉开发环境是由开发主机和目标板两套计算机系统构成的。目标板 Linux 软件是在开发主机上编辑、编译，然后加载到目标板上运行的。为了方便 Linux 内核和应用程序软件的开发，还要借助各种连接手段。图 7-1 所示为嵌入式 Linux 的交叉开发环境。其中，HOST 代表开发主机，源程序、编译器都存放在这里。TARGET 是目标平台，也就是 ARM 开发板，Linux 内核、应用程序会传到这上边运行。在开发过程中，一般采用 NFS（网络文件系统）挂载根文件系统，而这个根文件系统都存放在 HOST 中。

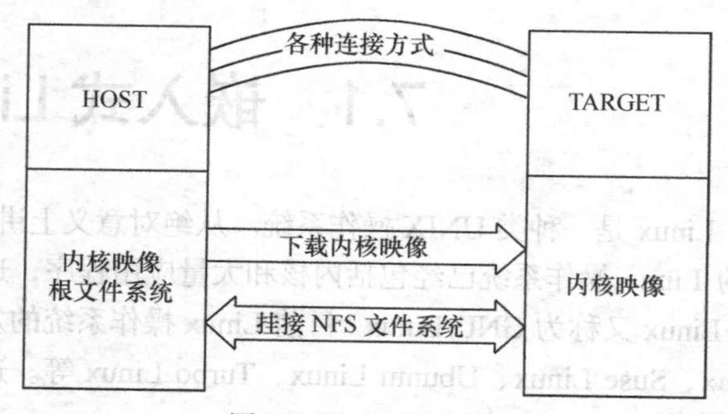

图 7-1 交叉开发环境

7.2.2 安装交叉开发工具

这里我们以嵌入式开发使用最广泛的 Ubuntu10.10 为例，对于其他版本的 Linux，步骤大体相同。

1. 目标板与主机之间连接

目标板和主机之间通常可以使用串口、以太网接口、USB 接口、JTAG 接口等方式连接。

2. 文件传输方式

主机端编译的 Linux 内核映像必须有至少一种方式下载到目标板上执行。通常是目标板的引导程序负责把主机端的映像文件下载到内存中。根据不同的连接方式，可以有多种文件传输方式，每一种方式都需要相应的传输软件和协议。

（1）串口传输方式。

主机端可以使用 Kermit、Minicom、Putty 或者 Windows 超级终端等工具，通过串口发送文件。当然发送之前需要配置好数据传输率和传输协议，目标板端也要做好接收准备。通常波特率可以配置成 115 200bit/s，8 位数据位，不带校验位。传输协议可以是 Kermit、Xmodem、Ymodem、Zmodem 等。

（2）网络传输方式。

网络传输方式一般采用 TFTP（Trivial File Transport Protocol）。TFTP 是一种简单的网络传输协议，是基于 UDP 传输的，没有传输控制，所以对于大文件的传输是不可靠的。不过正好适合目标板的引导程序，因为协议简单，功能容易实现。当然，使用 TFTP 传输之前，需要驱动目标板以太网接口并且配置 IP 地址。

（3）USB 接口传输方式。

通常分主从设备端，主机端为主设备端，目标板端为从设备端。主机端需要安装驱动程序，识别从设备后，可以进行数据的传输。

（4）JTAG 接口传输方式。

JTAG 仿真器跟主机之间的连接通常是串口、并口、以太网接口或者 USB 接口。传输速率也受到主机连接方式的限制，这取决于仿真器硬件的接口配置。

采用并口连接方式的仿真器最简单，也叫做 JTAG 电缆（CABLE），价格也最便宜。性能好的仿真器一般会采用以太网接口或者 USB 接口通信。

（5）移动存储设备。

如果目标板上有软盘、CD-ROM、U 盘等移动存储介质，就可以制作启动盘或者复制到目标板上，从而引导启动。移动存储设备一般在 X86 平台上比较普遍。

3. 配置网络文件系统

网络文件系统（Network File System，NFS）最早是 SUN 开发的一种文件系统。NFS 允许一个系统在网络上共享目录和文件。通过使用 NFS，用户和程序可以像访问本地文件一样访问远程系统上的文件，这极大地简化了信息共享。

Linux 系统支持 NFS，并且可以配置启动 NFS 网络服务。NFS 文件系统的优点如下。

（1）本地工作站使用更少的磁盘空间，因为通常的数据可以存放在一台机器上而且可以通过网络访问到。

（2）用户可以通过网络访问共享目录，而不必在计算机上为每个用户都创建工作目录。

（3）软驱、CD-ROM 等存储设备可以在网络上面共享使用。这可以减少整个网络上的移动介质设备的数量。

（4）NFS 至少有一台服务器和一台（或者更多）客户机两个主要部分。客户机远程访问存放在服务器上的数据，需要配置启动 NFS 等相关服务。

网络文件系统的优点正好适合嵌入式 Linux 系统开发。目标板没有足够的存储空间，Linux 内核挂接网络根文件系统可以避免使用本地存储介质，快速建立 Linux 系统。这样可以方便地运行和调试应用程序。

4. 获取交叉开发工具链

Linux 使用 GNU 的工具，社区的开发者已经编译出了常用体系结构的工具链，从 Internet 上可以下载。我们可以下载这些工具，建立交叉开发环境，也可以自己动手编译新的工具链。本书附带的光盘中提供了 toolchain.tar.bz2 软件包，这个工具链适合 ARM 开发环境的配置。解压 toolchain.tar.bz2 后，查看 GCC 版本号，可以得到如下一些信息。

```
$ sudo tar -jxvf toolchain.tar.bz2
$  home/linux/toolchain/bin/arm-none-linux-gnueabi-gcc -v
Using built-in specs.
  Target: arm-none-linux-gnueabi
  Configured with: /home/linux/s3c2410-2.6.35/toolchain/toolchain-build/ targets/
src/gcc-4.3.2/configure --build=i686-build_pc-linux-gnu --host=i686- build_pc-linux-gnu
--target=arm-none-linux-gnueabi --prefix=/home/linux/toolchain --with-sysroot=/home/linux/
toolchain/arm-none-linux-gnueabi//sys-root -enable -languages=c,c++,fortran --disable-
multilib --with-arch=armv4t --with-cpu= arm9tdmi --with-tune=arm920t --with-float=
soft  --with-pkgversion=crosstool-  NG-1.8.1-none  --disable-sjlj-exceptions  --enable-
__cxa_atexit  --disable-libmudflap  --with-gmp=/home/linux/s3c2410-2.6.35/toolchain/
toolchain-build/targets/arm-none-linux-gnueabi/build/static       --with-mpfr=/home/
linux/s3c2410-2.6.35/   toolchain/toolchain-build/targets/arm-none-linux-gnueabi/build/
static  -enable  -threads=posix  --enable-target-optspace  --with-local-prefix=/home/
linux/  toolchain/arm-none-linux-gnueabi//sys-root  --disable-nls  --enable-symvers=
gnu --enable-c99 --enable-long-long
  Thread model: posix
  gcc version 4.3.2 (crosstool-NG-1.8.1-none)
```

从上面的信息中可以看到“gcc version 4.3.2 (crosstool-NG-1.8.1-none)”，这就是GCC版本信息，“--prefix=/home/linux/toolchain”，指出了工具链安装的路径是：/home/linux/toolchain。

5. 环境变量的添加

把交叉开发工具链的路径添加到环境变量PATH中，这样可以方便地在Bash或者Makefile中使用这些工具。通常可以在环境变量配置的文件有4个，分别在不同的范围生效。其中：

（1）/etc/profile是系统启动过程中执行的一个脚本，对所有用户都生效；

（2）~/.bash_profile是用户的脚本，在用户登录时生效；

（3）~/.bashrc也是用户的脚本，在~/.bash_profile中调用生效；

（4）/etc/bash.bashrc是所有用户进入shell或桌面系统自动执行的脚本。

把环境变量配置的命令添加到其中一个文件中即可。

修改文件/etc/bash.bashrc添加如下内容：

export PATH=$PATH:/home/linux/toolchain/bin

重启配置文件：

$ source /etc/bash.bashrc

然后，重开一个终端，就可以直接使用arm-none-linux-gnueabi-gcc命令了。

7.2.3 主机交叉开发环境配置

首先要确认主机的网络接口驱动成功，并且配置网络接口的IP地址。可以通过ifconfig命令查看所有的网络接口，还可以配置网口的IP地址。

```
$ sudo ifconfig -a
eth0     Link encap:Ethernet  HWaddr 00:0E:A6:B4:56:E6
         inet addr: 192.168.254.1  Bcast: 192.168.254.255  Mask:255.255.255.0
         UP BROADCAST MULTICAST  MTU:1500  Metric:1
         RX packets:0 errors:0 dropped:0 overruns:0 frame:0
         TX packets:0 errors:0 dropped:0 overruns:0 carrier:0
```

```
          collisions:0 txqueuelen: 0
          RX bytes:0 (0.0 b)  TX bytes:0 (0.0 b)
          Interrupt:0 Base address:0xa000

lo        Link encap:Local Loopback
          inet addr:127.0.0.1  Mask:255.0.0.0
          UP LOOPBACK RUNNING  MTU:16436  Metric:1
          RX packets:241 errors:0 dropped:0 overruns:0 frame:0
          TX packets:241 errors:0 dropped:0 overruns:0 carrier:0
          collisions:0 txqueuelen:0
          RX bytes:15950 (15.5 Kb)  TX bytes:15950 (15.5 Kb)
$ ifconfig eth0 192.168.254.1
```

1. 配置控制台程序

要查看目标板的输出，可以使用控制台程序。在各种操作系统上一般都有现成的控制台程序可以使用。例如，Windows 操作系统中有超级终端（Hyperterminal）工具；Linux/UNIX 操作系统有 minicom 等工具。无论什么操作系统和通信工具，都可以作为串口控制台。如果在 Windows 平台上运行 Linux 虚拟机，这个串口通信软件可以任选一种。建立一个超级终端的连接，需要为其配置如图 7-2 所示的参数。主要是串口号、通信速率和是否数据流控制。每个配置可以保存下来，以供以后使用。

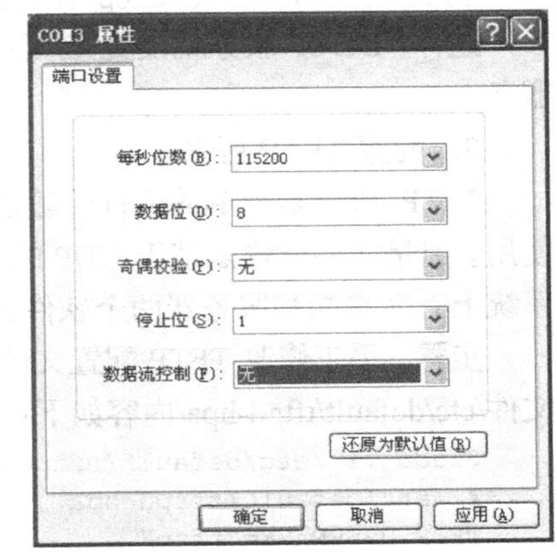

图 7-2　配置串口控制台

2. 开启 DHCP 服务

目标板的 Bootloader 或者内核都需要分配 IP 地址。这可以通过动态主机配置协议（Dynamic Host Configuration Protocol，DHCP）或者 BOOTP 实现。BOOTP 可以给计算机分配 IP 地址并且通过网络获取映像文件的路径；DHCP 则是向后兼容 BOOTP 的协议扩展。

Linux 操作系统的主机一般包含 dhcpd 的软件包，可以配置 DHCP 服务。安装 dhcpd 软件包的命令是：

```
$sudo apt-get install dhcp
```

DHCP 服务的配置文件是/etc/dhcpd.conf，通过“man dhcpd.conf”命令可以查看配置手册。手册详细说明了 dhcpd.conf 几种配置语句的用法。在 Ubuntu 上配置 DHCP 服务器的命令是：

```
$sudo mv /etc/dhcpd.conf /etc/dhcpd.conf.bakup  #先备份
$sudo vi /etc/dhcpd.conf
```

以下是一个很好的例子。

```
# sudo /etc/dhcpd.conf
allow bootp;
ddns-update-style none;
subnet 192.168.1.0 netmask 255.255.255.0 {
     group {
          host mytarget {
          hardware ethernet 00:01:EC:E0:AA:1B;
          fixed-address 192.168.1.100;
          filename "zImage";
          option root-path "/usr/local/arm/3.3.2/rootfs";
          }
     }
}
```

上面的配置文件中，为指定的目标板配置了相关网络参数。其中，有些参数含义如下。

（1）host 指定目标板网络名称为“mytarget”，在直接使用 IP 地址的局域网没有什么影响。mytarget 可以是目标板的网络名称。

（2）hardware ethernet 对应目标板以太网接口的 MAC 地址。这个需要在目标板网络接口打开以后获取相关参数，然后修改配置。

（3）fixed-address 是给目标板分配的 IP 地址。通常是指定的一个 IP 地址。

（4）filename 是镜像文件的名称。目标板的 Bootloader 可以通过 BOOTP 获取映像文件，然后下载到目标板内存。这一项并不是所有目标板必须的。

（5）root-path 是网络文件系统的路径，目标板可以根据这个路径挂接 NFS 根文件系统。

（6）subnet 和 netmask 分别是子网和屏蔽，IP 地址的配置需要在这个网段进行。

配置好 dhcpd.conf 文件以后，就可以启动 dhcpd 守候进程了。可以通过图形化的服务配置接口。命令行的方式也很简洁，执行启动命令：

```
#sudo /etc/init.d/dhcp restart
```

这样，DHCP 服务就设置完成了。在使用过程中，可能需要经常修改配置文件并且重启 dhcpd 服务。

3. 配置 TFTP 服务

TFTP 协议是简单的文件传输协议，所以实现简单，使用方便，正好适合目标板 Bootloader 使用。但是文件传输是基于 UDP 的，文件传输（特别是大文件）是不可靠的。TFTP 服务在 Linux 系统上有客户端和服务器两个软件包。配置 TFTP 服务，必须先安装好。

步骤：手工修改 TFTP 配置文件，定制 TFTP 服务。通过命令行的方式启动 TFTP 服务。配置文件/etc/default/tftpd-hpa 内容如下：

```
$sudo vi /etc/default/tftpd-hpa
# /etc/default/tftpd-hpa
TFTP_USERNAME="tftp"
TFTP_DIRECTORY="/tftpboot"
TFTP_ADDRESS="0.0.0.0:69"
TFTP_OPTIONS="-l -c -s"
```

其中，TFTP_OPTIONS="-l -c -s"中的-l 是使用 standalone 模式运行，此模式下，将会忽略-t 选项；-c 允许在服务器上新建文件，否则只允许更新现有的文件；-s directory 服务器端默认的目录，默认为/var/lib/tftpdboot。TFTP_DIRECTORY 指定输出文件的根目录为/tftpboot，文件必须放到/tftpboot 目录下才能被输出。修改配置以后，还需要执行下列命令重新启动 TFTP 服务：

```
$sudo /etc/init.d/tftpd-hpa restart
```

此外，我们还需要配置 NFS 服务以挂载根文件系统。有关 NFS 的内容，我们放在本章最后讲解。

7.3 Bootloader

Bootloader 是在操作系统运行之前执行的一段小程序。通过这段小程序，我们可以初始化硬件设备、建立内存空间的映像表，从而建立适当的系统软、硬件环境，为最终调用操作系统内核做好准备。

对于嵌入式系统，Bootloader 是基于特定硬件平台来实现的。因此，几乎不可能为所有的嵌入式系统建立一个通用的 Bootloader，不同的处理器架构都有不同的 Bootloader。Bootloader 不但依赖于 CPU 的体系结构，而且依赖于嵌入式系统板级设备的配置。对于两块不同的嵌入式板而言，即使它们使用同一种处理器，要想让运行在一块板子上的 Bootloader 程序也能运行在另一块板子上，一般也都需要修改 Bootloader 的源程序。

反过来，大部分 Bootloader 仍然具有很多共性，某些 Bootloader 也能够支持多种体系结构的嵌入式系统。例如，U-Boot 就同时支持 PowerPC、ARM、MIPS、X86 等体系结构，支持的板子有上百种。通常，它们都能够自动从存储介质上启动，都能够引导操作系统启动，并且大部分都可以支持串口和以太网接口。

7.3.1 Bootloader 的种类

嵌入式系统世界已经有各种各样的 Bootloader，种类划分也有多种方式。除了按照处理器体系结构不同划分以外，还有功能复杂程度的不同。

首先区分一下“Bootloader”和“Monitor”的概念。严格来说，“Bootloader”只是引导设备并且执行主程序的固件；而“Monitor”还提供了更多的命令行接口，可以进行调试、读写内存、烧写 Flash、配置环境变量等。“Monitor”在嵌入式系统开发过程中可以提供很好的调试功能，开发完成以后，就完全设置成了一个“Bootloader”。所以，习惯上大家把它们统称为 Bootloader。

表 7-1 列出了 Linux 的开放源码引导程序及其支持的体系结构。表中给出了 X86、ARM、PowerPC 体系结构的常用引导程序，并且注明了每一种引导程序是不是“Monitor”。

表 7-1　　开放源码的 Linux 引导程序

Bootloader	Monitor	描　述	X86	ARM	PowerPC
LILO	否	Linux 磁盘引导程序	是	否	否
GRUB	否	GNU 的 LILO 替代程序	是	否	否
Loadlin	否	从 DOS 引导 Linux	是	否	否
ROLO	否	从 ROM 引导 Linux 而不需要 BIOS	是	否	否
Etherboot	否	通过以太网卡启动 Linux 系统的固件	是	否	否
LinuxBIOS	否	完全替代 BUIS 的 Linux 引导程序	是	否	否
BLOB	否	LART 等硬件平台的引导程序	否	是	否
U-Boot	是	通用引导程序	是	是	是
RedBoot	是	基于 eCos 的引导程序	是	是	是

对于每种体系结构，都有一系列开放源码 Bootloader 可以选用。

1. X86

X86 的工作站和服务器上一般使用 LILO 和 GRUB。LILO 是 Linux 发行版主流的 Bootloader。不过 Redhat Linux 发行版已经使用了 GRUB，GRUB 比 LILO 有更有好的显示接口，使用配置也更加灵活方便。

在某些 X86 嵌入式单板机或者特殊设备上，会采用其他的 Bootloader，如 ROLO。这些 Bootloader 可以取代 BIOS 的功能，能够从 Flash 中直接引导 Linux 启动。现在 ROLO 支持的开发板已经并入 U-Boot，所以 U-Boot 也可以支持 X86 平台。

2. ARM

ARM 处理器的芯片商很多，所以每种芯片的开发板都有自己的 Bootloader。结果 ARM Bootloader 也变得多种多样。最早有为 ARM720 处理器的开发板固件，又有了 armboot，StrongARM 平台的 BLOB，还有 S3C2410 处理器开发板上的 vivi 等。现在 armboot 已经并入了 U-Boot，所以 U-Boot 也支持 ARM/XSCALE 平台。U-Boot 已经成为 ARM 平台事实上的标准 Bootloader。

3. PowerPC

PowerPC 平台的处理器有标准的 Bootloader，就是 PPCBOOT。PPCBOOT 在合并 armboot 等之后，创建了 U-Boot，成为各种体系结构开发板的通用引导程序。U-Boot 仍然是 PowerPC 平台的主要 Bootloader。

4. MIPS

MIPS 公司开发的 YAMON 是标准的 Bootloader，也有许多 MIPS 芯片商为自己的开发板写了 Bootloader。现在，U-Boot 也已经支持 MIPS 平台。

5. SH

SH 平台的标准 Bootloader 是 sh-boot。RedBoot 在这种平台上也很好用。

6. M68K

M68K 平台没有标准的 Bootloader。RedBoot 能够支持 M68K 系列的系统。

值得说明的是 RedBoot，它几乎能够支持所有的体系结构，包括 MIPS、SH、M68K 等。RedBoot 是以 eCos 为基础，采用 GPL 许可的开源软件工程。现在由 core eCos 的开发人员维护，源码下载网站是 http://www.ecoscentric.com/snapshots。RedBoot 的文档也相当完善，有详细的使用手册《RedBoot User's Guide》。

7.3.2 U-Boot 工程简介

最早，DENX 软件工程中心的 Wolfgang Denk 基于 8xxrom 的源码创建了 PPCBOOT 工程，并且不断添加处理器的支持。后来，Sysgo Gmbh 把 PPCBOOT 移植到 ARM 平台上，创建了 ARMBOOT 工程。然后以 PPCBOOT 工程和 ARMBOOT 工程为基础，创建了 U-Boot 工程。

现在，U-Boot 已经能够支持 PowerPC、ARM、X86、MIPS 体系结构的上百种开发板，已经成为功能最多、灵活性最强并且开发最积极的开放源码 Bootloader。目前仍然由 DENX 的 Wolfgang Denk 维护。

U-Boot 的源码包可以从 sourceforge 网站下载，还可以订阅该网站活跃的 U-Boot Users 邮件论坛，这个邮件论坛对于 U-Boot 的开发和使用都很有帮助。本书配套光盘也提供了 U-Boot 的源码，以及移植到 S3C2410 处理器的补丁。

U-Boot 软件包下载网站：http://sourceforge.net/project/U-Boot。

U-Boot 邮件列表网站：http://lists.sourceforge.net/lists/listinfo/U-Boot-users/。

DENX 相关的网站：http://www.denx.de/re/DPLG.html。

7.3.3 U-Boot 编译

解压 U-Boot-2010.03 就可以得到全部 U-Boot 源程序。在顶层目录下有 29 个子目录，分别存放和管理不同的源程序。这些目录中所要存放的文件有其规则，可以分为 3 类。

（1）与处理器体系结构或者开发板硬件直接相关。

（2）一些通用的函数或者驱动程序。

（3）U-Boot 的应用程序、工具或者文件。

表 7-2 列出了 U-Boot 顶层目录下各级目录的存放原则。

表 7-2 U-Boot 的源码顶层目录说明

目　录	特　性	解 释 说 明
board	平台依赖	存放电路板相关的目录文件，如 RPXlite(mpc8xx)、smdk2410(arm920t)、sc520_cdp(x86) 等目录
cpu	平台依赖	存放 CPU 相关的目录文件，如 mpc8xx、ppc4xx、arm720t、arm920t、xscale、i386 等目录

续表

目　录	特　性	解 释 说 明
lib_ppc	平台依赖	存放对 PowerPC 体系结构通用的文件，主要用于实现 PowerPC 平台通用的函数
lib_mips	平台依赖	存放对 mips 体系结构通用的文件，主要用于实现 mips 平台通用的函数
lib_arm	平台依赖	存放对 ARM 体系结构通用的文件，主要用于实现 ARM 平台通用的函数
lib_i386	平台依赖	存放对 X86 体系结构通用的文件，主要用于实现 X86 平台通用的函数
include	通用	头文件和开发板配置文件，所有开发板的配置文件都在 configs 目录下
common	通用	通用的多功能函数实现
lib_generic	通用	通用库函数的实现
Net	通用	存放网络的程序
Fs	通用	存放文件系统的程序
Post	通用	存放上电自检程序
drivers	通用	通用的设备驱动程序，主要有以太网接口的驱动
Disk	通用	硬盘接口程序
Rtc	通用	RTC 的驱动程序
Dtt	通用	数字温度测量器或者传感器的驱动
examples	应用例程	一些独立运行的应用程序的例子，如 helloworld
tools	工具	存放制作 S-Record 或者 U-Boot 格式的镜像等工具，如 mkimage
Doc	文档	开发使用文档

U-Boot 的源代码包含对几十种处理器、数百种开发板的支持。可是对于特定的开发板，配置编译过程只需要其中部分程序。这里具体以 S3C2410（arm920t）处理器为例，具体分析 S3C2410 处理器和开发板所依赖的程序，以及 U-Boot 的通用函数和工具。

U-Boot 的源码是通过 GCC 和 Makefile 组织编译的。顶层目录下的 Makefile 首先可以设置开发板的定义，然后递归地调用各级子目录下的 Makefile，最后把编译过的程序链接成 U-Boot 映像。

1. 顶层目录下的 Makefile

它负责 U-Boot 整体配置编译。按照配置的顺序阅读其中关键的几行。

每一种开发板在 Makefile 都需要有板子配置的定义。例如，smdk2410 开发板的定义如下：

```
smdk2410_config  :   unconfig
    @./mkconfig $(@:_config=) arm arm920t smdk2410 NULL s3c24x0
```

执行配置 U-Boot 的命令 make smdk2410_config，通过./mkconfig 脚本生成 include/config.mk 的配置文件。文件内容正是根据 Makefile 对开发板的配置生成的。

```
ARCH   = arm
CPU    = arm920t
BOARD  = smdk2410
VENDOR = samsung
SOC    = s3c24x0
```

上面的 include/config.mk 文件定义了 ARCH、CPU、BOARD、VENDOR、SOC 这些变量。这样硬件平台依赖的目录文件可以根据这些定义来确定。SMDK2410 平台相关目录如下：

（1）board/smdk2410/

（2）cpu/arm920t/

（3）cpu/arm920t/s3c24x0/

（4）lib_arm/

（5）include/asm-arm/

（6）include/configs/smdk2410.h

再回到顶层目录的 Makefile 文件开始的部分，其中，下列几行包含了这些变量的定义。

```
# load ARCH, BOARD, and CPU configuration
include include/config.mk
export      ARCH CPU BOARD VENDOR SoC
```

Makefile 的编译选项和规则在顶层目录的 config.mk 文件中定义。各种体系结构通用的规则直接在这个文件中定义。通过 ARCH、CPU、BOARD、VENDOR、SOC 等变量为不同硬件平台定义不同选项。不同体系结构的规则分别包含在 ppc_config.mk、arm_config.mk、mips_config.mk 等文件中。

顶层目录的 Makefile 中还要定义交叉编译器，以及编译 U-Boot 所依赖的目标文件。

```
ifeq ($(ARCH),arm)
CROSS_COMPILE = arm-none-linux-gnueabi-          //交叉编译器的前缀
#endif
export   CROSS_COMPILE
…

# U-Boot objects...order is important (i.e. start must be first)
OBJS  = cpu/$(CPU)/start.o               //处理器相关的目标文件
…

LIBS  = lib_generic/libgeneric.a      //定义依赖的目录，每个目录下先把目标文件连接成*.a 文件
LIBS += board/$(BOARDDIR)/lib$(BOARD).a
LIBS += cpu/$(CPU)/lib$(CPU).a
ifdef SoC
LIBS += cpu/$(CPU)/$(SoC)/lib$(SoC).a
endif
LIBS += lib_$(ARCH)/lib$(ARCH).a
…
```

然后还有 U-Boot 镜像编译的依赖关系。

```
ALL   +=   $(obj)u-boot.hex  $(obj)u-boot.srec  $(obj)u-boot.bin  $(obj)System.map
$(U_BOOT_NAND) $(U_BOOT_ONENAND)
all:    $(ALL)
$(obj)u-boot.hex:$(obj)u-boot
        $(OBJCOPY) ${OBJCFLAGS} -O ihex $< $@
$(obj)u-boot.srec:    $(obj)u-boot
        $(OBJCOPY) -O srec $< $@
$(obj)u-boot.bin:$(obj)u-boot
        $(OBJCOPY) ${OBJCFLAGS} -O binary $< $@
…
$(obj)u-boot:      depend $(SUBDIRS)  $(OBJS)  $(LIBBOARD)  $(LIBS)  $(LDSCRIPT)
$(obj)u-boot.lds
        $(GEN_UBOOT)
```

Makefile 默认的编译目标为 all，包括 U-Boot.srec、U-Boot.bin、System.map。U-Boot.srec 和 U-Boot.bin 就是通过 ld 命令按照 U-Boot.map 地址表把目标文件组装成 U-Boot。其他 Makefile 内容就不再详细分析了，上述代码分析应该可以为阅读代码提供了一个线索。

2. 开发板配置头文件

除了编译过程 Makefile 以外，还要在程序中为开发板定义配置选项或者参数。这个头文件是 include/configs/<board_name>.h。<board_name>用相应的 BOARD 定义代替。

这个头文件中主要定义了两类变量。

一类是选项，前缀是 CONFIG_，用来选择处理器、设备接口、命令、属性等。例如：

```
#define   CONFIG_ARM920T        1
```

```
#define   CONFIG_DRIVER_CS8900 1
```

另一类是参数，前缀是 CFG_，用来定义总线频率、串口波特率、Flash 地址等参数。例如：

```
#define  CFG_Flash_BASE          0x00000000
#define  CFG_PROMPT              "=>"
```

3. 编译结果

根据对 Makefile 的分析，编译分为两步。第 1 步是配置，如 make smdk2410_config；第 2 步是编译，执行 make 就可以了。

编译完成后，可以得到 U-Boot 各种格式的映像文件和符号表，如表 7-3 所示。

表 7-3　U-Boot 编译生成的镜像文件

文 件 名 称	说　明	文 件 名 称	说　明
System.map	U-Boot 映像的符号表	U-Boot.bin	U-Boot 映像原始的二进制格式
U-Boot	U-Boot 映像的 ELF 格式	U-Boot.srec	U-Boot 映像的 S-Record 格式

U-Boot 的 3 种映像格式都可以烧写到 Flash 中，但需要看加载器能否识别这些格式。一般 U-Boot.bin 最为常用，直接按照二进制格式下载，并且按照绝对地址烧写到 Flash 中就可以了。U-Boot 和 U-Boot.srec 格式映像都自带定位信息。

7.3.4　U-Boot 的移植思路

U-Boot 能够支持多种体系结构的处理器，支持的开发板也越来越多。因为 Bootloader 是完全依赖硬件平台的，所以在新电路板上需要移植 U-Boot 程序。

开始移植 U-Boot 之前，要先熟悉硬件电路板和处理器。确认 U-Boot 是否已经支持新开发板的处理器和 I/O 设备。假如 U-Boot 已经支持一块非常相似的电路板，那么移植的过程将非常简单。移植 U-Boot 工作就是添加开发板硬件相关的文件、配置选项，然后配置编译。开始移植之前，需要先分析一下 U-Boot 已经支持的开发板，比较出硬件配置最接近的开发板。选择的原则是，首先处理器相同，其次处理器体系结构相同，然后是以太网接口等外围接口相同。还要验证一下这个参考开发板的 U-Boot，至少能够配置编译通过。

以 S3C2410 处理器的开发板为例，U-Boot 的高版本已经支持 SMDK2410 开发板。我们可以基于 SMDK2410 移植，那么先把 SMDK2410 编译通过。移植 U-Boot 的基本步骤如下。

（1）在顶层 Makefile 中为开发板添加新的配置选项，使用已有的配置项目为例：

```
smdk2410_config  :      unconfig
    @./mkconfig $(@:_config=) arm arm920t smdk2410 samsung s3c24x0
```

参考上面两行，添加下面两行：

```
EduKit2410_config  :      unconfig
    @./mkconfig $(@:_config=) arm arm920t EduKit2410 samsung s3c24x0
```

（2）创建一个新目录存放开发板相关的代码，并且添加新文件。

① board/EduKit2410/config.mk。

② board/EduKit2410/flash.c。

③ board/EduKit2410/EduKit2410.c。

④ board/EduKit2410/Makefile。

⑤ board/EduKit2410/memsetup.S。

⑥ board/EduKit2410/U-Boot.lds。

（3）为开发板添加新的配置文件。

可以先复制参考开发板的配置文件，再修改。例如：

```
$cp include/configs/smdk2410.h  include/configs/EduKit2410.h
```

如果是为一颗新的 CPU 移植，还要创建一个新的目录存放 CPU 相关的代码。

（4）配置开发板。

```
$ make EduKit2410_config
```

（5）编译 U-Boot。

执行 make 命令，编译成功可以得到 U-Boot 映像。有些错误是跟配置选项有关系的，通常打开某些功能选项会带来一些错误，一开始可以尽量与参考板配置相同。

（6）添加驱动或者功能选项。

在能够编译通过的基础上，还要实现 U-Boot 的以太网接口、Flash 擦写等功能。对于 EDUKIT2410 开发板的以太网驱动和 smdk2410 完全相同，所以可以直接使用。CS8900 驱动程序代码如下：

```
drivers/cs8900.c
drivers/cs8900.h
```

对于 Flash 的选择就麻烦多了，Flash 芯片价格或者采购方面的因素都有影响。多数开发板大小、型号不都相同。所以还需要移植 Flash 的驱动。每种开发板目录下一般都有 flash.c 这个文件，需要根据具体的 Flash 类型修改。例如：

```
board/EduKit2410/flash.c
```

（7）调试 U-Boot 源代码，直到 U-Boot 在开发板上能够正常启动。

调试的过程可能是很艰难的，需要借助工具，并且有些问题可能会困扰很长时间。

具体的移植过程可以参见本书第 8 章的实验部分。

7.3.5 U-Boot 的烧写

新开发的电路板没有任何程序可以执行，也就不能启动，需要先将 U-Boot 烧写到 Flash 中。如果主板上的 EPROM 或者 Flash 能够取下来，就可以通过编程器烧写。例如，计算机 BIOS 就存储在一块 256KB 的 Flash 上，通过插座与主板连接。但是多数嵌入式单板使用贴片的 Flash，不能取下来烧写。这种情况可以通过处理器的调试接口，直接对板上的 Flash 编程。

处理器调试接口是为处理器芯片设计的标准调试接口，包含 BDM、JTAG 和 EJTAG 3 种接口标准。JTAG 接口在第 4 章已经介绍过；BDM（Background Debug Mode）主要应用在 PowerPC8xx 系列处理器上；EJTAG 主要应用在 MIPS 处理器上。这 3 种硬件接口标准定义有所不同，但是功能基本相同，下面都统称为 JTAG 接口。

JTAG（Joint Test Action Group，联合测试行动小组）是一种国际标准测试协议（IEEE 1149.1 兼容），主要用于芯片内部测试。现在多数的高级器件都支持 JTAG 协议，如 DSP、FPGA 器件等。标准的 JTAG 接口是 4 线，即 TMS、TCK、TDI、TDO，分别为模式选择、时钟、数据输入和数据输出线。JTAG 最初是用来对芯片进行测试的，基本原理是在器件内部定义一个 TAP（Test Access Port�测试访问口），通过专用的 JTAG 测试工具对内部节点进行测试。JTAG 测试允许多个器件通过 JTAG 接口串联在一起，形成一个 JTAG 链，能实现对各个器件分别测试。现在，JTAG 接口还常用于实现 ISP（In-System rogrammable�在线编程），对 Flash 等器件进行编程。JTAG 编程方式是在线编程，传统生产流程中先对芯片进行预编程再装到板上因此而改变，简化的流程为先固定器件到电路板上，再用 JTAG 编程，从而大大加快工程进度。JTAG 接口可对 PSD 芯片内部的所有部件进行编程。

JTAG 接口需要专用的硬件工具来连接。无论从功能、性能角度，还是从价格角度，这些工具都有很大差异。最简单的方式就是通过 JTAG 电缆，转接到计算机并口连接。这需要在主机端开发烧写程序，还需要有并口设备驱动程序。一个含有 JTAG Debug 接口模块的 CPU，只要时钟正常，就可以通过 JTAG 接口访问 CPU 的内部寄存器和挂在 CPU 总线上的设备，如 Flash、RAM、SoC（比如 4510B，44B0X，AT91M 系列）内置模块的寄存器、定时器、GPIO 等寄存器。

开发板加电（或者复位）时，烧写程序探测到处理器是否存在，并开始通信，然后把 Bootloader 下载并烧写到 Flash 中。这种方式速率很慢，平均每秒钟可以烧写 100～200 个字节，不过价格却非常便宜。烧写完成后，复位实验板，串口终端应该显示 U-Boot 的启动信息。

7.3.6　U-Boot 的常用命令

U-Boot 上电启动后，按任意键可以退出自动启动状态，进入命令行。

```
U-Boot 1.3.1 (Apr 26 2008 - 14:11:43)
U-Boot code: 11080000 -> 1109614C  BSS: -> 1109A91C
RAM Configuration:
Bank #0: 10000000 64 MB
Micron StrataFlash MT28F128J3 device initialized
Flash: 32 MB
In:    serial
Out:   serial
Err:   serial
Hit any key to stop autoboot:  0
U-Boot>
```

在命令行提示符下，可以输入 U-Boot 的命令并执行。U-Boot 可以支持几十个常用命令，通过这些命令，可以对开发板进行调试，可以引导 Linux 内核，还可以擦写 Flash 完成系统部署等功能。掌握这些命令的使用，才能够顺利地进行嵌入式系统的开发。

输入 help 命令，可以得到当前 U-Boot 的所有命令列表。每一条命令后面是简单的命令说明。

```
?        - alias for 'help'
askenv   - get environment variables from stdin
autoscr  - run script from memory
base     - print or set address offset
bdinfo   - print Board Info structure
boot     - boot default, i.e., run 'bootcmd'
bootd    - boot default, i.e., run 'bootcmd'
bootelf  - Boot from an ELF image in memory
bootm    - boot application image from memory
bootp    - boot image via network using BootP/TFTP protocol
bootvx   - Boot vxWorks from an ELF image
cmp      - memory compare
coninfo  - print console devices and information
cp       - memory copy
crc32    - checksum calculation
date     - get/set/reset date & time
dcache   - enable or disable data cache
dhcp     - invoke DHCP client to obtain IP/boot params
echo     - echo args to console
erase    - erase Flash memory
fatinfo  - print information about filesystem
fatload  - load binary file from a dos filesystem
fatls    - list files in a directory (default /)
flinfo   - print Flash memory information
fsinfo   - print information about filesystems
fsload   - load binary file from a filesystem image
go       - start application at address 'addr'
help     - print online help
icache   - enable or disable instruction cache
iminfo   - print header information for application image
```

```
 imls     - list all images found in flash
 itest    - return true/false on integer compare
 loadb    - load binary file over serial line (kermit mode)
 loads    - load S-Record file over serial line
 loady    - load binary file over serial line (ymodem mode)
 loop     - infinite loop on address range
 ls       - list files in a directory (default /)
 md       - memory display
 mm       - memory modify (auto-incrementing)
 mtest    - simple RAM test
 mw       - memory write (fill)
 nand     - legacy NAND sub-system
 nboot    - boot from NAND device
 nfs      - boot image via network using NFS protocol
 nm       - memory modify (constant address)
 ping     - send ICMP ECHO_REQUEST to network host
 printenv - print environment variables
 protect  - enable or disable Flash write protection
 rarpboot - boot image via network using RARP/TFTP protocol
 reset    - Perform RESET of the CPU
 run      - run commands in an environment variable
 saveenv  - save environment variables to persistent storage
 setenv   - set environment variables
 sleep    - delay execution for some time
 tftpboot - boot image via network using TFTP protocol
 usb      - USB sub-system
 usbboot  - boot from USB device
 version  - print monitor version
```

U-Boot还提供了更加详细的命令帮助，通过help命令还可以查看每个命令的参数说明。由于开发过程的需要，有必要先把U-Boot命令的用法弄清楚。接下来，根据每一条命令的帮助信息，解释一下这些命令的功能和参数。

1. bootm命令

bootm命令可以引导启动存储在内存中的程序映像。这些内存包括RAM和可以永久保存的Flash。

第1个参数addr是程序映像的地址，这个程序映像必须转换成U-Boot的格式。

第2个参数对于引导Linux内核有用，通常作为U-Boot格式的RAMDISK映像存储地址；也可以是传递给Linux内核的参数（默认情况下传递bootargs环境变量给内核）。

```
=> help bootm
bootm [addr [arg ...]]
    - boot application image stored in memory
        passing arguments 'arg ...'; when booting a Linux kernel,
        'arg' can be the address of an initrd image
```

2. bootp命令

bootp命令通过bootp请求，要求DHCP服务器分配IP地址，然后通过TFTP下载指定的文件到内存。

第1个参数是下载文件存放的内存地址。

第2个参数是要下载的文件名称，这个文件应该在开发主机上准备好。

```
=> help bootp
bootp [loadAddress] [bootfilename]
```

3. cmp命令

cmp命令可以比较两块内存中的内容。.b以字节为单位；.w以字为单位；.l以长字为单位。注意，cmp.b中间不能保留空格，需要连续输入命令。

第 1 个参数 addr1 是第 1 块内存的起始地址。

第 2 个参数 addr2 是第 2 块内存的起始地址。

第 3 个参数 count 是要比较的数目，单位是字节、字或者长字。

```
=> help cmp
cmp [.b, .w, .l] addr1 addr2 count
    - compare memory
```

4. cp 命令

cp 命令可以在内存中复制数据块，包括对 Flash 的读写操作。

第 1 个参数 source 是要复制的数据块起始地址。

第 2 个参数 target 是数据块要复制到的地址。这个地址如果在 Flash 中，那么会直接调用写 Flash 的函数操作。所以 U-Boot 写 Flash 就使用这个命令，当然需要先把对应 Flash 区域擦干净。

第 3 个参数 count 是要复制的数目，根据 cp.b、cp.w、cp.l 分别以字节、字、长字为单位。

```
=> help cp
cp [.b, .w, .l] source target count
     - copy memory
```

5. crc32 命令

crc32 命令可以计算存储数据的校验和。

第 1 个参数 address 是需要校验的数据起始地址。

第 2 个参数 count 是要校验的数据字节数。

第 3 个参数 addr 用来指定保存结果的地址。

```
=> help crc32
crc32 address count [addr]
    - compute CRC32 checksum [save at addr]
```

6. echo 命令

echo 命令回显参数。

```
=> help echo
echo [args…]
     - echo args to console; \c suppresses newline
```

7. erase 命令

erase 命令可以擦除 Flash。参数必须指定 Flash 擦除的范围。

按照起始地址和结束地址，start 必须是擦除块的起始地址；end 必须是擦除末尾块的结束地址。这种方式最常用。举例说明：擦除 0x20000 ~ 0x3ffff 区域命令为 erase 20000 3ffff。按照组和扇区，N 表示 Flash 的组号，SF 表示擦除起始扇区号，SL 表示擦除结束扇区号。另外，还可以擦除整个组，如擦除组号为 N 的整个 Flash 组。擦除全部 Flash 只要给出一个 all 的参数即可。

```
=> help erase
erase start end
      - erase Flash from addr 'start' to addr 'end'
erase N:SF[-SL]
      - erase sectors SF-SL in Flash bank # N
erase bank N
      - erase Flash bank # N
erase all
      - erase all Flash banks
```

8. nand 命令

nand 命令可以通过不同的参数实现对 Nand Flash 的擦除、读、写操作。

常见的几种命令的含义如下（具体格式见 help nand）。

nand erase：擦除 Nand Flash。

nand read：读取 Nand Flash，遇到 Flash 坏块时会出错。

nand read.jffs2：读取 Nand Flash，遇到坏块时会把坏块部分对应的内容填充为 0xff，不会出错。

nand read.jffs2s：读取 Nand Flash，遇到坏块时自动跳过（建议使用）。

nand write：写 Nand Flash，nand write 命令遇到 flash 坏块时会出错。

nand write.jffs2：写 Nand Flash，可自动跳过坏块（建议使用）。

```
=> help nand
nand info  - show available NAND devices
nand device [dev] - show or set current device
nand read[.jffs2[s]]  addr off size
nand write[.jffs2] addr off size - read/write 'size' bytes starting
   at offset 'off' to/from memory address 'addr'
nand erase [clean] [off size] - erase 'size' bytes from
   offset 'off' (entire device if not specified)
nand bad - show bad blocks
nand read.oob addr off size - read out-of-band data
nand write.oob addr off size - read out-of-band data
```

9. flinfo 命令

flinfo 命令打印全部 Flash 组的信息，也可以只打印其中某个组。一般嵌入式系统的 Flash 只有一个组。

```
=> help flinfo
flinfo
     - print information for all Flash memory banks
flinfo N
     - print information for Flash memory bank # N
```

10. go 命令

go 命令可以执行应用程序。

第 1 个参数是要执行程序的入口地址。

第 2 个可选参数是传递给程序的参数，可以不用。

```
=> help go
go addr [arg ...]
     - start application at address 'addr'
       passing 'arg' as arguments
```

11. iminfo 命令

iminfo 可以打印程序映像的开头信息，包含了映像内容的校验（序列号、头和校验和）。第 1 个参数指定映像的起始地址。可选的参数是指定更多的映像地址。

```
=> help iminfo
iminfo addr [addr ...]
     - print header information for application image starting at
       address 'addr' in memory; this includes verification of the
       image contents (magic number, header and payload checksums)
```

12. loadb 命令

loadb 命令可以通过串口线下载二进制格式文件。

```
=> help loadb
loadb [ off ] [ baud ]
    - load binary file over serial line with offset 'off' and baudrate 'baud'
```

13. loads 命令

loads 命令可以通过串口线下载 S-Record 格式文件。

```
=> help loads
loads [ off ]
   - load S-Record file over serial line with offset 'off'
```

14. mw 命令

mw 命令可以按照字节、字、长字写内存，.b、.w、.l 的用法与 cp 命令相同。

第 1 个参数 address 是要写的内存地址。

第 2 个参数 value 是要写的值。

第 3 个可选参数 count 是要写单位值的数目。

```
=> help mw
mw [.b, .w, .l] address value [count]
    - write memory
```

15. nfs 命令

nfs 命令可以使用 NFS 网络协议通过网络启动映像。

```
=> help nfs
nfs [loadAddress] [host ip addr:bootfilename]

=> help nm
nm [.b, .w, .l] address
    - memory modify, read and keep address
```

nm 命令可以修改内存，可以按照字节、字、长字操作。

参数 address 是要读出并且修改的内存地址。

16. printenv 命令

printenv 命令打印环境变量。可以打印全部环境变量，也可以只打印参数中列出的环境变量。

```
=> help printenv
printenv
    - print values of all environment variables
printenv name ...
    - print value of environment variable 'name'
```

17. protect 命令

protect 命令是对 Flash 写保护的操作，可以使能和解除写保护。

第 1 个参数 on 代表使能写保护；off 代表解除写保护。

第 2、第 3 个参数是指定 Flash 写保护操作范围，跟擦除的方式相同。

```
=> help protect
protect on  start end
    - protect Flash from addr 'start' to addr 'end'
protect on  N:SF[-SL]
    - protect sectors SF-SL in Flash bank # N
protect on  bank N
    - protect Flash bank # N
protect on  all
    - protect all Flash banks
protect off start end
    - make Flash from addr 'start' to addr 'end' writable
protect off N:SF[-SL]
    - make sectors SF-SL writable in Flash bank # N
protect off bank N
    - make Flash bank # N writable
protect off all
    - make all Flash banks writable
```

18. rarpboot 命令

rarpboot 命令可以使用 TFTP 通过网络启动映像。也就是把指定的文件下载到指定地址，然后执行。

第1个参数是映像文件下载到的内存地址。

第2个参数是要下载执行的镜像文件。

```
=> help rarpboot
rarpboot [loadAddress] [bootfilename]
```

19. run 命令

run 命令可以执行环境变量中的命令，后面参数可以跟几个环境变量名。

```
=> help run
run var [...]
     - run the commands in the environment variable(s) 'var'
```

20. setenv 命令

setenv 命令可以设置环境变量。

第1个参数是环境变量的名称。

第2个参数是要设置的值，如果没有第2个参数，表示删除这个环境变量。

```
=> help setenv
setenv name value ...
     - set environment variable 'name' to 'value ...'
setenv name
     - delete environment variable 'name'
```

21. sleep 命令

tftpboot 命令可以使用 TFTP 通过网络下载文件，按照二进制文件格式下载。另外，使用这个命令，必须配置好相关的环境变量，如 serverip 和 ipaddr。

第1个参数 loadAddress 是下载到的内存地址。

第2个参数是要下载的文件名称，必须放在 TFTP 服务器相应的目录下。

```
=> help sleep
sleep N
     - delay execution for N seconds (N is _decimal_ !!!)
```

sleep 命令可以延迟 *N* 秒钟执行，*N* 为十进制数。

```
=> help tftpboot
tftpboot [loadAddress] [bootfilename]
```

这些 U-Boot 命令为嵌入式系统提供了丰富的开发和调试功能。在 Linux 内核启动和调试过程中，都可以用到 U-Boot 的命令。但是一般情况下，不需要使用全部命令。比如已经支持以太网接口，可以通过 tftpboot 命令来下载文件，那么还有必要使用串口下载的 loadb 吗？反过来，如果开发板需要特殊的调试功能，也可以添加新的命令。

7.4 Linux 内核与移植

Linux 内核是 Linux 操作系统的核心，也是整个 Linux 功能体现。它是用汇编语言和 C 语言编写的，符合 POSIX 标准。Linux 最早是由芬兰黑客 Linus Torvalds 为尝试在英特尔 X86 架构上提供自由免费的类 UNIX 操作系统而开发的。该计划开始于 1991 年，这里有一份 Linus Torvalds 当时在 Usenet 新闻组 comp.os.minix 所登载的帖子，这份著名的帖子标志着 Linux 计划的正式开始。在计划的早期有一些 Minix 黑客提供了协助，而今天全球无数程序员正在为该计划无偿提供帮助。

今天 Linux 是一个一体化内核（Monolithic Kernel）系统。设备驱动程序可以完全访问硬件。Linux 内的设备驱动程序可以方便地以模块化（Modularize）的形式设置，并在系统运行期间可直接装载或卸载。

7.4.1 Linux 内核结构

Linux 内核结构如图 7-3 所示。

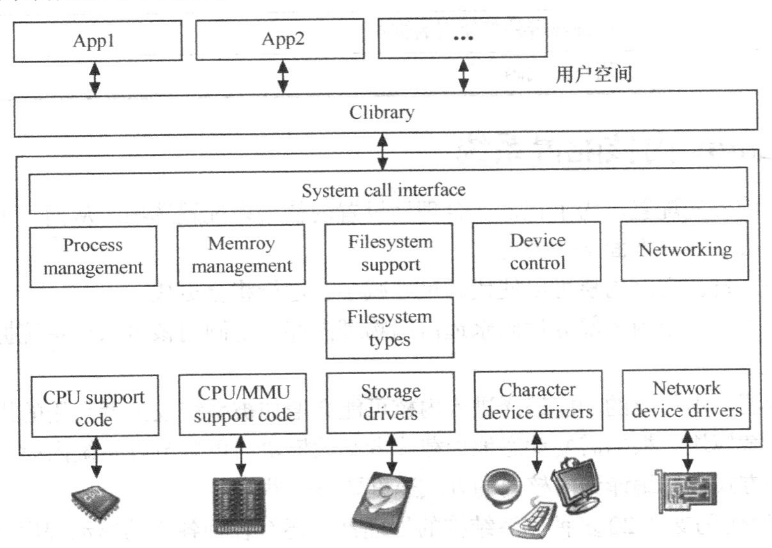

图 7-3 Linux 内核结构

Linux 内核源代码非常庞大，随着版本的发展不断增加。它使用目录树结构，并且使用 Makefile 组织配置编译。

初次接触 Linux 内核，要仔细阅读顶层目录的 readme 文件，它是 Linux 内核的概述和编译命令说明。readme 的说明更加针对 X86 等通用的平台，对于某些特殊的体系结构，可能有些特殊的地方。

顶层目录的 Makefile 是整个内核配置编译的核心文件，负责组织目录树中子目录的编译管理，还可以设置体系结构和版本号等。

内核源码的顶层有许多子目录，分别组织存放各种内核子系统或者文件。具体的目录说明见表 7-4。

表 7-4 Linux 内核源码顶层目录说明

arch/	体系结构相关的代码，如 arch/i386、arch/arm、arch/ppc
crypto	常用加密和散列算法，如 AES、SHA 等
drivers/	各种设备驱动程序，如 drivers/char、drivers/block 等
Documentation/	内核文档
fs/	文件系统，如 fs/ext3、fs/jffs2、…
include/	内核头文件：include/asm 是体系结构相关的头文件，它是 include/asm-arm、include/asm-i386 等目录的链接 include/Linux 是 Linux 内核基本的头文件
init/	Linux 初始化，如 main.c
ipc/	进程间通信的代码
kernel/	Linux 内核核心代码（这部分很小）
lib/	各种库子程序，如 zlib、crc32
mm/	内存管理代码

续表

net/	网络支持代码，主要是网络协议
sound	声音驱动的支持
scripts/	内部或者外部使用的脚本
usr/	用户的代码

7.4.2　Linux 内核配置系统

编译内核之前要先配置。为了正确、合理地设置内核编译配置选项，从而只编译系统需要的功能的代码，一般主要有下面 4 个考虑。

（1）尺寸小。自己定制内核可以使代码尺寸减小，运行将会更快。

（2）节省内存。由于内核部分代码永远占用物理内存，定制内核可以使系统拥有更多的可用物理内存。

（3）减少漏洞。不需要的功能编译进入内核可能会增加被系统攻击者利用的机会。

（4）动态加载模块。根据需要动态地加载或者卸载模块，可以节省系统内存。但是，将某种功能编译为模块方式会比编译到内核内的方式速度要慢一些。

Linux 内核源代码支持 20 多种体系结构的处理器，还有各种各样的驱动程序等选项。因此，在编译之前必须根据特定平台配置内核源代码。Linux 内核有上千个配置选项，配置相当复杂。所以，Linux 内核源代码组织了一个配置系统。

Linux 内核配置系统可以生成内核配置菜单，方便内核配置。配置系统主要包含 Makefile、Kconfig 和配置工具，可以生成配置接口。配置接口是通过工具来生成的，工具通过 Makefile 编译执行，选项则是通过各级目录的 Kconfig 文件定义。

Linux 内核配置命令有 make config、make menuconfig 和 make xconfig。它们分别是字符接口、ncurses 光标菜单和 X-window 图形窗口的配置接口。字符接口配置方式需要回答每一个选项提示，逐个回答内核上千个选项几乎是行不通的。图形窗口的配置接口很好，光标菜单也方便实用。例如，执行 make xconfig，主菜单接口如图 7-4 所示。

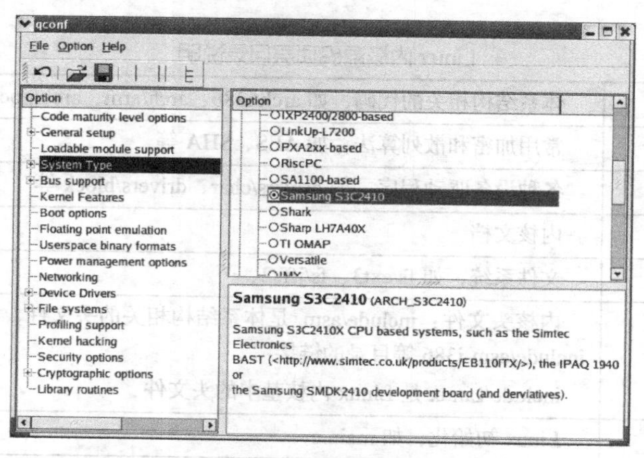

图 7-4　配置内核

那么，这个配置接口到底是如何生成的呢？这里结合配置系统的 3 个部分加以分析。

1. Makefile

Linux 内核的配置编译都是由顶层目录的 Makefile 整体管理的。顶层目录的 Makefile 定义了配置和编译的规则。

在顶层的 Makefile 中，可以查找到如下几行定义的规则。

```
config %config: scripts_basic outputmakefile FORCE
    $(Q)mkdir -p include/Linux
    $(Q)$(MAKE) $(build)=scripts/kconfig $@
```

这就是生成内核配置接口的命令规则，它也定义了执行的目标和依赖的前提条件，还有要执行的命令。

这条规则定义的目标为 config %config，通配符%意味着可以包括 config、xconfig、gconfig、menuconfig、oldconfig 等。依赖的前提条件是 scripts_basic outputmakefile，这些在 Makefile 也是规则定义，主要用来编译生成配置工具。

那么这条规则执行的命令就是执行 scripts/kconfig/Makefile 指定的规则。相当于

```
make -C scripts/kconfig/  config
```

或者

```
make -C scripts/kconfig/  %config
```

这两行命令是使用配置工具解析 arch/$(ARCH)/Kconfig 文件，生成内核配置菜单。$(ARCH) 变量由 Linux 体系结构定义，对应 arch 目录下子目录的名称。Kconfig 包含了内核配置菜单的内容，那么 arch/$(ARCH)/Kconfig 是配置主菜单的文件，调用管理其他各级 Kconfig。

根据配置工具的不同，内核也有不同的配置方式。有命令行方式，还有图形接口方式。表 7-5 所示为内核配置方式的说明。

表 7-5　内核配置方式说明

配置方式	说明
config	通过命令行程序更新当前配置
menuconfig	通过菜单程序更新当前配置
xconfig	通过 QT 图形接口更新当前配置
gconfig	通过 GTK 图形接口更新当前配置
oldconfig	通过已经提供的.config 文件更新当前配置
randconfig	对所有的选项随机配置
defconfig	对所有选项使用默认配置
allmodconfig	对所有选项尽可能选择“m”
allyesconfig	对所有选项尽可能选择“y”
allnoconfig	对所有选项尽可能选择“n”的最小配置

这些内核配置方式是在 scripts/kconfig/Makefile 中通过规则定义的。从这个 Makefile 中可以找到下面一些规则定义。如果把变量或者通配符带进去，就可以明白要执行的操作。这里的 ARCH 以 arm 为例来说明。

```
xconfig: $(obj)/qconf
    $< arch/$(ARCH)/Kconfig
```

执行命令：scripts/kconfig/qconf　arch/arm/Kconfig

使用 QT 图形库，生成内核配置接口。arch/arm/Kconfig 是菜单的主配置文件，每种配置方式都需要。

```
gconfig: $(obj)/gconf
    $< arch/$(ARCH)/Kconfig
```

执行命令：scripts/kconfig/gconf　arch/arm/Kconfig

使用GTK图形库，生成内核配置接口。

```
menuconfig: $(obj)/mconf
        $(Q)$(MAKE) $(build)=scripts/lxdialog
        $< arch/$(ARCH)/Kconfig
```

执行命令：scripts/kconfig/mconf arch/arm/Kconfig

使用lxdialog工具，生成光标配置菜单。

因为mconf调用lxdialog工具，所以需要先编译scripts/lxdialog目录。

```
config: $(obj)/conf
      $< arch/$(ARCH)/Kconfig
```

执行命令：scripts/kconfig/conf arch/arm/Kconfig

完全命令行的内核配置方式。

```
oldconfig: $(obj)/conf
       $< -o arch/$(ARCH)/Kconfig
```

执行命令：scripts/kconfig/conf -o arch/arm/Kconfig

完全命令行的内核配置方式。使用“-o”选项，直接读取已经存在的.config 文件，要求确认内核新的配置项。

```
silentoldconfig: $(obj)/conf
         $< -s arch/$(ARCH)/Kconfig
```

执行命令：scripts/kconfig/conf -s arch/arm/Kconfig

完全命令行的内核配置方式。使用“-s”选项，直接读取已经存在的.config 文件，提示但不要求确认内核新的配置项。

```
%_defconfig: $(obj)/conf
     $(Q)$< -D arch/$(ARCH)/configs/$@ arch/$(ARCH)/Kconfig
```

执行命令：scripts/kconfig/conf -D arch/arm/configs/%_defconfig arch/arm/Kconfig

完全命令行的内核配置方式。读取默认的配置文件 arch/arm/configs/%_defconfig，另存成.config文件。

通过上述各种方法都可以完成配置内核的工作，在顶层目录下生成.config 文件。这个.config文件保存大量的内核配置项，.config 会自动转换成 include/linux/autoconf.h 头文件。在include/linux/config.h文件中，将包含使用include/linux/autoconf.h头文件。

2. 配置工具

不同的内核配置方式，分别通过不同的配置工具来完成。scripts 目录下提供了各种内核配置工具，表7-6所示为这些工具的说明。

表7-6　　内核配置工具说明

配置工具	Makefile相关目标	依赖的程序和软件
conf	Defconfig、oldconfig、…	conf.c、zconf.tab.c
mconf	menuconfig	mconf.c、zconf.tab.c 调用scripts/lxdialog/lxdialog
qconf	xconfig	qconf.c、kconfig_load.c、zconf.tab.c 基于QT软件包实现图形接口
gconf	gconfig	gconf.c、kconfig_load.c、zconf.tab.c 基于GTK软件包实现图形接口

其中，zconf.tab.c 程序实现了解析 Kconfig 文件和内核配置主要函数。zconf.tab.c 程序还直接包含了下列一些C程序，这样各种配置功能都包含在zconf.tab.o目标文件中了。

```
#include "lex.zconf.c"          //lex 语法解析器
#include "util.c"               //配置工具
#include "confdata.c"           //.config 等相关数据文件保存
#include "expr.c"               //表达式函数
#include "symbol.c"             //变量符号处理函数
#include "menu.c"               //菜单控制函数
```

理解这些工具的使用，可以更加方便地配置内核。至于这些工具的源代码实现，一般没有必要去详细分析。

3. Kconfig 文件

Kconfig 文件是 Linux 2.6 内核引入的配置文件，是内核配置选项的源文件。内核源码中的 Documentation/kbuild/kconfig-language.txt 文档有详细说明。

前面已经提到了 arch/$(ARCH)/Kconfig 文件，这是主 Kconfig 文件，跟体系结构有关。主 Kconfig 文件调用其他目录的 Kconfig 文件，其他的 Kconfig 文件又调用各级子目录的配置文件，构成树状关系。

菜单按照树状结构组织，主菜单下有子菜单，子菜单还有子菜单或者配置选项。每个选项可以有依赖关系，这些依赖关系用于确定它是否显示。只有被依赖项的父项已经选中，子项才会显示。

下面解释一下 Kconfig 的特点和语法。

（1）菜单项。

多数选项定义一个配置选项，其他选项起辅助组织作用。下面举例说明单个的配置选项的定义。

```
config MODVERSIONS
      bool "Set version information on all module symbols"
      depends MODULES
      help
         Usually, modules have to be recompiled whenever you switch to a new
         kernel.  ...
```

每一行开头用关键词“config”，后面可以跟多行。后面的几行定义这个配置选项的属性。属性包括配置选项的类型、选择提示、依赖关系、帮助文档和默认值。同名的选项可以重复定义多次，但是每次定义只有一个选择提示并且类型不冲突。

（2）菜单属性。

一个菜单选项可以有多种属性，不过这些属性也不是任意用的，受到语法的限制。

每个配置选项必须有类型定义。类型定义包括 bool、tristate、string、hex、int 共 5 种。其中有两种基本的类型：tristate 和 string，每种类型定义可以有一个选择提示。表 7-7 说明了菜单的各种属性。

表 7-7 内核菜单属性说明

属　性	语　法	说　明
选择提示	"prompt" <prompt> ["if" <expr>]	每个菜单选项最多有一条提示，可以显示在菜单上。某选择提示可选的依赖关系可以通过“if”语句添加
默认值	"default" <expr> ["if" <expr>]	配置选项可以有几个默认值。如果有多个默认值可选，只使用第一个默认值。某选项默认值还可以在其他地方定义，并且被前面定义的默认值覆盖。如果用户没有设置其他值，默认值就是配置符号的唯一值。如果有选择提示出现，就可以显示默认值并且可以配置修改。某默认值可选的依赖关系可以通过“if”语句添加
依赖关系	"depends on"/"requires" <expr>	它定义了菜单选项的依赖关系。如果定义多个依赖关系，那么要用“&&”符号连接。依赖关系对于本菜单项中其他所有选项有效（也可以用“if”语句）

续表

属　性	语　法	说　明
反向依赖	"select" <symbol> ["if" <expr>]	普通的依赖关系是缩小符号的上限，反向依赖关系则是符号的下限。当前菜单符号的值用作符号可以设置的最小值。如果符号值被选择了多次，这个限制将被设成最大选择值。反向依赖只能用于布尔或者三态符号
数字范围	"range" <symbol> <symbol> ["if" <expr>]	允许对 int 和 hex 类型符号的输入值限制在一定范围内。用户输入的值必须大于等于第一个符号值或者小于等于第二个符号值
说明文档	"help" 或者 "---help---"	可以定义帮助文档。帮助文件的结束是通过缩进层次判断的。当遇到一行缩进比帮助文档第一行小的时候，就认为帮助文档已经结束。"---help---"和"help"功能没有区别，主要给开发者提供不同于"help"的帮助

（3）菜单依赖关系。

依赖关系定义了菜单选项的显示，也能减少三态符号的选择范围。表达式的三态逻辑比布尔逻辑多一个状态，用来表示模块状态。表7-8所示为菜单依赖关系的语法说明。

表7-8　菜单依赖关系语法说明

表 达 式	结 果 说 明
<expr> ::= <symbol>	把符号转换成表达式，布尔和三态符号可以转换成对应的表达式值。其他类型符号的结果都是"n"
<symbol> '=' <symbol>	如果两个符号的值相等，返回"y"，否则返回"n"
<symbol> '!=' <symbol>	如果两个符号的值相等，返回"n"，否则返回"y"
'(' <expr> ')'	返回表达式的值，括号内表达式优先计算
'!' <expr>	返回(2-/expr/)的计算结果
<expr> '&&' <expr>	返回 min(/expr/, /expr/)的计算结果
<expr> '||' <expr>	返回 max(/expr/, /expr/)的计算结果

一个表达式的值是"n"、"m"或者"y"（或者对应数值的0、1、2）。当表达式的值为"m"或者"y"时，菜单选项变为显示状态。

符号类型分为两种：常量和非常量符号。

非常量符号最常见，可以通过config语句来定义。非常量符号完全由数字符号或者下画线组成。

常量符号只是表达式的一部分。常量符号总是包含在引号范围内的。在引号中，可以使用其他字符，引号要通过"\"号转义。

（4）菜单组织结构。

菜单选项的树状结构有两种组织方式。第一种是显式地声明为菜单。

```
menu "Network device support"
    depends NET
config NETDEVICES
    ...
endmenu
```

"menu"与"endmenu"之间的部分称为"Network device support"的子菜单。所有子选项继承该菜单的依赖关系，如依赖关系"NET"就被添加到"NETDEVICES"配置选项的依赖关系列表中。

第二种是通过依赖关系确定菜单的结构。如果一个菜单选项依赖于前一个选项，它就是一个子菜单。这要求前一个选项和子选项同步地显示或者不显示。

```
config MODULES
     bool "Enable loadable module support"
config MODVERSIONS
     bool "Set version information on all module symbols"
     depends MODULES
comment "module support disabled"
     depends !MODULES
```

MODVERSIONS 依赖于 MODULES，这样只有 MODULES 不是“n”的时候才显示。反之，MODULES 是“n”的时候，总是显示注释“module support disabled”。

（5）Kconfig 语法。

Kconfig 配置文件描述了一系列的菜单选项。每一行都用一个关键词开头（help 文字例外）。Kconfig 菜单的关键词说明如表 7-9 所示。其中菜单开头的关键词有 config、menuconfig、choice/endchoice、comment、menu/endmenu，它们也可以结束一个菜单选项，另外还有 if/endif、source 也可以结束菜单选项。

表 7-9　Kconfig 菜单关键词说明

关 键 字	语　法	说　明
config	"config" <symbol> <config options>	可以定义一个配置符号<symbol>，并且可以配置选项属性
menuconfig	"menuconfig" <symbol> <config options>	类似于简单的配置选项，但是它暗示：所有的子选项应该作为独立的选项列表显示
choices	"choice" <choice options> <choice block> "endchoice"	定义了一个选择组，并且可以配置选项属性。每个选择项只能是布尔类型或者三态类型。布尔类型只允许选择单个配置选项，三态类型可以允许把任意多个选项配置成“m”。如果一个硬设备有多个驱动程序，内核一次只能静态链接或者加载一个驱动，但是所有的驱动程序都可以编译为模块。 选择项还可以接受另外一个选项“optional”，可以把选择项设置成“n”，并且不需要选择什么选项
comment	"comment" <prompt> <comment options>	定义了一个注释，在配制过程中显示在菜单上，也可以回显到输出文件中。唯一可能的选项是依赖关系
menu	"menu" <prompt> <menu options> <menu block> "endmenu"	定义了一个菜单项，在菜单组织结构中有些描述。唯一可能的选项是依赖关系
if	"if" <expr> <if block> "endif"	定义了一个 if 语句块。依赖关系表达式<expr>附加给所有封装好的菜单选项
source	"source" <prompt>	读取指定的配置文件。读取的文件也会解析生成菜单

7.4.3　Linux 内核编译选项

配置内核可以选择不同的配置接口、图形接口或者光标接口。由于光标菜单运行时不依赖于 X11 图形软件环境，可以运行在字符终端上，所以光标菜单接口比较通用。图 7-5 所示就是执行 make menuconfig 出现的配置菜单。

在各级子菜单项中，选择相应的配置时，有 3 种选择，它们代表的含义分别如下。

（1）y：将该功能编译进内核。

（2）n：不将该功能编译进内核。

（3）m：将该功能编译成可以在需要时动态插入到内核中的模块。

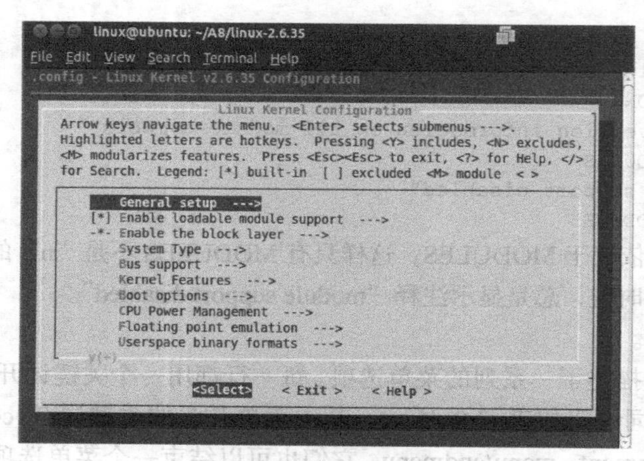

图 7-5　内核配置主菜单

如果使用的是 make xconfig，使用鼠标就可以选择对应的选项。如果使用的是 make menuconfig，则需要使用 Enter 键进行选取。

在每一个选项前都有一个括号，有的是中括号，有的是尖括号，还有的是圆括号。用空格键选择时可以发现，中括号中要么是空，要么是“*”，而尖括号中可以是空、“*”和“M”。这表示前者对应的项要么不要，要么编译到内核中；后者则多一种选择，可以编译成模块。而圆括号的内容是要你在所提供的几个选项中选择一项。

在编译内核的过程中，最麻烦的事情就是配置这步工作了。初次接触 Linux 内核的开发者往往弄不清楚该如何选取这些选项。实际上在配置时，大部分选项可以使用其默认值，只有小部分需要根据用户不同的需要选择。选择的原则是将与内核其他部分关系较远且不经常使用的部分功能代码编译成为可加载模块，这有利于减小内核的长度，减小内核消耗的内存，简化该功能相应的环境改变时对内核的影响；不需要的功能就不要选；与内核关系紧密而且经常使用的部分功能代码直接编译到内核中。

1. 基本配置选项

相对于 Linux 2.4 内核，Linux 2.6 内核的配置菜单有了很大变化，而且随着版本的发展还有些调整。下面以 Linux 2.6.14 内核版本为例，介绍主菜单选项和常用的配置选项的功能。

（1）“Code maturity level options”菜单包含配置控制代码成熟度的一些选项。

CONFIG_EXPERIMENTAL 选项可以包含一些处于开发状态或者不成熟的代码或者驱动程序。

（2）“General setup”菜单包含通用的一些配置选项。

① CONFIG_LOCALVERSION 可以定义附加的内核版本号。

② CONFIG_SWAP 可以支持内存页交换（swap）的功能。

③ CONFIG_EMBEDDED 支持嵌入式 Linux 标准内核配置。

④ CONFIG_KALLSYMS 支持加载调试信息或者符号解析功能。

（3）“Loadable module support”菜单包含支持动态加载模块的一些配置选项。

① CONFIG_MODULES 是支持动态加载模块功能选项。

② CONFIG_MODVERSIONS 是模块版本控制支持选项。

③ CONFIG_KMOD 选项可以支持内核自动加载模块功能。

（4）“System Type”菜单包含系统平台列表及其相关的配置选项。

对于不同的体系结构，显示不同的提示信息。ARM 体系结构显示“ARM system type”。

CONFIG_ARCH_CLPS7500 是 Cirrus Logic PS7500FE 开发板的配置选项。

还有其他很多处理器和板子的配置选项，这里不再一一说明。

（5）“Bus support”菜单包含系统各种总线的配置选项。

其中，CONFIG_PCI 是 PCI 总线支持选项。

（6）“Kernel Features”菜单包含内核特性相关选项。

① CONFIG_PREEMPT 选项支持内核抢占特性。

② CONFIG_SMP 选项支持对称多处理器的平台。

（7）“Boot options”菜单包含内核启动相关的选项。

① CONFIG_CMDLINE 选项可以定义默认的内核命令行参数。

② CONFIG_XIP_KERNEL 选项可以支持内核从 ROM 中运行的功能。

（8）“Floating point emulation”菜单包含浮点数运算仿真功能。

① CONFIG_FPE_NWFPE 选项支持“NWFPE”数学运算仿真。

② CONFIG_FPE_FASTFPE 选项支持“FastFPE”数学运算仿真。

（9）“Userspace binary formats”菜单包含支持的应用程序格式。

① CONFIG_BINFMT_ELF 选项支持 ELF 格式可执行程序，这是 Linux 程序默认的格式。

② CONFIG_BINFMT_AOUT 选项支持 AOUT 格式可执行程序，现在已经少用。

（10）“Power management options”菜单包含电源管理有关的选项。

① CONFIG_PM 支持电源管理功能。

② CONFIG_APM 支持高级电源管理仿真功能。

（11）“Networking”菜单包含网络协议支持选项。

① CONFIG_NET 选项支持网络功能。

② CONFIG_PACKET 支持 socket 接口的功能。

③ CONFIG_INET 选项支持 TCP/IP 网络协议。

④ CONFIG_IPV6 选项支持 IPv6 协议的支持。

（12）“Device Drivers”菜单包含各种设备驱动程序。

该菜单下面包含很多子菜单，几乎包含了所有的设备驱动程序。

（13）“File systems”菜单包含各种文件系统的支持选项。

① CONFIG_EXT2_FS 选项支持 EXT2 文件系统。

② CONFIG_EXT3_FS 选项支持 EXT3 文件系统。

③ CONFIG_JFS_FS 选项支持 JFS 文件系统。

④ CONFIG_INOTIFY 选项支持文件改变通知功能。

⑤ CONFIG_AUTOFS_FS 选项支持文件系统自动挂载功能。

⑥ “CD-ROM/DVD Filesystems”子菜单包含 iso9660 等 CD-ROM 文件系统类型选项。

⑦ “DOS/FAT/NT Filesystems”子菜单包含 DOS/Windows 的一些文件系统类型选项。

⑧ “Pseudo filesystems”子菜单包含 sysfs procfs 等驻留在内存中的伪文件系统选项。

⑨ “Miscellaneous filesystems”子菜单包含 JFFS2 等其他类型的文件系统。

⑩ “Network File Systems”子菜单包含 NFS 等网络相关的文件系统。

（14）“Profiling support”菜单包含用于系统测试的工具选项。

① CONFIG_PROFILING 选项支持内核的代码测试功能。

② CONFIG_OPROFILE 选项使能系统测试工具 Oprofile。

（15）“Kernel hacking”菜单包含各种内核调试的选项。

（16）“Security options”菜单包含安全性有关的选项。

① CONFIG_KEYS 选项支持密钥功能。

② CONFIG_SECURITY 选项支持不同的密钥模型。

③ CONFIG_SECURITY_SELINUX 选项支持 NSA SELinux。

（17）“Cryptographic options” 菜单包含加密算法。

CONFIG_CRYPTO 选项支持加密的 API。

还有各种加密算法的选项可以选择。

（18）“Library routines” 菜单包含几种压缩和校验库函数。

① CONFIG_CRC32 选项支持 CRC32 校验函数。

② CONFIG_ZLIB_INFLATE 选项支持 zlib 压缩函数。

③ CONFIG_ZLIB_DEFLATE 选项支持 zlib 解压缩函数。

2. 驱动程序配置选项

几乎所有 Linux 的设备驱动程序都在“Device Drivers”菜单下，它对设备驱动程序加以归类，放到子菜单下。下面解释常用的一些菜单项的内容。

（1）“Generic Driver Options” 菜单对应 drivers/base 目录的配置选项，包含 Linux 驱动程序基本和通用的一些配置选项。

（2）“Memory Technology Devices (MTD)” 菜单对应 drivers/mtd 目录的配置选项，包含 MTD 设备驱动程序的配置选项。

（3）“Parallel port support” 菜单对应 drivers/parport 目录的配置选项，包含并口设备驱动程序。

（4）“Plug and Play support” 菜单对应 drivers/pnp 目录的配置选项，包含计算机外设设备的热拔插功能。

（5）“Block devices” 菜单对应 drivers/block 目录的配置选项，包含软驱、RAMDISK 等驱动程序。

（6）“ATA/ATAPI/MFM/RLL support” 菜单对应 drivers/ide 目录的配置选项，包含各类 ATA/ATAPI 接口设备驱动。

（7）“SCSI device support” 菜单对应 drivers/scsi 目录的配置选项，包含各类 SCSI 接口的设备驱动。

（8）“Network device support” 菜单对应 drivers/net 目录的配置选项，包含各类网络设备驱动程序。

（9）“Input device support” 菜单对应 drivers/input 目录的配置选项，包含 USB 键盘、鼠标等输入设备通用接口驱动。

（10）“Character devices” 菜单对应 drivers/char 目录的配置选项，包含各种字符设备驱动程序。这个目录下的驱动程序很多，串口的配置选项也是从这个子菜单调用的，但是串口驱动所在的目录是 drivers/serial。

（11）“I^2C support” 菜单对应 drivers/i2c 目录的配置选项，包含 I^2C 总线的驱动。

（12）“Multimedia devices” 菜单对应 drivers/media 目录的配置选项，包含视频/音频接收和摄像头的驱动程序。

（13）“Graphics support” 菜单对应 drivers/video 目录的配置选项，包含 Framebuffer 驱动程序。

（14）“Sound” 菜单对应 sound 目录的配置选项，包含各种音频处理芯片 OSS 和 ALSA 驱动程序。

（15）“USB support” 菜单对应 drivers/usb 目录的配置选项，包含 USB Host 和 Device 的驱动程序。

（16）“MMC/SD Card support” 菜单对应 drivers/mmc 目录的配置选项，包含 MMC/SD 卡的驱动程序。

对于特定的目标板，可以根据外围设备选择对应的驱动程序选项，然后才能在 Linux 系统下使用相应的设备。这里不准备讨论 Linux 设备驱动程序的话题。有关设备驱动程序的内容，可以阅读《Linux Device Drivers 3rd Edition》。

7.5　移植 Linux 2.6 内核到 S3C2410 平台简述

7.5.1　移植的概念

所谓移植就是把程序代码从一种运行环境转移到另外一种运行环境。对于内核移植来说，主要是从一种硬件平台转移到另外一种硬件平台上运行。

对于内核移植工作来说，主要是添加开发板初始化和驱动程序的代码。这部分代码大部分是跟体系结构相关的，在 arch 目录下按照不同的体系结构管理。下面以 ARM S3C2410 平台为例，分析内核代码移植过程。

Linux 2.6 内核已经支持 S3C2410 处理器的多种硬件板，如 SMDK2410、Simtec-BAST、IPAQ-H1940、Thorcom-VR1000 等。我们可以参考 SMDK2410 参考板，来移植开发板的内核。

1. 添加开发板平台支持选项

Linux 2.6 内核对 S3C2410 平台已经有基本的支持。从学习的角度，再分析一下 ARM S3C2410 平台的有关代码实现。

回顾一下前面内核配置选项的 “System Type”，其中有处理器及开发板的支持选项。那么它们是怎么加进去的呢？又起什么作用呢？

这些 ARM 平台相关的选项都是在 arch/arm 目录下实现的。在内核编译过程中已经说明，需要在顶层 Makefile 中设置相应的体系结构和工具链。这样配置 Linux 内核的时候就会调用 arch/arm/Kconfig 文件。

arch/arm/Kconfig 文件是内核主配置文件，从这个文件中就可以找到 “System Type” 的配置选项。

```
#arch/arm/Kconfig
menu "System Type"
choice        #系统平台选择项列表
     prompt "ARM system type"
     default ARCH_VERSATILE
config ARCH_AAEC2000
    bool "Agilent AAEC-2000 based"
    select CPU_ARM920T
    select ARM_AMBA
    select HAVE_CLK
    select ARCH_USES_GETTIMEOFFSET
    help
      This enables support for systems based on the Agilent AAEC-2000
…
config ARCH_S3C2410          #对于 S3C2410 处理器的支持
    bool "Samsung S3C2410, S3C2412, S3C2413, S3C2416, S3C2440, S3C2442, S3C2443, S3C2450"
    select GENERIC_GPIO
```

```
    select ARCH_HAS_CPUFREQ
    select HAVE_CLK
    select ARCH_USES_GETTIMEOFFSET
    help
      Samsung S3C2410X CPU based systems, such as the Simtec Electronics
      BAST (<http://www.simtec.co.uk/products/EB110ITX/>), the IPAQ 1940 or
      the Samsung SMDK2410 development board (and derivatives).

      Note, the S3C2416 and the S3C2450 are so close that they even share
      the same SoC ID code. This means that there is no seperate machine
      directory (no arch/arm/mach-s3c2450) as the S3C2416 was first.
  …
  config ARCH_AAEC2000
      bool "Agilent AAEC-2000 based"
      help
         This enables support for systems based on the Agilent AAEC-2000
  endchoice
  …
  source "arch/arm/mach-s3c2410/Kconfig"
```

上面的“choice”语句可以在菜单中生成一个多选项，可以找到“Samsung S3C2410”选项，然后通过 source 语句调用 arch/arm/mach-s3c2410/Kconfig 文件。

arch/arm/mach-s3c2410/Kconfig 文件中定义了各种 S3C2410 处理器开发板的选项，还有 S3C2410 处理器的特殊支持选项。

```
#arch/arm/mach-s3c2410/Kconfig
config ARCH_SMDK2410                           #SMDK2410 开发板的配置选项
    bool "SMDK2410/A9M2410"
    select CPU_S3C2410
    select MACH_SMDK
    help
      Say Y here if you are using the SMDK2410 or the derived module A9M2410
         <http://www.fsforth.de>
…
endmenu

config CPU_S3C2410                             #根据依赖关系默认定义处理器选项
    bool
    depends on ARCH_S3C2410
    select CPU_ARM920T
    select S3C_GPIO_PULL_UP
    select S3C2410_CLOCK
    select S3C2410_GPIO
    select CPU_LLSERIAL_S3C2410
    select S3C2410_PM if PM
    select S3C2410_CPUFREQ if CPU_FREQ_S3C24XX
    help
      Support for S3C2410 and S3C2410A family from the S3C24XX line
      of Samsung Mobile CPUs.

#S3C2410 处理器有关的配置选项，如 DMA 的支持等
config CPU_S3C2410_DMA
    bool
    depends on S3C2410_DMA && (CPU_S3C2410 || CPU_S3C2442)
    default y if CPU_S3C2410 || CPU_S3C2442
    help
      DMA device selection for S3C2410 and compatible CPUs
```

```
...
endif
```

通过上述的两个 Kconfig 文件，就会出现 S3C2410 系列开发板的配置菜单选项。这里的 mach-s3c2410 目录专门用来保存 S3C2410 系列处理器平台相关程序。下面列出 mach-s3c2410 目录下的所有文件。

```
$ ls arch/arm/mach-s3c2410
bast-ide.c          Kconfig            mach-tct_hammer.c  pm-h1940.S
bast-irq.c          mach-amlm5900.c    mach-vr1000.c      s3c2410.c
cpu-freq.c          mach-bast.c        Makefile           sleep.S
dma.c               mach-h1940.c       Makefile.boot      usb-simtec.c
gpio.c              mach-n30.c         nor-simtec.c       usb-simtec.h
h1940-bluetooth.c   mach-otom.c        nor-simtec.h
include             mach-qt2410.c      pll.c
irq.c               mach-smdk2410.c    pm.c
```

其中，Kconfig 和 Makefile 是用于内核配置编译的。其他文件分为两类，一类是处理器通用的，如 clock.c、clock.h、cpu.c、cpu.h、s3c2410.c、s3c2410.h 等；另一类是目标板相关的，如 bast-map.h、bast-irq.c、mach-bast.c 等。

在这些文件中，实现了处理器和目标板相关的一些定义和初始化函数。还有些相关的定义包含在 include/config/s3c2410/下的头文件中。

我们看一下 SMDK2410 目标板在内核中的描述。首先要看 MACHINE_START 和 MACHINE_END 宏的定义。

```
/* arch/arm/include/asm/mach/arch.h */
#define MACHINE_START(_type,_name)                  \
static const struct machine_desc __mach_desc_##_type\
__used
__attribute__((__section__(".arch.info.init"))) = { \
     .nr = MACH_TYPE_##_type,  \
     .name    = _name,
#define MACHINE_END                       \
};
```

其中的结构体 machine_desc 用来描述目标板硬件平台。它包含了系统平台号（nr，architecture number）、内存起始物理地址（phys_ram）、I/O 起始物理地址（phys_io）、系统平台名称（name）、启动参数（boot_params）、初始化函数指针等变量。

再来定义 SMDK2410 这个系统平台。

```
#arch/arm/mach-s3c2410/mach-smdk2410.c
MACHINE_START(SMDK2410, "SMDK2410") /* 定义 SMDK2410 的结构体 */
   /* Maintainer: Jonas Dietsche */
    .phys_io       = S3C2410_PA_UART,
   .io_pg_offst   = (((u32)S3C24XX_VA_UART) >> 18) & 0xfffc,
   .boot_params   = S3C2410_SDRAM_PA + 0x100,
   .map_io        = smdk2410_map_io,
   .init_irq      = smdk2410_init_irq,
   .init_machine  = smdk2410_init,
   .timer         = &s3c24xx_timer,
MACHINE_END
```

上面相当于定义了下列__mach_desc_SMDK2410 结构体。

```
struct machine_desc __mach_desc_SMDK2410     \
 __attribute__((__section__(".arch.info.init"))) = {\
     .nr            = MACH_TYPE_SMDK2410, \
     .name          = "SMDK2410",
     ...
};
```

这里的 MACH_TYPE_SMDK2410 是 SMDK2410 的系统平台号，它包含在 include/generated/mach-types.h 头文件中。不过这个头文件是自动生成的，不能手工修改。真正系统平台号的定义位置在 arch/arm/tools/mach-types 文件中。

```
#arch/arm/tools/mach-types
# machine_is_xxx        CONFIG_xxxx             MACH_TYPE_xxx      number
smdk2410                    ARCH_SMDK2410        SMDK2410           193
```

arch/arm/tools/mach-types 中每一行定义一个系统平台号。“machine_is_xxx”是用来判断当前的平台号是否正确的函数；“CONFIG_xxxx”是在内核配置时生成的；“MACH_TYPE_xxx”是系统平台号的定义；“number”是系统平台的值。

在_mach_desc_SMDK2410 结构体中，还有一些系统平台初始化函数，如 smdk2410_map_io()、smdk2410_init_irq()、s3c24XX_timer()等。这些函数分别在其他文件中逐一实现。在内核启动过程中，将通过结构体调用这些函数，完成系统平台初始化工作。

内核中已经支持各种系统平台，如 mach-clps711x、mach-integrator、mach-omap1 等。在 Makefile 中可以通过配置来选择编译不同的目录，arch/arm/Makefile 的下列语句可以完成这项工作。

```
#arch/arm/Makefile
machine-$(CONFIG_ARCH_S3C2410)    := s3c2410 #定义 machine-y = s3c2410
…
ifneq ($(machine-y),)
MACHINE  := arch/arm/mach-$(machine-y)/       #包含 mach-s3c2410 子目录
else
MACHINE  :=
Endif
```

然后应该可以编译内核镜像了，内核的编译过程可以参考前面的内容。

编译生成顶层的 vmLinux 映像之后，还需要把它压缩打包成自引导的内核镜像 zImage。这部分代码都放在 arch/arm/boot/目录下。

引导代码主要包含在 arch/arm/boot/compressed/head.S 文件中，下面对 zImage 的编译生成过程简单分析一下。

```
# arch/arm/boot/compressed/Makefile
$(obj)/vmLinux: $(obj)/vmLinux.lds $(obj)/$(HEAD) $(obj)/piggy. $(suffix_y).o \
            $(addprefix $(obj)/, $(OBJS)) FORCE
      $(call if_changed,ld)
      @:
$(obj)/piggy. $(suffix_y): $(obj)/../Image FORCE
      $(call if_changed, $(suffix_y))
$(obj)/piggy. $(suffix_y).o:  $(obj)/piggy. $(suffix_y) FORCE

$(obj)/vmLinux.lds: $(obj)/vmLinux.lds.in arch/arm/boot/Makefile .config
       @sed "$(SEDFLAGS)" < $< > $@
```

根据上述 Makefile 的定义，先把顶层的 vmLinux 转换成 Image，再压缩成 gzip 格式的 piggy.gzip，再生成 piggy.gzip.o，然后链接生成新的 vmLinux。这里的 vmLinux 将复制成 zImage，它是在链接时需要一个链接脚本 vmLinux.lds。这里的链接脚本相对简单，只要保证自引导程序组装在 zImage 的起始位置即可。

幸运的是 Linux 2.6 内核已经支持 S3C2410 处理器，这部分体系结构相关的程序基本上都有了。如果内核没有支持你的硬件平台，则可模仿这种源代码的组织结构来移植。

在移植过程中，内核编译也可能出现一些错误。最常见的配置错误，如找不到头文件或者宏定义，在目标文件编译过程中就会出错；找不到函数实现，在链接的时候出错。还有一些语法错误，通常因为编辑失误导致，另外不同内核版本的函数接口定义不一致也会导致出错。根据错误信息，很容易就可以找到出错的位置。

开始移植的时候，可以先配置一个最基本的 Linux 内核，甚至不包含串口驱动和网络驱动。

2. 移植开发板驱动程序

S3C2410 属于片上系统，处理器芯片具备串口、显示等外围接口的控制器。这样，参考板上的设备驱动程序多数可以直接使用。但是并不是所有的外部设备都相同，不同的开发板可以使用不同的 SDRAM、Flash、以太网接口芯片等。这就需要根据硬件修改或者开发驱动程序。

串口驱动程序是最简单的设备驱动程序之一，这个驱动程序几乎不需要任何改动。然而，如果用 2.4 内核的配置使用方式，是不能得到串口控制台信息的。看一下驱动程序 drivers/serial/s3c2410.c 中的一些代码就明白了。

```
/* drivers/serial/s3c2410.c */
/* UART name and device definitions */
#define S3C24XX_SERIAL_NAME    "ttySAC" /* 设备名称由 2.4 内核的 ttyS 变为 ttySAC */
#define S3C24XX_SERIAL_DEVFS    "tts/"
#define S3C24XX_SERIAL_MAJOR   204
#define S3C24XX_SERIAL_MINOR   64

static struct uart_driver s3c24xx_uart_drv = {
       .owner          = THIS_MODULE,
       .dev_name       = "s3c2410_serial",
       .nr             = 3,
       .cons           = S3C24XX_SERIAL_CONSOLE,
       .driver_name    = S3C24XX_SERIAL_NAME,
       .devfs_name     = S3C24XX_SERIAL_DEVFS,
       .major          = S3C24XX_SERIAL_MAJOR,
       .minor          = S3C24XX_SERIAL_MINOR,
};
```

这样，串口设备在/dev 目录下对应的设备节点为/dev/ttySAC0、/dev/ttySAC1。所以，再使用过去的串口设备 ttyS0，就得不到控制台打印信息了。

现在可以很简单地解决这个问题，即把内核命令行参数的控制台设置修改为 console=ttySAC0,115200。

7.5.2 设备驱动移植

在内核已经支持 S3C2410 处理器以后，基本上无须改动代码就可以让内核运行起来。但是有些情况下，我们必须针对不同的设备进行驱动级的移植。至少硬件地址可能会不同。本小节将着重介绍驱动程序移植的思路。

网络驱动是比较复杂的驱动之一，这里不详细讲述驱动程序编程。我们重点了解一下移植过程到底做了哪些工作。CS8900 10Mbit/s 以太网接口驱动程序是 drivers/net/cs89x0.c，如下所示：

```
/* drivers/net/cs89x0.c */
#ifdef CONFIG_ARCH_SMDK2410
#include <asm/irq.h>
#include <asm/hardware.h>
#undef inw
#define inw(p)          readw(p)
#undef insw
#define insw(p,d,l)     readsw((void *) p, d, l)
#undef outw
#define outw(v, p)      writew(v, p)
#endif
```

对于特定的设备驱动，必须定义设备底层操作函数，也就是寄存器访问函数。外围设备的访问分为内存映像和 I/O 两种类型，分别根据各自体系结构实现这些函数。对于 SMDK2410 平台，是内存映像型的读写函数，通过宏定义调用 read/write 函数。

对于 SMDK2410 硬件平台，CS8900 以太网控制器的基地址和中断等配置与其他平台是不同的。通过下列程序可以为 SMDK2410 定义初始化数据。

```
#elif defined(CONFIG_ARCH_SMDK2410)
static unsigned int netcard_portlist[] __initdata = {SMDK2410_ETH_BASE + 0x300, 0};
static unsigned int cs8900_irq_map[] = {SMDK2410_ETH_IRQ, 0, 0, 0};
```

上面程序中用到的 SMDK2410_ETH_BASE 和 SMDK2410_ETH_IRQ，可以在头文件中添加。这是完全根据 SMDK2410 硬件使用手册或者电路图来确定的。

```
/*
 * arch/arm/mach-s3c2410/include/mach/map.h
 * This program is free software; you can redistribute it and/or modify
 * it under the terms of the GNU General Public License version 2 as
 * published by the Free Software Foundation.
 */
#ifndef __ASM_ARCH_SMDK2410_H
#define __ASM_ARCH_SMDK2410_H
#include <Linux/config.h>
#define SMDK2410_ETH_BASE 0xE9000000
#define SMDK2410_ETH_START     0x19000000
#define SMDK2410_ETH_IRQ  IRQ_EINT9
#endif  /* __ASM_ARCH_SMDK2410_H */
```

网络驱动程序修改好了，可能还不能找到这个网卡的驱动选项。这是因为 CS89x0 驱动依赖于其他配置选项。按照下列代码在“depends”一行添加“|| ARCH_SMDK2410”。

```
# drivers/net/Kconfig
config CS 89x0
tristate "CS89X0 support"
depends on (NET_PCI && || ARCH_IXDP2X01)  || ARCH_PNX0105 || ARCH_SMDK2410
```

Makefile 的下列一行可以编译 CS89x0 驱动。

```
# drivers/net/Makefile
obj- $(CONFIG_CS89x0) += cs89x0.o
```

如果有更多的设备接口，可以参考 drivers 目录中各种成熟的设备驱动。这里不再详细讨论设备驱动程序的内容。具体的设备驱动程序移植过程，可以参见第 8 章的实验部分。

7.5.3 Nand Flash 移植

Nor Flash 和 Nand Flash 是现在市场上两种主要的非易失闪存技术。Intel 于 1988 年首先开发出 Nor Flash 技术，彻底改变了原先由 EPROM 和 EEPROM 一统天下的局面。紧接着，1989 年，东芝公司发表了 Nand Flash 结构，强调降低每比特的成本，更高的性能，并且像磁盘一样可以通过接口轻松升级。

Nor 的传输效率很高，在 1 ~ 4MB 的小容量时具有很高的成本效益，但是很低的写入和擦除速度大大影响了它的性能。Nand 结构能提供极高的单元密度，可以达到高存储密度，并且写入和擦除的速度也很快。应用 Nand 的困难在于 Flash 的管理和需要特殊的系统接口。Nor 的特点是芯片内执行（eXecute In Place，XIP），这样应用程序可以直接在 Flash 闪存内运行，不必再把代码读到系统 RAM 中。

但是，在 Nand Flash 制作技术持续提升且生产成本逐年降低的情形下，许多生产移动通信装置的厂商开始愿意针对较高阶的智能型手机、GPS、PDA 等手持式装置采用内建式内存方案，以替代过去使用外插记忆卡的方式。

Flash 闪存是非易失性存储器，可以对存储器单元块进行擦写和再编程。任何 Flash 器件的写入操作只能在空或已擦除的单元内进行，所以大多数情况下，在进行写入操作之前必须先执行擦除。Nand 器件执行擦除操作是十分简单的，而 Nor 器件则要求在进行擦除前先要将目标块内所有的位都写为 0。由于擦除 Nor 器件时是以 64 ~ 128KB 的块进行的，因此执行一个写入/擦除操作的时间为 5s。与此相反，擦除 Nand 器件是以 8 ~ 32KB 的块进行的，执行相同的操作最多只需要 4ms。执行擦除时块尺寸的不同进一步拉大了 Nor 器件和 Nand 器件之间的性能差距，统计表明，对于给定的一套写入操作（尤其是更新小文件时），更多的擦除操作必须在基于 Nor 的单元中进行。这样，当选择存储解决方案时，设计师必须权衡以下的各项因素。

（1）Nor 的读速度比 Nand 稍快一些。

（2）Nand 的写入速度比 Nor 快很多。

（3）Nand 的 4ms 擦除速度远比 Nor 的 5s 快。

（4）大多数写入操作需要先进行擦除操作。

（5）Nand 的擦除单元更小，相应的擦除电路更少。

在 Nor 器件上运行代码不需要任何的软件支持，在 Nand 器件上进行同样操作时，通常需要驱动程序，也就是内存技术驱动程序（MTD），Nand 和 Nor 器件在进行写入和擦除操作时都需要 MTD。使用 Nor 器件时所需要的 MTD 要相对少一些，许多厂商都提供用于 Nor 器件的更高级软件，这其中包括 M-System 的 TrueFFS 驱动，该驱动被 Wind River System、Microsoft、QNX Software System、Symbian、Intel 等厂商所采用。

我们移植 Linux 内核的过程中，使用了基于 SMDK2410 开发板作为参考平台。在这个平台上使用的是 Nor Flash，而我们现在多使用 Nand Flash 作为存储设备，因此需要对 Nand Flash 驱动进行移植。有关 Flash 的移植我们放在第 8 章中详细描述。

我们还需要了解 MTD 的知识。MTD（memory technology device，内存技术设备）是用于访问 memory 设备（ROM、Flash）的 Linux 的子系统。MTD 的主要目的是为了使新的 memory 设备的驱动更加简单，为此它在硬件和上层之间提供了一个抽象的接口。MTD 的所有源代码在 /drivers/mtd 子目录下。CFI 接口的 MTD 设备分为 4 层：设备节点、MTD 设备层、MTD 原始设备层和硬件驱动层。

（1）Flash 硬件驱动层。硬件驱动层负责在 init 时驱动 Flash 硬件，Linux MTD 设备的 Nor Flash 芯片驱动遵循 CFI 接口标准，其驱动程序位于 drivers/mtd/chips 子目录下。Nand 型 Flash 的驱动程序则位于/drivers/mtd/nand 子目录下。

（2）MTD 原始设备。原始设备层有两部分组成，一部分是 MTD 原始设备的通用代码，另一部分是各个特定的 Flash 的数据，如分区。用于描述 MTD 原始设备的数据结构是 mtd_info，这其中定义了大量的关于 MTD 的数据和操作函数。mtd_table（mtdcore.c）则是所有 MTD 原始设备的列表，mtd_part（mtd_part.c）是用于表示 MTD 原始设备分区的结构，其中包含了 mtd_info，因为每一个分区都是被看成一个 MTD 原始设备加在 mtd_table 中的，mtd_part.mtd_info 中的大部分数据都从该分区的主分区 mtd_part->master 中获得的。

在 drivers/mtd/maps/子目录下存放的是特定的 Flash 的数据，每一个文件都描述了一块板子上的 Flash。其中调用 add_mtd_device()、del_mtd_device()建立/删除 mtd_info 结构并将其加入/删除 mtd_table（或者调用 add_mtd_partition()、del_mtd_partition()（mtdpart.c）建立/删除 mtd_part 结构并将 mtd_part.mtd_info 加入/删除 mtd_table 中）。

（3）MTD 设备层。基于 MTD 原始设备，Linux 系统可以定义出 MTD 的块设备（主设备号为 31）和字符设备（设备号为 90）。MTD 字符设备的定义在 mtdchar.c 中实现，通过注册一系列 file operation 函数（lseek、open、close、read、write）。MTD 块设备则是定义了一个描述 MTD 块设备的结构 mtdblk_dev，并声明了一个名为 mtdblks 的指针数组，该数组中的每一个 mtdblk_dev 和 mtd_table 中的每一个 mtd_info 一一对应。

（4）设备节点。通过 mknod 在/dev 子目录下建立 MTD 字符设备节点（主设备号为 90）和 MTD 块设备节点（主设备号为 31），通过访问此设备节点即可访问 MTD 字符设备和块设备。

所有的 Nor 型 Flash 的驱动（探测 probe）程序都放在 drivers/mtd/chips 下，一个 MTD 原始设备可以由一块或者数块相同的 Flash 芯片组成。

要注意的是，所有组成一个 MTD 原始设备的 Flash 芯片必须是同类型的（无论是 interleave 还是地址相连），在描述 MTD 原始设备的数据结构中也只是采用了同一个结构来描述组成它的 Flash 芯片。

7.6　嵌入式文件系统构建

7.6.1　文件系统简介

文件系统是在任何操作系统中都非常重要的概念，简单地说，文件系统是操作系统用于明确磁盘或分区上的文件的方法和数据结构，即在磁盘上组织文件的方法。文件系统的存在，使得数据可以被有效而透明地存取访问。

进行嵌入式开发，采用 Linux 作为嵌入式操作系统必须要对 Linux 文件系统结构有一定的了解。每个操作系统都有一种把数据保存为文件和目录的方法，因此它才能得知添加、修改之类的改变。在 DOS 操作系统之下，每个磁盘或磁盘分区有独立的根目录，并且用唯一的驱动器标识符来表示，如 C:\、D:\等。不同磁盘或不同的磁盘分区中，目录结构的根目录是各自独立的。而 Linux 的文件系统组织和 DOS 操作系统不同，它的文件系统是一个整体，所有的文件系统结合成一个完整的统一体，组织到一个树形目录结构之中，目录是树的枝干，这些目录可能会包含其他目录，或是其他目录的“父目录”，目录树的顶端是一个单独的根目录，用“/”表示。

7.6.2　嵌入式文件系统的特点和种类

文件系统是 Linux 重要的子系统。Linux 采用虚拟文件系统机制，把所有的东西都看做文件。文件系统是基于块设备驱动程序建立的。目前，Linux 已经能够支持几十种文件系统。

1. EXT2/EXT3

EXT2（The Second Extended Filesystem）和 EXT3（The Third Extended Filesystem）是 Linux 内核自己的文件系统。

EXT2 发布于 1993 年 1 月，它是由 R\'emy Card、Theodore Ts'o 和 Stephen Tweedie 编写的，它是 EXT 文件系统重写的版本。

EXT2 与传统的 UNIX 文件系统有许多共性，都有块（Block）、节点（Inode）和目录（Directory）的概念。尽管没有实现访问控制列表（ACL）、碎片、恢复删除文件和压缩功能，但是都预留了空间。另外，版本兼容机制可以让文件系统添加新的特性（如日志），同时保持最大程度兼容。

在启动的时候，大多数系统要检查文件系统的连续性（执行 e2fsck 命令）。EXT2 文件系统的超级块包含了几个字段，用来表示是否需要执行 fsck。如果文件系统没有卸载干净，或者超出最大挂载数，或者超出最大检查间隔周期，就会执行 fsck。

EXT2 元数据操作有异步和同步两种方式。据说异步元数据写操作比 FFS 同步元数据方案快，但是可靠性差一些。这两种方法都可以被相应的 fsck 程序处理。

对于同步写元数据，EXT2 文件系统有 3 种方法，如表 7-10 所示。

表 7-10　EXT2 文件系统同步元数据

操作对象	操作方法
每个文件（有程序源码）	在 open()函数中使用 O_SYNC 标志
每个文件（没有程序源码）	使用"chattr +S"命令改变文件属性
文件系统	挂接的时候添加"sync"选项（或者在/etc/fstab 中添加）

第 1 种和第 3 种不是 EXT2 文件系统特有的，但是可以强制进行元数据同步写操作。

EXT2 文件系统的磁盘布局会导致各种局限性。当前内核代码的实现也会导致其他一些局限性。许多局限性在文件系统第一次创建的时候就确定了，这取决于块大小的选择。节点与数据块的比例在创建的时候就确定了，因此增大节点数的唯一办法是增大文件系统尺寸，还没有工具能够改变节点和块的比例。

大多数局限性都可以克服，通过磁盘格式的细微调整并且使用兼容标志去适应变化。例如，修改文件系统块大小。

单个目录下最多有 10 000 ~ 15 000 个文件是"软"上限，因为在如此大的目录中创建、删除和查找文件时，线性链表目录实现存在性能问题。使用哈希表的算法可以在单个目录下使用 10 万 ~ 100 万以上的文件，而不存在性能问题。单个目录下文件数的绝对上限超过 130 万亿（受文件大小的影响，实际的值要小得多）。

EXT2 的日志功能是由 Stephen Tweedie 开发的。日志功能可以避免元数据污损并且需要 e2fsck 检查，而且不需要改变 EXT2 的磁盘布局。总之，日志是用来存储被修改全部元数据块的正规文件，优先于写到文件系统。这意味着可以对已经存在的 EXT2 文件系统创建日志，而不需要数据转换。

当修改文件系统（如文件重命名）的时候，事务会存储在日志中，在系统崩溃的时候可以完成或者没有完成事务处理。如果崩溃时事务处理完成，日志的块可以代表有效的文件系统状态，并且复制到文件系统。如果崩溃时事务处理没有完成，就不能保证事务处理的块的连续性（这意味着所代表文件系统修改会丢失）。

EXT3 文件系统是 1999 年 9 月发布的。最早是 Stephen Tweedie 为 2.2 内核版本写的，后来 Peter Braam、Andreas Dilger、Andrew Morton、Alexander Viro、Ted Ts'o 和 Stephen Tweedie 参与移植到 2.4 内核上。

EXT3 是 EXT2 文件系统的改进版，添加了日志等功能。EXT3 使用了全部 EXT2 文件系统的实现，还添加了事务处理的功能。日志功能通过块设备日志层（Journaling Block Device layer，JBD）完成。

JBD 不是 EXT3 文件系统所特有的，它是专门为块设备添加日志功能而设计的。EXT3 文件系统代码会把执行的修改（提交事务）通知 JBD。日志支持事务的启动和停止。在系统崩溃的时候，日志可以快速重新执行事务以保持分区的连续性。事务处理代表对文件系统的单个原子更新操作。JBD 可以在块设备上处理外部日志。

EXT3 的数据模式分为 3 种。

（1）写回模式（Writeback Mode）。

对于这种模式的数据，EXT3 根本不做日志；在 XFS、JFS 和 ReiserFS 文件系统中，它默认地提供了简单的元数据日志。崩溃重启可能引起正在写的数据出错。在这种模式下，EXT3 文件系统性能最好。

（2）有序模式（Ordered Mode）。

对于这种模式的数据，EXT3 仅正式地做元数据日志，但是逻辑上把元数据和数据块组成一个事务单元。在向磁盘上写元数据之前，先写相关的数据块。这种模式性能比写回模式略微慢一点，但是比下面的日志模式快很多。

（3）日志模式（Journal Mode）。

对于这种模式的数据，EXT3 将对全部数据和元数据做日志处理。所有新的数据先写到日志区，然后写到它最终的位置。遇到崩溃事件，日志可以重做，保持数据和元数据的连续性。这种模式是最慢的，除了数据需要做同时从磁盘读出并且写回操作的情况。

EXT3 文件系统完全兼容 EXT2，EXT2 分区可以挂接成 EXT2 格式。EXT2 分区可以通过 tune2fs 命令转换成 EXT3 格式。

2. JFS

日志文件系统（Journaled File System，JFS）是 IBM 创建的一种文件系统。

JFS 提供了基于日志的字节级文件系统，它是为面向事务的高性能系统而开发的。它具有可伸缩性和健壮性，与非日志文件系统相比，具有快速重启的优点。与 EXT3 不同，JFS 采用完全内部集成的日志功能，而不是在已经存在的文件系统上添加日志。从设计角度来说，JFS 具有以下特性。

（1）日志处理。

JFS 使用原来为数据库开发的技术，记录了文件系统元数据上执行的操作（即原子事务）信息。如果发生系统故障，可通过重放日志并对适当的事务应用日志记录，来使文件系统恢复到一致状态。由于重放实用程序只需检查文件系统最近活动所产生的运行记录，而不是检查所有文件系统的元数据，因此，与传统的文件系统相比，这种基于日志的方法相关的文件系统恢复时间较快。

基于日志恢复的其他几个方面也值得注意。首先，JFS 只记录元数据上的操作，因此，重放这些日志只能恢复文件系统中结构关系和资源分配状态的一致性。它没有记录文件数据，也没有将这些数据恢复到一致状态。因此，恢复后某些文件数据可能丢失或失效，对数据一致性有关键性需求的用户应该使用同步 I/O。

面对存储介质出错，日志记录不是特别有效。特别地，在将日志或元数据写入磁盘的期间发生的 I/O 错误，意味着在系统崩溃后，要将文件系统恢复到一致状态，需要耗时并且有可能强加的全面完整性检查。这暗示着，坏块复位是任何驻留在 JFS 下的存储管理器或设备的一个关键特性。

（2）基于盘区的寻址结构。

JFS 使用基于盘区的寻址结构，连同主动的块分配策略，产生紧凑、高效、可伸缩的结构，以将文件中的逻辑偏移量映像成磁盘上的物理地址。盘区是像一个单元那样分配给文件的相连块序列，可用一个由<逻辑偏移量，长度，物理地址>组成的三元组来描述。寻址结构是一棵 B+树，该树由盘区描述符（上面提到的三元组）填充，根在 inode 中，键为文件中的逻辑偏移量。

（3）可变的块尺寸。

按文件系统分，JFS 支持 512B、1 024B、2 048B 和 4 096B 的块尺寸，以允许用户根据应用环境优化空间利用率。较小的块尺寸减少了文件和目录中内部存储碎片的数量，空间利用率更高。但是，小块可能会增加路径长度，与使用大的块尺寸相比，小块的块分配活动可能更频繁发生。因为服务器系统通常主要考虑的是性能，而不是空间利用率，所以默认块尺寸为 4 096B。

（4）动态磁盘 inode 分配。

JFS 按需为磁盘 inode 动态地分配空间，同时释放不再需要的空间。这一支持避开了在文件系统创建期间，为磁盘 inode 保留固定数量空间的传统方法，因此用户不再需要估计文件系统包含的文件和目录最大数目。另外，这一支持使磁盘 inode 与固定磁盘位置分离。

（5）目录组织。

JFS 提供两种不同的目录组织。第 1 种组织用于小目录，并且在目录的 inode 内存储目录内容。这就不再需要不同的目录块 I/O，同时也不再需要分配不同的内存。最多可有 8 个项可直接存储在 inode 中，这些项不包括自己(.)和父(..)目录项，这 2 个项存储在 inode 中不同的区域内。

第 2 种组织用于较大的目录，用按名字键控的 B+树表示每个目录。与传统无序的目录组织比较，它提供更快的目录查找、插入和删除能力。

（6）稀疏文件和密集文件。

按文件系统分，JFS 既支持稀疏文件也支持密集文件。

稀疏文件允许把数据写到一个文件的任意位置，而不要将以前未写的中间文件块实例化。所报告的文件大小是已经写入的最高块位处，但是，在文件中任何给定块的实际分配，只有在该块进行写操作时才发生。例如，假设在一个指定为稀疏文件的文件系统中创建一个新文件，应用程序将数据块写到文件中第 100 块，尽管磁盘空间只分配了 1 块给它，JFS 将报告该文件的大小为 100 块。如果应用程序下一步读取文件的第 50 块，JFS 将返回填充了 0 的一个字节块。假设应用程序然后将一块数据写到该文件的第 50 块，JFS 仍然报告文件的大小为 100 块，而现在已经为它分配了 2 块磁盘空间。稀疏文件适合需要大的逻辑空间但只使用这个空间的一个（少量）子集的应用程序。

对于密集文件，将分配相当于文件大小的磁盘资源。在上例中，第一个写操作（将一块数据写到文件的第 100 块）将导致把 100 个块的磁盘空间分配给该文件。在任何已经隐式写入的块上进行读操作，JFS 将返回填充了 0 的字节块，正如稀疏文件的情况一样。

（7）文件系统大小和文件长度。

JFS 支持的最小文件系统是 16MB。最大文件系统的大小是文件系统块尺寸和文件系统元数据结构支持的最大块数两者的乘积。JFS 将支持最大文件长度是 512 万亿字节（TB）（块尺寸是 512B）到 4000 万亿字节（PB）（块尺寸是 4KB）。

最大文件长度是主机支持的虚拟文件系统的最大文件长度。例如，如果主机只支持 32 位，则这就限制了文件长度。

JFS 文件系统已经被 Linux 2.6 内核采纳。JFS 文件系统挂接选项如表 7-11 所示。

表 7-11 JFS 文件系统挂接选项

挂 接 选 项	含 义
iocharset = name	可以把 Unicode 字符集转换到 ASCII 字符集，默认的是不做转换。使用 iocharset=utf8，转换成 UTF8 字符集，这时还要在内核中配置 CONFIG_ NLS_UTF8 选项
resize = value	改变 volume 的块数。JFS 只支持增大 volume，不能减小 volume。这个选项只在 remount 的时候有效
nointegrity	不做写日志工作。这个选项的基本用法是在从备份元数据中回复 volume 的时候，力求最高性能。如果系统非正常停止，这个 volume 的完整性不能保证
integrity	这是默认值。保存元数据到日志区
errors = continue	出错时继续执行
errors = remount-ro	这是默认值。出错时重新挂接成只读的
errors = panic	出错时系统 panic 并且停止运行

有关 JFS 的开发可以参考下面的网站：

http://jfs.sourceforge.net/

3. cramfs

cramfs 是专门为小而且简单的文件系统设计的，用于 ROM 芯片或者 CD 上存储文件系统。它的压缩比很高，使用 zlib 函数，一次压缩文件的一个页，并且允许随机页访问。元数据（meta-data）不会被压缩，但是用非常简单的表达方式使它比传统文件系统使用的磁盘空间更小。cramfs 文件系统具有以下特点。

（1）cramfs 文件系统不能支持写操作（文件系统是压缩的，很难瞬时修改文件），因此需要使用“mkcramfs”工具制作磁盘映像。

（2）文件大小限制在 16MB 以内。

（3）最大的文件系统尺寸略大于 256MB。在文件系统中的最后一个文件允许超出 256MB 的限制。

（4）只保存 GID 的低 8 位。cramfs 当前的版本仅截取 8 位，这存在潜在的安全问题。

（5）cramfs 映像支持硬连接，但是被连接文件的连接数只能是 1。

（6）cramfs 文件系统没有“.”和“..”条目。目录总是有连接数 1（使用 find 命令的选项“-noleaf”是没有用的）。

（7）在 cramfs 中不保存时间戳，因此默认的时间都是起始值（1970 年）。最近访问的文件可以更新时间戳，但是仅当 inode 缓存在内存中的时候有效，这个时间戳不能保存下来。

目前，cramfs 必须以与处理器体系结构相同的端（Endian）读写，只能在内核中以 PAGE_CACHE_SIZE 等于 4096 读取。如果有更大的页，可以调整 mkcramfs.c 中的宏定义，只要不怕这个文件系统不能被其他内核读取就行。cramfs 映像中包含固定的格式信息，下列数据说明了 cramfs 存储格式。其中，第 0 和第 512 个字节是 cramfs 的识别码“0x28cd3d45”，紧接着是存储描述。

```
0    ulelong      0x28cd3d45     Linux cramfs offset 0
>4   ulelong      x          size %d
>8   ulelong      x          flags 0x%x
>12  ulelong      x          future 0x%x
>16  string    >\0    signature "%.16s"
>32  ulelong      x          fsid.crc 0x%x
>36  ulelong      x          fsid.edition %d
>40  ulelong      x          fsid.blocks %d
>44  ulelong      x          fsid.files %d
>48  string    >\0    name "%.16s"
512  ulelong  0x28cd3d45          Linux cramfs offset 512
>516 ulelong x          size %d
>520 ulelong x          flags 0x%x
>524 ulelong x          future 0x%x
>528 string  >\0   signature "%.16s"
>544 ulelong x          fsid.crc 0x%x
>548 ulelong x          fsid.edition %d
>552 ulelong x          fsid.blocks %d
>556 ulelong x          fsid.files %d
>560 string  >\0   name "%.16s"
```

因为 cramfs 是只读的文件系统，所以它的内容必须在创建的时候就确定好。生成映像以后，可以烧写到 Flash/ROM 芯片上，由 Linux 内核挂接。

通常 cramfs 可以结合其他文件系统使用，并且可以基于 MTD 设备使用。

4. JFFS/JFFS2

JFFS（Journaling Flash Filesystem）是瑞典的 Axis 通信公司（Axis Communications AB）设计开发的。JFFS2（Journaling Flash Filesystem Version 2）是 RedHat 公司基于 JFFS 文件系统开发的，

它是 JFFS 的改进版。JFFS 和 JFFS2 都是开源的日志文件系统，最适合在 Flash 芯片上使用。它们的日志结构能够保持文件系统的连续性。即使文件系统崩溃或者非正常掉电，重启的时候也不需要执行 fsck。另外，它们还考虑了 Flash 存储介质的物理特点。

JFFS 是完全日志结构的。这个文件系统就相当于 Flash 介质上的大量节点列表。每一个节点（jffs_node 结构体）包含了有关文件的一些信息，也可以包含这个文件名，还有一些数据。在数据存在的情况下，jffs_node 会包含一个字段，用来说明那些数据在文件中的位置。这样，新数据可以覆盖旧数据。

除了普通的 inode 信息，jffs_node 还包含了一个字段，用来说明在节点给定偏移地址删除多少数据，用于截取文件等操作。

每个节点还有一个版本“version”号，从写到文件的第一个节点开始为“1”，以后每写一个新节点就加“1”。这些节点的顺序无关紧要，但是为了保持擦除均匀，总是从头开始写，一直写到结尾才执行擦除操作。

为了重建文件内容，可以扫描整个介质（参考在挂接时调用的 jffs_scan_flash()函数），并且把单个节点放入递增的“version”序列。在每一个应该插入/删除数据的地方解释指令。当前文件名就是那个包含名字字段的最新节点。

在整个节点列表到达介质末尾之前，这样处理很简单。之后，就必须从头开始了。在第一个擦除块的节点中，有些可能已经被后面的节点废弃。因此，在实际到达 Flash 结尾之前，完全地填充文件系统，从仍然有效的第一个块复制所有的节点，并且擦除原始块。希望这样可以给我们更多空间。如果没有，继续处理下一个块等，这个过程称为垃圾回收。

注意必须确保永远不要出现的一种状态：头部正在写新节点，尾部是最旧的节点，这时两者之间的空闲区域都用完了。这意味着根本不能继续进行垃圾回收，即使有些废弃的节点，文件系统也可能阻塞。

尽管现在是从头开始使用到末尾，但是它应该分别处理擦除块，并且用几种状态（free/filling/full/obsoleted/erasing/ bad）保存擦除块列表。总之，块会在 free→erasing 列表中继续，然后返回到 free（通过重写任何仍然有效的节点到“filling”节点）。

有关 JFFS 的信息参考下面的网站：

```
http://developer.axis.com/software/jffs/
```

JFFS2 是 JFFS 的改进版。它在下列几方面有些改进。

（1）了解和处理按照擦除扇区（Sector）级写 Flash。这样做有各种好处，如垃圾回收可以基于扇区而不是整个文件系统。

（2）能够标记坏块扇区并且继续使用剩余的好扇区，这样可以提高设备使用寿命。

（3）垃圾回收导致的阻塞时间更少。最小可以只擦除一个扇区，不像 JFFS 需要把整个文件系统数据都压到垃圾回收区。

（4）文件系统设计提供了本地数据压缩。

JFFS2 设计支持 ROM、Nor Flash 和 Nand Flash 芯片。支持磨损平衡，从而延长 Flash 寿命。运行时总是把 Flash 目录结构保存在 RAM 中，提高系统性能。采用压缩的格式存储数据可以存储更多文件。

有关 JFFS2 的信息参考如下网站：

```
http://www.Linux-mtd.infradead.org/
```

（5）YAFFS。YAFFS（Yet Another Flash Filing System）是 Charles Manning 为 Aleph One 公司设计开发的，它是第一种专门为 Nand Flash 设计的文件系统。

YAFFS 是基于日志的文件系统，提供磨损平衡和掉电恢复的健壮性。它还为大容量的 Flash 芯片做了很好的调整，针对启动时间和 RAM 的使用做了优化。它适用于大容量的存储设备，已经在 Linux 和 WinCE 商业产品中使用。

YAFFS 充分考虑了 Nand Flash 的特点，根据 Nand Flash 以页面为单位存取的特点，将文件组织成固定大小的数据段。利用 Nand Flash 提供的每个页面 16B 的备用空间来存放 ECC（Error Correction Code）和文件系统的组织信息，不仅能够实现错误检测和坏块处理，也能够提高文件系统的加载速度。YAFFS 采用一种多策略混合的垃圾回收算法，结合了贪心策略的高效性和随机选择的平均性，达到了兼顾损耗平均和系统开销的目的。

YAFFS 将文件组织成固定大小（512B）的数据段。每个文件都有一个页面专门存放文件头，文件头保存了文件的模式、所有者 id、组 id、长度、文件名等信息。为了提高文件数据块的查找速度，文件的数据段被组织成树形结构。YAFFS 在文件进行改写时总是先写入新的数据块，然后再将旧的数据块从文件中删除。YAFFS 使用存放在页面备用空间中的 ECC 进行错误检测，出现错误后会进行一定次数的重试，多次重试失败后，该页面就被停止使用。

YAFFS 充分利用了 Nand Flash 提供的每个页面 16B 的备用空间，参考了 SmartMedia 的方案，备用空间中 6 个字节被用作页面数据的 ECC，2 个字节分别用作块状态字和数据状态字，其余的 8B（64 位）用来存放文件系统的组织信息。由于文件系统的基本组织信息保存在页面的备份空间中，因此，在文件系统加载时只需要扫描各个页面的备份空间，即可建立起整个文件系统的结构，而不需要像 JFFS 那样扫描整个介质，从而大大加快了文件系统的加载速度。

YAFFS 中用数据结构来描述每个擦除块的状态。该数据结构记录了块状态，并用一个 32 位的位图表示块内各个页面的使用情况。在 YAFFS 中，有且仅有一个块处于“当前分配”状态。新页面从当前进行分配的块中顺序进行分配，若当前块已满，则顺序寻找下一个空闲块。

YAFFS 使用一种多策略混合的算法来进行垃圾回收，将贪心策略和随机选择策略按一定比例混合使用：当满足特定的小概率条件时，垃圾回收器会试图随机选择一个可回收的页面；而在其他情况下，则使用贪心策略回收最“脏”的块。通过使用多策略混合的方法，YAFFS 能够有效地改善贪心策略造成的不平均；通过不同的混合比例，则可以控制损耗平均和系统开销之间的平衡。考虑到 Nand 的擦除很快（和 Nor 相比可忽略不计），YAFFS 将垃圾收集的检查放在写入新页面时进行，而不是采用 JFFS 那样的后台线程方式，从而简化了设计。

YAFFS 的核心是 YAFFS/direct，它可以方便地合并到实时操作系统和嵌入式操作系统中。可以获取到引导程序和文件。尽管设计目的是为了保留 Nand Flash 的使用效率，但是它也能支持 Nor Flash 和 RAM。

YAFFS2 是 YAFFS 的第 2 个版本。YAFFS 版本 1 支持具有 512B 页和 16B 备用空间（OOB）的 Nand Flash，但是不能支持具有 2 048B 页和 64B 备用空间的新 Flash。YAFFS2 更适合这些新的芯片，它支持的页面更大，性能更好。

YAFFS/direct 代码可以基于 GPL 或者产品专利获取。

目前 Linux 内核还没有正式支持 YAFFS，所以需要通过补丁修改 Linux 内核。另外，YAFFS 也需要 MTD 设备驱动的支持。

更多 YAFFS 的信息参考以下网站：

```
http://www.aleph1.co.uk/armLinux/projects/yaffs/index.html
```

7.6.3 文件系统的组成

一个 Linux 的根文件系统目录结构如图 7-6 所示。

1. /dev 设备文件

在/dev 目录下是一些称为设备文件的特殊文件，用于访问系统资源或设备，如软盘、硬盘、系统内存等。设备文件的概念是 DOS 和 Windows 操作系统中所没有的，在 Linux 下，所有设备都被抽象成了文件，有了这些文件，用户可以像访问普通文件一样方便地访问系统中的物理设备。例如，你可以像从一个文件中读取数据一样，通过读取/dev/mouse 文件从鼠标读取输入信息。在/dev 目录下，每个文件都可以用 mknod 命令建立，各种设备所对应的特殊文件以一定规则来命名。以下是/dev 目录下的一些主要设备文件。

（1）/dev/console。

系统控制台，也就是直接和系统连接的监视器。

（2）/dev/hd。

在 Linux 系统中，对于 IDE 接口的整块硬盘表示为/dev/hd[a-z]，对于硬盘的不同分区，表示方法为/dev/hd[a-z]n，其中 n 表示的是该硬盘的不同分区情况。例如，/dev/hda 指的是第一个硬盘，hda1 则是指/dev/hda 的第一个分区。如系统中有其他的硬盘，则依次为/dev/hdb、/dev/hdc 等；如有多个分区则依次为 hda1、hda2 等。

（3）dev/fd。

软驱设备文件。通过前面对系统 IDE 接口硬盘的表示方法不难理解：/dev/fd0 是指系统的第一个软驱，也就是通常所说的 A 盘，/dev/fd1 是指系统的第二个软驱。

（4）dev/sd。

SCSI 接口磁盘驱动器。理解方法和 IDE 接口的硬盘相同，只是把 hd 换成 sd。目前，Linux 下驱动 USB 存储设备的方法采用模拟 SCSI 设备，所以 USB 存储设备的表示方法与 SCSI 接口硬盘的表示方法相同。

（5）dev/tty。

设备虚拟控制台。例如，/dev/tty1 指的是系统的第一个虚拟控制台，/dev/tty2 则是系统的第二个虚拟控制台。

（6）dev/ttySAC*。

串口设备文件。dev/ttySAC0 是串口 1，dev/ttySAC1 是串口 2。

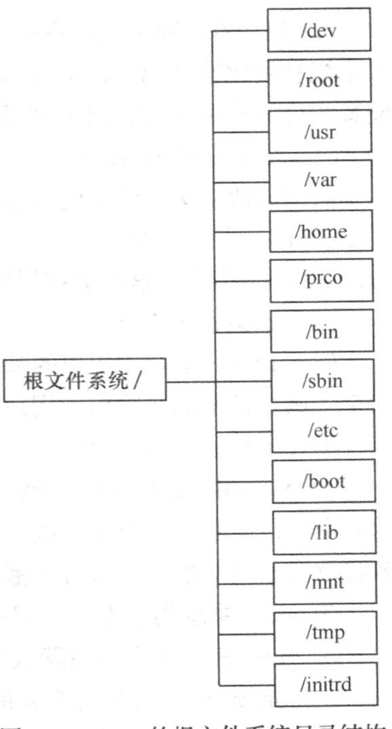

图 7-6　Linux 的根文件系统目录结构

2. /root

root 用户主目录。root 目录中的内容包括：引导系统的必备文件、文件系统的挂装信息、设备特殊文件，以及系统修复工具、备份工具等。由于是系统管理员的主目录，普通用户没有访问权限。

3. /usr

/usr 是最庞大的目录，该目录中包含了一般不需要修改的命令程序文件、链接库、手册、其他文档等。Linux 内核的源代码就放在/usr/src/Linux 中。

4. /var

该目录中包含经常变化的文件，如打印机、邮件、新闻等的脱机目录，日志文件及临时文件等。因为该文件系统的内容经常变化，所以如果和其他文件系统，如/usr 放在同一硬盘分区，文件系统的频繁变化将会提高整个文件系统的碎片化程度。

5. /home

用户主目录的默认位置。例如，一个名为 LY 的用户主目录将是/home/LY，系统的所有用户的数据保存在其主目录下。

6. /proc

需要注意的是，/prco 文件系统并不保存在系统的硬盘中，操作系统在内存中创建这一文件系统目录。它是虚拟的目录，即系统内存的映像，其中包含一些和系统相关的信息，如 CPU 的信息等。

7. /bin

该目录包含二进制（binary）文件的可执行程序，这里的 bin 本身就是 binary 的缩写，许多 Linux 命令就是放在该目录下的可执行程序，如 ls、mkdir、tar 等命令。

8. /sbin

与 bin 目录类似，该目录存放系统编译后的可执行文件、命令，如常用到的 fsck、lsusb 等指令，通常只有 root 用户才有运行的权限。

9. /etc

/etc 目录在 Linux 文件系统中是一个很重要的目录，Linux 的很多系统配置文件就在该目录下，如系统初始化文件/etc/rc 等。Linux 正是靠这些文件才得以正常地运行，用户可以根据实际需要来配置相应的配置文件，以下列举一些配置文件。

（1）/etc/rc 或/etc/rc.d。

启动或改变运行级别时运行的脚本或脚本的目录。大多数的 Linux 发行版本中，启动脚本位于/etc/init.d 中，系统最先运行的服务是那些放在/etc/init.d 目录下的文件，而运行级别在文件/etc/inittab 中指定，这些会在后面的内容中详细讲到。

（2）/etc/passwd。

/etc/passwd 是存放用户的基本信息的口令文件。该口令文件的每一行都包含由 6 个冒号分隔的 7 个域，其中的域给出了用户名、真实姓名、用户起始目录、加密口令和用户的其他信息。

① username：用户名。

② passwd：是口令密文域。密文是加密过的口令。如果口令经过 shadow 则口令密文域只显示一个 ×，通常，口令都应该经过 shadow 以确保安全。如果口令密文域显示为*，则表明该用户名有效但不能登录。如果口令密文域为空，则表明该用户登录不需要口令。

③ uid：系统用于唯一标识用户名的数字。

④ gid：表示用户所在默认组号。

⑤ comments：用户的个人信息。

⑥ directory：定义用户的初始工作目录。

⑦ shell：指定用户登录到系统后启动的外壳程序。

（3）etc/fstab。

指定启动时需要自动安装的文件系统列表。通常，如果用户在使用过程中需要手动加载许多文件系统，这会带来不小的工作量。为了避免这样的麻烦，让系统在启动的时候自动加载这些文件系统，Linux 中使用/etc/fstab 文件来完成这一功能。fstab 文件中列出了引导时需安装的文件系统的类型、加载点及可选参数。所以进行相应的配置即可确定系统引导时加载的文件系统。

（4）etc/inittab。

init 的配置文件，在后面的内容会详细讲到。

10. /boot

该目录存放系统启动时所需的各种文件，如内核的镜像文件，引导加载器（Bootstrap Loader）使用的文件 LILO 和 GRUB。

11. /lib

标准程序设计库，又叫动态链接共享库，作用类似于 Windows 里的.dll 文件。

12. /mnt

该目录用来为其他文件系统提供安装点，如可以在该目下新建一目录 floppy 用来挂载软盘，同样可以新建一目录 cdrom（可以用任意名称）用来挂载光盘等。比如，在 Linux 下的终端执行下面的语句：

```
# mount -t  vfat  dev/hda1  /mnt/win_D
```

即可将硬盘的第一个分区挂载到 Linux 下的/mnt/win_D 目录中。

13. /tmp

公用的临时文件存储点。

14. /initrd

用来在计算机启动时挂载 initrd.img 映像文件及加载所需设备模块的目录。需要注意的是，不要随便删除/initrd/目录，如果删除了该目录，将无法重新引导系统。

为了实现各种 Linux 版本系统的标准化，各种不同的 Linux 版本都会根据 FHS（Filesystem Hierarchy Standard）标准来进行系统管理，这也使得 Linux 系统的兼容性大大提高。FHS 规定了两级目录，第一级是根目录下的主要目录，根据目录名称可以得知其中应该放置什么样的文件，如/etc 目录下应该放置各种配置文件，/bin 和/sbin 目录下应该放置相应的可执行文件等；第二级目录则主要针对/usr 和/var 做出了更深层目录的定义。

UNIX/Linux 系统很长时间以来一直是在“什么文件放在哪里”的基础之上建立文件存放规则的，并且按照这些规则把文件放进相应分级结构中。文件系统分级结构标准（FHS）试图以一种合乎逻辑的方式定义这些规则，而且在 Linux 上得到了广泛应用。按照 FHS 标准，在 Linux 下存放文件主要有以下的一些规则。

（1）把全局配置文件放入/etc 目录下。

（2）将设备文件信息放入/dev 目录下，设备名可以作为符号链接定位在/dev 中或/dev 子目录中的其他设备。

（3）操作系统核心定位在/或/boot，若操作系统核心不是作为文件系统的一个文件存在，不应用它。

（4）库存放的目录是/lib。

（5）存放系统编译后的可执行文件、命令的目录是/bin、/sbin、/usr。

7.6.4 利用 BusyBox 构建文件系统

BusyBox 工程于 1996 年发起，它本身就是一个很成功的开源软件，其目的在于帮助 Debian 发行套件来建立磁盘安装。从 1999 年开始，此项目由 uClibc 的维护者 Erik Andersen 接手维护，起初是 Lineo 开源成果的一部分。BusyBox 集成了一百多个最常用 Linux 命令（比如 init、getty、ls、cp、rm 等）和工具的软件，甚至还集成了一个 HTTP 服务器和一个 TELNET 服务器，并且支持 Glibc 和 uClibc，用户可以非常方便地在 BusyBox 中定制所需的应用程序。使用 BusyBox 可以有效地减小 bin 程序的体积，动态链接的 BusyBox 工具一般在几百千字节左右，而相对独立的 bin 程序加在一起的大小在几兆字节左右甚至更大，这使得 BusyBox 在嵌入式开发过程中具有不言而喻的优势。同时，使用 BusyBox 可以大大简化制作嵌入式系统根文件系统的过程，所以 BusyBox 工具在嵌入式开发中得到了广泛的应用。

最新版本的 BusyBox 可以从官方网站 www.BusyBox.net/download 上下载，此处以 BusyBox-

1.17.3.tar.bz2 为例来说明。本书的配套光盘也提供了 BusyBox 源码。

以下是安装编译的详细过程。

（1）复制 BusyBox 源码压缩文件到指定目录，并解压。

```
# cp /BusyBox-1.17.3.tar.bz2 /home
# cd /home
# tar xvf BusyBox-1.17.3.tar.bz2
# cd BusyBox-1.17.3
```

（2）对 BusyBox 进行配置，运行 make menuconfig 命令。

```
# make menuconfig
```

配置接口如图 7-7 所示。

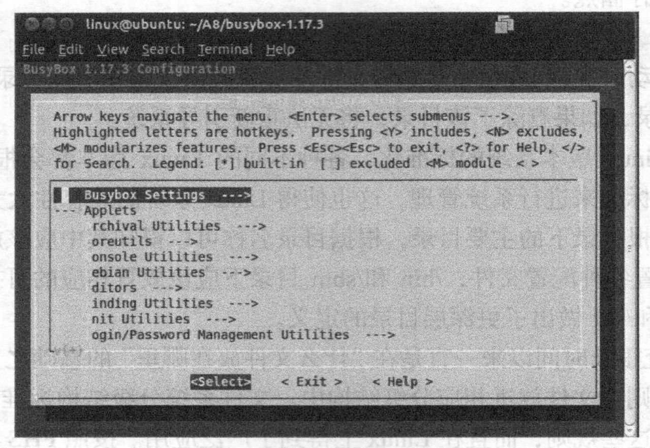

图 7-7　BusyBox 编译配置接口

以下是 BusyBox 配置菜单的主要选项列表。

```
------------------- BusyBox Configuration -------------------
BusyBox Settings  --->
--- Applets
Archival Utilities --->
Coreutils  --->
Console Utilities  --->
Debian Utilities  --->
Editors  --->
Finding Utilities  --->
Init Utilities  --->
Login/Password Management Utilities  --->
Linux Ext2 FS Progs  --->
Linux Module Utilities  --->
Linux System Utilities  --->
Miscellaneous Utilities  --->
Networking Utilities  --->
Print Utilities  --->
Mail Utilities  --->
Process Utilities  --->
Runit Utilities  --->
Shells  --->
System Logging Utilities  --->

Load an Alternate Configuration File
Save Configuration to an Alternate File
```

下面就几个基本的选项配置进行说明，其余的部分可以根据开发的实际需要来定制。

（1）BusyBox Settings 选项配置。

```
General Configuration---→
[* ]Show verbose applet usage messages
[* ]Runtime SUID/SGID configuration via /etc/BusyBox.conf
```

选中以上的两项，其配置接口如图 7-8 所示。

（2）Build Options 选项配置。

```
Build Options---→
[ * ]Build BusyBox as a static binary(no shared libs)
[ * ]Build with Large File Support(for accesing files>2GB)
()  Cross Compiler prefix (NEW)
```

第一个选项是一定要选择的，因为选择静态编译可以把 BusyBox 编译成静态链接的可执行文件，运行时独立于其他函数库，否则必须要其他共享库才能运行，此外采用静态编译也可以大大减少磁盘的使用空间。

如果要在开发板上使用 BusyBox，采用交叉编译，可以选中()　Cross Compiler prefix (NEW) 选项，填写将要采用的交叉工具链名。

Build Options 选项配置接口如图 7-9 所示。

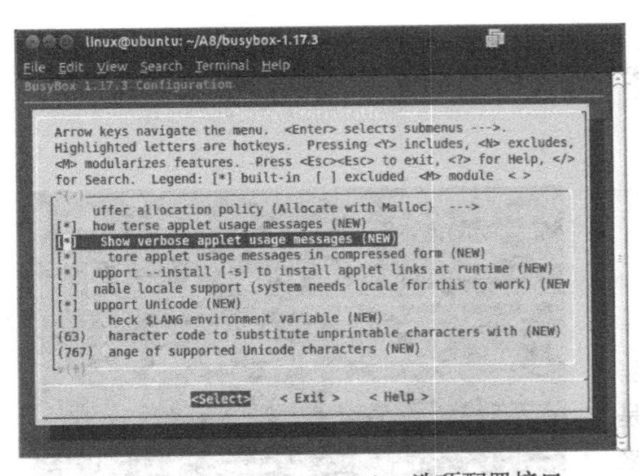

图 7-8　General Configuration 选项配置接口

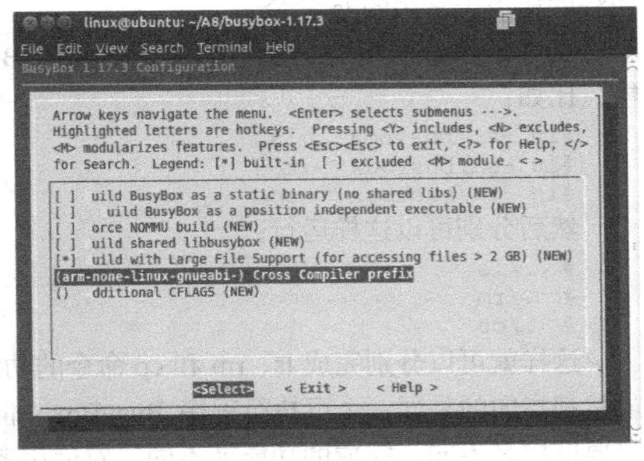

图 7-9　Build Options 选项配置接口

（3）Installation Options 选项配置。

```
[ * ]Don't use /usr
     Applets links (as soft-links)  --->
  ( ./_install )BusyBox installation prefix
```

这一项在编译过程中推荐选上，因为不选的话 BusyBox 将默认安装到原系统的/usr 目录下面，这将覆盖系统原有的命令。

Installation Options 选项配置接口如图 7-10 所示。

进行好基本的配置保存并退出之后，配置信息保存在.config 配置文件，就可以继续下一步的编译和安装工作了。

（4）编译。

运行编译命令即可，此处不再详述。

（5）安装。

如图 7-11 所示，make install 执行完之后会在 BusyBox 安装目录下生成一个_install 的目录，里面有 BusyBox 的可执行文件（/bin 中）和指向它的链接。安装编译好 BusyBox 之后，就可以使用了，生成的二进制可执行程序 BusyBox 并不会直接被调用，而是通过指向它的符号链接来间接调用，可以有两种使用方法，下面举例分别说明。

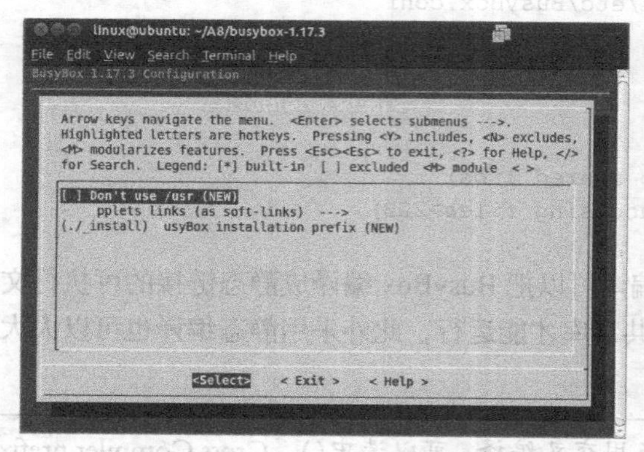

图 7-10　Installation Options 选项配置接口

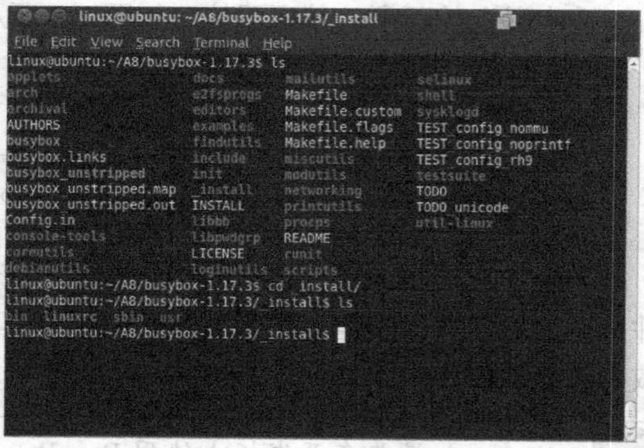

图 7-11　BusyBox 的_install 目录

① #…/bin/busybox　ls。

其中，…/bin/busybox 是指可执行程序 BusyBox 所在的目录，ls 是所要执行的程序，所以该用法就相当于常用的 ls 命令。

② BusyBox 更加常用的用法是建立指向 BusyBox 的符号链接，不同的链接名完成不同的功能，比如：

```
#ln -s…/busybox    ls
#ln -s…/busybox   rm
#ln -s…/busybox    cp
```

然后分别可以这样运行：

```
#  ./ls
#  ./rm
#  ./cp
```

这样就可以分别完成 ls、rm 和 cp 命令的功能。虽然都指向的是同一个可执行程序 BusyBox，但是只要链接名不同，完成的功能就不同。对使用者来说，执行命令的方法并没有改变，命令行调用作为一个参数传给 BusyBox，即可完成相应的功能。图 7-12 所示分别体现了上述的两种用法。

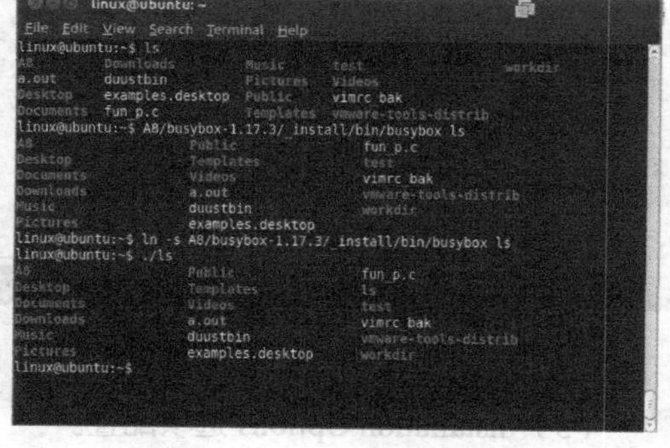

图 7-12　BusyBox 使用方法

7.6.5　利用 NFS 调试新建的文件系统

网络文件系统（Net File System，NFS）是 FreeBSD 支持的文件系统中的一种。NFS 允许一个系统在网络上与他人共享目录和文件。通过使用 NFS，用户和程序可以像访问本地文件一样访问远端系统上的文件。使用 NFS 的好处有很多，包括以下几个方面。

（1）本地工作站使用更少的磁盘空间，因为通常的数据可以存放在一台机器上而且可以通过网络访问到。

（2）用户不必在每个网络上机器里头都有一个 home 目录。home 目录可以被放在 NFS 服务器上并且在网络上处处可用。

（3）诸如软驱、CD-ROM 之类的存储设备可以在网络上面被别的机器使用。这可以减少整个网络上的可移动介质设备的数量。

NFS服务的主要任务是把本地的一个目录通过网络输出，其他计算机可以远程地挂接这个目录并且访问文件。NFS服务有自己的协议和埠号，但是在文件传输或者其他相关信息传递的时候，NFS则使用远程过程调用（Remote Procedure Call，RPC）协议。RPC负责管理埠号的对应与服务相关的工作。NFS本身的服务并没有提供文件传递的协议，它通过RPC的功能负责。因此，还需要系统启动portmap服务。

NFS服务通过一系列工具来配置文件输出，配置文件是/etc/exports。配置文件的语法格式如下：

```
共享目录 主机名称1或IP1(参数1，参数2) 主机名称2或IP2(参数3，参数4)
```

其中："共享目录"是主机上要向外输出的一个目录；

"主机名称或者IP"则是允许按照指定权限访问这个共享目录的远程主机；

"参数"则定义了各种访问权限。

exports配置文件参数说明如表7-12所示。

表7-12 exports配置文件参数说明

参　数	含　义
rw	具有可擦写的权限
ro	具有只读的权限
no_root_squash	如果登录共享目录的使用者是root的话，那么他对于这个目录具有root的权限
root_squash	如果登录共享目录的使用者是root的话，那么他的权限将被限制为匿名使用者，通常他的UID与GID都会变成nobody
all_squash	不论登录共享目录的使用者是什么身份，他的权限将被限制为匿名使用者
anonuid	前面关于*_squash提到的匿名使用者的UID设定值，通常为nobody。这里可以设定UID值，并且UID也必须在/etc/passwd中设置
anongid	与上面的anonuid类似，只是GID变成group ID
sync	文件同步写入到内存和硬盘当中
async	文件会先暂存在内存，而不是直接写入硬盘

举例说明如下。

（1）/usr/local/arm/3.3.2/rootfs *(rw, no_root_squash)。

表示输出/usr/local/arm/3.3.2/rootfs目录，并且所有的IP都可以访问。

（2）/home/public 192.168.0.*(rw)。

表示输出/home/public目录，只允许192.168.0.*网段的IP访问。

（3）/home/test 192.168.1.100(rw)。

表示输出/home/test目录，并且只允许192.168.1.100访问。

（4）/home/Linux *.Linux.org（rw, all_squash, anonuid=40, anongid=40）。

表示输出/home/Linux目录，并且允许*.Linux.org主机登录。在/home/Linux下面写文件时，文件的用户变成UID为40的使用者。

启动完成后，可以查看/var/log/messages，确认是否正确启动服务。如果只修改了/etc/exports文件，并不总是要重启NFS服务。可以使用exportfs工具重新读取/etc/exports，就可以加载输出的目录。exportfs工具的使用语法如下：

```
exportfs [-aruv]
```

-a：全部挂载（或卸载）/etc/exports的设置；

-r：重新挂载/etc/exports的设置，更新/etc/exports和/var/lib/nfs/xtab里面的内容；

-u：卸载某一个目录；

-v：在输出的时候，把共享目录显示出来。

在NFS已经启动的情况下，如果又修改了/etc/exports文件，可以执行命令：

```
$ exportfs -ra
```

在系统日志文件/var/lib/nfs/xtab中可以查看共享目录访问权限，不过只有已经被挂接的目录才会出现在日志文件中。

远程计算机作为NFS客户端，可以简单通过mount命令挂接这个目录使用。例如：

```
$ mount -t nfs 192.168.1.1:/home/test /mnt
```

这条命令就是把192.168.1.1主机上的/home/test目录作为NFS文件系统挂接到/mnt目录下。如果系统每次启动的时候都要挂接，可以在fstab中添加相应一行配置。

nfs同样也是我们嵌入式Linux开发中最重要的一种服务。使用nfs做根文件系统，能极大地提高工作效率。搭建nfs环境，需要完成以下几个步骤：

（1）先要确认Linux服务器已安装了NFS软件包；

（2）为Liux服务器和ARM开发板分配IP地址，以便网络连接；

（3）在服务器端新建rootfs目录为NFS共享目录，参见/etc/exports文件；

（4）在ARM端新建一个挂载目录；

（5）在ARM端执行nfs挂载命令，实现和PC主机端共享文件夹。

重启portmap daemon和NFS服务的命令是：

```
$sudo /etc/init.d/portmap restart
$sudo /etc/init.d/nfs-kernel-server restart
```

也可以在图形界面启动NFS服务。为了保证nfs在每次Linux服务器启动时能自动运行，需要检查NFS运行级别，此时可以使用sysv-rc-conf工具进行查看。Ubuntu也提供了另外一个简单的命令来实现管理：update-rc.d。它的使用方法如下：

```
sudo update-rc.d ServiceName defaults          //添加一个服务
sudo update-rc.d ServiceName remove            //删除一个服务
```

本章小结

本章主要介绍了基于Linux的嵌入式系统开发流程。作为现在最流行的操作系统，Linux开发要比以前有了长足的进步。如何高效地开展开发工作，是每个工程师都需要了解的。因此读者需要认真熟悉NFS服务、tftp服务和完善Bootloader的内容，以便进行快速开发。下一章将结合本章内容，完成具体的实验步骤。

思考题

7-1　简述交叉开发的概念。

7-2　在搭建交叉开发工具链的过程中，修改环境变量“PATH”的目的是什么？

7-3　简述Bootloader的作用。

7-4　内核的配置命令有哪几种？各有什么特点？

7-5　简述内核移植的概念及主要过程。

7-6　例举出3种常见嵌入式Linux文件系统格式。

7-7　简述BusyBox的作用。

7-8　利用NFS调试新文件系统有什么好处？

第 8 章 嵌入式 Linux 实验

本章在前面理论内容的基础上，通过实验，让读者了解在嵌入式平台上移植 Linux 系统的过程。本章选取的实验涵盖了嵌入式 Linux 开发的重要环节，包括工具链编译、U-Boot 移植、Linux 内核移植、根文件系统的制作、Linux 内核模块程序和简单字符驱动程序编写等。

本章主要内容：

- 搭建嵌入式 Linux 开发环境
- 移植 U-Boot 实验
- 烧写 U-Boot 实验
- 添加 U-Boot 命令实验
- Linux 内核编译与下载实验
- Linux 内核移植实验
- 文件系统制作实验
- 编写 Linux 内核模块实验
- 编写带参数的 Linux 内核模块实验
- 编写 Linux 字符驱动程序实验

8.1 搭建嵌入式 Linux 开发环境

8.1.1 实验目的

通过运用 crosstool-ng-1.8.1.tar.bz2 脚本工具包来制作交叉编译器，并且此编译器能够编译 Linux-2.6.35 内核。本实验旨在让读者学会一种编译制作交叉编译器的方法。在实际开发中，大多根据编译目标选择一个编译好的、经过测试的交叉编译器。本书后面的实验也是灵活地采用适当的交叉编译器。

8.1.2 实验环境

（1）Ubuntu 10.10 发行版。

（2）Linux-2.6.35 内核。

（3）Embest EduKit2410 平台。

8.1.3 实验步骤

Crosstool-ng 是由美国人 Dan Kegel 开发的一套可以自动编译不同版本的 Gcc 和 Glibc，并作测试的脚本程序。下载地址为

http://ymorin.is-a-geek.org/download/crosstool-ng/

同时，对每一个版本都有相应的补丁，应尽量把这些补丁打上，这些补丁的下载地址为

http://ymorin.is-a-geek.org/download/crosstool-ng/01-fixes/

这里选用的是 crosstool-ng-1.8.1.tar.bz2，并下载补丁：

000-scripts_log_do_not_interpret_log_string_as_printf_format.patch

001-binutils_binutils_remove_faulty_patch.patch

002-kconfig_resync_curses_check_with_Linux_kernel.patch

制作之前确保你的系统中已经安装了相应的软件包。如果系统没有这些软件包，必须进行安装。在 Ubuntu 发行版中，使用 apt-get 命令即可非常方便地进行安装。

（1）sudo apt-get install gawk autotools-dev automake texinfo libtool cvs patch bison flex libncurses5-dev。

（2）创建必要的目录。

$ mkdir toolchain_build

$ mkdir toolchain_install

出于安全性考虑，crosstool-ng 的安装过程只能使用普通用户，所以需要将 root 用户切换到普通用户。

（3）$su linux（linux 是一个普通用户名称，用户可以使用系统中的其他普通用户）。

（4）解压软件包，并进入该目录并打补丁。

```
$ tar xvf crosstool-ng-1.8.1.tar.bz2
$ cd crosstool-ng-1.8.1
$ patch -p1 <  000-scripts_log_do_not_interpret_log_string_as_printf_format.patch
$ patch -p1 <  001-binutils_binutils_remove_faulty_patch.patch
$ patch -p1< 002-kconfig_resync_curses_check_with_Linux_kernel.patch
```

（5）配置并编译 crosstool-ng-1.8.1。

```
$ ./configure --prefix=/home/linux/s3c2410-2.6.35/toolchain/toolchain-install
$ make
$ make install
```

（6）配置工具链选项。

```
$ cd  ../toolchain-build
$ cp ../crosstool-ng-1.8.1/samples/arm-unknown-linux-gnueabi/*  ./
$ mv crosstool.config .config
$ ../toolchain-install/bin/ct-ng menuconfig
Paths and misc options  --->
(${HOME}/src) Local tarballs directory
(${HOME}/x-tools/${CT_TARGET}) Prefix directory
```

修改为

```
Paths and misc options  --->
(/home/linux/Downloads) Local tarballs directory  //源码包存放路径
(/home/linux/toolchain) Prefix directory    //工具生成后的安装路径


Target options  --->
```

```
(armv4t) Architecture level
(arm9tdmi) Emit assembly for CPU
(arm920t) Tune for CPU

C compiler  --->
[ ] Java

Operating System  --->
[ ]    Check installed headers

Paths and misc options  --->
(1) Number of parallel jobs

Toolchain options  --->
(none) Tuple's vendor string

C compiler  --->
(crosstool-NG-${CT_VERSION}-farsight) gcc ID string
```

修改.config 文件，将文件中的 2.6.33.2 全部改为 2.6.35。

（7）目标代码准备。

把需要用的工具包复制到/home/linux/Downloads 目录中。用到的工具包如下（可以从本书配套资料中 Software/crosstool 目录下找到相应的安装包，如果你的 Linux 环境可以上网，则后面用到的安装脚本会自动下载需要的数据包）：

```
binutils-2.19.1.tar.bz2
gcc-4.3.2.tar.bz2
glibc-ports-2.9.tar.bz2
linux-2.6.35.tar.bz2
ncurses-5.7.tar.gz
dmalloc-5.5.2.tgz
gdb-6.8.tar.bz2
gmp-4.3.2.tar.bz2
ltrace_0.5.3.orig.tar.gz
strace-4.5.19.tar.bz2
duma_2_5_15.tar.gz
glibc-2.9.tar.bz2
libelf-0.8.13.tar.gz
mpfr-2.4.2.tar.bz2
Sstrip.c
```

（8）工具链编译。

```
$ ../toolchain-install/bin/ct-ng build
```

这个过程时间比较长。

（9）环境变量的添加。

修改文件/etc/bash.bashrc 添加如下内容：

```
export PATH=$PATH:/home/linux/toolchain/bin
```

重启配置文件：

```
$ source bash.bashrc
```

（10）工具链的测试。

$ arm-none-linux-gnueabi-gcc –v

```
Using built-in specs.
Target: arm-none-linux-gnueabi
Configured with: /home/linux/s3c2410-2.6.35/toolchain/toolchain-build/targets/src/
gcc-4.3.2/configure --build=i686-build_pc-linux-gnu --host=i686-build_pc-linux-gnu --
target=arm-none-linux-gnueabi  --prefix=/home/linux/toolchain  --with-sysroot=/home/
linux/toolchain/arm-none-linux-gnueabi//sys-root  --enable-languages=c,c++,fortran  --
```

```
disable-multilib --with-arch=armv4t --with-cpu=arm9tdmi --with-tune=arm920t --with-float
=soft --with-pkgversion=crosstool-NG-1.8.1-none --disable-sjlj-exceptions --enable-__cxa
_atexit --disable-libmudflap --with-gmp=/home/linux/s3c2410-2.6.35/toolchain/toolchain-
build/targets/arm-none-linux-gnueabi/build/static  --with-mpfr=/home/linux/s3c2410-2.6.35/
toolchain/toolchain-build/targets/arm-none-linux-gnueabi/build/static --enable-threads=
posix --enable-target-optspace --with-local-prefix=/home/linux/toolchain/arm-none-linux
-gnueabi//sys-root --disable-nls --enable-symvers=gnu --enable-c99 --enable-long-long
  Thread model: posix
  gcc version 4.3.2 (crosstool-NG-1.8.1-none)
```

这个时候我们的工具链就生成了。在利用它编译内核之前还要设置环境变量及修改内核Makefile。

（11）$cd ~/A8/linux-2.6.35。

（12）$vim Makefile。

修改 CROSS_COMPILE = arm-none-linux-gnueabi-。

这个时候可以利用这个编译器编译内核了，但编译内核的实验还会涉及其他的内容，这些内容将在后面的内核移植实验中阐述。

8.2 移植U-Boot实验

8.2.1 实验目的

了解U-boot-2010.03的代码结构，掌握其移植方法。

8.2.2 实验环境

（1）Ubuntu 10.10发行版。

（2）U-boot-2010.03。

（3）Embest EduKit2410平台。

（4）交叉编译器 arm-none-linux-gnueabi-gcc-4.3.2。

8.2.3 实验步骤

1. 建立自己的平台类型

（1）解压文件。

```
$tar jxvf U-boot-2010.03.tar.bz2
```

（2）进入U-Boot源码目录。

```
$cd U-boot-2010.03
```

（3）创建自己的开发板。

① $cd board

② $cp smdk2410 EduKit2410 -a

③ $cd EduKit2410

④ $mv smdk2410.c EduKit2410.c

⑤ $vi Makefile（将smdk2410修改为EduKit2410）

⑥ $cd ../../include/configs

⑦ $cp smdk2410.h EduKit2410.h

⑧ 退回U-Boot根目录：$cd ../../

（4）建立编译选项。

```
$vi Makefile
    smdk2410_config :       unconfig
       @$(MKCONFIG) $(@:_config=) arm arm920t smdk2410 NULL s3c24x0
    EduKit2410_config    :    unconfig
       @$(MKCONFIG) $(@:_config=) arm arm920t  EduKit2410 NULL  s3c24x0
```

arm：CPU 的架构（ARCH）。

arm920t：CPU 的类型（CPU），其对应于 cpu/arm920t 子目录。

EduKit2410：开发板的型号（BOARD），对应于 board/EduKit2410 目录。

NULL：开发者/或经销商（vender），本例为空。

s3c24x0：片上系统（SoC）。

修改编译器，在

```
ifeq ($(HOSTARCH, $(ARCH))
CROSS_COMPILE ?=
endif
```

下添加：

```
ifeq (arm, $(ARCH))
CROSS_COMPILE ?= arm-none-linux-gnueabi-
endif
```

（5）编译。

```
$make EduKit2410_config;
$make
```

本步骤将编译产生 U-Boot.bin 文件，但此时它还无法运行在 EduKit2410 开发板上。

2. 修改 cpu/arm920t/start.S 文件，完成 U-Boot 的重定向

（1）修改中断禁止部分。

```
$ if defined(CONFIG_S3C2410)
    ldr    R1, =0x7ff         /*根据 2410 芯片手册，INTSUBMSK 有 11 位可用 */
    ldr    R0, =INTSUBMSK
    str    R1, [R0]
$ endif
```

（2）修改时钟设置（这个文件要根据具体的平台进行修改）。

（3）将从 Flash 启动改成从 Nand Flash 启动。

在文件中找到 195-201 代码，并在 201 行后面添加如下代码：

```
195  copy_loop:
196 ldmia    R0!, {R3-R10}     /* copy from source address [R0]    */
197 stmia    R1!, {R3-R10}     /* copy to  target address [R1]    */
198 cmp  R0, R2                /* until source end addreee [R2]    */
199 ble  copy_loop
200 $endif    /* CONFIG_SKIP_RELOCATE_UBOOT */
201 $endif
$ifdef CONFIG_S3C2410_NAND_BOOT
@ reset NAND
   mov R1, $NAND_CTL_BASE
   ldr R2, =0xf830 @ initial value
   str R2, [R1, $oNFCONF]
   ldr R2, [R1, $oNFCONF]
   bic R2, R2, $0x800 @ enable chip
   str R2, [R1, $oNFCONF]
```

```
    mov R2, $0xff @ RESET command
    strb R2, [R1, $oNFCMD]
    mov R3, $0 @ wait
 nand1:
    add R3, R3, $0x1
    cmp R3, $0xa
    blt nand1
 nand2:
    ldr R2, [R1, $oNFSTAT] @ wait ready
    tst R2, $0x1
    beq nand2
    ldr R2, [R1, $oNFCONF]
    orr R2, R2, $0x800 @ disable chip
    str R2, [R1, $oNFCONF]
 @ get read to call C functions (for nand_read())
    ldr sp, DW_STACK_START @ setup stack pointer
    mov fp, $0 @ no previous frame, so fp=0
 @ copy U-Boot to RAM
    ldr R0, =TEXT_BASE
    mov R1, $0x0
    mov R2, $0x30000
    bl nand_read_ll
    tst R0, $0x0
    beq ok_nand_read
 bad_nand_read:
 loop2:
    b loop2 @ infinite loop
 ok_nand_read:
 @ verify
    mov R0, $0
    ldr R1, =TEXT_BASE
    mov R2, $0x400 @ 4 bytes * 1024 = 4K-bytes
 go_next:
    ldr R3, [R0], $4
    ldr R4, [R1], $4
    teq R3, R4
    bne notmatch
    subs R2, R2, $4
    beq stack_setup
    bne go_next
 notmatch:
    loop3: b loop3 @ infinite loop
 $endif @ CONFIG_S3C2410_NAND_BOOT
```

（4）在“_start_armboot: .word start_armboot”后加入：

```
.align 2
DW_STACK_START: .word STACK_BASE+STACK_SIZE-4
```

3. 创建 board/EduKit2410/nand_read.c 文件，加入读 Nand Flash 的操作

```
$include <config.h>
$define __REGb(x) (*(volatile unsigned char *)(x))
$define __REGi(x) (*(volatile unsigned int *)(x))
$define NF_BASE 0x4e000000
$ if defined(CONFIG_S3C2410)
$define NFCONF  __REGi(NF_BASE + 0x0)
$define NFCMD  __REGb(NF_BASE + 0x4)
$define NFADDR  __REGb(NF_BASE + 0x8)
$define NFDATA  __REGb(NF_BASE + 0xc)
$define NFSTAT  __REGb(NF_BASE + 0x10)
```

```
$define BUSY 1

inline void wait_idle(void) {
    int i;
    while(!(NFSTAT & BUSY))
        for(i=0; i<10; i++);
}
/* low level nand read function */
int nand_read_ll(unsigned char *buf, unsigned long start_addr, int size)
{
    int i, j;
    if ((start_addr & NAND_BLOCK_MASK) || (size & NAND_BLOCK_MASK)) {
        return -1; /* invalid alignment */
    }
    /* chip Enable */
    NFCONF &= ~0x800;
    for(i=0; i<10; i++);
    for(i=start_addr; i < (start_addr + size);) {
        /* READ0 */
        NFCMD = 0;
        /* Write Address */
        NFADDR = i & 0xff;
        NFADDR = (i >> 9) & 0xff;
        NFADDR = (i >> 17) & 0xff;
        NFADDR = (i >> 25) & 0xff;
        wait_idle();
        for(j=0; j < NAND_SECTOR_SIZE; j++, i++) {
            *buf = (NFDATA & 0xff);
buf++;
        }
    }
    /* chip Disable */
    NFCONF |= 0x800; /* chip disable */
    return 0;
}
$ endif
```

同时修改 board/EduKit2410/Makefile 文件，修改如下：

```
COBJS := EduKit2410.o  nand_read.o  flash.o
```

4. 修改 board/EduKit2410/EduKit2410.c 文件，加入 Nand Flash 操作

（1）加入 Nand Flash 的初始化函数。

在文件的最后加入 Nand Flash 的初始化函数，该函数在后面 Nand Flash 的操作都要用到。U-Boot 运行到第 2 阶段会进入 start_armboot()函数。其中 nand_init()函数是对 Nand Flash 的最初初始化函数。nand_init()函数在两个文件中实现。其调用与 CFG_NAND_LEGACY 宏有关，如果没有定义这个宏，系统调用 drivers/nand/nand.c 中的 nand_init()；否则调用自己在本文件中的 nand_init()函数，本例使用后者。EduKit2410.c 代码如下：

```
$if defined(CONFIG_CMD_NAND)
typedef enum {
    NFCE_LOW,
    NFCE_HIGH
} NFCE_STATE;
static inline void NF_Conf(u16 conf)
{
    S3C2410_NAND * const nand = S3C2410_GetBase_NAND();
    nand->NFCONF = conf;
}
```

```
static inline void NF_Cmd(u8 cmd)
{
    S3C2410_NAND * const nand = S3C2410_GetBase_NAND();
    nand->NFCMD = cmd;
}
static inline void NF_CmdW(u8 cmd)
{
    NF_Cmd(cmd);
    udelay(1);
}
static inline void NF_Addr(u8 addr)
{
    S3C2410_NAND * const nand = S3C2410_GetBase_NAND();
    nand->NFADDR = addr;
}
static inline void NF_WaitRB(void)
{
    S3C2410_NAND * const nand = S3C2410_GetBase_NAND();
    while (!(nand->NFSTAT & (1<<0)));
}
static inline void NF_Write(u8 data)
{
    S3C2410_NAND * const nand = S3C2410_GetBase_NAND();
    nand->NFDATA = data;
}
static inline u8 NF_Read(void)
{
    S3C2410_NAND * const nand = S3C2410_GetBase_NAND();
    return(nand->NFDATA);
}
static inline u32 NF_Read_ECC(void)
{
    S3C2410_NAND * const nand = S3C2410_GetBase_NAND();
    return(nand->NFECC);
}
static inline void NF_SetCE(NFCE_STATE s)
{
    S3C2410_NAND * const nand = S3C2410_GetBase_NAND();
    switch (s) {
    case NFCE_LOW:
        nand->NFCONF &= ~(1<<11);
        break;
    case NFCE_HIGH:
        nand->NFCONF |= (1<<11);
        break;
    }
}
static inline void NF_Init_ECC(void)
{
    S3C2410_NAND * const nand = S3C2410_GetBase_NAND();
    nand->NFCONF |= (1<<12);
}
extern ulong nand_probe(ulong physadr);
static inline void NF_Reset(void)
{
    int i;
    NF_SetCE(NFCE_LOW);
    NF_Cmd(0xFF);          /* reset command */
    for(i = 0; i < 10; i++);    /* tWB = 100ns. */
```

```
        NF_WaitRB();        /* wait 200~500μs; */
        NF_SetCE(NFCE_HIGH);
    }
    static inline void NF_Init(void)
    {
    $if 0
        $define TACLS 0
        $define TWRPH0 3
        $define TWRPH1 0
    $else
        $define TACLS 0
        $define TWRPH0 4
        $define TWRPH1 2
    $endif

    $if defined(CONFIG_S3C2440)
        NF_Conf((TACLS<<12)|(TWRPH0<<8)|(TWRPH1<<4));
        NF_Cont((1<<6)|(1<<4)|(1<<1)|(1<<0));
    $else
        NF_Conf((1<<15)|(0<<14)|(0<<13)|(1<<12)|(1<<11)|(TACLS<<8)|(TWRPH0<<4)|
(TWRPH1<<0));
        /*nand->NFCONF = (1<<15)|(1<<14)|(1<<13)|(1<<12)|(1<<11)|(TACLS<<8)|(TWRPH0<<4)|
(TWRPH1<<0); */
        /* 1 1 1 1, 1 xxx, r xxx, r xxx */
        /* En 512B 4step ECCR nFCE=H tACLS tWRPH0 tWRPH1 */
    $endif
        NF_Reset();
    }

    void nand_init(void)
    {
        S3C2410_NAND * const nand = S3C2410_GetBase_NAND();
        NF_Init();
    $ifdef DEBUG
        printf("Nand Flash probing at 0x%.8lX\n", (ulong)nand);
    $endif
        printf ("%4lu MB\n", nand_probe((ulong)nand) >> 20);
    }
    $endif
```

（2）配置 GPIO 和 PLL。

根据开发板的硬件说明和芯片手册，修改 GPIO 和 PLL 的配置。

5. 修改 include/configs/EduKit2410.h 头文件

（1）加入命令定义（Line 39）。

```
/*  Command line configuration. */
$include <config_cmd_default.h>
$define CONFIG_CMD_ASKENV
$define CONFIG_CMD_CACHE
$define CONFIG_CMD_DATE
$define CONFIG_CMD_DHCP
$define CONFIG_CMD_ELF
$define CONFIG_CMD_PING
$define CONFIG_CMD_NAND
$define CONFIG_CMD_REGINFO
$define CONFIG_CMD_USB
$define CONFIG_CMD_FAT
```

（2）修改命令提示符（Line 114）。

```
$define  CFG_PROMPT        "SMDK2410 $ "
```

```
->  $define  CFG_PROMPT          "EDUKIT2410$ "
```

（3）修改默认载入地址（Line 125）。

```
    $define  CFG_LOAD_ADDR     0x33000000
->  $define  CFG_LOAD_ADDR     0x30008000
```

（4）加入Flash环境信息（在Line 181前）。

```
$define CFG_ENV_IS_IN_NAND 1
$define CFG_ENV_OFFSET 0X30000
$define CFG_NAND_LEGACY
//$define    CFG_ENV_IS_IN_Flash    1
$define CFG_ENV_SIZE          0x10000     /* Total Size of Environment Sector */
```

（5）加入Nand Flash设置（在文件结尾处）。

```
/* Nand Flash settings */
$if defined(CONFIG_CMD_NAND)
$define CFG_NAND_BASE 0x4E000000   /* NandFlash 控制器在 SFR 区起始寄存器地址 */
$define CFG_MAX_NAND_DEVICE 1      /* 支持的最在 Nand Flash 数据 */
$define SECTORSIZE 512             /* 1 页的大小 */
$define NAND_SECTOR_SIZE SECTORSIZE
$define NAND_BLOCK_MASK 511        /* 页掩码 */
$define ADDR_COLUMN 1              /*一个字节的 Column 地址 */
$define ADDR_PAGE 3                /* 3 字节的页块地址!!!!!*/
$define ADDR_COLUMN_PAGE 4         /* 总共 4 字节的页块地址!!!!! */
$define NAND_ChipID_UNKNOWN 0x00   /* 未知芯片的 ID 号 */
$define NAND_MAX_FLOORS 1
$define NAND_MAX_CHIPS 1

/* Nand Flash 命令层底层接口函数 */
$define WRITE_NAND_ADDRESS(d, adr) {rNFADDR = d;}
$define WRITE_NAND(d, adr) {rNFDATA = d;}
$define READ_NAND(adr) (rNFDATA)
$define NAND_WAIT_READY(nand) {while(!(rNFSTAT&(1<<0)));}
$define WRITE_NAND_COMMAND(d, adr) {rNFCMD = d;}
$define WRITE_NAND_COMMANDW(d, adr)    NF_CmdW(d)
$define NAND_DISABLE_CE(nand) {rNFCONF |= (1<<11);}
$define NAND_ENABLE_CE(nand) {rNFCONF &= ~(1<<11);}
/* the following functions are NOP's because S3C24X0 handles this in hardware */
$define NAND_CTL_CLRALE(nandptr)
$define NAND_CTL_SETALE(nandptr)
$define NAND_CTL_CLRCLE(nandptr)
$define NAND_CTL_SETCLE(nandptr)
/* 允许 Nand Flash 写校验 */
$define CONFIG_MTD_NAND_VERIFY_WRITE 1
```

（6）加入Nand Flash启动支持（在文件结尾处）。

```
/* Nandflash Boot*/
$define STACK_BASE 0x33f00000
$define STACK_SIZE 0x8000
/* Nand Flash Controller */
$define NAND_CTL_BASE 0x4E000000
$define bINT_CTL(Nb) __REG(INT_CTL_BASE + (Nb))
/* Offset */
$define oNFCONF 0x00
$define CONFIG_S3C2410_NAND_BOOT 1
/* Offset */
$define oNFCONF 0x00
```

```
$define oNFCMD 0x04
$define oNFADDR 0x08
$define oNFDATA 0x0c
$define oNFSTAT 0x10
$define oNFECC 0x14
$define rNFCONF (*(volatile unsigned int *)0x4e000000)
$define rNFCMD (*(volatile unsigned char *)0x4e000004)
$define rNFADDR (*(volatile unsigned char *)0x4e000008)
$define rNFDATA (*(volatile unsigned char *)0x4e00000c)
$define rNFSTAT (*(volatile unsigned int *)0x4e000010)
$define rNFECC (*(volatile unsigned int *)0x4e000014)
$define rNFECC0 (*(volatile unsigned char *)0x4e000014)
$define rNFECC1 (*(volatile unsigned char *)0x4e000015)
$define rNFECC2 (*(volatile unsigned char *)0x4e000016)
$endif
```

（7）加入 usb 的支持。

```
/* USB Support*/
$define CONFIG_USB_OHCI
$define CONFIG_USB_STORAGE
$define CONFIG_USB_KEYBOARD
$define CONFIG_DOS_PARTITION
$define CFG_DEVICE_DEREGISTER
$define CONFIG_SUPPORT_VFAT
$define LITTLEENDIAN
/* USB Support*/
```

6. 修改 include/Linux/mtd/nand.h 头文件

屏蔽如下定义：

```
$if 0
/* Select the chip by setting nCE to low */
$define NAND_CTL_SETNCE         1
/* Deselect the chip by setting nCE to high */
$define NAND_CTL_CLRNCE         2
/* Select the command latch by setting CLE to high */
$define NAND_CTL_SETCLE         3
/* Deselect the command latch by setting CLE to low */
$define NAND_CTL_CLRCLE         4
/* Select the address latch by setting ALE to high */
$define NAND_CTL_SETALE         5
/* Deselect the address latch by setting ALE to low */
$define NAND_CTL_CLRALE         6
/* Set write protection by setting WP to high. Not used! */
$define NAND_CTL_SETWP         7
/* Clear write protection by setting WP to low. Not used! */
$define NAND_CTL_CLRWP         8
$endif
```

7. 修改 include/Linux/mtd/nand_ids.h 头文件

在该文件中加入开发板的 Nand Flash 型号。

```
{"Samsung K9F1208U0B", NAND_MFR_SAMSUNG, 0x76, 26, 0, 4, 0x4000, 0},
```

"Samsung K9F1208U0B":NandFlash 的名称；

NAND_MFR_SAMSUNG：NandFlash 的厂商 ID；

0x76：设备 ID；

26：地址线；

0x4000:擦除块的大小；

具体参看结构体：nand_flash_dev。

8. 修改 common/env_nand.c 文件

本实验使用传统的 Nand 读写方式，因此做出下列移植。

（1）加入函数原型定义。

```
extern struct nand_chip nand_dev_desc[CFG_MAX_NAND_DEVICE];
// CFG_MAX_NAND_DEVICE 表示 NandFlash 的数量
extern int nand_legacy_erase(struct nand_chip *nand, size_t ofs, size_t len, int clean);
/* info for NAND chips, defined in drivers/nand/nand.c */
extern nand_info_t nand_info[CFG_MAX_NAND_DEVICE];//NandFlash 信息
```

（2）修改 saveenv 函数。

```
注释 Line 195 //if (nand_erase(&nand_info[0], CFG_ENV_OFFSET, CFG_ENV_SIZE))
加入: if (nand_legacy_erase(nand_dev_desc + 0, CFG_ENV_OFFSET, CFG_ENV_SIZE, 0))
// nand_legacy_erase 就是传统的擦除功能
注释 Line 200 //ret = nand_write(&nand_info[0], CFG_ENV_OFFSET,
&total, (u_char*)env_ptr);
加入: ret = nand_legacy_rw(nand_dev_desc + 0,0x00 | 0x02,
                           CFG_ENV_OFFSET,
                           CFG_ENV_SIZE,
                           &total, (u_char*)env_ptr);
```

（3）修改 env_relocate_spec 函数。

```
注释 Line 275 //ret = nand_read(&nand_info[0], CFG_ENV_OFFSET, &total,
(u_char*)env_ptr);
加入: ret = nand_legacy_rw(nand_dev_desc +0,
             0x01 | 0x02,
             CFG_ENV_OFFSET,
             CFG_ENV_SIZE,
             &total, (u_char*)env_ptr);
```

9. 修改 common/cmd_boot.c 文件，添加内核启动参数设置

（1）首先添加头文件$include <asm/setup.h>。

（2）修改 do_go 函数。具体修改如下：

```
    int do_go (cmd_tbl_t *cmdtp, int flag, int argc, char *argv[])
    {
    $if defined(CONFIG_I386)
    DECLARE_GLOBAL_DATA_PTR;
    $endif
    ulong addr, rc;
    int    rcode = 0;
//////////////////////////////////////////////////////////////////////////////
    char *commandline = getenv("bootargs");
    struct param_struct *my_params=(struct param_struct *)0x30000100;
    memset(my_params,0,sizeof(struct param_struct));
    my_params->u1.s.page_size=4096;
    my_params->u1.s.nr_pages=0x4000000>>12;
    memcpy(my_params->commandline,commandline,strlen(commandline)+1);
//////////////////////////////////////////////////////////////////////////////
    if (argc < 2) {
       printf ("Usage:\n%s\n", cmdtp->usage);
       return 1;
    }
    addr = simple_strtoul(argv[1], NULL, 16);
    printf ("$$ Starting application at 0x%08lX ...\n", addr);
    /*
     * pass address parameter as argv[0] (aka command name),
```

```
    * and all remaining args
    */
$if defined(CONFIG_I386)
   /*
    * x86 does not use a dedicated register to pass the pointer
    * to the global_data
    */
argv[0] = (char *)gd;
$endif
$if !defined(CONFIG_NIOS)
//////////////////////////////////////////////////////////////////////
        __asm__(
        "mov R1, $193\n"
        "mov  ip, $0\n"
        "mcr  p15, 0, ip, c13, c0, 0\n" /* zero PID */
        "mcr  p15, 0, ip, c7, c7, 0\n"  /* invalidate I,D caches */
        "mcr  p15, 0, ip, c7, c10, 4\n" /* drain write buffer */
        "mcr  p15, 0, ip, c8, c7, 0\n"  /* invalidate I,D TLBs */
        "mrc  p15, 0, ip, c1, c0, 0\n"  /* get control register */
        "bic  ip, ip, $0x0001\n"        /* disable MMU */
        "mov pc, %0\n" /*跳转到内核镜像的首地址 addr*/
        "nop\n"
        :
        :"r"(addr)
        );
/////////////////////////////////////////////////////////////
    rc = ((ulong (*)(int, char *[]))addr) (--argc, &argv[1]);
$else
    /*
     * Nios function pointers are address >> 1
     */
    rc = ((ulong (*)(int, char *[]))(addr>>1)) (--argc, &argv[1]);
$endif
    if (rc != 0) rcode = 1;

    printf ("$$ Application terminated, rc = 0x%lX\n", rc);
    return rcode;
}
```

其中用//括起来的代码是要添加的代码，否则在引导 Linux 内核的时候会出现一个 Error：a 并无法传递内核启动参数的错误。其原因是平台号和启动参数没有正确传入内核。

10. 交叉编译 U-BOOT

```
$make distclean
$make EduKit2410_config
$make
```

生成的 U-Boot.bin 即为我们移植后的结果。如果因为环境或操作等问题无法正确编译的话，请参考本书配套光盘中提供的移植好的 U-Boot 代码。

8.3 烧写 U-Boot 实验

8.3.1 实验目的

掌握烧写 Bootloader 的方法。

8.3.2　实验环境

（1）Ubuntu 10.10 发行版。

（2）Embest EduKit2410 平台。

（3）交叉编译器 arm-none-linux-gnueabi-gcc-4.3.2。

8.3.3　实验步骤

（1）安装并口驱动，以便使用 JTAG 下载。

用 20 针排线将 EDUKIT2410 的 20 针 JTAG 接口（CON7）与 JTAG 板的 JTAG 接口相连。然后把光盘中的 Tools\giveio 文件夹复制到 C 盘，单击“安装驱动.exe”，将弹出如图 8-1 所示的界面。

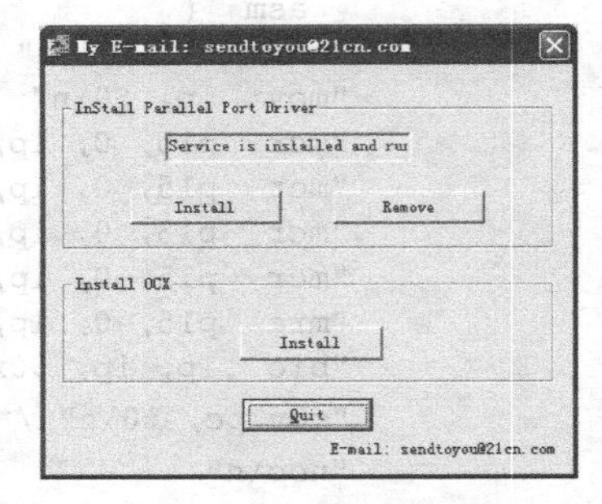

图 8-1　并口驱动安装界面

（2）单击“InStall Parallel Port Driver”栏目下的“Remove”按钮，然后单击该栏目下的“Install”按钮，出现“Service is installed and run”，说明 giveio 驱动安装成功。

（3)将上一个实验中编译好的 U-Boot.bin 文件复制到 sjf2410 工具所在的文件夹下（如果已存在，覆盖它，资料中的位置是 Tools\image），然后对该文件夹下的 uboot.BAT 批处理文件进行修改，该批处理的内容是“sjf2410 /f:U-Boot.bin”。烧写程序所支持的 Flash 型号都会列出来，目前有 K9S1208（NAND，64M）、28F128J3A、AM29LV800、SST39VF160/1 等。

（4）在出现如图 8-2 所示的界面后，在“Select the function to test: ”提示下，输入“0”，然后按回车键，这时将选择 K9S1208 进行烧写。

（5）接着再在“Input target block number:”栏下输入偏移地址“0”，显示信息如图 8-3 所示。

（6）烧写完成后，选择提示“2”退出烧写过程。

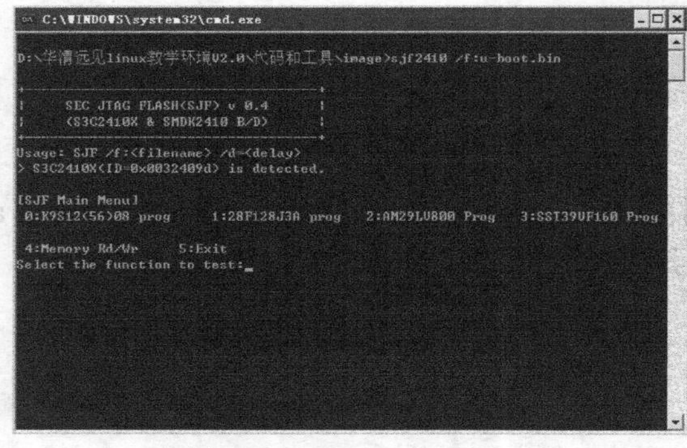

图 8-2　K9S1208 烧写界面一

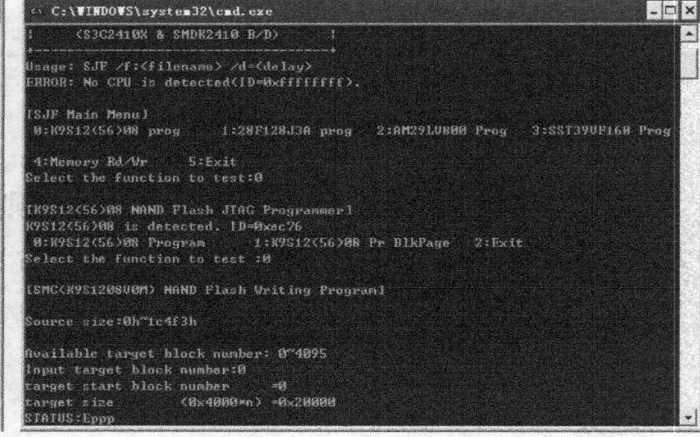

图 8-3　K9S1208 烧写界面二

（7）配置 Putty，参数设置和进行 realview MDK 串口实验时一致。

（8）复位实验箱，可以在终端中看到 U-Boot 启动过程，此时可以执行 U-Boot 命令。U-Boot 启动界面如图 8-4 所示。

（9）设置基本的 U-Boot 环境变量。

主机 ip 设置：

```
# setenv serverip 192.168.1.222
```

目标板 ip 设置：

```
# setenv ipaddr 192.168.1.250
```

保存环境变量：

saveenv

（10）内核的烧写。

首先拷贝内核镜像 zImage 到宿主机的 tftpboot 目录。

```
# tftp 30008000 zImage
# nand erase 40000 200000
# nand write 30008000 40000 200000
```

（11）文件系统的烧写。

首先拷贝文件系统镜像 rootfs.cramfs 到宿主机的 tftpboot 目录。

```
# tftp 30008000    rootfs.cramfs
# nand erase 240000 800000
# nand write 30008000 240000    800000
```

（12）启动参数的设置

```
# setenv bootcmd nand read    30008000 40000 200000\; go 30008000
# setenv bootargs root=/dev/mtdblock2    init=/linuxrc    console=ttySAC0,115200
# savenv
```

（13）重新启动开发板，最终会进入如图 8-5 所示的界面，这便是一个最简 Linux 系统。

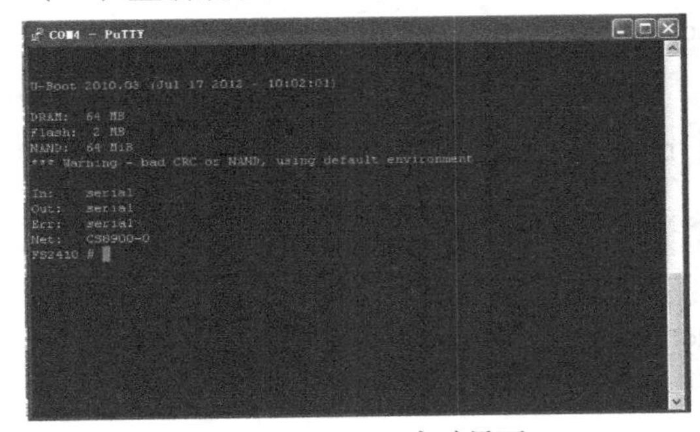

图 8-4　U-Boot 启动界面

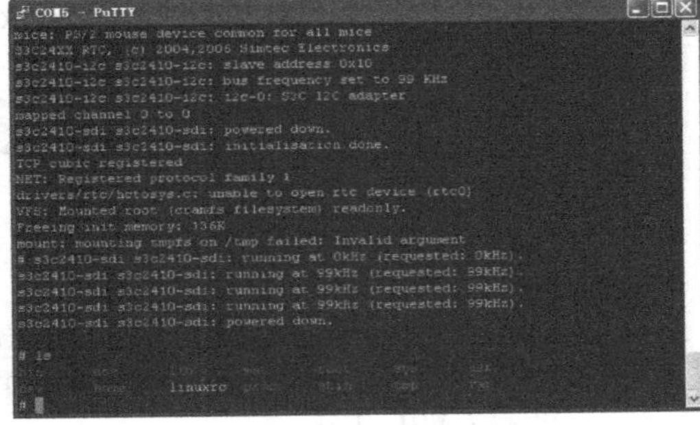

图 8-5　系统启动界面

（14）U-Boot 其他命令介绍。

U-Boot 支持哪些命令我们可以通过在终端上输入"?"来查看，如图 8-6 所示。

（15）在前面的实例中使用 JTAG 烧写程序到 NAND Flash，烧写过程十分缓慢。如果使 U-Boot 来烧写 NAND Flash，效率会高很多。烧写二进制文件到 NAND Flash 中所使用命令与上面 烧写内核映像文件 zImage 的过程类似，只是不需要将二进制文件制作成 U-Boot 格式。

另外，可以将程序下载到内存中，然后使用 go 命令执行它。假设有一个程序的二进制可执行文件 test.bin，连接地址为 0x30008000，首先将它放在主机上的 tftp 目

```
FS2410 # ?
?         - alias for 'help'
base      - print or set address offset
bootm     - boot application image from memory
bootp     - boot image via network using BOOTP/TFTP protocol
cmp       - memory compare
cp        - memory copy
crc32     - checksum calculation
fatinfo   - print information about filesystem
fatload   - load binary file from a dos filesystem
fatls     - list files in a directory (default /)
go        - start application at address 'addr'
help      - print command description/usage
loadb     - load binary file over serial line (kermit mode)
loady     - load binary file over serial line (ymodem mode)
loop      - infinite loop on address range
md        - memory display
mm        - memory modify (auto-incrementing address)
mtest     - simple RAM read/write test
mw        - memory write (fill)
nand      - NAND sub-system
nboot     - boot from NAND device
nm        - memory modify (constant address)
ping      - send ICMP ECHO_REQUEST to network host
printenv- print environment variables
rarpboot- boot image via network using RARP/TFTP protocol
reset     - Perform RESET of the CPU
run       - run commands in an environment variable
saveenv - save environment variables to persistent storage
setenv    - set environment variables
tftpboot- boot image via network using TFTP protocol
usb       - USB sub-system
usbboot - boot from USB device
version - print monitor version
FS2410 #
```

图 8-6　U-Boot 命令查看界面

录下，然后将它下载到内存 0x30008000 处，最后使用 go 命令去执行它。如下所示：

① tftp 0x30008000 test.bin

② go 0x30008000

8.4 添加 U-Boot 命令实验

8.4.1 实验目的

掌握添加 U-Boot 命令的方法。

8.4.2 实验环境

（1）Ubuntu 10.10 发行版。

（2）Embest EduKit2410 平台。

（3）交叉编译器 arm-none-linux-gnueabi-gcc-4.3.2。

8.4.3 实验步骤

（1）在 common 目录下添加文件 cmd_hello.c。

```
#include <common.h>
#include <command.h>
int do_hello(cmd_tbl_t *cmdtp, int flag , int argc, char *argv[])
{
 printf("Hello World\n");
}
U_BOOT_CMD(
   hello, CONFIG_SYS_MAXARGS, 1, do_hello,
  "hello    - my hello command\n",
  "hello world\n"
);
```

（2）修改 common/Makefile，添加如下内容：

```
COBJS-y += cmd_hello.o
```

（3）重现编译 U-Boot，烧写到开发板运行。

（4）进入交互模式，输入“help”查看添加的命令。

8.5 Linux 内核编译与下载实验

8.5.1 实验目的

本实验针对 Linux-2.6 以上的内核，通过本实验可以使读者掌握编译 Linux 内核的方法。

8.5.2 实验环境

（1）Ubuntu 10.10 发行版。

（2）EduKit2410 平台以及开发板中移植好的 U-Boot。

（3）交叉编译器 arm-none-linux-gnueabi-gcc-4.3.2。

8.5.3　实验步骤

（1）下载内核源码，或从本书配套光盘 Software\Linux-2.6.35 目录中直接复制。

从 http://www.kernel.org/pub/Linux/kernel/v2.6/Linux-2.6.35.tar.bz2 下载 Linux-2.6.35 内核至~/A8 目录。解开压缩包，并进入内核源码目录，具体过程如下：

```
$tar jxvf Linux-2.6.35.tar.bz2
$cd Linux-2.6.35
```

（2）修改内核目录树根下的的 Makefile，指明交叉编译器：

```
linux@ubuntu:~/A8/Linux-2.6.35$ vim Makefile
```

找到 ARCH 和 CROSS_COMPILE，修改：

```
ARCH   = arm
CROSS_COMPILE  =  arm-none-linux-gnueabi-
```

（3）设置环境变量：

```
$ export PATH=$PATH:/home/Linux/crosstool/gcc-3.4.5-glibc-2.3.6/arm-softfloat
-Linux-gnu/bin:
```

（4）配置内核产生.config 文件：

```
$ cp arch/arm/configs/smdk2410_defconfig .config
```

（5）输入内核配置命令，进行内核选项的选择，命令如下：

```
$ make menuconfig
```

命令执行成功以后，会看到如图 8-7 所示界面。其实我们在图 7-7 中看到过类似的界面，那个图也是内核选项配置界面，只不过那个界面需要在 Xwindows 下才能执行。

其中的部分选项我们在第 7 章有过介绍，这里不再赘述。根据实际情况进行配置后，保存所做的修改。

（6）执行下面的命令开始编译：

```
$make zImage
```

编译过程中，可以看到如图 8-8 所示的输出。

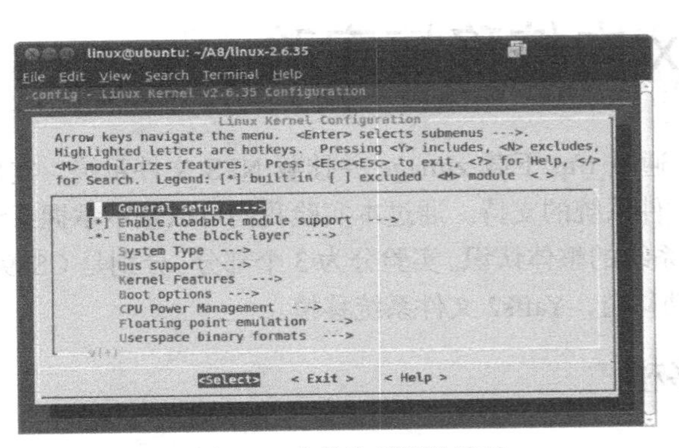

图 8-7　内核选项配置界面

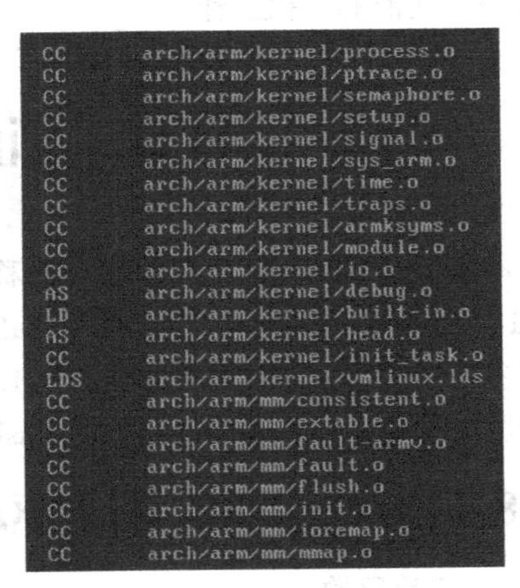

图 8-8　编译过程输出

如图 8-9 所示，给出了一个实验过程中容易出现的错误。通过错误提示，可以看到错误发生在/drivers/video/console 中。一般这是因为我们选择了“VGA text console”选项，去掉这个选项即可。这个选项在“Device Driver”→“Graphics Support”→“console display driver support”下。

```
drivers/video/console/vgacon.c:1187: warning: comparison is always true due to l
imited range of data type
drivers/video/console/vgacon.c:1188: warning: comparison is always true due to l
imited range of data type
drivers/video/console/vgacon.c:1189: warning: comparison is always true due to l
imited range of data type
drivers/video/console/vgacon.c:1190: warning: comparison is always true due to l
imited range of data type
drivers/video/console/vgacon.c:1199: warning: comparison is always true due to l
imited range of data type
drivers/video/console/vgacon.c:1200: warning: comparison is always true due to l
imited range of data type
drivers/video/console/vgacon.c:1201: warning: comparison is always true due to l
imited range of data type
drivers/video/console/vgacon.c:1202: warning: comparison is always true due to l
imited range of data type
drivers/video/console/vgacon.c:1203: warning: comparison is always true due to l
imited range of data type
drivers/video/console/vgacon.c:1204: warning: comparison is always true due to l
imited range of data type
make[3]: *** [drivers/video/console/vgacon.o] Error 1
make[2]: *** [drivers/video/console] Error 2
make[1]: *** [drivers/video] Error 2
make: *** [drivers] Error 2
```

图 8-9　编译错误示例

总之，这类错误是由于内核配置不当引起的，不需要修改内核源码。

如果按照默认的配置，没有改动的话，编译后系统会在arch/arm/boot目录下生成一个zImage文件，这个文件就是刚刚生成的内核文件。我们需要把它加载到开发板中运行，加以验证。

（7）下载Linux内核。

加载到开发板的方式是通过U-Boot提供的网络功能，直接下载到开发板的内存中。首先把内核复制到tftp服务器的根目录下（见tftp配置文件说明）。在我们的实验中，这个目录在/tftpboot，所以我们在内核源码目录中直接执行下面命令：

```
$cp arch/arm/boot/zImage /tftpboot
```

启动开发板，在U-Boot界面下输入下面一组命令：

```
EDUKIT2410$printenv    （查看当前开发板的环境变量）
EDUKIT2410$setenv ipaddr 192.168.1.134  （设置开发板的IP地址为192.168.1.134）
EDUKIT2410$setenv serverip 192.168.1.23 （设置开发主机的IP地址为192.168.1.23）
EDUKIT2410$setenv bootargs console=ttySAC0,115200 （设置终端为串口1，波特率115200）
EDUKIT2410$saveenv     （保存刚刚的修改）
EDUKIT2410$ping 192.168.1.23          （测试网络是否畅通）
```

如果网络畅通，执行下面的命令下载内核：

```
EDUKIT2410$tftp 30008000 zImage  （把Linux内核下载到开发板内存的30008000地址处）
EDUKIT2410$go 30008000           （启动内核）
```

此时可以在超级终端中观察到内核的启动现象，不过内核在此时还不会成功启动，因为还需要做一些其他的移植工作。

8.6　Linux内核移植实验

本实验是对Linux-2.6.35版本的移植，通过tftp下载zImage并挂载NFS文件系统，实现对Nand Flash的存储管理，并实现对Yaffs2文件系统的支持。通过本实验我们可以基本掌握系统移植的主要步骤和方法，并增加我们对Linux系统的整体认识。实验分为3个部分，分别是CS8900A网卡驱动移植，k9f1208u0m Nand Flash驱动移植，Yaffs2文件系统移植。

8.6.1　CS8900A网卡驱动移植

1．实验目的

本实验在Linux-2.6.35内核上移植CS8900A网卡驱动，使其可以通过网络NFS的方式挂载在Ubantu主机环境上的文件系统，从而实现Linux系统的完全启动。

2．实验环境

（1）Ubuntu10.10。

（2）Embest EduKit2410 平台以及开发板中移植好的 U-Boot。

（3）交叉编译器 arm-none-linux-gnueabi-gcc-4.3.2。

3. 实验步骤

下面的所有操作都在上一个实验结果的 Linux-2.6.35 内核源码目录中，可以参考前面的实验。

（1）修改内核根目录的 Makefile 文件。

修改内核目录树根下的的 Makefile，指明交叉编译器：

linux@ubuntu:~/A8/Linux-2.6.35$ vim Makefile

找到 ARCH 和 CROSS_COMPILE，修改：

```
ARCH = arm
CROSS_COMPILE = arm-none-linux-gnueabi-
```

（2）配置内核产生.config 文件：

linux@ubuntu:~/A8/Linux-2.6.35$cp arch/arm/configs/smdk2410_defconfig .config

（3）添加网卡驱动到内核。

将光盘 Code\Chaper8\CS8900a 目录中的 cs8900a.h 和 cs8900a.c 文件复制到内核代码目录 drivers/net 中：

Linux@farsight:~/A8/Linux-2.6.35 # cp /mnt/hgfs/disk/cs8900a.*　drivers/net

（4）修改 Makefile 和 Kconfig 文件。

Linux@farsight:~/A8/Linux-2.6.35-farsight # vim drivers/net/Makefile

在文件中添加：

```
obj-$(CONFIG_CS8900a) +=cs8900a.
```

（5）保存退出，修改 Kconfig 文件。

linux@farsight:~/A8/Linux-2.6.35-farsight$ vim drivers/net/Kconfig

在以下代码段下面：

```
config DM9000
      tristate "DM9000 support"
      depends on ARM && NET_ETHERNET
      select CRC32
      select MII
      ---help---
      Support for DM9000 chipset.

        To compile this driver as a module, choose M here and read
        <file:Documentation/networking/net-modules.txt>.The module willbe
        called dm9000.
```

加入以下代码：

```
config S3C2410_CS8900
        tristate "CS8900 support"
        depends on NET_ETHERNET && ARM && ARCH_SMDK2410
        ---help---
        support for cs8900 chipset base Ethernet cards, if you have a network card
of this type.
```

（6）为网卡驱动添加地址映射定义。

修改 arch/arm/mach-s3c2410/include/mach/map.h 文件，添加如下内容：

```
/* CS8900a */
$define pSMDK2410_ETH_IO  __phys_to_pfn(0x19000000)
$define vSMDK2410_ETH_IO  0xE0000000
$define SMDK2410_ETH_IRQ  IRQ_EINT9
```

（7）建立网卡地址内存映射。

linux@ubuntu:~/A8/Linux-2.6.35$ vim arch/arm/mach-s3c2410/mach-smdk2410.c

添加：

```
$include <asm/arch-s3c2410/smdk2410.h>
static struct map_desc smdk2410_iodesc[] __initdata = {
/* nothing here yet */
{
vSMDK2410_ETH_IO,pSMDK2410_ETH_IO,SZ_1M,MT_DEVICE}
};
```

（8）配置内核支持CS8900A网卡。

linux@farsight:~/A8/Linux-2.6.35$ make menuconfig

```
Kernel Features  ---> //使用EABI工具链这两项是必须选择的
                  [*] Use the ARM EABI to compile the kernel
                  [*]  Allow old ABI binaries to run with this kernel (EXPERIMENTAL) (NEW)
            Device Drivers  --->
                  [*] Network device support  --->
                     [*]  Ethernet (10 or 100Mbit)  --->
                        <*>  CS8900a support
```

保存退出，产生.config文件。

（9）编译内核产生zImage文件，并将arch/arm/boot/zImge复制到/tftpboot目录中。

（10）复制光盘rootfs-farsight.tar.gz到配置了tftp及NFS服务的Ubuntu10.10环境中。假定/source/rootfs为NFS的共享目录，则：

```
linux@ubuntu:/source$cp rootfs-farsight.tar.gz  /source
linux@ubuntu:/source$tar xvf  rootfs-farsight.tar.gz
```

在目录/souce/rootfs下存放着一个可用的文件系统（文件系统的实验在后面的实验中会涉及）。确保主机端tftp及NFS服务是开启的。

（11）修改内核启动参数。

```
EDUKIT2410$ setenv bootcmd tftp 30008000 zImage\; go 30008000
EDUKIT2410$ setenv bootargs root=nfs nfsroot=192.168.1.23:/source/rootfs ip=192.168
.1.134 console=ttySAC0,115200 init=/linuxrc
EDUKIT2410$saveenv
```

（12）启动开发平台，在超级终端观察现象。

```
EDUKIT2410$ boot
```

如果顺利，可以在串口终端显示Linux命令行终端，试试“ls”。

光盘中提供了移植后的Linux-2.6.35内核，如果出现错误可以参考。

8.6.2 Nand Flash驱动移植

1. 实验目的

本实验在Linux-2.6.35内核上移植Nand Flash驱动，使其可以设别到Nand Flash分区，并可以管理相应的Flash设备，从而进一步完善系统结构，并通过移植的过程来了解Nand Flash的移植方法。

2. 实验环境

（1）Ubuntu10.10。

（2）Embest EduKit2410平台以及开发板中移植好的U-Boot。

（3）交叉编译器 arm-none-linux-gnueabi-gcc-4.3.2。

3. 实验步骤

在 Linux-2.6.35 内核中已经包含了 s3c2410 的 Nand Flash 控制器驱动，但需要做一些配置工作才能正常使用。

（1）指明分区信息，建立分区表。

在 arch/arm/plat-s3c24xx/common-smdk.c 中有 nand flash 的分区信息如下，我们需要在这个基础上进行修改。

```
$vim arch/arm/plat-s3c24xx/common-smdk.c
```

修改后为

```
    static struct mtd_partition smdk_default_nand_part[] = {
        [0] = {
            .name    = "bootloader u-boot-2010.03",
            .size    = SZ_1M,
            .offset  = 0,
        },
        [1] = {
            .name    = "kernel linux-2.6.35",
            .offset = SZ_1M,
            .size    = SZ_4M,
        },
        [2] = {
            .name    = "rootfs busybox-1.17.3",
            .offset = SZ_1M * 5,
            .size    = SZ_8M,
        },
        [3] = {
            .name    = "usrfs",
            .offset  = SZ_1M * 13,
            .size    = SZ_1M * 51,
        },
    };
```

（2）配置内核,具体操作如下：

```
linux@ubuntu:~/A8/Linux-2.6.35$make menuconfig
Device Drivers  --->
    <*> Memory Technology Device (MTD) support  --->
        <*>  NAND Device Support  --->
            <*>  NAND Flash support for Samsung S3C SoCs
```

这些选项代表对 Nand Flash 的操作，这些选项在这个内核里已经选上了，这里列出来让大家知道添加 flash 驱动涉及的内容。

（3）编译内核，并将 arch/arm/boot/zImge 复制到/tftpboot 目录中。

（4）启动系统，在串口终端输入：

```
# cat  /proc/mtd
dev:   size   erasesize  name

mtd0: 00100000 00004000 "bootloader u-boot-2010.03"

mtd1: 00400000 00004000 "kernel linux-2.5.35"

mtd2: 00800000 00004000 "rootfs buysbox-1.17.3"

mtd3: 03300000 00004000 "usrfs"
```

可以看到系统已经可以支持 Nand Flash 了。

8.6.3 Yaffs2 文件系统移植

1. 实验目的

Yaffs2 是一种专门为 Nand Flash 设计的可读写文件系统，本实验是在前面以上的实验的基础上，加入了对 Yaffs2 的支持，从而进一步完善系统结构，通过移植的过程来了解 Yaffs2 的移植方法。

2. 实验环境

（1）Ubuntu 10.10。

（2）Embest EduKit2410 平台以及开发板中移植好的 U-Boot。

（3）交叉编译器 arm-none-linux-gnueabi-gcc-4.3.2。

3. 实验步骤

（1）下载 yaffs2 源代码，或从光盘 Software\yaffs2 目录复制。下载地址为：

http://www.aleph1.co.uk/cgi-bin/viewcvs.cgi/yaffs2.tar.gz?view=tar

假设将源代码放在/source/yaffs2/目录下。在 Linux2.6.35 源码树中 fs 目录下建立 yaffs2 文件夹，把 yaffs2 源码复制过去。相关的命令如下：

```
$ mkdir yaffs2
$ cd yaffs2/
$cp /source/yaffs/yaffs2/*.h  ./
$cp /source/yaffs/yaffs2/*.c  ./
$cp /source/yaffs/yaffs2/Makefile.kernel  ./Makefile
$cp /source/yaffs/yaffs2/Kconfig  ./
```

（2）安装补丁：

```
$ cd  yaffs2
./patch-ker.sh  c   linux-2.6.35（这里是内核源码路径）/
```

（3）修改 Makefile：

```
$ cp Makefile.kernel  Makefile
```

（4）配置内核选项，目的是内核支持 Yaffs2 文件系统：

```
File systems  --->
     [*] Miscellaneous filesystems  --->
               <*>   YAFFS2 file system support
               -*-     512 byte / page devices
               -*-     2048 byte (or larger) / page devices
               [*]     Autoselect yaffs2 format
               [*]     Cache short  names in RAM
```

（5）编译内核，重新下载。

在终端下执行：

```
/ $ cat /proc/filesystems
nodev   sysfs
nodev   rootfs
nodev   bdev
nodev   proc
nodev   sockfs
nodev   pipefs
nodev   futexfs
nodev   tmpfs
nodev   inotifyfs
nodev   eventpollfs
nodev   devpts
        ext2
        cramfs
```

```
nodev   ramfs
nodev   devfs
nodev   nfs
nodev   nfsd
        romfs
        yaffs
        yaffs2
nodev   rpc_pipefs
```

可以看出内核支持了多种文件系统，包括 Yaffs2。

（6）测试 Yaffs2 文件系统。

从 Nand Flash 移植实验中可以看出/dev/mtdblock/3 是用户分区。

```
[root@192 /]$ mount -t yaffs2 /dev/mtdblock/3  /tmp
```

顺利的话，就可以在/tmp 下写入文件了。重新启动并挂载 Yaffs2 后，写入的文件仍然保存在 Nand Flash 上。

8.6.4　LCD 驱动移植

1．实验目的

在嵌入式系统中经常使用 LCD 进行交互，这里我们通过修改平台代码使我们的内核支持 LCD，完成相应功能。

2．实验环境

（1）Ubuntu 10.10。

（2）Embest EduKit2410 平台以及开发板中移植好的 U-Boot。

（3）交叉编译器 arm-none-linux-gnueabi-gcc-4.3.2。

3．实验步骤

（1）头文件的添加。

在 arch/arm/mach-s3c2410/mach-smdk2410.c 中添加头文件：

```
#include <mach/fb.h>
#include <mach/regs-lcd.h>
```

（2）添加相应 LCD 相关平台信息。

在 arch/arm/mach-s3c2410/mach-smdk2410.c 中添加如下内容：

```
static struct s3c2410fb_display s3c2410_lcd_cfg[] __initdata = {
{
.lcdcon5 = S3C2410_LCDCON5_FRM565 |
    S3C2410_LCDCON5_INVVCLK |
    S3C2410_LCDCON5_INVVLINE |
    S3C2410_LCDCON5_INVVFRAME |
    S3C2410_LCDCON5_PWREN |
    S3C2410_LCDCON5_HWSWP,


.type         = S3C2410_LCDCON1_TFT,
.width        = 320,
.height       = 240,
.pixclock= 100000, /* HCLK/10 */
.xres         = 320,
.yres         = 240,
.bpp      = 16,
.left_margin = 13,
.right_margin= 8,
```

```
.hsync_len    = 4,
.upper_margin= 2,
.lower_margin= 7,
.vsync_len    = 4,
     },
 };
static struct s3c2410fb_mach_info s3c2410_fb_info __initdata = {
     .displays    = s3c2410_lcd_cfg,
     .num_displays    = ARRAY_SIZE(s3c2410_lcd_cfg),
     .default_display = 0,
     .lpcsel       = ((0xCE6) & ~7) | 1<<4,
};
```

在函数 smdk2410_init 中添加如下内容：

```
s3c24xx_fb_set_platdata(&s3c2410_fb_info);
```

（3）配置内核选项，目的是内核支持 Yaffs2 文件系统。

```
Device Drivers  --->
        Graphics support  --->
            <*> Support for frame buffer devices  --->
                <*>   S3C2410 LCD framebuffer support
         [*] Bootup logo  --->
```

这些选项在这个内核多数已经选上了，这里列出来让读者知道添加 LCD 驱动涉及的内容。

（4）编译内核，重新下载。

（5）插上 LCD 启动系统。

启动系统后发现 LCD 上有一个可爱的企鹅 LOGO，这就是我们 Linux 的吉祥物。

8.6.5 USB 驱动移植

1. 实验目的

在嵌入式系统中经常使用 USB 设备，这里我们通过修改平台代码使内核支持 LUSB，完成相应功能。

2. 实验环境

（1）Ubuntu 10.10。

（2）Embest EduKit2410 平台以及开发板中移植好的 U-Boot。

（3）交叉编译器 arm-none-linux-gnueabi-gcc-4.3.2。

3. 实验步骤

（1）配置内核：

```
Device Drivers  --->
            SCSI device support  --->
             <*> SCSI disk support
             <*> SCSI generic support
             <*> SCSI media changer support
            [*] USB support  --->
             <*>   USB Mass Storage support
    File systems  --->
            -*- Native language support  --->
             <*>   Codepage 437 (United States, Canada)
             <*>   Simplified Chinese charset (CP936, GB2312)
             <*>   ASCII (United States)
             <*>   NLS ISO 8859-1  (Latin 1; Western European Languages)
```

（2）编译并拷贝内核到 tftpboot 目录：

```
$ make zImage
$ cp arch/arm/boot/zImage /tftpboot
```

（3）插上 U 盘启动系统，显示如下内容：

```
usb 1-1: new full speed USB device using s3c2410-ohci and address2
usb 1-1: configuration #1 chosen from 1 choice
scsi0 : SCSI emulation for USB Mass Storage devices
scsi 0:0:0:0: Direct-Access     Netac    OnlyDisk         1.00 PQ: 0 ANSI: 2
sd 0:0:0:0: [sda] 2039808 512-byte hardware sectors (1044 MB)
sd 0:0:0:0: [sda] Write Protect is off
sd 0:0:0:0: [sda] Assuming drive cache: write through
sd 0:0:0:0: [sda] 2039808 512-byte hardware sectors (1044 MB)
sd 0:0:0:0: [sda] Write Protect is off
sd 0:0:0:0: [sda] Assuming drive cache: write through
sda: sda1
sd 0:0:0:0: [sda] Attached SCSI removable disk
sd 0:0:0:0: Attached scsi generic sg0 type 0
```

这说明发现了一个 usb 设备设备名为 sda，分区 sda1。

（4）创建设备节点：

```
# mknod /dev/sda1 b 8 1
```

（5）挂载 U 盘：

```
# mount -t vfat /dev/sda1 /mnt
```

（6）查看 U 盘内容：

```
# ls /mnt
```

8.7　文件系统制作实验

8.7.1　实验目的

熟悉 Linux 文件系统目录结构，创建自己的文件系统，通过 NFS 方式集成测试，用文件系统生成 ramdisk 文件系统映像文件。

8.7.2　实验环境

（1）Ubuntu 10.10 发行版。

（2）Embest EduKit2410 平台以及开发板中移植好的 U-Boot，编译好的 Linux-2.6.35 内核。

（3）交叉编译器 arm-none-linux-gnueabi-gcc-4.3.2。

8.7.3　实验步骤

（1）下载并配置 buxybox 源码。

从 http://BusyBox.net/downloads/下载最新的 busybox-1.17.3.tar.bz2，或从光盘 Software\BusyBox 目录中找到 busybox-1.17.3.tar.bz2。进入 busybox-1.17.3 目录，运行 make menucofig，进入配置接口，并做出如下配置：

```
linux@ubuntu:/source$ tar -zxvf busybox-1.17.3.tar.bz2
linux@ubuntu:/source$ cd busybox-1.17.3
linux@ubuntu:/source$ make menuconfig
```

① 进入“General Configuration ---> ”菜单，添加“Support for devfs”选项，然后回到主菜单。

```
[*] Show verbose applet usage messages
[ ] Support --install [-s] to install applet links at runtime
[ ] Enable locale support (system needs locale for this to work)
[*] Support for devfs
[*] Use the devpts filesystem for Unix98 PTYs
[ ] Clean up all memory before exiting (usually not needed)
```

② 进入“Build Options ---> ”菜单，添加交叉编译工具配置。

```
[ *] Build BusyBox as a static binary (no shared libs)
[ ] Force NOMMU build
[ ] Build with Large File Support (for accessing files > 2GB)
()  Cross Compiler prefix
  ()  Additional CFLAGS
```

选中“Cross Compiler prefix”，回车，然后输入交叉编译工具所在目录及前缀（提示：按下Ctrl键，再按Back Space键可删除字符），例如：

/toolchain/bin/arm-none-linux-gnueabi-

③ 编译BusyBox。

运行make命令，编译BusyBox。

```
linux@ubuntu:/source/BusyBox-1.17.3$ make
```

（2）安装建立BusyBox文件系统。

运行make install，将在BusyBox目录下生成_install的目录，里面就是BusyBox生成的工具。

```
linux@ubuntu:/source/BusyBox-1.17.3$ make install
```

① 创建目录结构。

进入_istall目录，建立目录：

```
linux@ubuntu:/source/BusyBox-1.17.3$ cd _install/
linux@ubuntu:/source/BusyBox-1.17.3/_install$ mkdir dev etc lib mnt proc var tmp
linux@ubuntu:/source/BusyBox-1.17.3/_install$ cd lib/
linux@ubuntu:/source/BusyBox-1.17.3/_install$ mkdir modules
linux@ubuntu:/source/BusyBox-1.17.3/_install$ cd modules
linux@ubuntu:/source/BusyBox-1.17.3/_install$ mkdir 2.6.35
```

② 添加库。

将工具链中的库拷贝到_install目录下：

$ cp /home/mdx/toolchain/arm-none-linux-gnueabi/libc/lib ./ -a

删除lib下的所有目录、.o文件和.a文件。

对库进行瘦身以减小文件系统的大小：

$ arm-none-linux-gnueabi-strip　lib/*

③ 建立初始化启动所需文件。

进入_install /etc目录，建立inittab文件，文件内容如下：

```
$this is run first except when booting in single-user mode.
:: sysinit:/etc/init.d/rcS
$ /bin/sh invocations on selected ttys
$ Start an "askfirst" shell on the console (whatever that may be)
::askfirst:-/bin/sh
$ Stuff to do when restarting the init process
    ::restart:/sbin/init
$ Stuff to do before rebooting
    ::ctrlaltdel:/sbin/reboot
```

进入_install /etc目录，建立init.d目录，进入init.d目录，建立rcS文件，文件内容如下：

```
$!/bin/sh
$ This is the first script called by init process
/bin/mount -a echo/sbin/mdev>/proc/sys/kernel/hotplug
mdev-s
```

保存退出，运行：

$chmod 777 rcS，改变文件权限。

④ 进入_install /etc 目录，建立 fstab 文件，文件内容如下：

```
#device    mount-point    type     options      dump    fsck order
proc        /proc         proc       defaults     0          0
tmpfs        /tmp         tmpfs      defaults     0          0
sysfs        /sys         sysfs      defaults     0          0
tmpfs        /dev         tmpfs      defaults     0          0
```

⑤ 进入_install /etc 目录，建立 profile 文件，文件内容如下：

```
#!/bin/sh
export HOSTNAME=farsight
export USER=root
export HOME=root
#export PS1="\[\u@\h \W\]\$ "
export PS1="[$USER@$HOSTNAME \W]\# "
PATH=/bin:/sbin:/usr/bin:/usr/sbin
LD_LIBRARY_PATH=/lib:/usr/lib:$LD_LIBRARY_PATH
export PATH LD_LIBRARY_PATH
```

其中 profile 用于设置 shell 的环境变量，shell 启动时会读取/etc/profile 文件，来设置环境变量。

⑥ 设备文件创建。

根文件系统中有一个设备节点是必须的，在 dev 下创建 console 节点。

$ mknod dev/console c 5 1

（3）NFS 测试。

建立好文件系统后，就要测试了。以前实验用的是/source/rootfs 下的文件系统，现在要将 NFS 共享目录指向新做的文件系统。在主机端修改/etc/exports，添加一行，输出定制的文件系统目录。然后配置 Linux 内核命令行参数，挂载定制的文件系统。或者把/source/rootfs 目录暂时改名，将定制的文件系统复制过来。此处采用后一种方法，步骤如下：

```
$ cp -a _install /source
$ cd /source
$ mv rootfs rootfs_default
$ mv _install rootfs
```

重新启动 NFS 服务，然后启动目标平台，挂接 NFS 文件系统，直到文件系统测试通过。

（4）制作 ramdisk 文件系统。

通过 NFS 测试以后，就可以制作 ramdisk 文件系统了，具体如下。

① $dd if = /dev/zero of = initrd.img bs = 1k count = 8192 （initrd.img 为 8MB）

② $mkfs.ext2 -F initrd.img //格式化文件镜像

③ $mkdir /mnt/initrd

④ $mount -t ext2 -o loop initrd.img /mnt/initrd //挂载文件镜像

⑤ 将测试好的文件系统里的内容全部复制到 /mnt/initrd 目录下面：

```
$cp /source/rootfs/* /mnt/initrd -a
```

⑥ $umount /mnt/initrd

⑦ $gzip --best -c initrd.img > initrd.img.gz

⑧ 制作完 initrd.img.gz 后，需要配置内核支持 RAMDISK 作为启动文件系统：

```
Device Drivers  ---> Block devices-->
    <*>RAM disk support
        (1)Default number of RAM disks
        (8192) Default RAM disk size (kbytes)  (修改为 8MB)
    [*]Initial RAM disk (initrd)support
```

⑨ 在 U-Boot 命令行重新设置启动参数：

```
setenv bootcmd tftp 30008000 zImage \; tftp 30800000 initrd.img.gz \; go 30008000
setenv   bootargs   root=/dev/ram   rw   init=/linuxrc   initrd=0x30800000,8M
console=ttySAC0,115200
```

启动目标系统，顺利的话，新制作的 Ramdisk 文件系统就可以运行了。

（5）制作 cramfs 文件系统和部署。

由于 Ubantu 10.10 系统提供了制作 cramfs 文件系统的工具，则可以直接利用它将通过 NFS 测试好的文件系统制作成 cramfs 镜像。具体操作如下：

```
linux@ubuntu:/source$ mkfs.cramfs rootfs rootfs.cramfs
```

将 NFS 测试好的文件系统 rootfs 通过上述命令制作成为只读的 cramfs 文件系统 rootfs.cramfs，将其下载到 Flash 的相应分区上（注意下载的具体位置根据内核的分区来指定）。这里将它烧写到内核指定的“root”分区（参考 Nand Flash 驱动移植中的分区表）。

在 U-Boot 的终端：

```
EDUKIT2410$ tftp 30008000 rootfs.cramfs
EDUKIT2410$ nand erase 200000 300000
EDUKIT2410$ nand write 30008000 200000 300000
```

这样制作好的 cramfs 文件系统就放置在 flash 上了，然后指定启动参数：

```
EDUKIT2410$setenv bootargs root=/dev/mtdblock/2   init=/linuxrc
console=ttySAC0,115200 devfs=mount display=sam240
```

启动开发板，测试是否成功。

```
/ $ ls
bin     etc     linuxrc   pppd   sbin   tmp   var
dev     lib     mnt       proc   test   usr
/ $ mkdir test
mkdir: Cannot create directory `test': Read-only file system
```

说明在写的时候无法写入，验证了 cramfs 文件系统的特性。

（6）制作 jffs2 文件系统镜像和部署。

① 从网上（或从光盘的 Software\mtd 目录下）下载 mtd-snapshot-20050519.tar.bz2 和 zlib-1.2.3.tar.bz2 解压缩到主机，生成 mtd 和 zlib-1.2.3 目录。

② $ cd zlib-1.2.3

③ ./configure

④ $make

⑤ $make install

⑥ $ cd mtd/util

⑦ $make

⑧ $make install，这样在你的 PC 上就有了 mkfs.jffs2 的工具，它是一个制作 jffs2 文件系统镜像的工具。

⑨ $mkfs.jffs2 -r /source/rootfs -o rootfs.jffs2 -e 0x4000 --pad=0x800000   -n

上面的命令将 rootfs 制作成相应的 rootfs.jffs2 文件系统镜像，大小为 8MB，大小根据你的 rootfs 来定制。

-e：指定了擦除块的大小；

-pad：指明了最终文件系统的大小；

-n：指明在每个擦除块的开始不写入'CLEANMARKER'节点，如果挂载后会出现类似 CLEANMARKER node found at 0x0042c000 has totlen 0xc != normal 0x0 的警告，则加上-n 就会消失。

具体的参数的含义请参看 man 手册（man a mkfs.jffs2）。

⑩ $cp rootfs.jffs2 /tftpboot/

⑪ 启动开发板，设置 EDUKIT2410$setenv bootargs root = /dev/mtdblock/2 rootfstype = jffs2 rw console = ttySAC0,115200 init = /linuxrc mem = 64MB

⑫ EDUKIT2410$ save

⑬ EDUKIT2410$nand erase 200000 800000

⑭ EDUKIT2410$tftp 30008000 rootfs.jffs2

⑮ EDUKIT2410$nand write.jffs2 30008000 200000 800000

⑯ 把 Linux 内核的 Nandflash 的驱动关于存放 jffs2 文件系统的分区的大小给改成 8MB，否则会出现类似如下错误：

```
Freeing init memory: 124K
Warning: unable to open an initial console.
Argh. Special inode $171 with mode 0xa1ff had more than one node
Kernel panic: No init found.  Try passing init= option to kernel.
Argh. Special inode $63 with mode 0xa1ff had more than one node
Returned error for crccheck of ino $63. Expect badness...
Argh. Special inode $67 with mode 0xa1ff had more than one node
Returned error for crccheck of ino $67. Expect badness...
Argh. Special inode $68 with mode 0xa1ff had more than
```

主要由于分区过大，jffs2 文件系统无法识别多余的分区，jffs2 文件系统无法对其进行操作。

设置 Nand Flash 分区，修改 arch/arm/mach-s3c2410/devs.c.中的分区表如下：

```
static struct mtd_partition partition_info[]={
    {
        name: "U-boot-2010.03",        //名称
        size: 0x40000,                 //大小
        offset: 0,                     //偏移量
    }, {
        name: "kernel",
        size: 0x001c0000,
        offset: 0x00040000,
    },{
        name: "root",
        size: 0x00800000,
        offset: 0x00200000,
    },{
        name: " user_rootfs ",
        size: 0x01B00000,
        offset: 0x02500000,
    }
}
```

⑰ 配置内核，支持 jffs2 文件系统。

```
File systems  --->    Miscellaneous filesystems  --->
<*> Journalling Flash File System v2 (JFFS2) support
(0)JFFS2 debugging verbosity (0 = quiet, 2 = noisy)
```

```
[*]JFFS2      write-buffering   support
[*]Advanced  compression  options  forJFFS2
[*]JFFS2 ZLIB compression  support
[*]JFFS2 RTIME     compression support
[*] JFFS2    RUBIN compression support
```

⑱ 然后重新编译内核、启动开发板。在文件系统中添加、删除一些文件数据，测试 jffs2 文件系统的数据读写性能。

至此，已经完成了 Bootloader、内核、文件系统关键部分的移植。下面的内容主要是在移植好的系统上做一些测试实验。

8.8 编写 Linux 内核模块实验

8.8.1 实验目的

熟悉并能够编写 Linux 内核程序，了解 Linux 模块加载机制。

8.8.2 实验环境

（1）Ubuntu10.10 发行版。

（2）Linux-2.6.35 内核。

8.8.3 实验步骤

（1）编写代码（Hello.c）：

```
#include <Linux/init.h>
#include <Linux/module.h>
MODULE_LICENSE("Dual BSD/GPL");
static int __init hello_init (void)
{
   printk(KERN_ALERT"hello,world\n");
   return 0;
}
static void __exit hello_exit (void)
{
   printk(KERN_ALERT"hello,world\n");
}
module_init(hello_init);
module_exit(hello_exit);
```

（2）编译内核模块：

```
$ make （注意Makefile文件的写法）
```

（3）将模块加入内核：

```
$ insmod hello.ko
```

（4）查看内核模块：

```
$ lsmod | grep hello
```

（5）查看系统日志：

```
$ tail /var/log/messages
```

（6）卸载模块：

```
$rmmod hello
```

8.9　编写带参数的 Linux 内核模块实验

8.9.1　实验目的

熟悉并能够编写 Linux 内核程序，了解 Linux 模块的参数使用方法。

8.9.2　实验环境

（1）Ubuntu 10.10 发行版。

（2）Linux-2.6.35 内核。

8.9.3　实验步骤

（1）编写代码（Hello.c）:

```
$include<Linux/module.h>
static int counter;
static char *string;
MODULE_PARM(counter, "i");
MODULE_PARM(string, "s");
int init_module(void)
{
   printk(" counter : %d,\n ",counter);
   printk(" string: %s,\n ",string);
   return 0;
}
void cleanup_module(void)
{
   printk(" Bye!\n ");
}
```

（2）编译内核模块：

```
$ make
```

（3）将模块加入内核：

```
$ insmod hello.ko whom="yourname" howmany=10
```

（4）查看内核模块：

```
$ lsmod | grep hello
```

（5）查看系统日志：

```
$ tail /var/log/messages
```

（6）卸载模块：

```
$rmmod hello
```

8.10　编写 Linux 字符驱动程序之 LED 实验

8.10.1　实验目的

结合 GPIO 设备操作步骤，通过编译一个简单的 LED 字符设备驱动内核模块，掌握利用 Linux

操作基本的 IO 接口($代表主机上运行，#代表开发板上运行)。

8.10.2 实验环境

（1）Ubuntu10.10 发行版。

（2）Linux-2.6.35 内核。

8.10.3 实验步骤

（1）编写代码（led_drv.c）:

```
/*
 * Simple - REALLY simple memory mapping demonstration.
 */
#include <linux/module.h>
#include <linux/moduleparam.h>
#include <linux/init.h>

#include <linux/kernel.h>   /* printk() */
#include <linux/slab.h>   /* kmalloc() */
#include <linux/fs.h>       /* everything... */
#include <linux/errno.h>    /* error codes */
#include <linux/types.h>    /* size_t */
#include <linux/mm.h>
#include <linux/kdev_t.h>
#include <linux/cdev.h>
#include <linux/delay.h>
#include <linux/device.h>
#include <asm/io.h>
#include <asm/uaccess.h>
#include <mach/regs-gpio.h>

#define GPFDAT 0x56000054
#define GPFCON 0x56000050
#define GPF4_ON 0x4800
#define GPF4_OFF 0x4801

static int simple_major = 248;
module_param(simple_major, int, 0);
MODULE_AUTHOR("farsight");
MODULE_LICENSE("Dual BSD/GPL");

static volatile unsigned int *gpfcon;
static volatile unsigned int *gpfdat;


/*
 * Open the device; in fact, there's nothing to do here.
 */
int simple_open (struct inode *inode, struct file *filp)
{
    //do ioremap
    gpfcon = ioremap(GPFCON, 0x04);     //get virtual address of GPFCON
    gpfdat = ioremap(GPFDAT, 0x04);     //get virtual address of GPFDAT

    *gpfcon &= (~(3<<8))+(1<<8);        //set GPF4 as output port
    *gpfdat |= (1<<4);                  //set GPF4 as high level
```

```
        return 0;
    }

    ssize_t simple_read(struct file *file, char __user *buff, size_t count, loff_t *offp)
    {
        return 0;
    }

    ssize_t simple_write(struct file *file, const char __user *buff, size_t count, loff_t
*offp)
    {
        return 0;
    }

    void led_stop( void )
    {
        *gpfdat = *gpfdat | (1<<4);
        printk("stop\n");
    }
    void led_start( void )
    {
        *gpfdat &= (~(1<<4));
        printk("start\n");
    }

    static int simple_ioctl(struct inode *inode, struct file *file, unsigned int cmd,
unsigned long arg)
    {
        switch ( cmd ) {
            case GPF4_ON:
                {
                    led_start();
                    break;
                }
            case GPF4_OFF:
                {
                    led_stop();
                    break;
                }
            default:
                {
                    break;
                }
        }
        return 0;
    }

    static int simple_release(struct inode *node, struct file *file)
    {
        return 0;
    }

    /*
     * Set up the cdev structure for a device.
     */
    static void simple_setup_cdev(struct cdev *dev, int minor,
            struct file_operations *fops)
    {
        int err, devno = MKDEV(simple_major, minor);
```

```
        cdev_init(dev, fops);
        dev->owner = THIS_MODULE;
        dev->ops = fops;
        err = cdev_add (dev, devno, 1);
        /* Fail gracefully if need be */
        if (err)
            printk (KERN_NOTICE "Error %d adding simple%d", err, minor);
}

/*
 * Our various sub-devices.
 */
/* Device 0 uses remap_pfn_range */
static struct file_operations simple_remap_ops = {
    .owner   = THIS_MODULE,
    .open    = simple_open,
    .release = simple_release,
    .read    = simple_read,
    .write   = simple_write,
    .ioctl   = simple_ioctl,
};

/*
 * We export two simple devices.  There's no need for us to maintain any
 * special housekeeping info, so we just deal with raw cdevs.
 */
static struct cdev SimpleDevs;

/*
 * Module housekeeping.
 */
static int simple_init(void)
{
    int result;
    dev_t dev = MKDEV(simple_major, 0);

    /* Figure out our device number. */
    if (simple_major)
        result = register_chrdev_region(dev, 1, "simple");
    else {
        result = alloc_chrdev_region(&dev, 0, 1, "simple");
        simple_major = MAJOR(dev);
    }
    if (result < 0) {
        printk(KERN_WARNING "simple: unable to get major %d\n", simple_major);
        return result;
    }
    if (simple_major == 0)
        simple_major = result;

    printk("<1>hello GPIO_TESTdrv!!!!!!!!!!!!!!!!!!!!!!!!!!!!!!!!!!!!!!!!!!\n");

    /* Now set up two cdevs. */
    simple_setup_cdev(&SimpleDevs, 0, &simple_remap_ops);
    printk("simple device installed, with major %d\n", simple_major);
    return 0;
}


static void simple_cleanup(void)
{
```

```
    //do iounmap
    iounmap(gpfcon);
    iounmap(gpfdat);

    cdev_del(&SimpleDevs);
    unregister_chrdev_region(MKDEV(simple_major, 0), 2);
    printk("simple device uninstalled\n");
}


module_init(simple_init);
module_exit(simple_cleanup);
```

（2）将实验代码 led_drv.c 拷贝到 drivers/char 下，修改 drivers/char/Kconfig。

在 menu "Character devices"下面添加如下内容：

```
config  S3C2410_LED
    tristate "S3C2410 LED  Device Support"
     depends  on  ARCH_S3C2410
    help
    support  led  device  on  S3C2410 develop  board
```

（3） 修改 drivers/char/Makefile。

在 obj-$(CONFIG_HANGCHECK_TIMER) += hangcheck-timer.o 下一行添加：

```
obj-$(CONFIG_FSC100_LED)  += led_drv.o
```

（4） 静态编译内核模块，并拷贝 zImage 到/tftpboot：

```
$ make menuconfig
    Device Drivers  --->
            Character devices  --->
                <*> S3C2410  LED  Device Support
$ cp arch/arm/boot/zImage  /tftpboot
```

（5）编译测试程序，并拷贝到根文件系统编译测试程序：

```
$ arm-none-linux-gnueabi-gcc led_test.c -o led_test
$ cp led_test ~/2410/rootfs
```

（6）创建设备结点：

```
#mknod /dev/led c 248 0
```

（7）运行应用程序：

```
# ./led_test
```

8.11　编写 Linux 字符驱动程序之 PWM 实验

8.11.1　实验目的

编写一个可以控制开发平台上蜂鸣器的字符设备驱动程序。通过实验熟悉并能够编写 Linux 字符设备驱动程序（$代表主机上运行，#代表开发板上运行）。

8.11.2　实验环境

（1）Ubuntu 10.10 发行版。

（2）Linux-2.6.35 内核。

（3）Embest EduKit2410 平台。

（4）交叉编译器 arm-none-linux-gnueabi-gcc-4.3.2。

8.11.3 实验步骤

（1）驱动程序源码及解读：

```
$include <Linux/module.h>
$include <Linux/sched.h>
$include <Linux/kernel.h>
$include <Linux/init.h>
$include <Linux/delay.h>
$include <asm/arch/S3C2410.h>
$include "def.h"
$define FCLK 200000000
$define HCLK (FCLK/2)
$define PCLK (HCLK/2)
$define UCLK 48000000
$define BUSWIDTH (32)
static loff_t beep_llseek(struct file *filp,loff_t off, int whence);
static ssize_t beep_read(struct file *filp,char *buf, size_t count,loff_t *f_pos);
static ssize_t beep_write(struct file *filp,const char *buf,size_t count,loff_t *f_pos);
static int beep_open(struct inode *inode, struct file *filp);
static int beep_release(struct inode *inode, struct file *filp);
static int beep_ioctl(struct inode *inode,struct file *filp, unsigned int cmd, unsigned
long param);
int beep_init(void);
void beep_cleanup(void);
$define MAJOR_NR 120            //设备号
$define DEVICE_NAME "beep"      //设备名
static struct file_operations beep_fops=
{
    llseek    :beep_llseek,
    read      :beep_read,
    write     :beep_write,
    open      :beep_open,
    release   :beep_release,
    ioctl     :beep_ioctl,
};
void Buzzer_Freq_Set( U32 freq )    //蜂鸣器频率设置
{
    GPBCON &= ~3;                   //set GPB0 as tout0, pwm output
    GPBCON |= 2;
    TCFG0 &= ~0xff;
    TCFG0 |= 15;                    //prescaler = 15+1
    TCFG1 &= ~0xf;
    TCFG1 |= 2;                     //mux = 1/8
    TCNTB0 = (PCLK>>7)/freq;
    TCMPB0 = TCNTB0>>1;    // 50%
    TCON &= ~0x1f;
    TCON |= 0xb;
    TCON &= ~2;                     //clear manual update bit
}
void Buzzer_Stop( void )            //关闭蜂鸣器设置
{
```

```
    GPBCON &= ~3;                   //set GPB0 as output
    GPBCON |= 1;                    //page268 of 2410 manual
    GPBDAT &= ~1;
}
/**************************[ BOARD BEEP ]****************************** /
void Beep(U32 freq, U32 ms)         //发声函数
{
    Buzzer_Freq_Set( freq ) ;
    Buzzer_Stop() ;
}
static loff_t beep_llseek(struct file *filp,loff_t off, int whence)
{
    printk(KERN_DEBUG"Function llseek...\n");
    return 0;
}
static ssize_t beep_read(struct file *filp,char *buf, size_t count,loff_t *f_pos)
{   int  i = 1;
    printk("Device is READING...\n");
    for(;i<count;i++)
    {   Beep(i*10,i*10);   }
    return 0;
}
static ssize_t beep_write(struct file *filp,const char *buf, size_t count,loff_t *f_pos)
{
    printk("Device is writting...\n");
    return 0;
}
static int beep_open(struct inode *inode, struct file *filp)
{         //打开设备时执行
    int freq=2000;
    printk("From Kernel Set BUZZER_PWM Freq = %d\n",freq);
    Beep(100,100);
    Buzzer_Freq_Set(freq);
    Buzzer_Stop();
    return 0;
}
static int beep_release(struct inode *inode, struct file *filp)
{
    printk(KERN_DEBUG"Releasing beep_test device...\n");
    return 0;
}
static int beep_ioctl(struct inode *inode,struct file *filp,
unsigned int cmd,unsigned long arg)
{
    return 0;
}
int  __init  beep_init(void)     //初始化模块
{
    int result;
    result=register_chrdev(MAJOR_NR,DEVICE_NAME,&beep_fops);//注册设备
    if(result<0)
    {
        printk(KERN_ERR DEVICE_NAME":get major %d wrong\n",MAJOR_NR);
        return(result);
```

```
    }
    printk("beep initialized\n");
    Buzzer_Freq_Set(100);
    return 0;
}
void __init beep_cleanup(void)      //退出模块时执行
{
    unregister_chrdev(MAJOR_NR,DEVICE_NAME);
}
module_init(beep_init);
module_exit(beep_cleanup);
```

（2）测试程序源码：

```
$include <stdio.h>
$include <sys/ioctl.h>
$include <fcntl.h>
$include <unistd.h>
int main()
{
    int fd;
    char *buf[10];
    *buf="HelloDriver";
    fd=open("/dev/beep",O_RDWR);
    if(fd<0)
    {
        printf("Error in Open beep device\n");
    }
    else
    {
        printf("From User:You should Heard it\n");
        read(fd,&buf,10);
        write(fd,&buf,10);
        sleep(1);
    }
    return 0;
}
```

（3）编译驱动程序并加载驱动到目标平台：

```
$insmod beep_drv.ko
```

（4）编译测试程序：

```
$arm-softfloat-Linux-gnu-gcc -o test_beep test_beep.c
```

（5）上传到开发板上，并在开发板上执行如下几条命令：

```
$mknod  /dev/beep c 120 0        //创建设备节点
$chmod 755 test_beep             //提供执行权限
$./test_beep                     //执行测试程序
```

8.12 编写 Linux 字符驱动程序之键盘扫描实验

8.12.1 实验目的

结合 GPIO 设备操作步骤，通过编译一个简单的键盘扫描字符设备驱动内核模块，掌握利用

Linux 操作基本的 IO 接口（$代表主机上运行，#代表开发板上运行）。

8.12.2　实验环境

（1）Ubuntu10.10 发行版。

（2）Linux-2.6.35 内核。

8.12.3　实验步骤

（1）编写代码（button_scan.c）：

```
#include <linux/module.h>
#include <linux/version.h>
#include <linux/kernel.h>
#include <linux/init.h>
#include <linux/fs.h>
#include <linux/interrupt.h>
#include <linux/time.h>
#include <linux/spinlock.h>
#include <linux/irq.h>

#include <asm/delay.h>
#include <asm/uaccess.h>

#include <asm/io.h>
#include <asm/uaccess.h>
#include <linux/module.h>
#include <linux/init.h>
#include <linux/fs.h>
#include <linux/cdev.h>
#include <linux/ioctl.h>
#include <asm/uaccess.h>

#include <mach/regs-gpio.h>

#define DEVICE_NAME "button"
#define  MAX_KEY_COUNT  32
#define EXTINT0 *(volatile unsigned int *)S3C2410_EXTINT0
#define EXTINT1 *(volatile unsigned int *)S3C2410_EXTINT1
#define EXTINT2 *(volatile unsigned int *)S3C2410_EXTINT2

MODULE_LICENSE("GPL");//模块应该指定代码所使用的许可证

typedef struct
{
    unsigned long jiffy[MAX_KEY_COUNT];      //按键时间，如果读键时，5 秒钟以前的铵键作废
    unsigned char buf[MAX_KEY_COUNT];        //按键缓冲区
    unsigned int head,tail;                  //按键缓冲区头和尾
}KEY_BUFFER;

static KEY_BUFFER g_keyBuffer;               //键盘缓冲区
static spinlock_t buffer_lock;               //缓冲区锁

static int  button_major = 255;
```

```
static void *gpecon;
static void *gpedat;
static void *gpfcon;
static void *gpfdat;
static void *gpgcon;
static void *gpgdat;

/*
 *功能：获取当前的毫秒数(从系统启动开始)
 *入口：
 */
static unsigned long GetTickCount(void)
{
    struct timeval currTick;
    unsigned long ulRet;

    do_gettimeofday(&currTick);
    ulRet = currTick.tv_sec;
    ulRet *= 1000;
    ulRet += (currTick.tv_usec + 500) / 1000;
    return ulRet;
}

/*
 *功能：初始化键盘缓冲区
 *入口：
 */
static void init_keybuffer(void)
{
    int i;
    spin_lock_irq(&buffer_lock); //获得一个自旋锁具有不会受中断的干扰
    g_keyBuffer.head = 0;
    g_keyBuffer.tail = 0;
    for(i = 0; i < MAX_KEY_COUNT; i++)
    {
        g_keyBuffer.buf[i] = 0;
        g_keyBuffer.jiffy[i] = 0;
    }
    spin_unlock_irq(&buffer_lock);//释放自旋锁
}

/*
 *功能：删除过时(5s前的按键值)
 *入口：
 */
static void remove_timeoutkey(void)
{
    unsigned long ulTick;

    spin_lock_irq(&buffer_lock); //获得一个自旋锁具有不会受中断的干扰
    while(g_keyBuffer.head != g_keyBuffer.tail)
    {
        ulTick = GetTickCount() - g_keyBuffer.jiffy[g_keyBuffer.head];
        if (ulTick  < 5000)    //5s
            break;
        g_keyBuffer.buf[g_keyBuffer.head] = 0;
        g_keyBuffer.jiffy[g_keyBuffer.head] = 0;
        g_keyBuffer.head ++;
```

```
        g_keyBuffer.head &= (MAX_KEY_COUNT -1);
    }
    spin_unlock_irq(&buffer_lock);//释放自旋锁
}

/*
 *功能：初始化 GPIO，设置中断 0，2，11，19 为下降沿中断
 *入口：
 */
static void init_gpio(void)
{
    //将 GPE13 11 设置低位
    writel((readl(gpecon)  |  ((3<<26)|(3<<22)))  &  (~((1<<27)|(1<<23))),  gpecon);
//GPE13,11 设置为输出
    writel(readl(gpedat) & 0xffffd7ff, gpedat);
//GPE13,11 输出为 0

    //将 GPG6，2 设置低位
    writel((readl(gpgcon) | 0x3030) & 0xffffdfdf, gpgcon);   //GPG6,2 设置为输出
    writel(readl(gpgdat) & 0xffffffbb, gpgdat);              //GPG6,2 输出为 0

    writel((readl(gpfcon) | 0x33) & 0xffffffee, gpfcon);
//GPF2, 0 设置为中断
    writel((readl(gpgcon)  |  (3<<22)  |  (3<<6))  &  (~((1<<22)  |  (1<<6))),  gpgcon);
//GPG11,3 设置为中断

    set_irq_type(IRQ_EINT0, IRQF_TRIGGER_FALLING);
      EXTINT0=(EXTINT0&(~0x07))+0x02;
    set_irq_type(IRQ_EINT2, IRQF_TRIGGER_FALLING);
       EXTINT0=(EXTINT0&(~(0x07<<8)))+(0x02<<8);

    set_irq_type(IRQ_EINT11, IRQF_TRIGGER_FALLING);
       EXTINT1=(EXTINT1&(~(0x07<<12)))+(0x02<<12);
    set_irq_type(IRQ_EINT19, IRQF_TRIGGER_FALLING);
       EXTINT2=(EXTINT2&(~(0x07<<12)))+(0x02<<12);

}

/*
 *功能：激活中断
 *入口：
 */
static __inline void enable_irqs(void)
{
    enable_irq(IRQ_EINT0);
    enable_irq(IRQ_EINT2);
    enable_irq(IRQ_EINT11);
    enable_irq(IRQ_EINT19);
}

/*
 *功能：屏蔽中断
 *入口：
 */
static __inline void disable_irqs(void)
{
    disable_irq(IRQ_EINT0);
```

```
        disable_irq(IRQ_EINT2);
        disable_irq(IRQ_EINT11);
        disable_irq(IRQ_EINT19);
    }

    /*
     *功能：进入中断后，扫描铵键码
     *入口：
     *返回：按键码(1-16)，0xff 表示错误
     */
    static __inline unsigned char button_scan(int irq)
    {
        long lGPF, lGPG;
        writel((readl(gpfcon) | 0x33) & 0xffffffcc, gpfcon);       //GPF2,0 input
        writel((readl(gpgcon) | (3<<22) | (3<<6)) & (~((3<<22) | (3<<6))), gpgcon);
//GPG11,3 input

        //不利用 irq 号，直接扫描键盘
        //设置 G2 低位，G6，E11，E13 高位
        writel((readl(gpgdat) | (1<<6)) & (~(1<<2)), gpgdat);
        writel(readl(gpedat) | (1<<11) | (1<<13), gpedat);
        //取 GPF0，GPF2，GPG3，GPG11 的值
        lGPF = readl(gpfdat);
        lGPG = readl(gpgdat);
        //判断按键
        if ((lGPF & (1<<0)) == 0)       return 16;
        else if((lGPF & (1<<2)) == 0)  return 15;
        else if((lGPG & (1<<3)) == 0)  return 14;
        else if((lGPG & (1<<11)) == 0) return 13;

        //设置 G6 低位，G2，E11，E13 高位
        writel((readl(gpgdat) | (1<<2)) & (~(1<<6)), gpgdat);
        lGPF = readl(gpfdat);
        lGPG = readl(gpgdat);
        if ((lGPF & (1<<0)) == 0)       return 11;
        else if((lGPF & (1<<2)) == 0)  return 8;
        else if((lGPG & (1<<3)) == 0)  return 5;
        else if((lGPG & (1<<11)) == 0) return 2;

        //设置 E11 低位，G2，G6，E13 高位
        writel(readl(gpgdat) | (1<<6) | (1<<2), gpgdat);
        writel((readl(gpedat) | (1<<13)) & (~(1<<11)), gpedat);
        lGPF = readl(gpfdat);
        lGPG = readl(gpgdat);
        if ((lGPF & (1<<0)) == 0)       return 10;
        else if((lGPF & (1<<2)) == 0)  return 7;
        else if((lGPG & (1<<3)) == 0)  return 4;
        else if((lGPG & (1<<11)) == 0) return 1;

        //设置 E13 低位，G2，G6，E11 高位
        writel((readl(gpedat) | (1<<11)) & (~(1<<13)), gpedat);
        lGPF = readl(gpfdat);
        lGPG = readl(gpgdat);
        if ((lGPF & (1<<0)) == 0)       return 12;
        else if((lGPF & (1<<2)) == 0)  return 9;
        else if((lGPG & (1<<3)) == 0)  return 6;
        else if((lGPG & (1<<11)) == 0) return 3;
```

```
        return 0xff ;
    }

    /*
     *功能: 中断函数,
     *入口:   irq 中断号
     *
     */
    static irqreturn_t button_irq(int irq, void *dev_id)
    {
        unsigned char ucKey;
          printk("in irq\n");
        //延迟 50ms, 屏蔽按键毛刺
        __udelay(50000);
        ucKey = button_scan(irq);
        if ((ucKey >= 1) && (ucKey <= 16))
        {
            //如果缓冲区已满, 则不添加
            if (((g_keyBuffer.head + 1) & (MAX_KEY_COUNT - 1)) != g_keyBuffer.tail)
            {
                spin_lock_irq(&buffer_lock);
                g_keyBuffer.buf[g_keyBuffer.tail] = ucKey;
                g_keyBuffer.jiffy[g_keyBuffer.tail] = GetTickCount();
                g_keyBuffer.tail ++;
                g_keyBuffer.tail &= (MAX_KEY_COUNT -1);
                spin_unlock_irq(&buffer_lock);
            }
        }
        init_gpio();
        return IRQ_HANDLED;//2.6 内核返回值一般是这个宏。
    }

    /*
     *功能: 申请中断
     *入口:
     *
     */
    static  int request_irqs(void)
    {
        int ret;
        ret = request_irq(IRQ_EINT0, button_irq, IRQF_DISABLED, DEVICE_NAME, NULL);
        if (ret < 0)
            return ret;
        ret = request_irq(IRQ_EINT2, button_irq, IRQF_DISABLED, DEVICE_NAME, NULL);
        if (ret >= 0)
        {
            ret = request_irq(IRQ_EINT11, button_irq, IRQF_DISABLED, DEVICE_NAME, NULL);
            if (ret >= 0)
            {
                ret  =  request_irq(IRQ_EINT19,  button_irq,  IRQF_DISABLED,  DEVICE_NAME,
NULL);
                if (ret >= 0)
                    return ret;
                free_irq(IRQ_EINT11, button_irq);
            }
            free_irq(IRQ_EINT2, button_irq);
        }
        free_irq(IRQ_EINT0, button_irq);
        return ret;
```

```
}

/*
 *功能：释放中断
 *入口：
 *
 */
static __inline void free_irqs(void)
{
    free_irq(IRQ_EINT0, NULL);//button_irq);
    free_irq(IRQ_EINT2, NULL);//button_irq);
    free_irq(IRQ_EINT11, NULL);//button_irq);
    free_irq(IRQ_EINT19, NULL);//button_irq);
}

/*
 *功能：打开文件，开始中断
 *入口：
 *
 */
static int button_open(struct inode *inode,struct file *filp)
{
    int ret = nonseekable_open(inode, filp);
    if (ret >= 0)
    {
        init_keybuffer();
    }
    return ret;
}

/*
 *功能：关闭文件，屏蔽中断
 *入口：
 *
 */
static int button_release(struct inode *inode,struct file *filp)
{

    return 0;
}

/*
 *功能：读键盘
 *入口：
 *
 */
static ssize_t button_read(struct file *filp, char *buffer, size_t count, loff_t *ppos)
{
    ssize_t ret = 0;

    remove_timeoutkey();
    spin_lock_irq(&buffer_lock);
    while((g_keyBuffer.head != g_keyBuffer.tail) && (((size_t)ret) < count) )
    {
        buffer[ret] = (char)(g_keyBuffer.buf[g_keyBuffer.head]);
        g_keyBuffer.buf[g_keyBuffer.head] = 0;
        g_keyBuffer.jiffy[g_keyBuffer.head] = 0;
        g_keyBuffer.head ++;
        g_keyBuffer.head &= (MAX_KEY_COUNT -1);
```

```
            ret ++;
        }
        spin_unlock_irq(&buffer_lock);
        return ret;
    }

    /*
     *功能：清空键盘缓冲区
     *入口：
     *
     */
    static int button_ioctl(struct inode *inode, struct file *file, unsigned int cmd,
unsigned long arg)
    {
        init_keybuffer();
        return 1;
    }
    /*
     *初始化并添加结构提 struct cdev 到系统之中
     */
    static void led_setup_cdev(struct cdev *dev,int minor,struct file_operations *fops)
    {
        int err;
        int devno=MKDEV(button_major,minor);
        cdev_init(dev,fops);//初始化结构体 struct cdev
        dev->owner=THIS_MODULE;
        dev->ops=fops;//给结构体里的 ops 成员赋初值，这里是对设备操作的具体的实现函数
        err=cdev_add(dev,devno,1);//将结构提 struct cdev 添加到系统之中
        if(err)
        printk(KERN_INFO"Error %d adding button %d\n",err,minor);
    }
    /*
     *定义一个 file_operations 结构体，来实现对设备的具体操作的功能
     */
    static struct file_operations button_fops =
    {
        .owner = THIS_MODULE,
        .ioctl = button_ioctl,
        .open = button_open,
        .read = button_read,
        .release = button_release,
    };

    static struct cdev SimpleDevs;  //add by yoyo

    /*
     *功能：驱动初始化
     *入口：
     *
     */

    static int  button_init(void)
    {
        int ret;
      int result; //add by yoyo
      dev_t dev;
        gpecon = ioremap(0x56000040, 0x04);//得到相应 IO 口的虚拟地址，下同
        gpedat = ioremap(0x56000044, 0x04);
```

```
        gpfcon = ioremap(0x56000050, 0x04);
        gpfdat = ioremap(0x56000054, 0x04);
        gpgcon = ioremap(0x56000060, 0x04);
        gpgdat = ioremap(0x56000064, 0x04);

        init_gpio();
        ret = request_irqs();
        if (ret < 0) return ret;
        dev=MKDEV(button_major,0);//将主设备号和次设备号定义到一个 dev_t 数据类型的结构体之中
        if(button_major)
         result=register_chrdev_region(dev,1,"button");//静态注册一个设备，设备号先前指定好，
并得到一个设备名，cat /proc/device 来查看信息
        else
         {
            result=alloc_chrdev_region(&dev,0,1,"button");//如果主设备号被占用,则由系统提供
一个主设备号给设备驱动程序
            button_major=MAJOR(dev);//得到主设备号
         }
        if(result<0)
         {
          printk(KERN_WARNING"button:unable to get major %d\n",button_major);
          return result;
         }
        if(button_major==0)
        button_major=result;//如果静态分配失败，把动态非配的设备号给设备驱动程序
        printk(KERN_INFO"button register ok!!!!!!!!!!\n");

        led_setup_cdev(&SimpleDevs,0,&button_fops);//初始化和添加结构体 struct cdev 到系统之中
        printk("button initialized.\n");
        return 0;
    }

    /*
     *功能：驱动释放
     *入口：
     *
     */
    static void __exit button_exit(void)
    {    free_irqs();
         iounmap(gpecon);
         iounmap( gpedat);
         iounmap(gpfcon);
         iounmap(gpfdat);
         iounmap(gpgcon);
         iounmap(gpgdat);
         cdev_del(&SimpleDevs);//删除结构体 struct cdev
             printk("button_major=%d\n",button_major);
         unregister_chrdev_region(MKDEV(button_major,0),1);//卸载设备驱动所占有的资源
         printk("button device uninstalled\n");

    }

    module_init(button_init);//初始化设备驱动程序的入口
    module_exit(button_exit);//卸载设备驱动程序的入口
```

（2）编写测试代码：

```
#include <sys/stat.h>
```

```
#include <fcntl.h>
#include <stdio.h>
#include <sys/time.h>
#include <sys/types.h>
#include <unistd.h>

main()
{
    int fd;
    char key=0;
    fd = open("/dev/button_scan", O_RDWR);//打开设备
    if (fd == -1)
    {
        printf("open device button errr!\n");
        return 0;
    }

    ioctl(fd,0,0);    //清空键盘缓冲区，后面两个参数没有意义
    while(key != 16)
    {

        if (read(fd, &key, 1) > 0)//读键盘设备，得到相应的键值
        {
            printf("*****************Key Value = %d*********************\n", key);
        }
    }
    close(fd);//     //关闭设备
    return 0;
}
```

（3）编译内核模块，并拷贝到根文件系统：

```
$ make
$ cp button_scan.ko ~/2410/rootfs
```

（4）编译测试程序，并拷贝到根文件系统编译测试程序：

```
$ arm-none-linux-gnueabi-gcc button_test.c -o button_test
$ cp button_test ~/2410/rootfs
```

（5）将模块加入内核：

```
$insmod button_test.ko
```

（6）创建设备结点：

```
#mknod /dev/button_test c 255 0
```

（7）运行应用程序：

```
# ./button_test
```

（8）按扫描键盘，观察现象。

本章小结

本章是 Linux 系统移植的实验章节，通过本章的学习，读者对 Linux 系统的总体结构能够有一定的了解，为以后进一步加深对嵌入式 Linux 系统的学习打好基础。

参考文献

[1] 李佳. ARM 系列处理器应用技术完全手册[M]. 北京：人民邮电出版社，2006.

[2] 孙纪坤. 嵌入式 Linux 系统开发技术详解——基于 ARM[M]. 北京：人民邮电出版社，2006.

[3] 田泽. ARM9 嵌入式开发实验与实践[M]. 北京：北京航空航天大学出版社，2006.

[4] 李驹光. ARM 应用系统开发详解——基于 S3C4510B 的系统设计[M]. 北京：清华大学出版社，2003.

[5] 孙天泽. 嵌入式设计及 Linux 驱动开发指南——基于 ARM9 处理器[M]. 北京：电子工业出版社，2007.

[6] [美]Alessandr, Rubini, Jonathan, Corbet 著. Linux 设备驱动程序 3 版. 魏永明等译. 北京：中国电力出版社，2006.

[7] 周立功. ARM 嵌入式系统软件开发实例（二） [M]. 北京：北京航天航空大学出版社，2006.